Rhinoceros

7 全攻略

自學設計 與 3D建模寶典

觀念詳析 依據堅實的觀念基礎熟悉指令，靈活設計出理想、高品質的模型。

實戰經驗 臺灣作者實戰經驗分享，有別於一般編譯書籍，排除學習痛點、內容完備。

應用廣泛 除涵蓋工業設計、汽機車設計、造船設計、建築設計、室內設計、產品設計、文具設計、家具設計、生活用品…等有大量的運用之外，其甚至能與電腦動畫、多媒體…等搭配運用。

 本書範例檔請至博碩官網下載　　馮國書　著

博碩文化

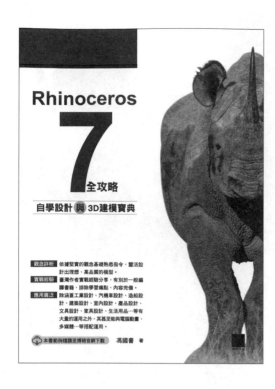

作　　者：馮國書
責任編輯：林楷倫

董 事 長：陳來勝
總 編 輯：陳錦輝

出　　版：博碩文化股份有限公司
地　　址：221 新北市汐止區新台五路一段 112 號 10 樓 A 棟
　　　　　電話 (02) 2696-2869　傳真 (02) 2696-2867

發　　行：博碩文化股份有限公司
郵撥帳號：17484299　戶名：博碩文化股份有限公司
博碩網站：http://www.drmaster.com.tw
讀者服務信箱：dr26962869@gmail.com
訂購服務專線：(02) 2696-2869 分機 238、519
（週一至週五 09:30 ～ 12:00；13:30 ～ 17:00）

版　　次：2022 年 10 月初版一刷

建議零售價：新台幣 720 元
I S B N：978-626-333-291-1
律師顧問：鳴權法律事務所 陳曉鳴律師

本書如有破損或裝訂錯誤，請寄回本公司更換

國家圖書館出版品預行編目資料

Rhinoceros 7 全攻略：自學設計與 3D 建模寶典
／馮國書著 . -- 初版 . -- 新北市：博碩文化股份
有限公司 , 2022.10
　　面；　公分

ISBN 978-626-333-291-1(平裝)

1.CST: 工業設計 2.CST: 電腦程式 3.CST: 電
腦輔助設計 4.CST: 電腦輔助製造

402.9　　　　　　　　　　　　　　111016200

Printed in Taiwan

歡迎團體訂購，另有優惠，請洽服務專線
博 碩 粉 絲 團　(02) 2696-2869 分機 238、519

前言

發展到第 7 代，Rhino 已經在工業設計、建築領域有了眾多的使用者，成為主流的 3D 建模與設計軟體之一。相較於之前的版本，Rhino 7 是一次重大更新，在原本 NURBS 建模上新增了一套齊全的 SubD 建模核心，並強化了 Mesh（網格）的建模指令，使得 Rhino 7 同時具有三種建模方式：NURBS、SubD 和 Mesh。理解這三種物件的特性，並綜合運用三種類型的建模指令，是學習與使用 Rhino 7 最重要的部分。

相比於其他 3D 建模軟體，Rhino 將每個建模步驟都設計成一個「指令」，並直接在統一的「指令列」中設定選項與參數，這使得操作邏輯與介面一致，比較不會出現找不到從哪裡執行指令，或是要在層層堆疊的選單中翻找的情況，維持了一個比較「樸素」的操作介面，我個人比較喜歡這樣的設計理念。

Rhino 和 Solidworks、UG NX 或 Creo Parametric…等這類偏向工業製造用途的 3D 軟體屬性有些不同，由於缺乏特徵樹和尺寸修改、定義約束等功能，因此比較不適合應用在隨時需要設變的工業製造領域。不過，Rhino 具有相當靈活的曲面建模方法，並有參數化的 Grasshopper 和廣大的外掛程式支援，使得 Rhino 的彈性極大，廣泛被應用在設計領域，並且和幾乎所有類型的 2D、3D 軟體都有很好的檔案相容性，可以很好的和不同軟體協同工作，無論對於設計、工業領域的人，甚至影視、遊戲等多媒體領域，把 Rhino 學好都會有很大的幫助。

本書不只講解 Rhino 7 新增或增強的功能，也修正了舊作一些內容錯誤的地方、把能夠說明得更清楚的地方補充完整、並將很多章節全部重寫，使本書和 Rhino 7 一樣，獲得了全面升級。

學習 Rhino 的重點在於 NURBS、SubD 和 Mesh 這三種類型物件的觀念理解，以及各種指令的用途和用法。初學者一開始無法理解每個指令的「指令列」中的每個選項和參數也無所謂，除了某些比較重要的選項之外，大部分的選項和參數影響都不是那麼大，日後再來慢慢深入研究也無妨，這樣才不會感到挫折。

經過多年的發展，Rhino 在歐美國家，以及中國大陸的使用者都非常多，是主流的 3D 設計與建模軟體之一，無論是初階 / 中級 / 高階的用途都能適用，現在已經成為完整的開發設計平台了。Rhino 的應用非常廣泛，從工業設計、汽機車設計、造船設計、建築設計、室內設計、產品設計、文具設計、家具設計、生活用品設計…等都有大量的運用之外，甚至能與電腦動畫、多媒體…搭配運用，尤其現在 3D 列印的風潮興起，這也是 Rhino 的強項。

相信讀者一定可以從本書中獲得啟發，打下紮實的 3D 建模和 3D 列印的基礎，並藉由 Rhino 得到任何 3D 軟體皆能受用的觀念，無論是在職場上或是娛樂場合都能受惠，並享受 Rhino 帶來的成就與快樂。

作者介紹

馮國書

成功大學物理研究所畢業，因為興趣學習 3D 建模和 Maker 相關的知識。曾在南科、台北、高雄從事光電技術開發與客戶服務，現從事電動車設計、車體機構、交通器材和其他創新產品的研發設計，現居住在高雄與嘉義兩地。

metal35x@gmail.com 或 facebook

目錄

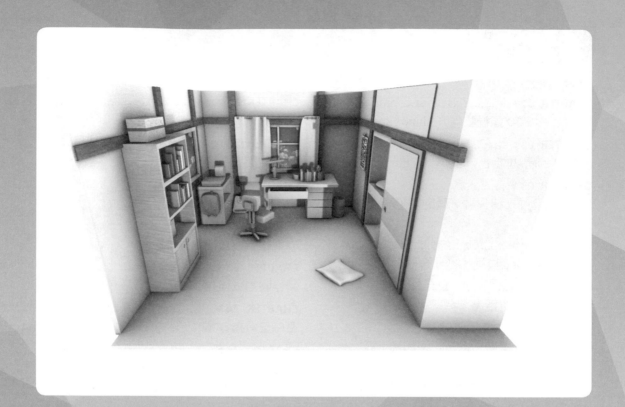

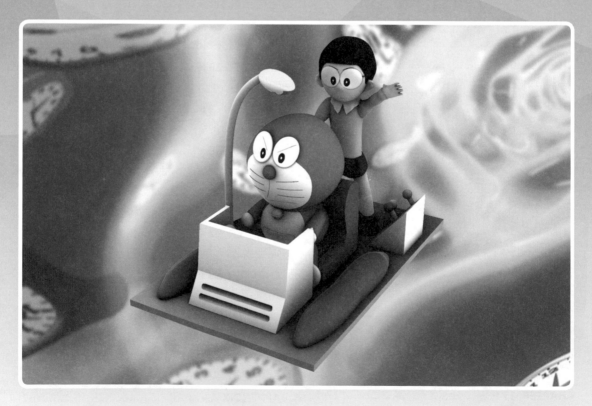

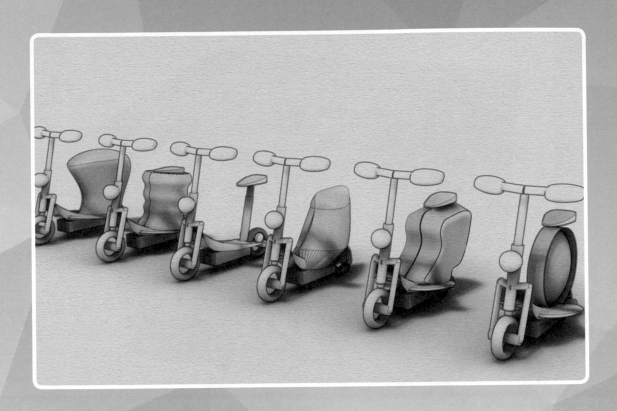

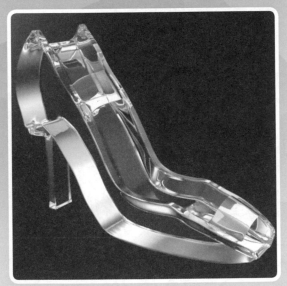

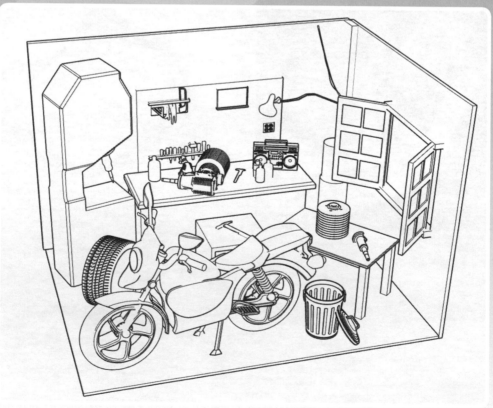

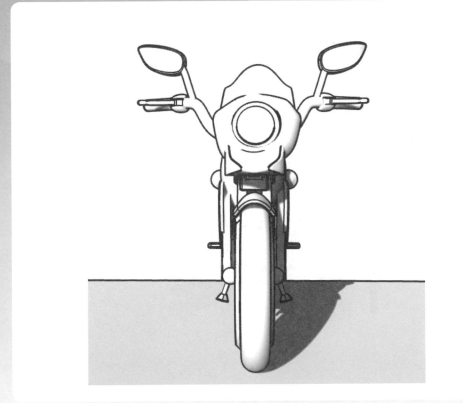

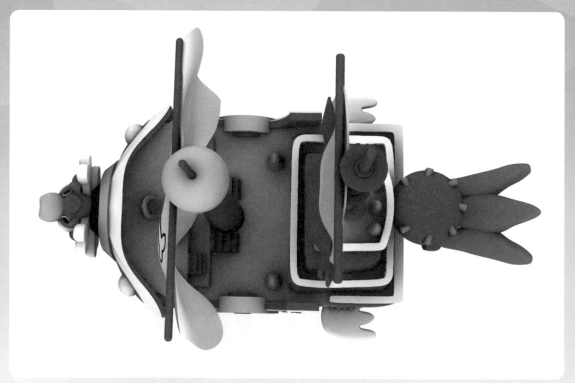

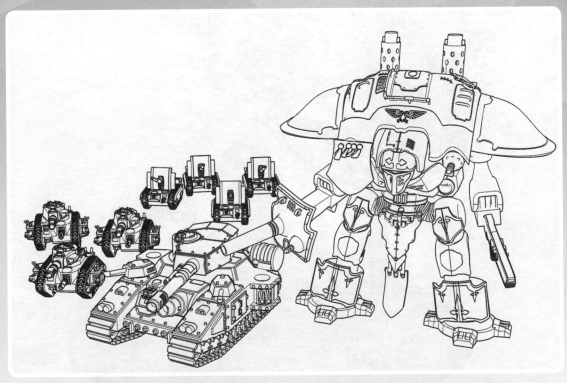

市面上主流 3D 建模軟體 & Rhino 介紹

在 學習 3D 建模前，如果能對市面上主流 3D 軟體的分類和
應用領域有個認識，讀者就可以知道自己優先要學習哪
一套軟體最適合自己的需求，就能事半功倍。

圖片來源：https://www.rhino3d.com/tw/

CHAPTER

01

目前三大主流建模軟體類型

一、CAD（Computer Aided Design）電腦輔助設計

應用包山包海，主要用於製造、加工與工業生產。

二、CAID（Computer Aided Industrial Design）電腦輔助工業設計

原本是以設計曲面外型為主，但借助外掛程式，也幾乎已經可以實現和 CAD 一樣包山包海的功能，本書介紹的 Rhino 屬於這個分類。

CAD 和 CAID 類型的軟體都是在「NURBS」的基礎上，以數學「精確描述」空間中各個物件的位置與形狀，後續章節將對 NURBS 的數學原理和特性做解說。

三、Polygon Mesh（多邊形網格）類型的軟體

是用非常多的小多邊形去「逼近」出真正的形狀，主要應用於影視動畫、遊戲、多媒體、CG、效果圖 ... 等。因為數學原理與格式本質上的不同，多邊形網格製作的模型無法做 NC 加工、也無法製作模具以大規模量產，精確度也比 NURBS 差，在機械領域與工業生產可說是幾乎無用。不過 Polygon Mesh 製作的模型可以用 RP 快速成型（Rapid Prototyping）的方式製造出來（例如 3D 列印）在設計上做原型的外觀探討，是常用的應用方式。

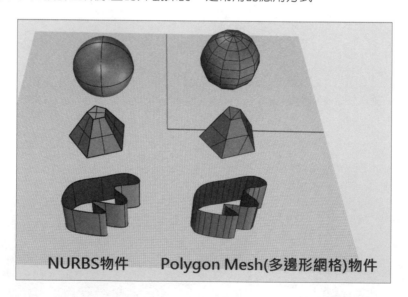

NURBS物件　　　Polygon Mesh(多邊形網格)物件

如果是機械、電子電機領域，那絕大多數公司都使用 CAD 類型的軟體（如 Solidworks、Solidedge、Inventor、Creo（新版的 Pro/E）、UG NX、CATIA、Fusion 360、MasterCAM… 等），也是最廣為人知的軟體類型，能從外型設計、機構設計、模具開發製作、鈑金、鋼構、工業配

線、工程圖、運動模擬、機械強度分析、結構分析與自動優化、模流分析、流體分析、甚至到 CAM 加工製造、逆向工程、協同作業、檔案管理、成本分析 ... 等等幾乎想得到的範圍都非常完整的一手包辦下來了。而現在幾乎所有的 CAD 類型軟體都已經內建了曲面模組，功能非常完備，直接使用 CAD 軟體來做擁有大量曲面的外型設計也無不可，不過曲面的建模程序就沒有 CAID 類型的軟體那麼靈活，但相信也會逐漸完善。

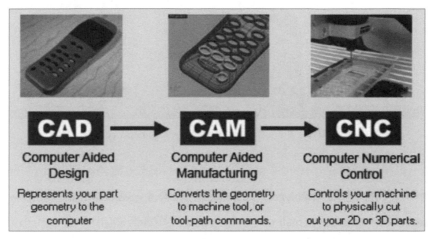

圖片來源：http://mosbahcnc.com/styles-columns.html

如果是產品設計或工業設計領域，例如要設計交通工具、生活用品等比較不那麼「硬梆梆」的產品外型，通常會用 CAID 軟體，例如 Alias 或 Rhino、Solidthinking 等，利用其強大的曲面功能和靈活的建模方式做前期設計、彩現之後呈現出來討論或者向客戶提案，之後轉檔與 CAD 類型的軟體做對接，銜接生產流程。

例如，在 Solidworks 與 Rhino 間已經有了很好的檔案交換，除了用例如 .IGES、.STEP、.STL... 等中繼格式做檔案的匯入 / 匯出之外，Solidworks 也已經可以直接匯入 Rhino 的原生格式 .3dm（如果無法開啟可試試看降低到 Rhino 5 存檔版本），所以可以簡單的將 Rhino 建立的模型匯入到 Solidworks 中做下一步的應用，讓各別軟體各司其職從事它們的強項，這樣的搭配是非常強力的。當然還有些「眉角」，熟悉 Solidworks 的讀者可以試試看。

不過隨著版本的更新和優化，以及周邊軟硬體的進步，現在 CAID 類型軟體已經可以直接把模型輸出製造了，例如輸出做 NC 加工（需安裝外掛，如 RhinoCAM），或者存成 .STL 檔用 3D 印表機製造出來。Rhino 也可安裝動態模擬（如 kangaroo）…等外掛程式，實現和 CAD 類型軟體相同（或類似）的功能，所以說目前 CAD 和 CAID 領域的分界已經逐漸模糊不清了。不過還是建議若行有餘力的話，多學一些軟體會有幫助的。

圖片來源：Rhino 官網（https://www.rhino3d.com/）

如果是動畫、影視、遊戲、多媒體領域，因為通常沒有做出實物的需求（指的是大規模量產），基本上一面倒的全部使用 Polygon Mesh 類型的軟體了，如 3ds MAX、Maya、Lightwave、Blender、Cinema 4D、Modo、Zbrush …等，模型的建立與編修最自由，能呈現出最精細、最好的視覺效果，和 After effect 等特效軟體做對接的效果也最棒。

圖片來源：Autodesk Maya

如果是建築領域，最多人用的是 SketchUP，個人認為應該屬於 CAID 類型。於 SketchUP 2018 版已內建可儲存成 .STL 檔做 3D 列印了，可以列印出縮小版的建築模型。不過也有很多人用 Rhino 來做出 SketchUP 難以做到的特殊造型，甚至全部使用 Rhino 做建築設計了。Rhino 的功能是比 SketchUP 強很多的，還不必安裝外掛程式就可以做到 SketchUP 預設難以做到的形狀。並且在建築領域 Rhino 還可以搭配 Grasshopper 做參數化設計，更有很多建築與造景相關的外掛程式，使得 Rhino 在建築與室內設計領域的使用者快速增加。

圖片來源：SketchUP 官網

不過，在建築領域或室內設計領域，由於一般都不是用 NC 加工或者快速成型製造出實物的，而是人在現場把房子蓋出來，或者在室內施工做裝潢。這些領域中使用軟體設計的目的主要是做前期設計與討論、修改，並預先想像完成後的樣子，提案給客戶看，或者做廣告使用，這種情況就完全不須要考慮到轉檔和輸出製造，可以用 Polygon 類型的軟體做出很細緻的模型和彩現（渲染 /Render）出效果圖，模型或場景的錯誤只要眼不見為淨就可以。

用 3ds Max 做的建築效果圖

圖片來源：https://area.autodesk.jp/case/designviz/kumakengo/

本書所介紹的 Rhino，即是以 NURBS 為核心，屬於 CAID 類型的軟體。雖然初學者第一次看到 Rhino 會覺得難以親近，功能又多又雜，並非廣告所說的易學易用。但在本書的指引下，初學者也能很快速的破除這個障礙，輕鬆愉快的使用 Rhino 設計出理想中的模型。

Rhino 原生的格式為 .3dm，不過也能直接另存成 .IGES、.STEP、.x_t…等中繼檔案格式，和 CAD 類型的軟體交換檔案，對接加工與工業生產流程；也可以另存成 .STL、.OBJ 或 .AMF 等其他支援的格式，將模型用 RP 快速成型（例如 3D 印表機）的方式製造出來。

另外，有平面設計或 CG 基礎的人會驚喜的發現 Rhino 可以直接另存成 .ai 或 .svg 格式，在 illustrator 或 Photoshop 中可以打開 3D 模型的 2D 圖面（框架模式）。例如可以在 Rhino 建模做建築物或交通工具，另存成 .ai 格式，再到 illustrator 或 Photoshop 中開啟做二次加工、繪圖，相當方便，在 CG 領域中很多看似非常複雜的建築或模型都是這樣做的，而不是直接全部在 illustrator 或 Photoshop 中畫出來。

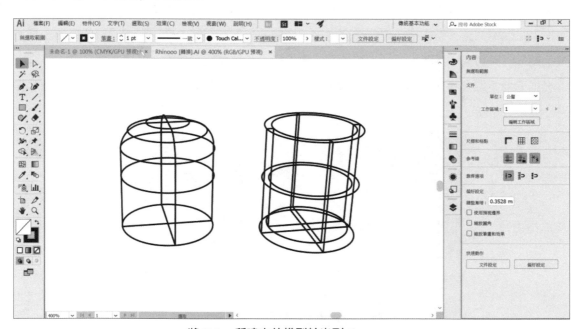

將 Rhino 所建立的模型輸出到 illustrator

而有 3DS Max、Maya、Lightwave、Softimage... 等 Polygon Mesh 類型軟體基礎的讀者，可能會覺得相比之下 Rhino 不能輕易完成一些非常精細的造型，而且內建的彩現（或稱渲染、Render）功能也比較差。不過如同本章所說明的，這根本是不同類型的軟體。不過 Rhino 內建了一些建立網格和編輯網格的指令，可以應付一些較簡單的需求，或與其他軟體對接、做逆向工程等，也可以把 NURBS 模型轉換成網格（mesh）模型。

Rhino 也可以直接將 3D 模型另存成 .DXF 或 .DWG 格式，匯出到 AutoCAD 做編輯；或者把在 AutoCAD 繪製好的 2D 圖形匯入進來建模；甚至還能夠直接另存成 SketchUP 的原生格式 .skp 檔，或者輸出成 PDF 格式方便和他人討論。

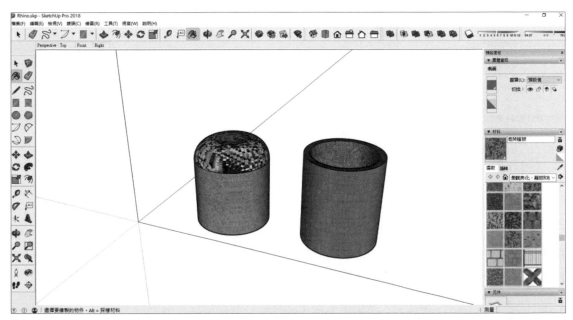

Rhino 的模型直接另存成 .skp 檔，在 SketchUP 中開啟並貼上材質的效果

總之，Rhino 內建支援了幾乎所有類型的檔案格式，可以和各種軟體互相接軌（匯出 / 匯入），讓各種不同類型的軟體各展所長，發揮出最大的效益。

Rhino 可以安裝副檔名為 .rhp 或 .rhi 的外掛程式，可於網路上尋找眾多的官方或第三方外掛程式，從「Rhino 選項」中可對外掛程式進行安裝與管理。

在眾多 Rhino 的外掛程式中，除了 Render（彩現 / 渲染）類型的外掛，甚至還出現了 CAM（工程製造）類型的 RhinoCAM 外掛，CAE（模擬分析）類型的 Kangaroo 外掛，而 RhinoGold 則是被用來設計珠寶、首飾…等飾品。

Rhino 方便且優秀的建模能力，具有各種強大的指令，價格合理且為買斷制，而且 Rhino 檔案體積小、輕量化，不占用太多系統資源，在低配備的電腦上也可以順暢的執行，原廠也提供了充分的說明和技術支援，實在是一套高 CP 值軟體。

參數化設計 Grasshopper

Grasshopper 最早是 Rhino 的一個外掛程式，但 Rhino 官方從 Rhino 6 開始就把它整合到 Rhino 內變成內建功能，並持續對它進行優化和更新，成為 Rhino 不可分割的核心部分。有別於文字式的程式設計，Grasshopper 採用「圖形化」的程式設計方式，使用者不須記憶函數的拼寫，即可直觀的看到函數（俗稱「電池」）的作用、輸入和輸出。

有別於 Rhino 用滑鼠和指令手動建模，用 Grasshopper 設定條件，利用程式「算」出來的設計方式稱為「參數化設計」，已經大量應用在建築和產品設計上，能夠做到滑鼠和指令無法或很

難做到的造型,而且可以隨時更改輸入參數,立刻改變輸出,幾乎已經是建築設計師必學的知識,極大的推進 Rhino 成為建築業界的主流設計軟體之一。

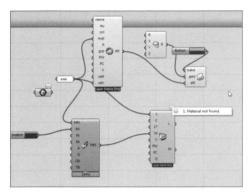
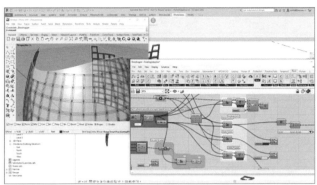

Grasshopper 可以和 Rhino 連動,同時使用傳統的建模方法搭配「參數化」建模。參數化的模型做出來之後,仍然可以隨時修改參數,建立出來的模型也會跟著改變,可塑性極高。使用電腦「算」出來的造型可能相當獨特、天馬行空,因此已經是建築設計常用的方法,在其他領域的應用也有逐漸增多的趨勢。

Grasshopper 也有相當多外掛程式,甚至可以自己開發。深入解說 Grasshopper 已經超出本書範圍,我本身不是建築領域,只能給讀者起個頭,想深入了解的話現在已有很豐富的教學資源。

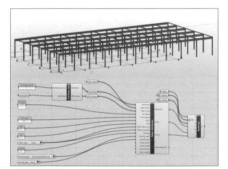
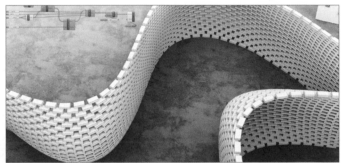

（圖片來源：https://www.rhino3d.com/tw/for/architecture/）

Rhino7 的新功能

本章列出這次 Rhino7 新增的功能，其中最大的亮點是 SubD 的加入。礙於篇幅，以下新增指令經過作者主觀篩選，沒有介紹一些很細碎或幾乎用不到的指令，讀者若有興趣可自行上網搜尋完整的總表。

C H A P T E R

02

所有 SubD 建模相關的指令 重要性 ★★★★★

SubD 是 Rhino 7 最大的更新重點，一口氣新增了「SubD 工具列」的眾多指令，包括很好用的「重建為四角網格」（QuadRemesh）指令。由於 SubD 正式加入成為 Rhino 7 的物件類型，因此 Rhino 7 的物件一共有 NURBS、SubD 和 Mesh 三大類型，是本書講解的重點。

Rhino Inside 重要性 ★★★★

讓 Rhino 和 Grasshopper 能和其他應用程式連動，就好像是其他應用程式的內建功能，方便使用者操作，能夠完美的互相轉換資料、並將工作流程融為一體。目前已經完成的是和 Revit（Autodesk 公司發行的建築資訊模型（Building Information Modeling，簡稱 BIM）設計軟體）進行連動，對於建築業界用到的人很方便，官方未來還會繼續增加互相支援和連動的更多軟體。

漸層色和透明剖面線 重要性 ★★

「2D 出圖」工具列的「剖面線」（Hatch）指令，在設定的對話框中新增很多變化，例如漸層和透明效果，可以做出更漂亮的圖，只對封閉的平面曲線有效。

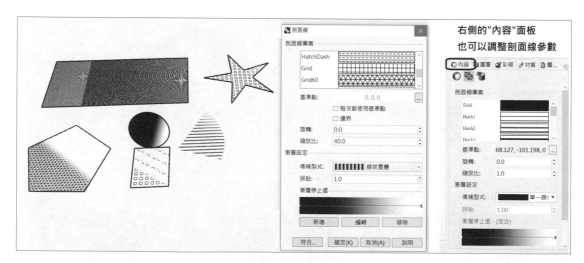

升級了內建的彩現（Render）引擎 重要性 ★★

Rhino 7 升級了內建的彩現（Render、渲染）引擎，可以彩現出更漂亮的圖，雖然無法和專門的彩現引擎相比（如 V-ray、Lumion、Enscape、Unreal…等），但對於一些簡單的應用來說已經是很足夠了。升級後的彩現引擎可以使用 PBR 材質（更寫實風格的物理材質）、發光材質、

雙面材質、光線衰減…等功能，除了使用內建的材質，也可以自己建立材質或匯入下載來的材質，使用上都很簡單，讀者可以自己嘗試這些新增的功能。

可單獨賦予多重曲面或 SubD 面材質 重要性★★★★★

在 Rhino 7 之前的版本不能這樣做，只能「炸開」，很不方便，但現在可以了。如下圖，用曲線對曲面做「分割」（Split），再「組合」（Join）起來成為封閉的實體多重曲面，按住 Ctrl + Shift 鍵選取被分割出來的多重曲面，切換到右側「材質」頁籤，即可單獨對被分割出來的不同多重曲面賦予不同材質和材質顏色。

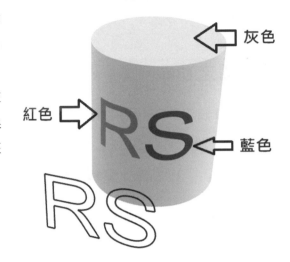

可以直接複製圖片，在 Rhino 中貼上 重要性★★

可以直接使用 Ctrl + C 和 Ctrl + V 複製與貼上圖片到 Rhino 中。雖然是很基本的功能，但過去只能使用「圖像平面」，或者拖曳圖片到 Rhino 中，這個改進比較符合人性與直覺。

並且，也可以直接把模型 Ctrl + C 複製，然後直接 Ctrl + V 貼到其他支援向量線的軟體中，就算是 2D 平面繪圖軟體也可以，會以「框架模式」貼過去，就可以做填色或其他編輯。

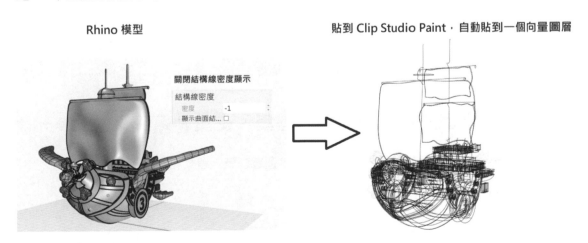

Rhino 模型　　　　　　　　　　　　　　　　　貼到 Clip Studio Paint，自動貼到一個向量圖層

Align（對齊）指令的增強 重要性 ★★★★

在過去，要對齊控制點到任意方向，只能自己繪製參考線並搭配物件鎖點去逐一移動控制點。而 Rhino 7 在「對齊」指令的指令列中新增了很多選項，讓我們很方便的以各種方式對齊所選的控制點、編輯點、變形控制器的控制點、SubD 或 Mesh 的頂點、邊線、面…等等，對齊式的改變形狀。

視圖鎖定功能 重要性 ★★

鎖定視圖使它無法被移動或旋轉，在視圖的下拉選單中可以找到「鎖定」選項，或在指令列輸入「LockViewPort」指令。

Clash（偵測碰撞）重要性 ★★

設定一個基準距離，當兩個物件之間的距離小於設定的基準距離，便判定物件發生碰撞或交疊，並以顯眼的方式標記出來方便你做修正。除了在 Grasshopper 新增了「Clash」元件，在 Rhino 的「分析」工具列中也新增了「偵測碰撞」指令。

平面布林運算聯集、差集、交集 重要性 ★★

在「曲面工具」工具列新增了「平面版本」的布林運算聯集、差集和交集。

✒ SelSelfIntersectingCrv（選取自交曲線）重要性 ★★

在「選取」工具列新增「選取自交曲線」指令，可以把有自我交錯的曲線選取出來，便於刪除或修復。

✿ SnapToMeshObject（鎖點於網格物件）重要性 ★★

在「物件鎖點」工具列中新增「鎖點於網格物件」指令，選擇一個 Mesh 物件，指定一個「偏移距離」，就可以在距離這個網格物件，以指定的偏移距離（網格面的法線方向）繪製控制點曲線、內插點曲線、Sketch（描繪）…等，如下圖。

> **NOTE** 也可以在指令列中輸入指令的英文名稱來執行。

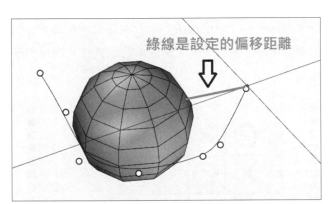

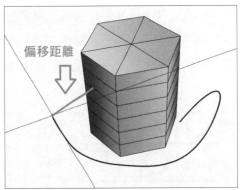

📄 NamedSelections（命名選取的物件）重要性 ★★

就是「儲存選取範圍」，以便未來隨時調用，對於編輯 SubD 或 Mesh 的次物件來說很方便。在「選取」指令集或視窗右側可以開啟「命名選取的物件」面板，紀錄所有保存過的選取範圍。

> **NOTE** 其他類似指令：「NamedCplane」（儲存工作平面）、「NamedView」（儲存視角）、「NamedPosition」（儲存物件位置）都類似，可以保存與隨時恢復所記錄的東西，方便作業。

「RibbonOffset」指令 重要性 ★

主要是用來創建模具的分模面，不過實際上使用 Rhino 來做模具的人比較少，這個指令主要是拿來做前期的評估。

拔模角度分析（DraftAngleAnalysis） 重要性 ★★

如果你的模型是要開模具的，那就必須考慮到實際能不能順利拔模等技術問題，這個功能可以讓你測試看看能不能順利脫模，模擬一下實際開模可能會遇到的問題，預先處理掉。通過直觀的方式調整控制點，改善不合理的結構。

圖層簿（LayerBook） 重要性 ★

屬於「展示用」的功能，可以按照圖層順序依序不同圖層的物件從隱藏到顯示、逐一顯示出來。過去只能自己手動按滑鼠來設定圖層的隱藏與顯示，或是利用「快照」功能來實現，比較不方便，現在可以讓它自動化，對於需要向業主提案或是教學的人來說或許很方便。可以從下拉式功能表「編輯」→ 圖層 →「圖層簿」執行。

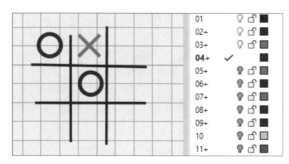 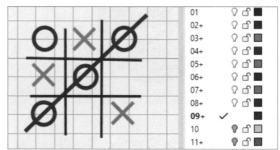

圖片取自 Rhino 官網指令說明頁

單線字體 重要性 ★

如果你需要用 CNC 或雷射切割來切字，單線字體的切割速度比較快，有用到的話很方便。在文字物件（TextObject 指令）或尺寸標註（Text 指令）的字形選單中，選擇 MecSoft_Font-1 或 SLF-RHN Architect 字型，並勾選「雕刻字體」，就可以使用單線字體，但只適用於英文字型。

圖紙配置面板 重要性 ★★

在右側頁籤新增「圖紙配置」（Layout）面板，可以直接在此設定關於 2D 圖面的各種屬性和參數，提高工作效率。

增強文字功能變數 重要性 ★★

當 2D 圖面偵測到連結的物件的內容或屬性發生改變，也會隨之動態更新。例如，當連結到的模型的尺寸改變時，2D 圖面上的尺寸也會一併更動，這算是很基本的功能。可廣泛用於圖塊、註解物件和附註，可以防止錯誤並節省時間和精力。

套件管理員 重要性 ★

可從下拉式功能表 → 工具 →「套件管理員」執行，可以直接在 Rhino 程式中尋找與安裝外掛程式（包含 Grasshopper 的外掛）。但實際上很多外掛程式仍然搜尋不到，還是習慣自己去 Food4Rhino 網站或 Google 找外掛。

Grasshopper Player（Grasshopper 撥放器）重要性 ★★★★★

如果有程式設計經驗的讀者應該很清楚 Function（函數）和 Library（函數庫）的重要性，也就是可以直接利用別人寫好並封裝成函數的程式碼，然後找到創作者寫的說明文件了解函數的作用，以及有幾個輸入、應該輸入什麼樣的資料型態，以及函數的輸出是什麼，即使你完全不懂函數內部的程式碼在寫什麼，只要使用方式正確，就可以直接把別人寫好的函數應用在你自己的程式中，而不必重新發明輪子。

Grasshopper Player 也是同樣的概念，簡單來說就是可以自己用 Grasshopper 編寫 Rhino 的外掛程式。因為學習 Grasshopper 還是有一定的困難度，但只要透過 Grasshopper Player，就可以直接把別人用 Grasshopper 做好的功能套用在 Rhino 中，甚至過程中完全不需要牽涉到 Grasshopper 程式。

以下 8 個是這次為了 Grasshopper Player 功能所新增的函數（電池），它們的作用主要是用來與 Rhino 對接，例如從 Rhino 輸入點、線，物件或數值之類的，並且可以自己設定在 Rhino 的指令列中詢問與提示使用者的文字…等等。利用這 8 個新增的函數，Grasshopper 的設計者便可以讓自己設計出來的 .gh 檔案，能夠像普通的 Rhino 指令一樣被使用（一樣是在指令列中設定

設計者開放出來的各項參數和提示）。

即使你完全不懂 Grasshopper 也不想學，仍然可以自己上網去尋找並下載 .gh 或 .ghx 檔案，直接利用別人以 Grasshopper 做好的功能，套用在你自己在 Rhino 的創作中，產生無限的可能，真的是一項很強大又實用的功能。

可以從下拉式功能表「工具」→「Grasshopper Player」執行。

Rhino 7 支援更多檔案格式　重要性 ★★★★

Rhino 不斷增加和其他軟體檔案的互通性，使它成為一個很強大的協作軟體，基本上常用的軟體如 SketchUP、AutoCAD、illustrator、Solidworks …，以及常用的 3D 格式 .STEP、.IGES（工業製造常用的格式）、.stl、.obj（3D 列印常用的格式）…都可以直接將檔案匯入到 Rhino，或者將 Rhino 的檔案匯出成其他軟體的格式。可到 https://www.rhino3d.com/tw/features/file-formats/ 查看 Rhino 支援的檔案格式。

各種開發工具

如果你會程式設計，Rhino 可用 Python 或 C++ 或其他程式語言來撰寫所需要的功能，Rhino 7 開放並提供了更多開發者工具和函數庫，使 Rhino 朝開放平台更進一步，更多資訊可查看：

https://developer.rhino3d.com/api/

https://developer.rhino3d.com/api/RhinoCommon/html/R_Project_RhinoCommon.htm

RhinoScript：讓你使用 VBScript（限 Windows 作業系統）、C# 或 Python（不限制作業系統）搭配官方開放出來的 RhinoCommon API 開發新的功能。

Rhino 的介面、快速鍵、輔助功能與建模邏輯

讀者可以到 Rhino 的官網 https://www.rhino3d.com/tw/ 下載 Rhino 試用版，依照指示進行試用版認證的操作，沒有購買授權碼可以正常使用 90 天，到期後將不能再儲存檔案與使用外掛程式，其他功能則都不受影響。所以就算試用天數到期了，初學者作為學習使用還是沒有問題的，是非常佛心的軟體。如果有需要，請購買軟體支持廠商。

CHAPTER

03

開啟 Rhino 軟體，首先會出現歡迎畫面，於歡迎畫面的左側區域可以選擇範本檔案使用的單位，如果不選擇，就使用在「Rhino 選項」內設定的單位為預設值，其他的功能看了就知道。設定較大的單位，公差也隨之較大，所以拿大單位做小模型會不精確，請依據實際情況選擇單位。

以下是 Rhino 開啟之後的介面，中間的部分是工作區域，預設為四個視圖（作業視窗），其餘的功能、按鈕與面板分布在介面的上、下、左、右四個角落，請讀者參考下圖。書中會經常使用到「工具列」或「物件鎖點列」或者「指令列」…等名詞，從這張圖就知道它們在軟體的哪些地方。

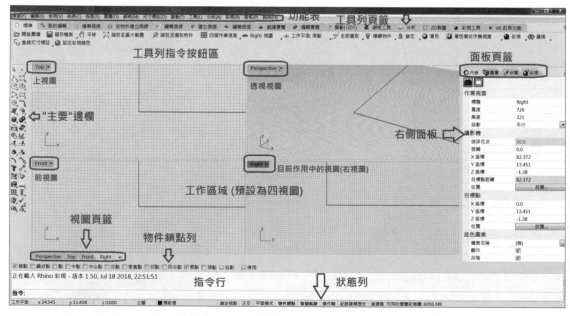

> **NOTE** 這張圖是依照下一章的設定方法修改過的，讀者剛開啟軟體的介面會不一樣，但不影響解說。

Rhino 預設的軟體介面是四視圖，同時顯示 Top、Front、Right 和 Perspective（透視）視圖，和大多數軟體只有「透視」視圖做繪製的方法不同。熟悉其他軟體的使用者初次看到可能會不習慣，但只要操作一陣子後，反而會覺得以四個視圖的方式比較容易使用。

滑鼠左鍵點擊每個視圖文字旁邊的小箭頭，可以展開「視圖選單」，或者直接在視圖文字上按滑鼠右鍵也可以開啟視圖選單。視圖選單內的常用選項本書都會介紹，若沒有介紹到的部分，請讀者自行嘗試即可，都十分簡單易懂。

而每個視圖（作業視窗）的大小可以透過拖曳其邊框做調整，如下圖所示：

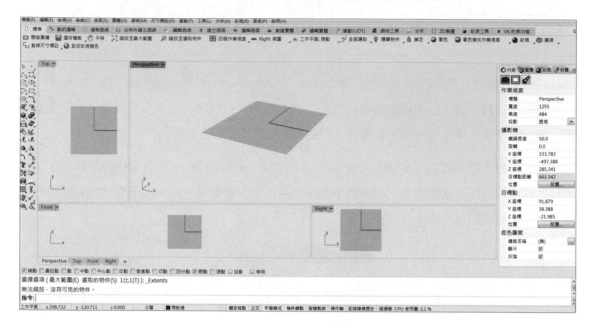

用滑鼠左鍵雙擊每個視圖的文字，可以讓該視圖擴大到整個畫面（最大化視圖），再雙擊就可還原，也可以用快速鍵 Ctrl + M 最大化 / 還原目前使用的視圖。

視圖最大化後，按 Ctrl + Tab 鍵可在不同的視圖分頁中依序切換；或是直接按「Ctrl + F1」切換到 Top 視圖，或是直接按「Ctrl + F2」切換到 Front 視圖，或是直接按「Ctrl + F3」切換到 Right 視圖，或是直接按「Ctrl + F4」切換到 Perspective（透視）視圖，直接用滑鼠點按視圖的頁籤也可以做切換。

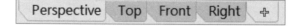

Rhino 可以用許多方式執行同一個指令

1. 在指令列中輸入指令的英文名稱，初學者可能會覺得不切實際，但用久了會發現這是最方便的方式（軟體會自動猜測或補完指令名稱），還可以執行隱藏指令。

2. 從「下拉式功能表」中執行指令，優點是有分類。

3. 點選左側邊欄或工具列中的「指令按鈕」，最直觀。

有些指令按鈕的右下角還有個黑色的箭頭記號，代表這個指令其內還包含更多個同類型的指令。以滑鼠左鍵在有黑色箭頭記號的按鈕上按住約 0.5 秒，就可以展開該分類的「指令集」，本書稱呼的「指令集」就是指展開這些按鈕後出現的指令集合。

Rhino 很特別的一點是,有部分指令按鈕同時包含著兩種指令,用滑鼠左鍵點擊該指令按鈕,和使用滑鼠右鍵點擊該指令按鈕,都會執行不同的功能。將滑鼠游標移動到某個指令按鈕上放置約 0.5 秒,就會顯示操作提示,告知使用者以滑鼠左鍵和右鍵點選按鈕,會執行哪些不同的功能。

例如當滑鼠游標停留在「旋轉成形」指令按鈕上時,會顯示提示告知:用滑鼠左鍵點選它是執行「旋轉成形」指令,而當用滑鼠右鍵點擊它會執行「沿著路徑旋轉(成形)」指令,其餘同理。

指令列

預設在 Rhino 軟體介面上方有數行顯示有文字的空間(本書將它移動到下方,改變字型和加入了底色),稱呼為「指令列」。

```
已加入 1 個擠出物件至選取集合。
指令: _Project
選取要投影的曲線或點物件 ( 鬆弛(L)=否 刪除輸入物件(D)=否 目的圖層(O)=目前的 方向(I)=工作平面Z):
```

Rhino「指令列」的操作和 AutoCAD 完全一樣,用過 AutoCAD 的人應該對此很熟悉。Rhino 的指令列不僅可以顯示目前的操作狀態、輸入數值以精確建模、顯示分析的結果,執行任何指令時也會貼心的提示使用者下一步的操作,並且出現同一個指令中的更多子選項供使用,方法為直接以滑鼠左鍵點按該子選項,或是輸入子選項括號中的快速鍵(英文字母)後按下 Enter、空白鍵或滑鼠右鍵進行確認即可。

如果指令執行不成功,指令列也會提示使用者為什麼這個操作會失敗的原因。總之指令列的功能很多,平時多留意指令列中的訊息、操作提示和子選項就對了。

快速鍵

Rhino 很多基本的操作都和 Windows 相同，例如：

- 複製：Ctrl + C
- 剪下：Ctrl + X
- 貼上：Ctrl + V
- 全選：Ctrl + A

而如果要「確認下達指令」或任何進行「確認」的操作，按 Enter 鍵、空白鍵、或滑鼠右鍵都可以，我個人是習慣按滑鼠右鍵。

要重複執行上一次執行過的指令，只要在目前沒有執行指令的狀態下，按 Enter 鍵、空白鍵，或是滑鼠右鍵都可以。

- 複選 / 加選物件：按住 Shift 鍵並以滑鼠左鍵點選物件。
- 減選 / 退選物件：按住 Ctrl 鍵以滑鼠左鍵點選已選取的物件，可將之退選。

「框選」與「窗選」：按住滑鼠左鍵拖曳出一個選取框，若由左到右拖曳出的選取框為實線，只有全部被選取框包住的物件才會被選取；而從右到左拖曳出的選取框為虛線，只要觸碰到選取框的物件就會被選取。

- 取消所有選取：在繪圖區的任意空白處點一下滑鼠左鍵，或者按下 ESC 鍵。
- 取消選取、放棄指令、退出目前的操作：ESC 鍵。
- 刪除選取的物件：Delete 鍵。
- 還原：Ctrl + Z
- 重做：Ctrl + Y
- 將所選的物件組成「群組」：Ctrl + G
- 解散群組：Ctrl + Shift + G

「群組」（Group）是指把一些物件組織成一個「臨時性的整體」，例如移動、旋轉、縮放、各種變形指令…是以群組為單位進行操作。而要解散群組時，因為群組之間可能有「嵌套」的關係（群組裡還有群組），可能要執行多次「解散群組」指令才可以將群組的組成物件全部打散。

移動 + 複製：在按住滑鼠左鍵拖曳移動物件（點、線、面、實體…）至新位置上並且鬆開滑鼠左鍵之前，按一下 Alt 鍵（要「快按」否則不會成功），會發現滑鼠游標旁邊出現了一個「+」號，此時再放開滑鼠左鍵可以在該處產生一個原本物件的副本。

在「Rhino 選項」→「鍵盤」選單中可以自定義快速鍵，不過 Rhino 使用的是輸入指令名稱的方式來定義快速鍵，和其他軟體較為不同。不過沒關係，要改的東西不多，建議把 F4 鍵（預設為空）設定為「變更物件圖層」，在 F4 的欄位輸入「!_ChangeLayer」就行了。這樣一來，選取物件後按下 F4 鍵，就可以用對話框的方式把所選物件放置到指定的圖層中了。

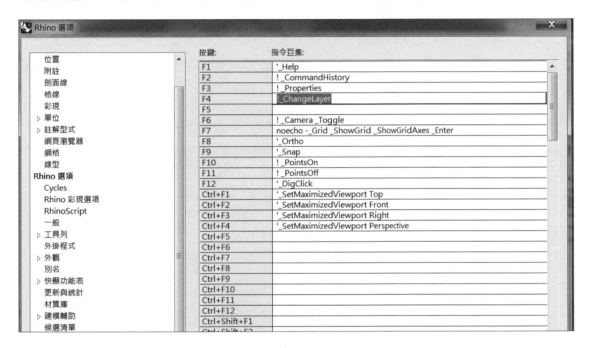

如果想新增快速鍵或是覺得預設的快速鍵不好用，都可以來這邊改。

幾種移動物件的方式

1. 用滑鼠左鍵點擊選擇任何物件（點、線、面、實體、網格、群組、圖塊…等物件）並按住滑鼠左鍵不放移動滑鼠，可在目前視圖的工作平面上移動物件。這樣的移動方式會維持住物件最後的工作深度（各個工作平面的 Z 軸高度），例如在 Perspective（透視）視圖中操作，並使用了「垂直模式」讓物件產生了 Z 軸的高度（無論 +Z 或 -Z），則按住滑鼠左鍵拖曳移動物件時，就保持在物件的 Z 座標不變的狀態下，沿著與工作平面（Perspective 視圖的工作平面預設為 Top 工作平面）平行的方向移動。而在其他互相正交的六個視圖中，雖然它們的 Z 高度無法直接從視覺上感受出來，不過也是一樣的道理。

2. 執行「移動」（Move）指令，可以精確的移動物件，後續將說明。

3. 使用「推移」功能，也就是用鍵盤的方向鍵移動物件，本章會詳細說明用法。

4. 使用「操作軸」移動物件，本章會詳細說明用法。

按下滑鼠中鍵（滾輪）：呼叫快顯工具列

按下滑鼠中鍵可呼叫「快顯工具列」，類似於 Solidworks 按下「S」鍵的功能，可以自己設置快顯工具列的內容，可將常用的指令加入方便操作。按下滑鼠中鍵後，左鍵點擊一下快顯工具列的表頭將之展開，之後在想新增的指令按鈕上按住 Ctrl 鍵並按住滑鼠左鍵拖曳，可將該指令按鈕複製並加入快顯工具列；按住 Shift 鍵並按住滑鼠左鍵拖曳可以移動該按鈕；而按住 Shift 鍵將按鈕拖曳出去，會刪除該按鈕。

這在「工具列」中也是同樣的操作方法，是全部 Rhino 介面的通用操作。

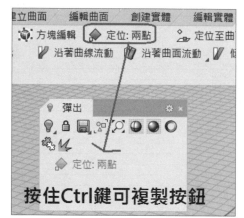

建議快顯工具列中除了預設的幾個，還可以放：分割、修剪、組合、炸開、布林運算指令集、投影、反轉方向、控制點曲線、內插點曲線、擠出曲線、定位指令集…或使用者偏好的常用指令。

Rhino 介面中縮放、環轉與平移視角的方式

縮放視角

1. 滾動滑鼠中鍵滾輪，可以用有「段數」的方式縮放視角。

2. 同時按住 Ctrl 鍵與滑鼠右鍵並移動滑鼠，可以用「沒有段數」的方式平滑的縮放視角。

🔲 環轉視角

1. 在 Perspective（透視）視圖中，按住滑鼠右鍵並移動滑鼠；

2. 在 6 個正交視圖（Top、Front、Right、Bottom、Left、Back 視圖）中，按住 Ctrl + Shift + 滑鼠右鍵並移動滑鼠。但不建議在這 6 個正交視圖中執行環轉視角的操作，很容易造成混亂。即使用了，操作完成後也要將之還原，例如執行「四個作業視窗」指令。

🔲 平移視角

1. 在 Perspective（透視）視圖中按住 Shift 鍵 + 按住滑鼠右鍵移動滑鼠；

2. 在 6 個正交視圖（Top、Front、Right、Bottom、Left、Back 視圖）中，只要按住滑鼠右鍵移動滑鼠就可以平移視角。

看似很複雜，但其實一點都不困難，在 6 個正交視圖中環轉視角的操作很少用，剩下的也就是按住滑鼠右鍵移動與搭配 Shift 或 Ctrl 鍵的操作而已，嘗試幾次之後就成反射動作了。

縮放視角至可容納所有物件的範圍：Alt + Ctrl + E，偶爾用到。

Rhino 的輔助操作鍵

🔲 正交（Ortho）限制：Shift 鍵

在執行繪製或移動等指令時，按住 Shift 鍵會限制滑鼠游標的作用範圍為指定的角度。在狀態列的「正交」文字按鈕上按滑鼠右鍵，可以設定正交的作用角度，預設值為 90 度，但可以設定成任意角度。

 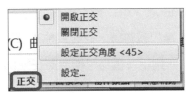 

按住 Shift 鍵暫時進入「正交」模式，是無論在繪製曲線、移動物件，或調整控制點、指定兩點定義一個方向…等場合都非常實用的輔助操作，請讀者一定要熟練。

而如果在拖曳曲面的控制點對曲面做「塑形」時，搭配按住 Shift 鍵，可以讓控制點沿著曲面的 U 或 V 方向移動。曲面的 U、V 方向就是沿著曲面「走勢」的水平與垂直方向，在後面章節中將會詳述。

方向限制：TAB 鍵

「方向限制」的軌跡線預設為白色，但因為和背景的顏色太相近看不清楚，建議在「Rhino 選項」→外觀→「顏色」選單中，如下圖所示調整「軌跡線」的顏色為綠色或其他讀者偏好的顏色。

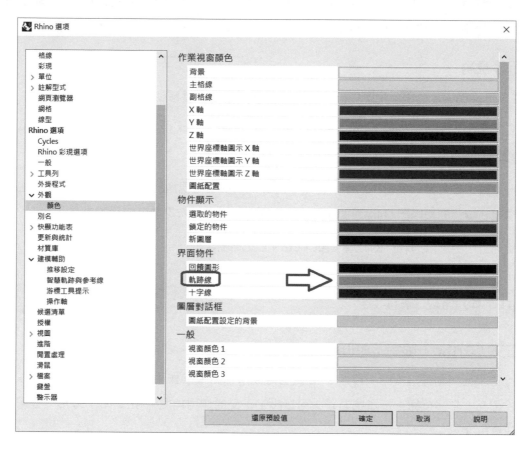

執行任意繪製指令時，按一下「Tab 鍵」可以鎖定繪製的方向。例如在繪製「控制點曲線」時，按一下 Tab 鍵，會出現一條直線的軌跡線，之後只能沿著這個直線的軌跡繪製；而再按一下 Tab 鍵，發現限制軌跡變成圓形，則下一個點只能放置在這個圓形的軌跡上。

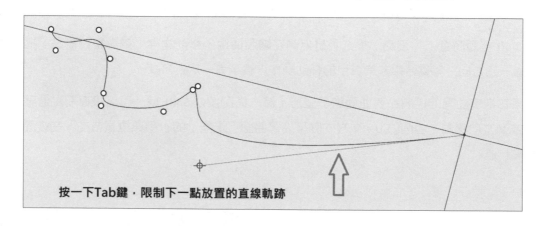

按一下Tab鍵，限制下一點放置的直線軌跡

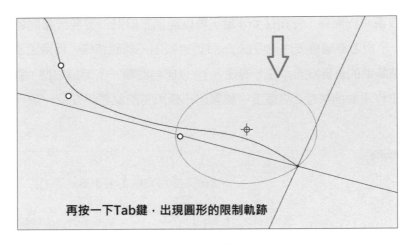

再按一下Tab鍵，出現圓形的限制軌跡

而在繪製矩形時按一下「Tab 鍵」，可以鎖定矩形對角線的方向；而再按一下 Tab 鍵會出現圓形的限制軌跡，也是同理。

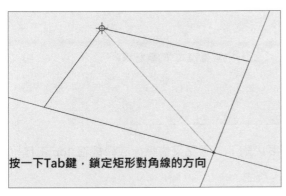

按一下Tab鍵，鎖定矩形對角線的方向

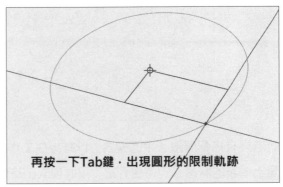

再按一下Tab鍵，出現圓形的限制軌跡

進入「垂直模式」：Ctrl 鍵

很重要的功能，進入「垂直模式」可突破只能繪製在該視圖的工作平面上的限制，讓放置點、繪製曲線、或移動物件、調整控制點、指定方向…等場合時，可以將指定點垂直放置於目前使用的工作平面的 +Z 軸或 -Z 方向，也就是於目前工作平面指定的基準點的正上、正下方繪製或移動物件。

「垂直模式」的軌跡線預設為白色，不過剛才已經在「方向限制」中設定軌跡線的顏色為綠色，垂直模式的軌跡線顏色也會同時更改。

以下示範垂直模式的作用，因為還沒開始說明 Rhino 繪製草圖（線物件）的方式和各種繪製指令，但沒有關係，讀者先有個印象，於後面章節中學會之後，再翻回這裡查閱即可。

例如，在 Perspective（透視）視圖中繪製「控制點曲線」，由於 Perspective 視圖預設的工作平面和 Top 視圖的工作平面相同，如果不啟用「垂直模式」，則曲線只能被繪製在 Top 視圖的工作平面上。

而如果我們在放置下一點時，先按住 Ctrl 鍵，再以滑鼠左鍵點一下要放置點的位置（這時可以放開 Ctrl 鍵，不過若要繼續按住也可以），發現會拉出一條軌跡線，而滑鼠游標的作用範圍被限制在剛才點擊處的垂直方向（往上或往下），這時再點擊一下滑鼠左鍵，就可以把這個點放置在垂直於工作平面的某個 Z 高度上，繪製出一條所有的點並不在同一個平面上的控制點曲線。

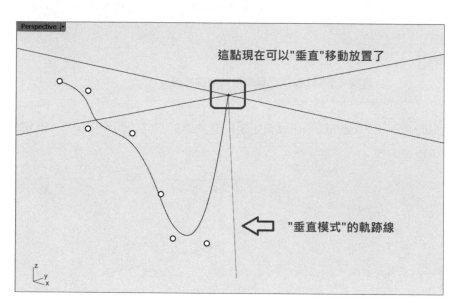

而若沒有搭配開啟「平面模式」以維持住工作深度，則下一個點又會恢復成只能在 Top 工作平面上繪製的狀態了，待會介紹「平面模式」時會再解說。

而當按住滑鼠左鍵拖曳移動物件時，原本只能在目前視圖的工作平面上移動物件，不過若是搭配按住 Ctrl 鍵再拖曳移動物件，就可以把物件沿著垂直於目前工作平面的 Z 方向上移動，產生一個「高度」。當物件有了 +Z 或 -Z 的高度（座標）後，若是不再使用垂直模式，以一般拖曳的方式移動物件，則就保持在物件的 Z 高度不變的狀態下，以和目前視圖的工作平面平行的方向，二維的移動物件。

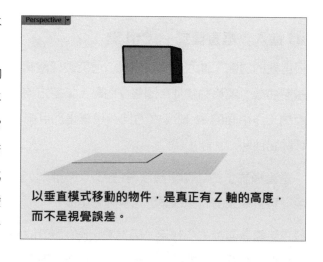

垂直模式啟用時，直接輸入距離數值可以設定物件移動的垂直距離，正數代表往工作平面上方移動，負數代表往工作平面下方移動。

> **NOTE**　「垂直」（Vertical）和「正交」（Ortho）相當不同，不要把兩者搞混。最大的差別
> 在於，垂直模式是鎖定在目前工作平面的 Z 軸向上，正交模式是鎖定在 X、Y 軸向上。

推移（Nudge）

所謂的「推移」就是指使用鍵盤的「方向鍵」來移動、微調所選物件的位置，這樣的好處是比
起用滑鼠拖曳，能夠更精確的移動物件。在預設情況下，按下鍵盤的方向鍵（上、下、左、
右）是平移或轉動視角，除非搭配按住 Alt 鍵並使用方向鍵，才能以方向鍵推移物件。

而按住 Alt 鍵並按下 PageUP 或 PageDown 鍵，可以在世界 Z 軸方向上推移物件。

在「設定拖曳模式」指令集中，可以設定要以何種座標系的軸向
方向做推移，但一般都保持在預設的「工作平面」軸向，不太需
要去更動。有時更動這些選項，反而會造成混亂。

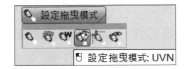

選擇拖曳模式，選擇目前的模式可以還原為預設值 <工作平面> (工作平面(C) 世界(W) 視圖(V) UVN(U) 控制點連線(O) 下一個(N)):

在「Rhino 選項」→建模輔助→「推移設定」選單內可以設定「推移步距」，也就是指按住 Alt
鍵並按方向鍵一次，要移動的單位距離。並且還可以設定「按住 Ctrl + Alt + 方向鍵」或「按住
Shift + Alt + 方向鍵」的推移步距，其餘選項保持預設值即可。

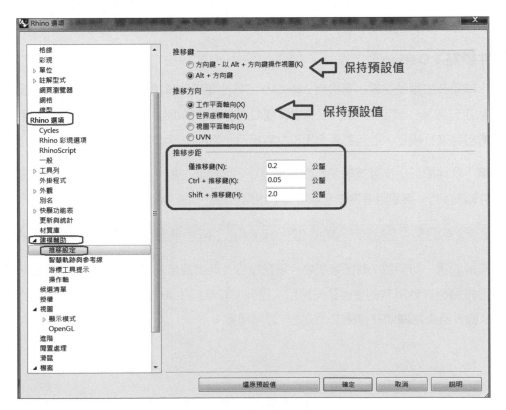

「狀態列」中的輔助功能

在軟體介面最下方的「狀態列」有一排輔助功能，雖然不起眼但絕不能忽視，使用者必須要對這些功能非常熟練。以下將對其功能做詳細介紹：

| 鎖定格點 | 正交 | 平面模式 | **物件鎖點** | 智慧軌跡 | 操作軸 | 記錄建構歷史 | 過濾器 | 絕對公差: 0.001 |

🔲 鎖定格點（Snap）

點擊此文字按鈕使它變為粗體字，表示開啟「鎖定格點」功能。

開啟此功能，會限制滑鼠只能捕捉到工作平面格線的交點，對於精確繪圖有一定的幫助。不過，如果發現「鎖定格點」的限制影響了自由描繪時，將之關閉即可。

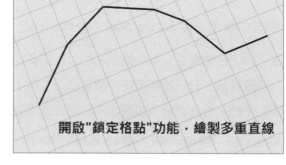

開啟"鎖定格點"功能，繪製多重直線

在「鎖定格點」的文字上按滑鼠右鍵，從功能表中選擇「設定」，會開啟「Rhino 選項」的「格線」選單，此選單在下一章會說明。

> **NOTE** 按 F7 鍵可以開啟 / 關閉工作平面上的格線，整個視圖就會空白一片。

🔲 物件鎖點（Osnap）

最基本、最重要的輔助功能，有用過 AutoCAD 或其他同類型軟體的讀者應該再熟悉不過。開啟物件鎖點並勾選某一類型的「點」，能讓這種類型的點被捕捉到，只要滑鼠游標移動到附近的位置就會自動進行鎖定，並且畫面上出現文字提示，協助使用者精確的鎖定指定類型的點。

首先點擊「物件鎖點」文字按鈕使它變成粗體字，開啟此功能，同時也會啟用一排控制項，稱為「物件鎖點列」，讓使用者選擇要啟用或不啟用該種類型的點的鎖定功能。

| ☑端點 | ☑最近點 | ☐點 | ☐中點 | ☑中心點 | ☐交點 | ☑垂直點 | ☐切點 | ☐四分點 | ☑節點 | ☐頂點 | ☐投影 | ☐停用 |

以滑鼠左鍵勾選，可開啟 / 關閉某個物件鎖點項目；而以滑鼠右鍵點選，則只會開啟所選取的項目，同時關閉其他所有的物件鎖點項目。另外，有無按住 Alt 鍵，可以暫時切換物件鎖點的開 / 關狀態，原先為關閉就變開啟，反之，經常用到。

物件鎖點列中的所有項目都淺顯易懂，以下特別說明幾個項目：

■ **最近點**：鎖定滑鼠游標附近最接近曲線或曲面邊線上的點。使用者可以把它粗略的認為是曲線或邊線上的任意一點，當只是要鎖定曲線或曲面邊線的任意一點，而不是其上特定位置的點時，就很實用。

■ **點**：開啟後可以鎖定點物件、點雲物件、控制點、編輯點、實體點 ... 等可見的點。

■ **四分點**：四分點是一條曲線在工作平面 X 或 Y 軸座標最大值或最小值的點，例如一個圓形曲線的四分點就會在如右圖所示的位置上。

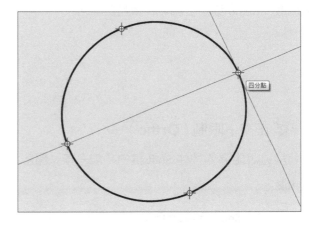

■ **投影**：啟用時，任何被物件鎖點鎖定到的點，都會投影至目前的工作平面上，有點 3D 轉為 2D 圖面的意思，一般較少用。

■ **頂點（Vertex）**：可以鎖定網格（mesh）物件的頂點，讀者看完「網格」章節就會明白了。

■ **停用**：在不改變目前設定的條件下，停用所有物件鎖點功能，再點擊一次恢復所有設定與功能。

以上所提到的，都是「持續性」的物件鎖點功能，也就是說只要啟用「物件鎖點」功能（文字變成粗體），勾選這些項目都會持續有效。

還有一種是「單次性」的物件鎖點，單次性的物件鎖點只有在執行繪製指令時有效果，當繪製指令結束後就會失效。例如：執行繪製「多重直線」指令的過程中，將滑鼠游標移動到物件鎖點列並按住 Shift 鍵，發現物件鎖點列的項目改變了，可以在這邊選用單次性的物件鎖點功能。

□ 端點	□ 最近點	□ 點	□ 中點	□ 中心點	□ 交點	□ 垂直點	□ 切點	□ 四分點	□ 節點	□ 頂點	□ 兩點間	□ 百分比

同樣的，在執行任意繪製指令的過程中，將滑鼠游標移動到物件鎖點列並按住 Ctrl 鍵，發現物件鎖點列的項目又再次改變了，這是啟用了隱藏式的單次性物件鎖點列。

□ 自	□ 垂直起點	□ 切線起點	□ 軌跡線上	□ 平行線上	□ 曲線上	□ 曲面上	□ 多重面上	□ 網格上	□ 曲線上-持	□ 曲面上-持	□ 多重面上-持	□ 網格上-持

看起來很複雜，但實際建模過程中「單次性」的物件鎖點功能幾乎用不到，讀者只要知道有這樣的功能就好，不過對於「持續性」的物件鎖點功能要非常熟悉。

開啟「物件鎖點」功能有優點也有缺點,雖然能夠精確捕捉到特定的點的位置,但繪製曲線或移動物件時經常因為物件鎖點的優先權較高而導致產生的結果和所想的不同,反而造成困擾,因此要適時停用物件鎖點,待會在「平面模式」中會再解說。

在「物件鎖點」文字上按滑鼠右鍵可以開啟選單,裡面提供了更多選項,圖片是我習慣的設定。點選「設定⋯」會開啟「Rhino 設定」的物件鎖點頁面。

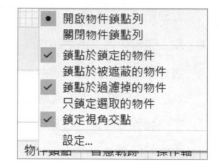

「正交」限制(**Ortho**)

和前述說明過的按住 Shift 鍵的功能一樣,開啟此功能,會限制滑鼠游標的作用範圍為指定的角度。

因為按住 Shift 鍵可暫時切換到正交限制模式,即使狀態列「正交鎖定」的選項並沒有被啟用,所以一般都會用按住 Shift 鍵的方式來暫時啟用「正交」限制,放開 Shift 鍵就恢復原狀,不會在狀態列開啟此功能(粗體字)使它變成常駐狀態。

如果在繪製時發現只能繪製特定角度的線條,確認狀態列中的「正交」是否有被啟用,將之關閉即可。

平面模式(**Planar**)

點擊狀態列的「平面模式」文字按鈕使它變成粗黑體以開啟此功能,開啟「平面模式」會強制滑鼠的座標位置保持在最後的工作深度,維持住繪製時各個工作平面 Z 軸向的座標。平面模式不只在 Perspective(透視)視圖中有作用,在其他 6 個正交視圖(Top、Front、Right、Bottom、Back、Left)都很有幫助,因此建議是讓它保持在常開的狀態,有特殊需求時再把它關閉即可。

不過,「平面模式」的優先權小於「物件鎖點」與「垂直模式」和「智慧軌跡」,如果有啟動並使用到這些功能,則平面模式會暫時失效。由於「垂直模式」要自己按住 Ctrl 鍵啟用,所以比較會注意到,但要特別注意「物件鎖點」或「智慧軌跡」對平面模式造成的影響,所以必須要適時的停用這些功能,以免繪製出很奇怪的曲線。而因為視角的關係,這在繪製時通常是看不出來的,請讀者多加留意。

初學者經常無法畫出正確的曲線,除了還不清楚 Rhino 的繪製邏輯(視圖和工作平面的觀念),另一個很大的原因都和「平面模式」、「垂直模式」與「物件鎖點」或「智慧軌跡」有關,因此一定要弄懂。

舉個例子,我們在 Perspective(透視)視圖中繪製「控制點曲線」,並比較只有使用垂直模式(按 Ctrl 鍵),和使用垂直模式搭配開啟平面模式的差異。發現雖然目前的視角中看起來兩條曲線的形狀差不多,不過這只是視覺上的誤差,我們把視角環轉一下看看。

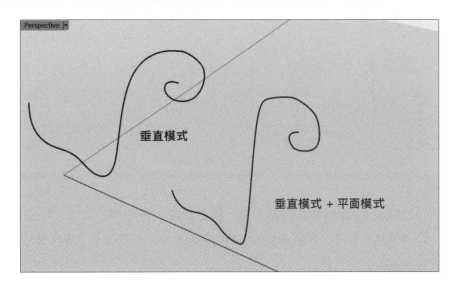

把視角環轉後,發現實際上兩條曲線的形狀完全不同。在沒有啟用「平面模式」的狀態下,於垂直模式中放置了一個點後,下一點又回復到只能放置在 Perspective 視圖的(Top)工作平面上,也就是其工作深度並沒有被維持住,除非再次按 Ctrl 鍵進入垂直模式放置下一點。而同時啟用了「平面模式」所繪製的曲線,之後的每一個點都會維持在垂直模式所設定的 Z 軸高度上,維持住工作深度(+Z、-Z 方向都可以)。

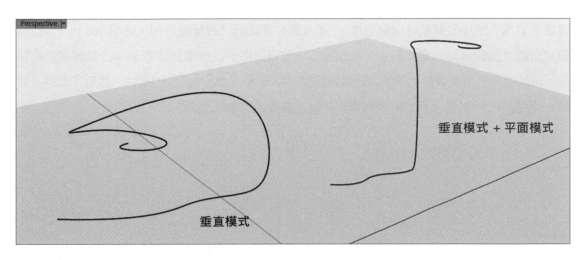

最大化 Right 視圖，並在 Right 視圖中查看兩條曲線，讀者就可以清楚的理解了。

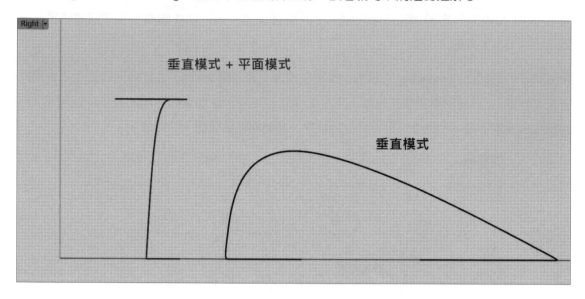

智慧軌跡

在狀態列的「智慧軌跡」文字按鈕點擊左鍵，使它變成粗體開啟此功能。智慧軌跡相當於
AutoCAD 的「自動推斷」功能，系統會在適當的位置自動推斷幾何條件並產生輔助線，也可以
自己建立暫時性的輔助點。

首先，在狀態列的「智慧軌跡」文字按鈕上按滑鼠右鍵，點選「設定」開啟「Rhino 選項」的
「智慧軌跡與參考線」選單頁。

這邊要勾選「啟用智慧軌跡與參考線」，並改變智慧點出現的延遲時間（建議 100 ms），並且
設定可產生的智慧點的最大數目，可以設多一點沒關係。然後要更改智慧軌跡為較顯眼的顏
色，例如這裡將所有智慧軌跡項目的顏色都設定為 RGB=（255,35,0）的紅色，並且不勾選「虛
線」，最後再把「特性」欄位的所有選項打勾，讀者可依據自己的喜好來設定。

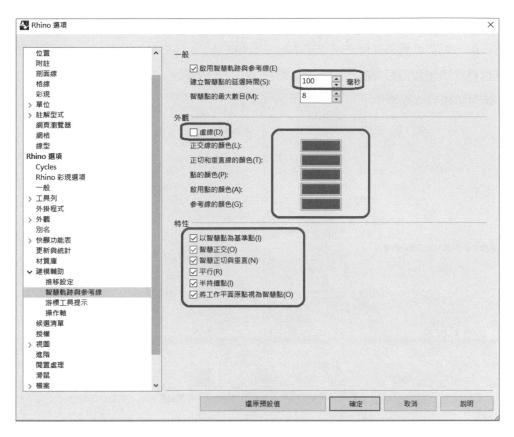

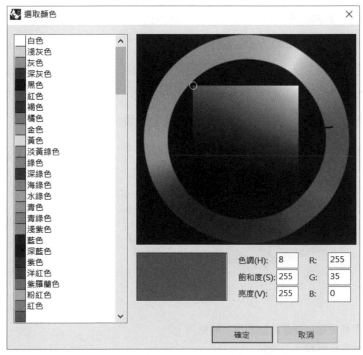

以下是開啟「智慧軌跡」功能並執行任何一種繪製指令的狀態，例如繪製「控制點曲線」，發現目前的最末點自動變為紅色十字標記的點（智慧點），此時移動滑鼠游標，發現智慧軌跡會自動幫我們標示出和智慧點的連線為曲線切線 / 正交 / 垂直線 / 交點…的點，方便我們定位，準確地繪製曲線或放置物件。

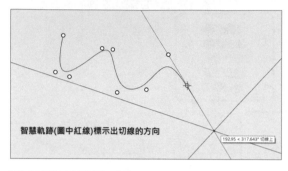

智慧軌跡(圖中紅線)標示出切線的方向

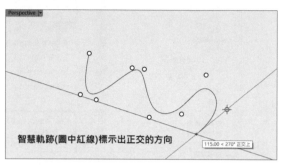

智慧軌跡(圖中紅線)標示出正交的方向

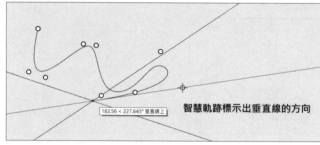

智慧軌跡標示出垂直線的方向

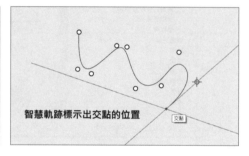

智慧軌跡標示出交點的位置

建立一個擠出曲面，開啟「智慧軌跡」功能，執行任何的繪製指令，將滑鼠游標依序停留在曲面右側邊線上的兩個端點約 100 ms（不需要點擊滑鼠左鍵），則會在曲面邊線上的兩個端點上產生紅色十字標記的點（智慧點），這時再移動滑鼠游標，就可以找出這兩個端點平行延伸線上的點、或者視角交點…等位置，依據滑鼠游標位置的不同，系統自動幫我們判斷並標示出幾何條件。此時點擊滑鼠左鍵，就可以精確地在該點上繪製曲線或放置物件。

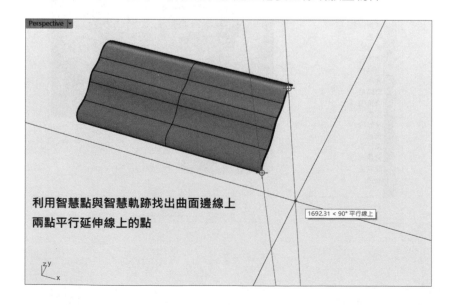

利用智慧點與智慧軌跡找出曲面邊線上
兩點平行延伸線上的點

建立一個長方體實體並開啟「端點」物件鎖點，執行任何的繪製指令，例如繪製「多重直線」，將滑鼠游標停留（不要點擊左鍵）在其右上角的端點上 100 ms，會出現一個智慧點，此時移動滑鼠到差不多的位置，會自動出現智慧軌跡的輔助線，告訴使用者該點的位置與智慧點的連線為與長方體正交 / 切線 / 垂直線的位置。此時如果直接輸入代表距離的數值，並按下 Enter、空白鍵或滑鼠右鍵確認，則會在該方向的指定距離處產生第二個智慧點（不要點擊左鍵），供使用者確認位置，或進行下一步的定位使用。

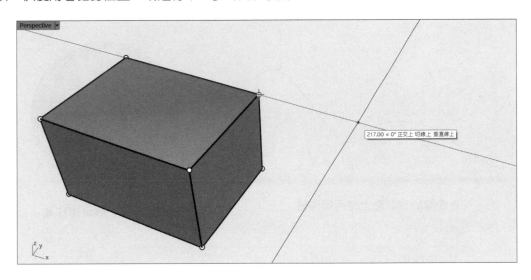

啟用「智慧軌跡」功能就是用這樣的方式，產生出「暫時性」的輔助線（智慧軌跡）或十字標記點（智慧點），並依據滑鼠游標的位置自動判斷並標示出幾何條件，協助使用者定位，而不需要真的畫出直線或點作為輔助線或輔助點。智慧點與智慧軌跡在它「完成任務」，或完成繪製後將會自動消失。

而啟用「智慧軌跡」功能後，於執行任何繪製指令時，只要按一下 Ctrl 鍵便會在目前滑鼠游標的位置處產生一個智慧點，可容許智慧點的最大數量剛才已介紹過如何設定。如果超過最大數量，則之前放置的智慧點會依序消失；雙按 Ctrl 鍵可以刪除目前所有的智慧點。

在執行任意繪製指令的狀態下，按Ctrl鍵產生了一些智慧點

操作軸（Gumball）

操作軸是現在每個 3D 軟體的基本功能，可以讓使用者以直覺的方式對物體做移動、旋轉、縮放、擠出（拉伸）與變形。於操作介面底部狀態列中，點擊「操作軸」文字使之變成粗體字開啟此功能，在選取物件後就會在物件上顯示操作軸。除了單選，也可以複選多個物件，或是按住 Ctrl + Shift 選取多個「次物件」，使用操作軸可以同時對這些選取到的單數或複數物件同時進行調整。

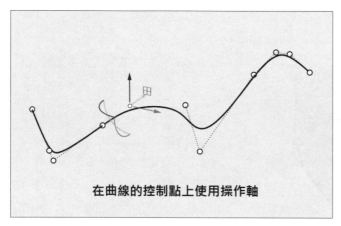
在曲線的控制點上使用操作軸

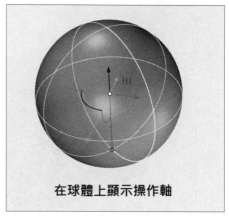
在球體上顯示操作軸

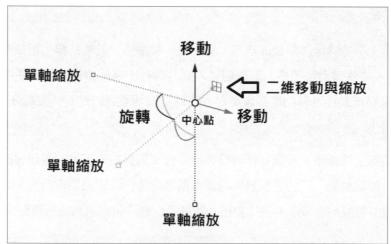

操作軸的功能很直觀，Red、Green、Blue（RGB）三個軸向代表 X、Y、Z 軸，按住滑鼠左鍵拖曳三個方向的箭頭可以平移，拖曳弧形可以旋轉，拖曳三個軸向上的小方塊可以在該方向做「單軸縮放」。另外，在兩個軸向之間還有一個「田」字型的方格，直接拖曳它，可以在在兩個顏色代表的軸向所構成的平面上移動，搭配按住 Shift 鍵拖曳它，可以在兩個顏色代表的軸向所構成的平面上做「二軸縮放」。

而按住 Shift 鍵拖動單軸縮放的小方塊，則可以做「三軸縮放」，在調整過程中快按一下 Alt 鍵可以複製物件。不必怕記憶這麼多快速鍵，指令列中都會有提示，很貼心：

按住 Shift 鍵可以三軸縮放，快按 Alt 鍵可以複製物件:

> **NOTE** 即使不使用操作軸，一般在執行「移動」、旋轉」或「縮放」的操作時，都可以「快按一下」Alt 鍵，在新的位置產生一個經過移動、或經過旋轉、或經過縮放的物件複本。

也可以直接在移動、旋轉或縮放的箭頭、弧形或小方塊上點一下滑鼠左鍵，直接輸入數值來精確移動、旋轉或縮放，而輸入負值代表往反方向做移動、旋轉或縮放。

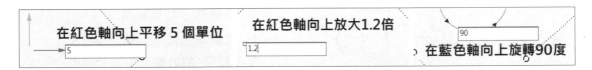

移動、旋轉與縮放是以「操作軸的中心點」為基準，移動或旋轉比較容易理解，但要特別說明一下縮放。如下圖，繪製一個「可塑形的」圓形曲線，選取它所有的控制點，此時操作軸的中心點出現在所選的所有控制點的中心。按住 Shift 鍵拖動小方塊做三軸縮放，無論是縮小或放大，都是以操作軸的中心點為縮放的基準點。無論是曲線、曲面、實體、SubD 或 Mesh…等任何物件都是這樣，依此類推，是經常用到的實用操作。

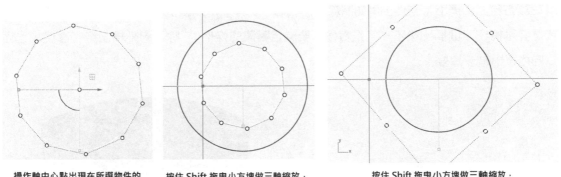

操作軸中心點出現在所選物件的中心位置，作為縮放的中心點

按住 Shift 拖曳小方塊做三軸縮放，向內拖曳將圓縮小

按住 Shift 拖曳小方塊做三軸縮放，向外拖曳將圓放大

除此之外，拖曳操作軸的中心點，可以移動整個物件。

> **NOTE** 雖然操作軸很方便，但如果不想使用操作軸也可以關閉它。例如，可以使用「移動」指令或直接拖曳物件做移動，按住 Ctrl 鍵拖曳物件也可以做到垂直移動。至於旋轉、縮放或擠出也都有指令，例如按住 Ctrl + Shift 鍵選取其中一個多重曲面用操作軸來做擠出，就和「ExtrudeSrf」（將面擠出）指令的效果是相同的，不一定都要使用操作軸來做。
>
>

一個小技巧，選擇物件後開啟控制點（F10 鍵），複選一些控制點後，在該軸向上輸入縮放係數為「0」，可以把所選的控制點在該軸向上壓平，進而改變物件的形狀。無論是曲線、曲面、實體、SubD 或 Mesh 物件，或是二軸、三軸縮放都可以用這個技巧來做出「壓平」的形狀。不使用操作軸來做的話，使用後續會介紹的「對齊」指令也可以。

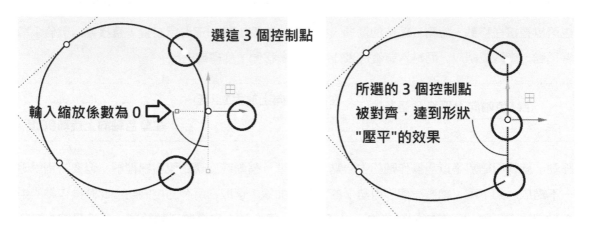

接下來介紹如何用操作軸做「擠出」（Extrude）以及「重新定位操作軸」。

選擇剛才繪製的曲線，發現在藍色軸向的箭頭上有個「擠出點」，按住滑鼠鍵拖曳擠出點，可以在該方向上「擠出」物件，例如將線擠出成面。另外，用同樣的方式也可以將點擠出成線、或是將面擠出（面擠出後不一定是實體，要滿足實體的條件）。除了向外擠出增加厚度，也可以向內擠出減少厚度。

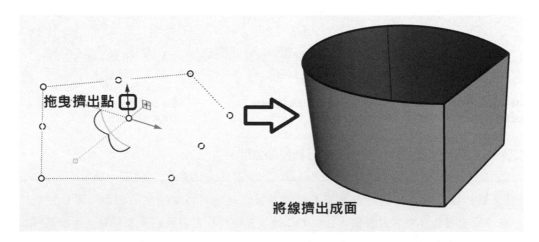

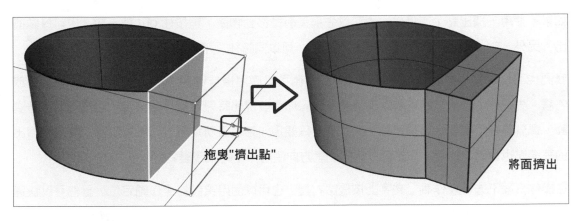

拖曳 "擠出點"

將面擠出

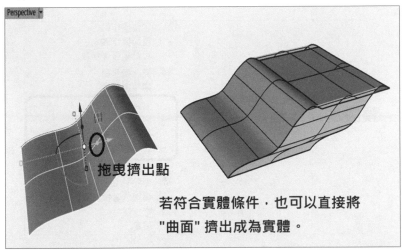

拖曳擠出點

若符合實體條件，也可以直接將
"曲面" 擠出成為實體。

對於 SubD 或 Mesh 物件來說，經常使用操作軸從邊線（edge）擠出成為新的面（face），如下圖：

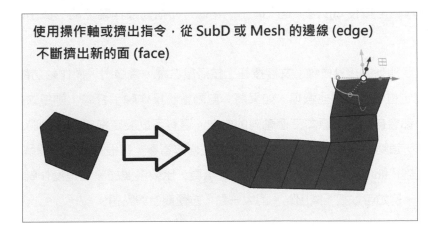

使用操作軸或擠出指令，從 SubD 或 Mesh 的邊線 (edge)
不斷擠出新的面 (face)

如果不使用「擠出點」來操作，也可以先拖曳箭頭移動物體，再按住 Ctrl 鍵不放，也可以做擠出。另外，於「擠出」時再搭配按住 Shift 鍵，可以同時往「兩側」擠出。

我們也可以調整操作軸的位置和角度，使我們可以使用操作軸朝任意方向移動、旋轉、縮放物體。先按住 Ctrl 鍵，然後隨意調整操作軸，你會發現此時只有操作軸改變，物體不會跟著變動，這就是在「重新定位操作軸」的狀態。只要操作軸被重新定位，移動、旋轉、縮放和擠出的基準點也會隨之改變，你就可以朝向任意方向使用操作軸來改變物體。

在操作介面下方「操作軸」文字上按滑鼠右鍵，也可以使用預設的操作軸定位，讓你可以快速把操作軸依照指定的方式定位，不用自己慢慢調整，其中用的比較多的是「對齊物件」。

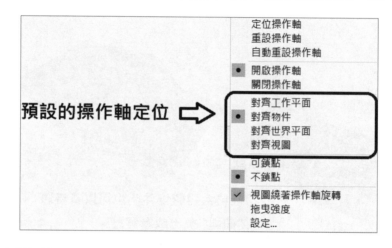

整理一下，注意搭配按住 Ctrl 的時機不同，會變成不同的操作：

1. 先按住 Ctrl 再去調整操作軸，是改變操作軸本身，將操作軸「重新定位」，不改變物件。

2. 先移動操作軸再按住 Ctrl 鍵，是「擠出」物件，和拖動操作軸上的「擠出點」是同樣的意思。

剛才說到，在狀態列的「操作軸」文字按鈕上按滑鼠右鍵，會彈出「操作軸功能表」，除了剛才說過的預設定位，還有其他選項。如果將「自動重設操作軸」打勾，則每次操作軸經過調整、變動後，都會自動回復原本三個軸向的方向。還有可以設定拖曳操作軸時是否可以鎖點（建議設為「可鎖點」），而其他的選項也可嘗試去修改看看，都很白話容易理解。而點選「設定 ...」會進入到「Rhino 選項」的「操作軸」選單頁，比較重要的設定是操作軸的各種控制元件的顯示大小，例如可以把「擠出點」調大一點，方便觀看與點選。

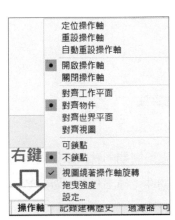

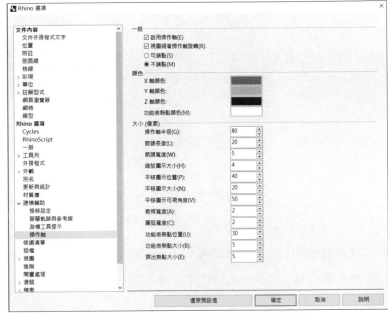

Record history（記錄建構歷史）

開啟「記錄建構歷史」功能，代表告訴系統，從現在開始要建立「輸入物件」和「輸出物件」之間的連結關係。這是一般參數式 CAD 軟體預設的標準建模方法，但在 Rhino 中必須手動啟用，作為輔助功能。

例如，在 Solidworks 中，所有的操作都會被完整記錄下來，便於日後修改。在 Solidworks 的「特徵建構樹」中選取當時用來建立擠出曲面的原始草圖，並執行「修改草圖」對原始草圖做編修，而擠出曲面（子物件）也會隨著草圖（父物件）的修改而產生改變。

但在 Rhino 中，繪製一條曲線並將之擠出，建立擠出曲面後，選取擠出曲面並按住滑鼠左鍵將之拖曳移動，會發現原始曲線還是留在原處，從此和擠出曲面沒有關連性，可見 Rhino 並不會主動維持參數之間的關聯性，也是 Rhino 和一般參數式的 CAD 軟體差異最大的地方。這可說是 Rhino 的一個罩門，不過也因此大幅減少占用的系統資源，讓 Rhino 在等級低的電腦上也可以順暢執行，並減少存檔的檔案大小，有利有弊。

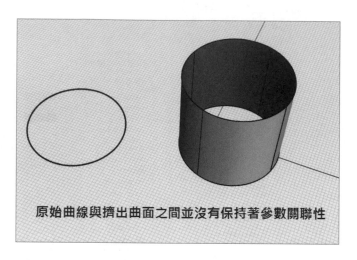

原始曲線與擠出曲面之間並沒有保持著參數關聯性

點選開啟狀態列上的「紀錄建構歷史」按鈕,使它變成粗體字後,這段時間內就可以如同 CAD 類型的軟體一樣,將原始的父物件(輸入物件)與其產生出來的子物件(輸出物件)做參數的連結。

例如,繪製了一個圓形後,開啟「記錄建構歷史」功能,再執行「將線擠出」指令從圓形曲線建立一個擠出曲面。這時調整圓形曲線的控制點,發現擠出曲面的形狀就會隨之變化了。

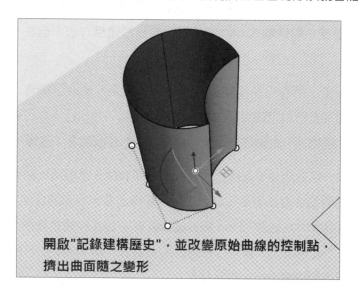

開啟"記錄建構歷史",並改變原始曲線的控制點,
擠出曲面隨之變形

> **NOTE** 當然記錄建構歷史的操作不只適用於曲線與曲面,可適用於任何類型的物件,讀者要靈活運用它。

例如「記錄建構歷史」功能在放樣（Loft）或陣列（Array）等指令尤其好用，可以節省把不理想的曲面刪掉，修改曲線後再重新放樣的麻煩；或者只要修改原始物件，陣列中的所有物件也會隨之變化。

而如果將擠出曲面移開，會跳出對話框告訴使用者建構歷史被破壞，原始曲線與擠出曲面之間又恢復成不相關的物件了。

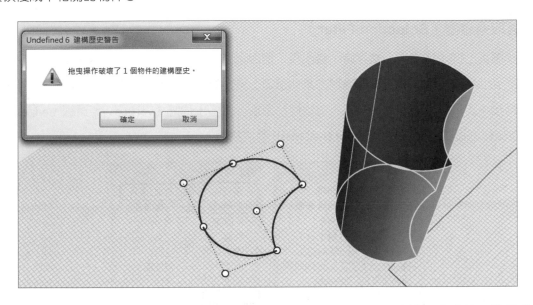

如果有用過 Solidedge 或 UG NX 的讀者，也可以類比想像成開啟紀錄建構歷史功能，就是參數式建模；而關閉紀錄建構歷史功能，就類似於使用同步建模。

在狀態列「記錄建構歷史」文字上按滑鼠右鍵，可以開啟紀錄建構歷史的選單。

Rhino 預設為不啟用紀錄建構歷史，而且一旦執行了其他指令後，紀錄建構歷史功能又會自動被關閉。這是為了防止執行了預期之外的修改，以及因為並不是所有指令都支援此功能。而且，使用此功能會耗費較多系統資源，並增加輸出的檔案大小，因此不建議勾選「總是紀錄建構歷史」，需要使用時再手動啟用即可。

> **NOTE** 可到 https://docs.mcneel.com/rhino/7/help/zh-tw/commands/history.htm 查看目前支援建構歷史的指令有哪些，應該已經足夠使用了。如果不想查詢和記憶也沒關係，反正試了就知道該指令有沒有支援建構歷史。

於軟體介面左側的「主要」邊欄中，在圖示上按住滑鼠左鍵約 0.5 秒，展開記錄建構歷史指令集。

這邊的指令有點雜，但絕大多數情況下以之前所說的方式操作即可，幾乎不會用到這裡的指令。讀者自行看一下指令名稱也可以明白這些指令是做什麼的，比較重要的是 ⊗ HistoryPurge（清除建構歷史）指令，會移除父物件及子物件之間的建構歷史連結。因為記錄太多建構歷史會消耗系統資源，讓操作變慢，也會使檔案變大，因此若是記錄建構歷史的重度使用者，偶爾可執行此指令清除不再需要的建構歷史記錄，不過建構歷史一旦被清除就不可復原了。

🔳 選取過濾器（Selection Filter）

按下狀態列上的「過濾器」文字時，會出現「選取過濾器」面板。取消勾選某種物件類型，便選取不到該類型物件。在選取過濾器的某個選項上按滑鼠右鍵，可以只開啟該選項而關閉其他的，再按一次即還原。另外，勾選「次物件」選項，會多出頂點（vertices）、邊緣（edges）和面（faces）的選項，方便你選取 SubD 或 Mesh 的次物件。

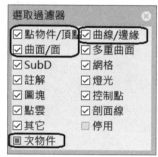

也有人習慣把選取過濾器拉出來嵌入在視窗中（位置隨個人喜好），方便隨時點選。

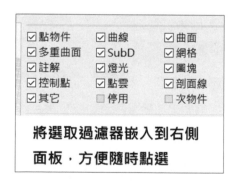

以下是 Rhino 廣義的建模邏輯

1. 以點物件建立線，或直接繪製線（「繪製曲線」工具列）

2. 對線做編輯與調整（「曲線工具」工具列）

3. 以線建立面，或直接建立面（「建立曲面」工具列）

4. 對面做編輯與調整（「曲面工具」工具列）

5. 以面建立實體，或直接建立實體（「建立實體」工具列）

6. 對實體做編輯與調整（「實體工具」工具列）

7. 配合其它操作，如「變動」、「分析」、「尺寸標註」…等

實際建模的順序經常跳來跳去的，故這裡說的只是一般廣義上的建模邏輯，讀者大概知道一下概念就好，絕對不要拘泥於此，要靈活的運用基礎概念。

在實際的工作上，要建立一個模型之前，會先對模型整體進行分析

1. 到底要製作什麼東西？對於它的外型、機構、功能性和產品定位，都有一個很清楚的想法了嗎？

   如果沒有，可以回歸到討論、鉛筆素描、設計等這些基本流程上、而不要急著開始在電腦上建模。

2. 確定要建模的東西之後，先分析模型是由哪幾個主要的「大面」所構成的？應該如何建立這些大面？

3. 大面建立好之後，要如何對其進行編輯，使它更像理想中的樣子？

4. 模型中有那些是附加在大面上的小細節？應該如何建立出這些細節？

5. 如何使小細節與大面很好的融合在一起？

6. 繪製出來的模型，是否能製造出來？應該如何在繪製中就注意到細節、並提高模型的曲面品質？

7. 製造的方法？成本？人員管理？銷售對象？產品定位？定價？市場心理？維修是否方便？

等一大串問題，都必須在建模前就先做好規劃，如此可清晰建模邏輯，加速建模流程，並且使得建立出來的模型是真的可以被製作出來，而且具有市場價值。

活用「圖層」（Layer）功能

用過 Photoshop 或 AutoCAD 的人一定對圖層很熟悉，Rhino 也有圖層可以用來管理物件。可以把不同的物件分類到不同圖層，就可以透過圖層來選擇、隱藏／顯示、鎖定／解鎖、設定顏色、賦予材質、設定線型、設定列印顏色與線寬…等操作，相當方便。至於要怎麼把物件歸納

到不同圖層中，完全隨使用者的需求和習慣，有的人喜歡把點、線、面、實體物件分別歸類到不同圖層，有的人喜歡用材質或顏色來歸類圖層，有的人喜歡用物件屬性（NURBS、Mesh 或 SubD）來歸類圖層…等等，非常自由。

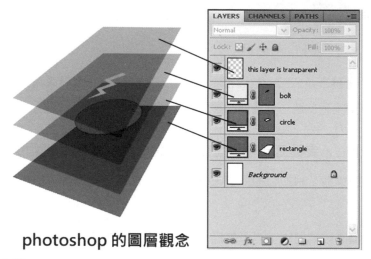

photoshop 的圖層觀念

圖片來源：https://photoshop-tutorial.org/getting-started/photoshop-basics-layers/

利用圖層管理模型的不同部分，可以使建模和彩現、出圖…等操作更加方便有效率。值得注意的是，使用圖層來「隱藏」物件（燈泡圖示），和以「隱藏」指令的快速鍵 Ctrl + H 來隱藏物件，兩者是獨立的，實際運用起來很方便。

從 Rhino 的右側面板中切換到「圖層」頁籤，就可使用圖層功能管理物件。而有個黑色打勾記號的圖層，代表目前使用中的圖層。慢點兩下圖層名稱，可以自訂圖層名稱。

名稱	目前的	開啟	鎖定	顏色	材質	線型	列印顏色	列印線寬
預設值		○	♂	■	● 石膏	Continuo…	◆	預設值
點		○	♂	■	● 油漆	Continuo…	◆	預設值
曲線		○	♂	■	● 塑膠	Continuo…	◆	預設值
曲面		○	♂	■	○ 寶石	Continuo…	◆	預設值
實體		○	♂	■	○ 玻璃	Continuo…	◆	預設值
輔助線	✓			■	● 自訂	Continu…	◇	預設值

這裡介紹把所選物件放置到指定圖層的方法，後面的章節中還會說明到其他功能，而沒有說明到的部分請讀者自己嘗試即可，都非常容易理解。將物件選取後，於某個圖層的右鍵選單中選擇「變更物件圖層」，即可將所選的物件放置到該圖層，並且物件也會變成符合該圖層所設定的顏色；而選擇「複製物件至圖層」可將選取的物件複製到該圖層。

NOTE 因為我們前面有設定過快速鍵了，按「F4」鍵也可以用對話框的方式，把物件放置到指定的圖層。

除了以「圖層」改變物件的顏色，從右側的「內容：物件」面板也可以設定所選物件的顏色，例如曲線或曲面的顏色。但對於多重曲面或實體物件來說，只會改變它的結構線與接縫線的顏色，不是改變它正反面的顏色。

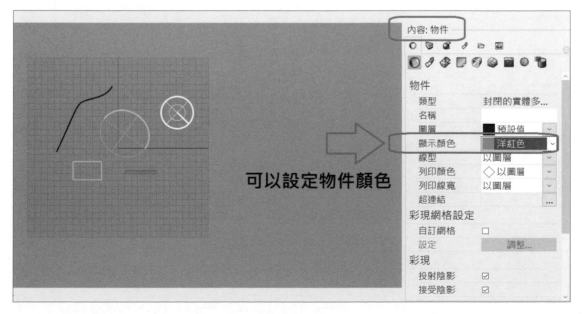

可以設定物件顏色

自訂 Rhino 的工具列、
操作介面與外觀顯示

以下是一些建議，能讓習慣於其他 CAD 軟體的使用者，更容易接受 Rhino 軟體介面的配置和建模邏輯，也對初學者觀念的建立非常有幫助。當然，本章中的所有內容，讀者都可以依據偏好改變設定，不一定要依照書中的做法。

CHAPTER

04

在右上角作業視窗的 Perspective（透視）視圖（Viewport）的下拉式「視圖選單」中，將顯示模式設定成「著色模式」，而 Top、Front 和 Right 視圖均維持在「框架模式」。如此可以在三個正交視圖中以框架模式繪製線條，並直接在 Perspective 視圖中觀察到所建立出的曲面或實體物件的「表皮」外觀。

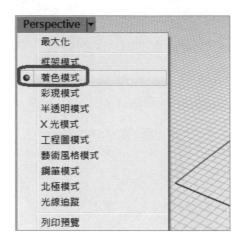

視圖選單中還有很多顯示模式和其他功能，讀者可以自行嘗試選單中不同的顯示模式與功能。例如，在任何一個視圖的標籤上按下滑鼠右鍵 → 設定攝影機（E）→ 調整鏡頭長度及推移（N），就可以透過按住滑鼠左鍵拖曳的方式來改變模型的透視強度，例如下圖就是調整成很誇張的魚眼透視效果。

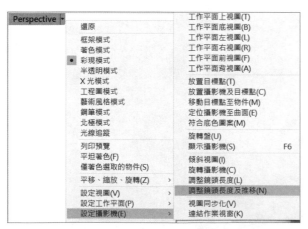

在右側「內容」面板的「投影」欄位，可以利用下拉式選單設定視角模式為：平行、透視或兩點透視。不過預設已經在 Perspective 視圖中使用「透視」，在 Top、Front、Right 視圖中使用「平行」，所以正常情況下也不需要特意去更改它，除非有特別的彩現（渲染、Render）的視

角需求時才比較有機會用到。或者,若發現視角變得很奇怪,也可留意一下是不是不小心改到這邊的設定了。

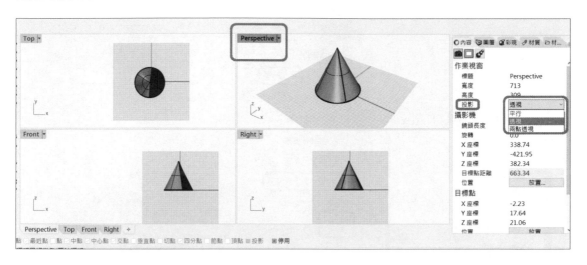

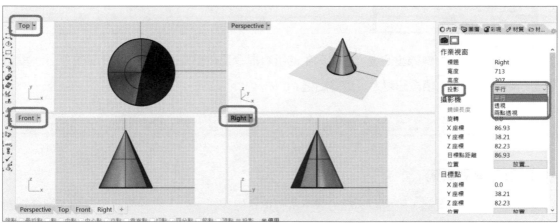

其他還有很多功能就讓讀者自己去玩玩看了,都只是選單設定而已,不多花費篇幅介紹。

在 Rhino 軟體介面上方的許多「頁籤」,稱作「工具列」。在某個工具列頁籤上,按下滑鼠右鍵,選擇「內容」,開啟「工具列內容」選項對話框,可以更改工具列標籤的群組名稱、並讓標籤內的每個指令按鈕同時「顯示圖示與文字」,還可以更改軟體介面的左側邊欄在切換到這個工具列頁籤時,要同步變換為顯示什麼類型的指令集…等各種選項。

不過,建議設定成無論切換到哪一個工具列頁籤,左側「邊欄」內都維持在「主要」指令集,讓左側邊欄不會隨著切換到不同的工具列頁籤而變化,操作起來反而比較方便,如下圖所示。

對每個工具列頁籤都做過設定後，工具列中的所有指令現在都會同時顯示圖示與文字了，對初學者非常有幫助，也讓按鈕變大，更好點選。

自訂工具列頁籤

切換到不同的工具頁籤，就會顯示該分類下所有指令的按鈕。以下介紹自訂工具列的指令按鈕的方法：

複製按鈕

按住 Ctrl 鍵並按住滑鼠左鍵拖曳，將某個指令按鈕「複製」新增到其他工具列或其他地方。

移動按鈕

按住 Shift 鍵，並按住滑鼠左鍵拖曳可以移動按鈕，重新安排按鈕放置的位置，例如可以把同類型的指令相鄰放置做個整理和歸類，更好點選同類型的指令；而此時如果將按鈕拖曳到工具列的範圍之外，就可刪除該按鈕。

> **NOTE** 如果不小心誤刪某個按鈕,可從其他地方(例如左側「主要」邊欄中)將按鈕「複製」回來。

編輯按鈕的內容

按住 Shift 鍵並以滑鼠右鍵點擊某個按鈕,會開啟「按鈕編輯器」對話框,可以自訂該按鈕的外觀、顯示的名稱(文字)、圖示與內容,例如:「只顯示圖示」、「只顯示文字」「同時顯示圖示與文字」,甚至也可以自己繪製按鈕的圖示,或設定滑鼠左鍵與滑鼠右鍵點擊所執行的指令。

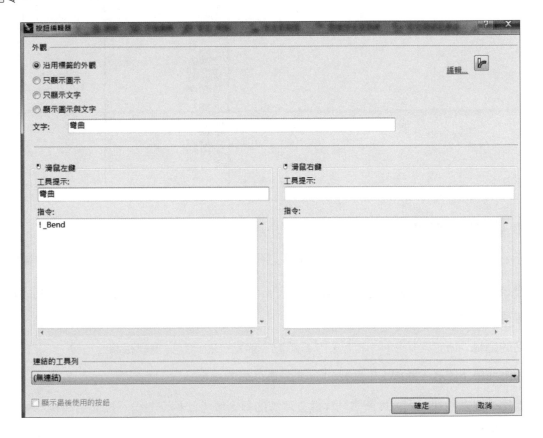

> **NOTE** 在「按鈕編輯器」中也可以將一連串指令、選項或操作自訂成一個「巨集(macro)」,方便操作,還有很多方法自訂巨集,讀者可到 https://wiki.mcneel.com/zh-tw/rhino/basicmacros 查看更多資訊。

點選軟體介面右上方，工具列頁籤最右邊的小齒輪按鈕 →「顯示或隱藏標籤」，可以自訂要顯示
/ 隱藏哪些工具列頁籤。讀者會發現 Rhino 可以使用的工具列非常多，很嚇人，不過實際上不同
工具列中指令的重複性很高，也有很多工具列根本不太用到，所以真正需要的工具列並不多。

> **NOTE** 使用者也可以在「Rhino 選項」→
> 「工具列」選單中，顯示 / 隱藏這些工具
> 列。

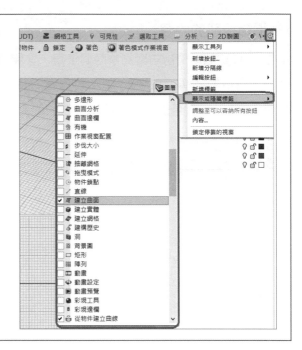

以下是本書建議開啟的工具列，由左到右的順序為：

標準	點的編輯	繪製曲線	從物件建立曲線	曲線工具	建立曲面	曲面工具	建立實體	實體工具	變動	分析	2D出圖	建立網格	網格工具	SubD工具列

■ **標準**：內含視圖與視角的設定、工作平面、可見性、選取、檔案管理、尺寸標註、Rhino
選項等指令。

■ **點的編輯**：所有與點物件、控制點、編輯點、節點…的調整與編輯相關的指令。

■ **繪製曲線**（原名「曲線」工具列）：所有繪製曲線的指令。

■ **從物件建立曲線**：內含從所選物件建立曲線的指令集，如相交曲線、抽離結構線、複製邊
框等指令。

■ **曲線工具**：所有與曲線的編輯、調整相關的指令。

■ **建立曲面**：所有創建曲面相關的指令。

■ **曲面工具**：所有編輯、調整曲面相關的指令。

- **建立實體**：所有創建實體物件的指令。

- **實體工具**：所有與編輯、調整實體物件有關的指令。

- **變動**：Rhino 的所有與變形、移動、旋轉、縮放、鏡射、定位相關的指令。

- **分析**：所有和分析與除錯相關的指令。

- **2D 製（出）圖**：所有和「2D 製圖」與標註相關的指令。

- **建立網格**：所有和建立多邊形網格（Polygon Mesh）物件相關的指令。

- **網格工具**：編輯網格物件的指令。

- **SubD 工具**：所有和 SubD 相關的指令。

當然，使用者也可以依據自己的習慣，自行定義工具列頁籤的名稱以及排列順序，不一定要這樣安排，只要按住滑鼠左鍵拖曳移動工具列頁籤就可以改變順序了。

> **NOTE**
>
> 1. 繪製「點物件」因為比較少用，因此沒有把它設定為工具列頁籤。需要繪製點物件時，從左側邊欄的「主要」指令集中選用即可。
> 2. 其他很常用的核心指令，例如：繪製直線、繪製各類基本幾何圖形、修剪、分割、組合、炸開、群組、文字物件、分析 / 反轉方向、對齊指令集…等也都從左側的「主要」邊欄或滑鼠中鍵的快顯工具列中選用。這樣的好處是無論在那個工具列頁籤下，都可以點選執行這些核心指令。
> 3. 很多常用的核心指令（例如隱藏、顯示、鎖定、修剪、分割、組合、群組…）預設都有鍵盤快速鍵可以使用，熟悉這些核心指令的快速鍵有助於操作。

經過把 Rhino 預設的軟體介面重新配置，有助於釐清建模邏輯，與 CAD 類型的軟體介面接軌，並能使初學者快速的適應 Rhino，大幅度提高學習效率，讓 Rhino 瞬間變得「親和」起來。

> **NOTE** 在指令列中輸入「ToolbarReset」並按下 Enter 鍵確認，可將工具列恢復為出廠預設值。

「Rhino 選項」內的設定

點選「標準」工具列的齒輪 圖示，或從下拉式功能表進入「Rhino 選項」，軟體的所有偏好設定和系統設定都集中在這裡，其中比較重要的設定項目為：

在「文件內容」→「單位」選單中,可以設定模型的單位和絕對公差、角度公差。由尤其是絕對公差的設定很重要,會影響模型的精度和組合(Join)指令的執行,建議維持預設值即可。如果因為建模過程的需求有調整到絕對公差,也要記得將它改回來,否則一個模型中出現不同公差,容易發生錯誤。

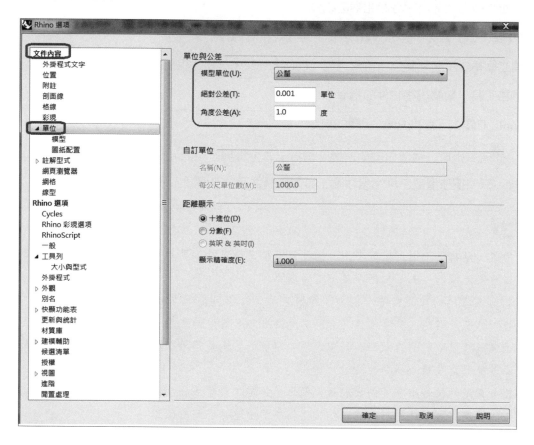

> **NOTE** 公差是指「測量的準確度或可以接受的誤差範圍」,通常使用的符號是 ± 數值。誤差範圍只要「夠好」就可以了,定義一個超過需求的高精度絕對公差,會讓生成的物件產生大量的控制點,造成不夠平滑與難以編輯等問題,也讓檔案變大、系統負擔加重。

在「文件內容」→「格線」選單中可以設定格線的總格數和間距…等參數。格線的總格數愈多,工作區域中有格線的範圍也就愈大,不過總格數的設定每次重新開啟 Rhino 後都會被重置。這裡還可以調整主格線與副格線之間的間距,還有以下三個選項也將它們全部勾選。

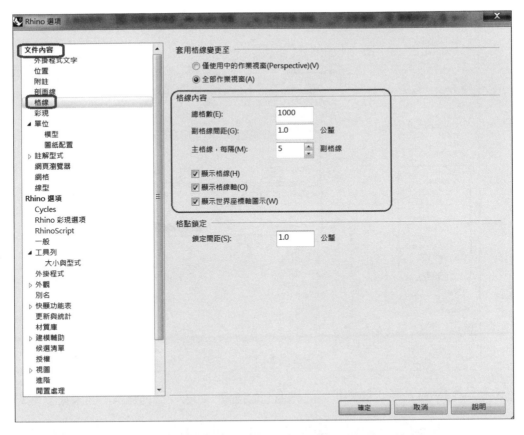

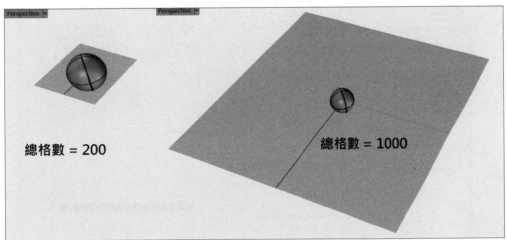

展開「視圖」→ 顯示模式 →「著色模式」選單，設定著色模式下曲面正面 / 反面顯示的顏色。這裡設定在著色模式下，曲面的正面顯示為橘色，反面顯示為藍色。這個設定有很重要的意義，後面章節中將會詳細說明，讀者可以設定自己喜歡的顏色，但一定要進行設定，且要設定為容易區分的不同顏色。

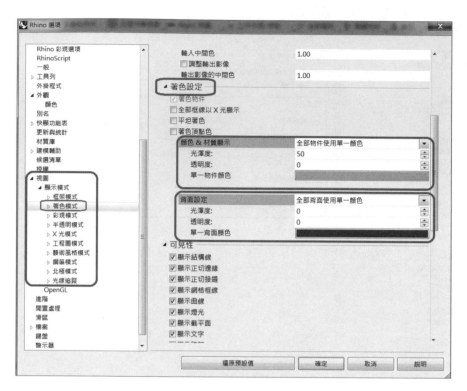

切換到視圖→ 顯示模式 →「框架模式」，把曲面的邊緣（Edge、或稱邊線）的線寬設為 3。

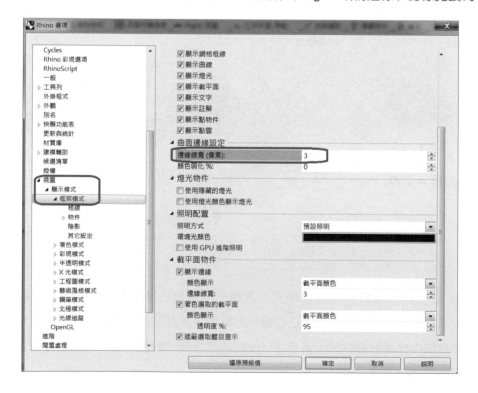

在「框架模式」下進入「物件」選單,將控制點大小改為「6」。再展開「物件」下的「點」選
單,將點物件的大小改為「4」,底下點雲物件和點雲控制點的大小也可以適當加大,如下圖
所示。

繼續展開「物件」下的「曲線」選單,將曲線線寬設為「3」,和曲面的邊線同樣粗細。繼續展
開「物件」下的「曲面」選單,維持曲面的結構線線寬為「1」不變。可再繼續展開各種顯示
模式下的「SubD」和「網格」選單,讀者可以依據自己的喜好調整不同物件在不同顯示模式下
的外觀。還有一些其他的設定,都依照使用者偏好進行調整。

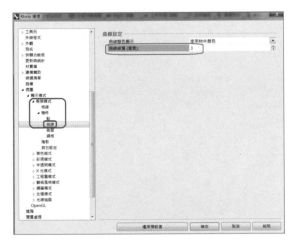 

同理,在「著色模式」下的所有設定,都比照剛才「框架模式」進行調整。

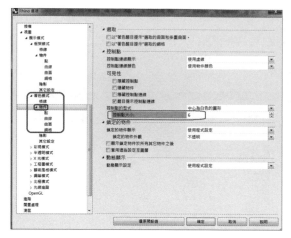 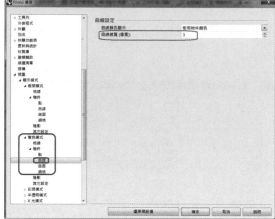

其他的顯示模式，如彩現模式、半透明模式、X光模式、工程圖模式...都可以比照辦理，調整該模式下的外觀設定，以美觀、容易區分為原則。

還有一點，這邊以我自己的電腦為例，每次執行某些操作時就會當機，花了很多時間找不出原因，後來發現在「視圖」→ OpenGL選單中，把「GPU細分」取消勾選即可正常執行Rhino程式，並且把反鋸齒設到最大也沒問題，供讀者參考。

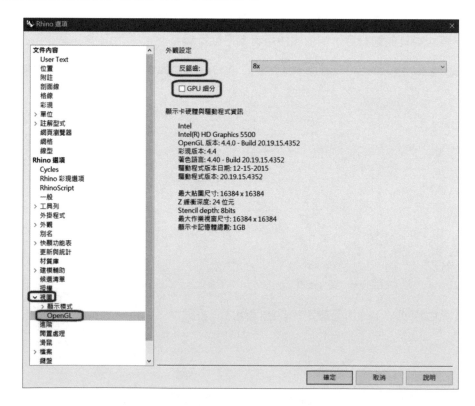

在Rhino選項 → 工具列 →「大小與型式」選單中，設定按鈕大小為「中」或「大」，並將延遲彈出的時間縮短，其他選項都依據個人偏好設定。

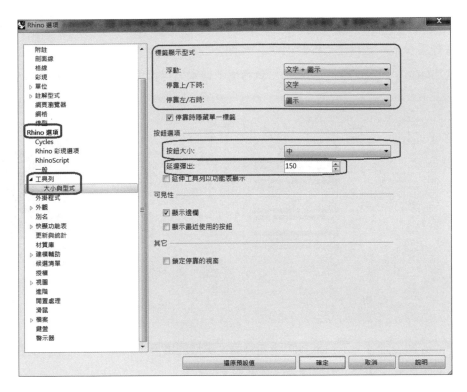

在「Rhino 選項」→「外觀」下，可以設定指令列的字體與文字大小，並且還可以設定指令列的底色。這邊建議可以把指令列設定一個淡色的底色，讓指令列與工作區域清楚的區分開來，例如設定淺黃色 RGB =（250,245,230），再把下方三個選項都打勾。「方向箭號圖示」內的數值可以自行設定，但建議可調整成比預設值大。最後，再把「顯示下列項目」內的所有選項都打勾。

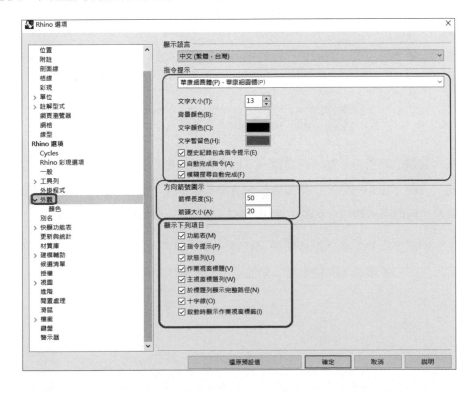

在「外觀」→「顏色」選單中，把「背景、主格線、副格線」維持同色系，但都調淡一點，視覺看起來會舒服很多。並且在「界面物件」選項中把「十字線」的顏色調整成顯眼的顏色，例如這邊設定為 RGB =（0,50,255）的藍色，讀者可依據喜好自行設定其他部分的顏色。

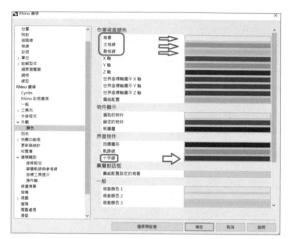
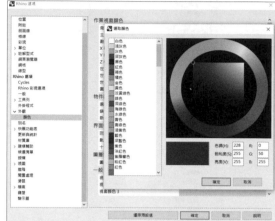

完成一連串的外觀設定後，不只能長時間在舒適、美觀的環境下繪圖，也讓物件的特性可以直接在視覺上清晰的呈現出來，對於建模的幫助極大。

所有 Rhino 的面板和視窗都可以按住滑鼠左鍵拖曳其邊線，改變面板或視窗的大小。所以，再把軟體介面右側的面板整理、刪除，只剩下「內容、圖層、材質、材質庫、彩現、燈光」六個面板即足夠。

若覺得右邊的面板太佔空間，可以把它縮進去只剩下圖示就好，反正用一陣子就知道它是什麼項目了。

並且，把左側邊欄也縮進去一點、再調整一下指令列和狀態列、以及工具列所占的空間，讓繪圖區的空間大一點。也在指令列左側部分按住滑鼠左鍵拖曳，將指令列拖曳到軟體介面下方放置。當然讀者也可以不改變指令列的位置讓它維持在上方，依據個人習慣配置。

以上述方法，經過工具列的重新配置整理，花費一些時間將 Rhino 預設的軟體介面修改，並改變外觀與顯示設定的選項後，最終軟體介面的呈現如下圖所示：

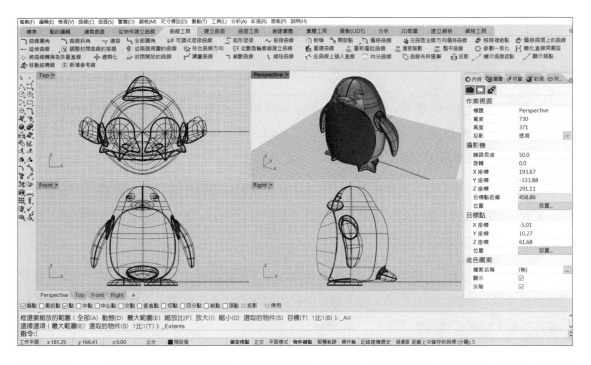

修改後的 Rhino 軟體介面雖然犧牲了一點作業視窗的範圍，不過版面的配置讓使用者能有清晰的建模邏輯，按鈕旁邊附上文字說明，按鈕也更大、更好點選。

辛苦完成設定之後，在「Rhino 選項」→「工具列」選單中，可以把自訂的工具列與操作介面儲存成 .rui 檔（Rhino User Interface），在重新安裝 Rhino 或是更換電腦時可重新使用這些設定。要套用 .rui 檔設定，直接將 .rui 檔拖曳到 Rhino 軟體介面中即可，或是在「Rhino 選項」→「工具列」中執行「開啟舊檔」將之匯入進來。

> **NOTE** 預設的 UI 檔放置在 C:\Users\User\AppData\Roaming\McNeel\Rhinoceros\7.0\UI\ 目
> 錄中。

最後，也可以把「Rhino 選項」內調整過的設定儲存起來成為 .ini 檔，以便重灌軟體或於其它
電腦中使用。直接在指令列中輸入「OptionsExport」或「OptionsImport」即可將「Rhino 選
項」內的所有設定做匯出 / 匯入。

讀者可下載本書的設定檔作為使用參考，不過仍希望讀者自行設定過一遍，會更加熟練，並且
每個人有不同的偏好，設定和配置都可能不同。至於其它 Rhino 選項內的設定還有很多，都很
容易理解，讀者可以自己玩玩看。

在 Rhino 選項 >> 視圖 >> 顯示模式，有一些內建設定好的顯示模式，可以「複製」一個，基於
它調整各項顯示參數並重新命名，做出屬於自己的顯示模式，玩法很多。官方也提供了更多顯
示模式下載，也是從這裡做「匯入」，可參考以下網頁：

Advanced Rhino Display Modes：https://wiki.mcneel.com/rhino/6/advanceddisplay

「物件」的基本觀念

在 Rhino 7 中一共有三大類型的物件：NURBS、SubD 和 Mesh，對這三種物件類型做透徹的理解是建模絕對不可少的基本觀念，請讀者務必將本章融會貫通。

CHAPTER

05

三大類型的物件：NURBS、SubD 和 Mesh

一、NURBS（Non-Uniform Rational B Spline，「非一致有理 B 雲形線」的縮寫）

我們在國、高中數學學過如何建立方程式，以座標描述空間中的點、線、面，和基本三維空間的數學知識，但那些解析曲線（或曲面）的數學是無法直接用在建模上的。建模使用的是「合成曲線」的數學方法，是以「控制參數」的方式，精確地描述點、線、面的空間位置和形狀。並且在幾種合成曲線的數學模型中，以 B-Spline 最適合建模使用。B-Spline 有區域控制的能力，也就是說可以只改變曲線或曲面「局部」的形狀，而整體的形狀並不會受到影響。同時，B-Spline 還具有曲線或曲面的階數（Degree）與控制點數目可以不必直接相關的特性，故能保持在曲線或曲面的階數不變的情況下，自由的增加／減少其控制點數目，這兩個特性對於用軟體建模是極為重要的。

而 Non-Uniform Rational B-Spline 的簡稱為「NURBS」，是在 B-Spline 的基礎上所發展出來的一套數學方法，運用在電腦建模尤其合適。NURBS 相對於 Polygon Mesh（多邊形網格）建模的模型資料量很小、顯示速度快、對曲面的控制性好，也具備可以輸出開模具、做各種加工製造的優勢。

如果不管 NURBS 晦澀難懂的名稱和數學定義，使用者只要知道 NURBS 是用「數學方程式」來描述空間曲面的高精確度方式，所以曲面一定是非常平滑的，合理且結構好的曲面不會出現不連續的點，因此 NURBS 被定義為工業產品幾何形狀的唯一數學方法。CNC 切割、製造模具…等工業製造方法，要求的一定是 NURBS 類型，例如 .STEP 或 .IGES 等檔案格式。

NURBS 的特色是「從點建立線、從線建立面、從面建立實體」，並且無論是線、面或是實體，都可以透過調整「控制點」或其他類型的點來調整形狀，這點和 SubD 與 Mesh 類似，但 NURBS 的點、線、面是以多重曲面（Polysurface）裡面的一個曲面（Surface）為單位，待會將比較 NURBS、SubD 與 Mesh 三者的「次物件」之間的差異。

> **NOTE** 在 Rhino 中提到（單一）曲面、多重曲面，指的都是 NURBS 物件，之後不再特別註明。

NURBS 是 Rhino 最主要的物件類型，無論是建立圓滑或帶有明顯銳邊的模型都可以，非常萬用且靈活。不過，當遇到某些需要使用較繁瑣且複雜的 NURBS 指令才能做出來的形狀，這時就可以搭配 SubD 或 Mesh 混合建模，體現 Rhino 的強大之處。

二、SubD（Subdivision surface，「細分曲面」的縮寫）

SubD 並不是全新的物件，已經發展了一段時間，在 Rhino 7 之前都是使用 T-Spline 或 Clayoo 外掛程式來做「細分曲面」這種圓滾滾的造型，不過現在 Rhino 7 已經完全自行開發強大的 SubD 核心，使 SubD 可以很好的跟 NURBS 與 Mesh 物件做整合運用或互相轉換，因此 SubD 是這次 Rhino 7 升級的最大重點。

SubD 的特色在於「圓滑」，以下這些「圓滾滾」的模型都是 SubD 最常見的形狀（但其實 SubD 也可以做成有銳邊的造型）：

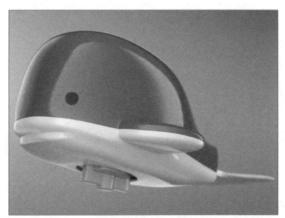
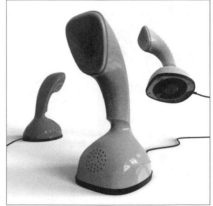

圖片來源：https://www.rhino3d.com/tw/features/subd/

Rhino 7 的 SubD 物件可以簡單地轉換成 NURBS 物件，讓 Rhino 建立的 SubD 模型也能具有 NURBS 的精準、容易加工製造，銜接工業生產流程的特質，相當實用。不過仍有一些缺點，目前 SubD 仍無法在不轉換為 NURBS 情況下做布林運算（除非用 Grasshopper 來做），這部分在未來的更新應該也會逐漸完善。

SubD 可以和 NURBS 或 Mesh 混合建模，綜合使用。建立與編輯 SubD 物件的方式和 NURBS 有些類似，也有些不同，所有和 SubD 有關的建模方法和指令會在之後的章節中詳述。

三、Mesh（網格物件）

多邊形網格（Polygon Mesh）是多媒體、電影、動畫、CG 和遊戲…等領域主要使用的建模方法，也是 Rapid Prototyping（簡稱 RP 快速成型，例如 3D 列印是 RP 快速成型的其中一種方法）的標準格式。

Mesh 的本質上只是空間中的一大堆點，這些點就是所說的「網格頂點」（Mesh Vertex（單數）、Mesh Vertices（複數））。兩個網格頂點連線成為一條邊（Edge），而多個 Edges 構成網格面（Face）。最基本的網格面是三角形的（一個三角形只能是平面），比較優化的網格面是四邊形的，不過 Rhino 也可以使用大於四邊形的 N 邊形。

可以把多邊形網格想成是元宵節的大型花燈，網格頂點比喻為花燈骨架的交點，是非常確定的點，不過花燈的紙皮就不是那麼精確了。網格的面數和模型的「解析度」息息相關，低面數的網格模型有非常明顯的菱角造型，面數愈多則愈平滑，但無論面數再怎麼多也始終達不到NURBS 那樣的精確性。在實際建模過程中，到底要設定多少的面數，還是要依據使用者的設計意圖來拿捏。例如要製作很精細的模型（例如人臉）就需要很多的面數，而如果要製作多面體的立體造型，太多的面數反而會本末倒置。

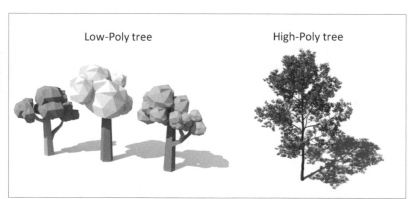

圖片來源：http://tw10008.tw.tranews.com/

Low-Poly tree：https://intifx.artstation.com/store/IDBj/low-poly-tree

High-Poly tree：https://3dwarehouse.sketchup.com/model/cb3cd1ec-a826-4431-b214-82b6e580bfdc/
Tree-high-poly?hl=hu

由於 Mesh 物件本質上是一大堆不連續的點，因此無法用於 CNC 切割或模具製造。不過，Mesh 是 3D 列印（增材製造）所使用的物件類型，例如 .stl 或 .obj…等檔案格式，也是多媒體（影視動畫、電腦遊戲）所使用的物件類型。

同樣是圓柱體，下圖可以很明顯看到三種類型的圓柱體的差別。NURBS 圓柱體是用數學方程式計算出來的，是幾乎絕對精確的形狀，因此可以輸出給工業生產用的機器做 CNC 切割或是開模具…等等。而 SubD 圓柱體看起來「圓滾滾」的，即使分段數（面數）只有設定 6 面，也不會感覺它不平滑。最後說到 Mesh，由於 Mesh 圓柱體設定的分段數（面數）只有 6 面，所以事實上它只是六面體而不是圓柱體，除非分段數設定很大的值它才能「看起來」更像圓柱體，但永遠不是真正的圓柱體，這就是為什麼工業製造的檔案無法使用 Mesh 格式的原因。

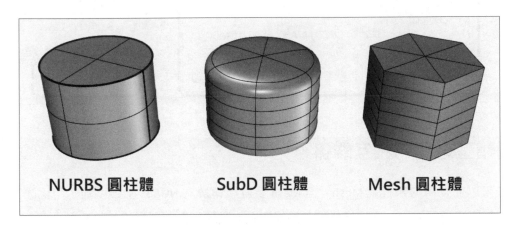

Rhino 主要是以 NURBS 和 SubD 這兩種類型作為核心的建模軟體，它的 Mesh 建模指令主要是作為輔助與修復，以便和逆向掃描或是和其他 3D 軟體製作的模型做匯入與匯出，還有「彩現」與進行各種「分析」時背後也是以網格來實作（但一般情況下使用者不需要特別理會這些技術細節）。

因為 Rhino 7 已經有很完善的 SubD 功能，SubD 和 Mesh 之間的轉換很容易，因此比較少直接用 Mesh 的各種指令來建模，和以 Mesh 為核心的多媒體 3D 軟體，例如 3DS max、MAYA、Blender、C4D、ZBrush…等等有比較大的差別。

選取任何物件，可以從右側的「內容」面板的「類型」欄位得知它是什麼類型的物件。若要更多資訊，也可以點選底下的「符合」或「詳細資料」按鈕，展開更多資訊。

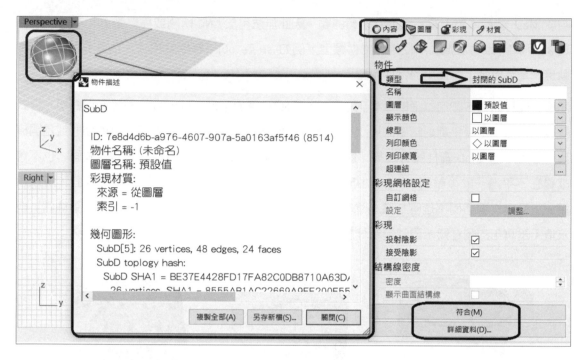

三種類型之間的相互關係

NURBS 可以很簡單的轉換為 Mesh，但 Mesh 要直接轉換為 NURBS 卻很困難，用比喻來說，就像把報紙撕碎很容易，但把它拼回來卻很困難，這就是逆向工程的技術難點。而且，雖然 Rhino 7 有提供「轉換為 SubD」（ToSubD）指令，但用此指令將 NURBS 轉換為 SubD 的效果卻不理想，如下圖所示。

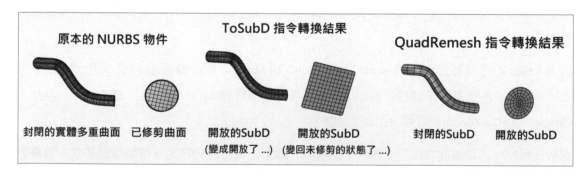

所以，假如要把 NURBS 轉換為 SubD，我通常不會用「轉換為 SubD」指令，而是使用「重建為四角網格」（QuadRemesh）指令，並勾選「轉換為 SubD」，也就是先將 NURBS 轉換為四角 Mesh，再轉換為 SubD 的方式，雖然好像多走了一步但效果最好，而且也比較不會發生轉換後有東西丟失的情況。

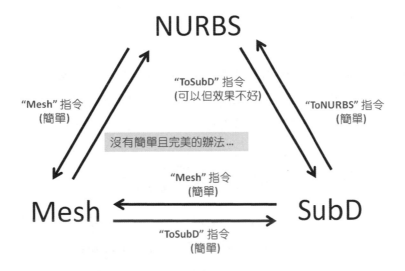

* Rhino 7 新增的 "QuadRemesh" 指令可以將 NURBS 或 SubD 物件轉換為四角 Mesh ，在對話框中勾選 "轉換為SubD" 選項也可以再將四角 Mesh 轉換為 SubD。

由於 Mesh 和 SubD 的技術類似，所以兩者可以很好的互相轉換。並且，Rhino 7 強調 SubD 可以很容易轉換為 NURBS 達到可以工業製造的精確度，因此 SubD 轉換為 NURBS 的速度和效果也很不錯。所以，如果想要將 Mesh 轉換為 NURBS，可以先將 Mesh 物件轉換為 SubD，再從 SubD 轉換為 NURBS，只要變形量可以接受，就可以實現較為簡單的逆向工程。

最終建好的模型可能會同時包含 NURBS、SubD 和 Mesh 類型的物件，要怎麼處理完全是看你的需求。如果只是要在電腦上面看、或者輸出或抓圖到 illustrator、Photoshop 之類的美術軟體修圖，那無論用什麼格式存檔都無所謂。而如果是想輸出對接工業製造流程，例如做 CNC、雷射切割、開模具⋯等等，那就要另存成 NURBS 類型的格式。如果是想輸出做 3D 列印，那就另存成 Mesh 類型的 .stl 或 .obj 格式。以 Rhino 和 Soildworks 作對比，將之整理成下圖：

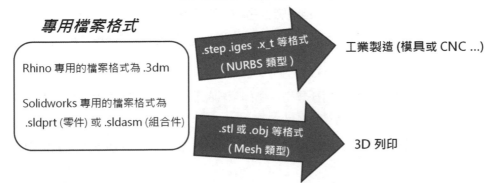

Mesh 物件無法存檔成 NURBS 類型的檔案格式（會跳出提示訊息）。

不過，隨著各個 3D 軟體的支援性愈來愈好，新版的各個軟體之間甚至可以直接互相開啟專用格式，例如 Rhino 和 Solidworks 可以互相開啟或匯入對方的專用格式 (當然完善度不能跟原本一樣好，例如無法修改特徵)，因此若是可以接受，也可以直接給原始檔。但如果是要輸出的話，不一定可以另存或匯出成對方的專用格式，要看軟體有沒有這功能。

不同類型的「次物件」(sub-object)

1. **點物件**：包含一般的點，控制點、節點、編輯點、實體點、點雲…等，其中 NURBS 曲面還有角落點「Corner Points」，而 SubD 或 Mesh 還有「頂點」(Vertices)。

2. **線物件**：包含直線（Line）與曲線（Curve），其中 NURBS 曲面、SubD 或 Mesh 面的邊線則稱為 Edge。

3. **面物件**：NURBS 包含平面（Plane）與曲面（Surface），其中 SubD 和 Mesh 的面則稱為「Face」。

「按住 Ctrl + Shift 鍵」並以點選、框選、窗選、筆刷選取、套鎖選取…等各種選取方式，可以選取到次物件。而對次物件進行移動、旋轉、縮放或是各種「變形」，就會改變物件的形狀，稱之為「塑型」，就像捏黏土一樣，是 Rhino 最主要的建模方式之一。

點物件

普通的「點」物件大多只是用來當作參考或當成物件鎖點的標記，也有一些指令可以從點物件產生面。除了普通的「點」或「點雲」物件，NURBS 建模中還有控制點、編輯點、實體點、節點、銳角點 … 等「可以用來控制物件形狀」的點，在「點的編輯」工具列章節中將會詳述。

線物件

線物件又分成直線（Line）和曲線（Curve），但其實不必太在意直線和曲線的分別，例如 Extrude Curve（原名「直線擠出」，但建議改名為「將線擠出」較好）或 Loft（放樣）… 等指令一樣可以對直線作用，而絕大多數 Rhino 的指令也沒有區分直線和曲線，反正都可對「線物件」作用。

線物件分成「單一」與「多重」兩種類型。例如單純的畫一條直線或曲線，而不與其他的直線或曲線做組合（Join），就稱為單一直線或單一曲線。從右側「內容」面板的「物件類型」中也可以直接看出來，只有顯示「開放的曲線」即代表為單一直線或單一曲線；而如果同時選取數

條單一直線或單一曲線，物件類型就會顯示為「X 條開放（或封閉）的曲線」。

而如果有數條直線或數條曲線端點之間的距離小於設定的絕對公差，並執行組合（Join）指令之後，就可以把它們以端點相接成為多重直線（Polyline）或是多重曲線（Polycurve），可以想像成它們在端點之間被「黏」起來，所以帶有「多重」的屬性了。

要解除多重直線或多重曲線的組合（Join）狀態，選取後執行「炸開」指令即可將之還原為數條未經過組合的單一直線或單一曲線。另外，直線或曲線是有「方向性」的，預設為它起點指向終點的方向，不過可以反轉這個方向。

面物件

SubD 和 Mesh 的面（face）比較容易理解，下圖是 Mesh（網格物件）的頂點（單數型 Vertex、複數型 vertices）、邊線（Edge）和面（face）的說明圖，SubD（細分物件）也同樣如此。

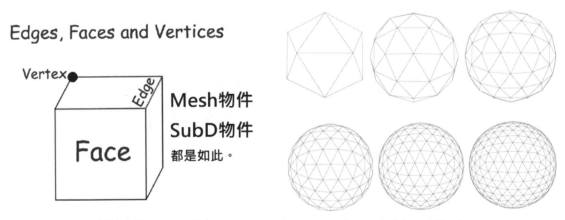

圖片來源：https://cgifurniture.com/what-are-polygons-in-3d-modeling/

這裡要特別說明的是 NURBS 的面物件。NURBS 面物件又分為平面（plane）和曲面（surface），如同線物件一樣，也不必在意平面和曲面的分別，大部分的指令都可對平面作用，也可以對曲面作用，例如 Extrude Surface（原名「擠出曲面」但建議改名為「將面擠出」）指令或者其他「編輯曲面」工具列的指令，都可以同時對「平面」以及「曲面」作用，若是只限於平面的指令也會在名稱上註明。

和線物件同樣，NURBS 曲面分為單一曲面（Surface）和多重曲面（Polysurface），其中多重曲面是數個單一曲面彼此之間的距離小於設定的絕對公差，並執行「組合」（Join）指令後的結果，可想成數個單一曲面以彼此之間的接縫線被「黏」起來。而執行「炸開」指令，一樣可以把多重曲面分解為數個單一曲面。

同樣的，目前所選的曲面是單一曲面或多重曲面屬性，都可以從右側「內容」面板的「物件類型」中直接看出來。若是 NURBS 單一曲面，物件類型會顯示為「曲面」；若是經過組合（Join）後產生的 NURBS 多重曲面，物件類型就顯示為開放或封閉的多重曲面。

可以觀察到 NURBS 曲面內部有疏密不一的線條，這些線條相對於曲面的 Edge（邊緣、或稱邊線）來說較細，即為 NURBS 曲面的「結構線」（iso-curve）。曲面的結構線只是視覺上的輔助，和 SubD 與 Mesh 物件的特性不一樣，NURBS 曲面並不是由結構線所劃分的子面所構成的，所以用「選取次物件」的方式選不到 NURBS 單一曲面的結構線和它所分割出來的子面。

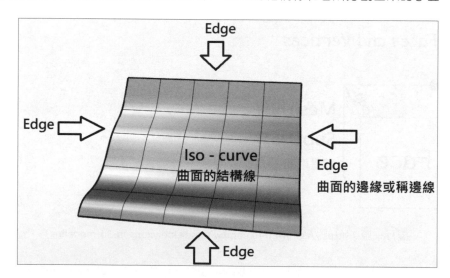

結構線不是真正的曲線，不過也有「抽離結構線」指令可以把曲面的結構線抽離（複製）出來成為真正可以利用的線物件。

我們可以從右側的「內容：物件」面板的「結構線密度」選項，設定 NURBS 單一曲面或多重曲面要顯示的結構線密度（事實上結構線是無限多條），甚至可以不顯示結構線，也不影響 NURBS 曲面的特性。

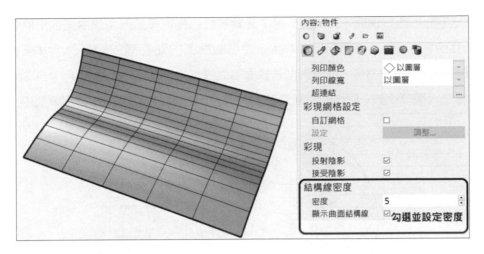

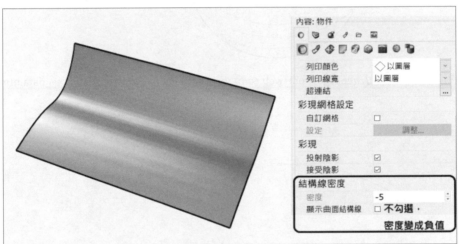

接下來說明 NURBS 曲面的 U、V、N 方向的觀念。以一個平面（plane）來說，平面的 X、Y 方向很容易理解，而 Z 方向就是垂直於 X 和 Y 的方向，也就是 X、Y、Z 三個方向彼此互相垂直。至於哪邊是正的 X、Y、Z 方向，哪邊是負的 X、Y、Z 方向其實沒有強制規定，要看目前使用的坐標系是如何定義的。在平面正交（垂直）座標系上的每個任意點都有自己的 X、Y、Z 座標，例如我們說（5, 4, 8），你便可以很簡單的標出這個點的位置。習慣上，X、Y、Z 座標軸的顏色以 R、G、B，也就是紅綠藍來表示。

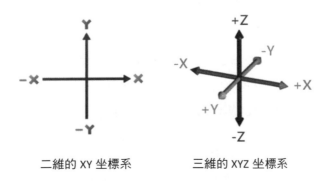

二維的 XY 坐標系　　三維的 XYZ 坐標系

但如果不是平面，而是曲面（Surface）呢？其實意思也差不多，但由於曲面的形狀有高低起伏，因此我們把 X、Y、Z 改稱為 U、V、N，每個曲面上的點都有一個 U、V、N 座標，所以 U、V 這兩個方向並不是直的，而是緊貼著表面弧度的方向。以球體來說，U、V 就類似經線方向和緯線方向，而以比較一般化的曲面來說，U、V 就是曲面（或實體）結構線的方向。

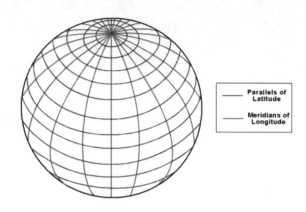

圖片來源：https://freepages.rootsweb.com/~harringtonfamilies/history/lat_long_data.htm

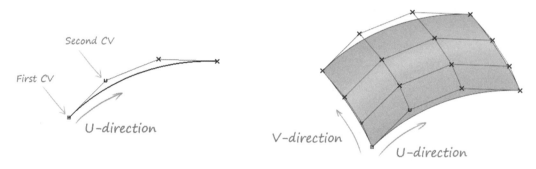

圖片來源：https://jhfuturerepresentation.wordpress.com/2016/10/26/rhino-3d-modelling/

其中 N 方向又可以稱為法線（Normal），就是垂直於曲面，指向朝外的直線方向。+ N 方向為垂直於曲面的正面，-N 方向為垂直於曲面的反面。N 的方向垂直於 U、V，以「右手定則」可以判斷出 N 的方向，U、V、N 三個方向彼此互相垂直。NURBS 曲面上的任意點都有一個 U、V、W 座標，如下圖，這些觀念對於建模和彩現（Render、渲染）很重要。

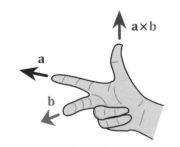

圖片來源：維基百科

我們可以使用「分析方向」（dir）指令顯示出曲面的 U、V、N 方向，也可以使用「反轉方向」（Filp）指令翻轉非實體的曲面的法線（N）方向，也就是把曲面「翻轉」過來，如果依照前面的設定，把曲面的正面和反面設定成不同顏色，就會看到曲面變色。

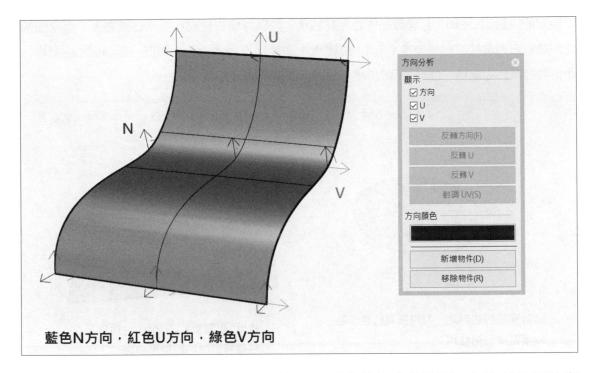

藍色N方向,紅色U方向,綠色V方向

NURBS 曲面的 U、V、N 方向,對某些指令的結果有影響(例如布林運算),在建立貼圖時也有實際的意義,是很重要的觀念。

接下來要說明 NURBS 曲面的「原始結構」的觀念。NURBS 曲面的原始結構一定是個四邊面,即使經過修剪(trim)或分割(split)也不會改變這點。

> **NOTE** 雖然依據本書的章節排序,還沒說明到「修剪」、「分割」和其他相關指令,不過讀者先有個概念,看完其它章節之後,再回來複習這邊所說的東西,就能融會貫通。

對一個圓形曲線執行「以平面曲線建立曲面」指令,建立一個圓面。不過,在右側「內容」面板確認其物件類型,由於曲面才剛創建出來,還並沒有執行「修剪」(Trim)指令,物件類型竟然已經顯示為「已修剪曲面」了,為什麼會這樣呢?

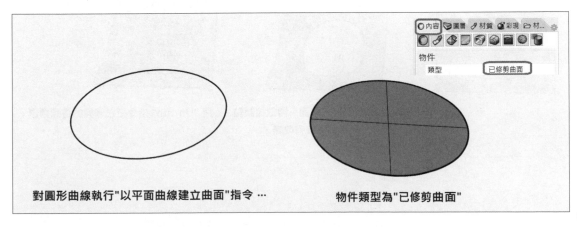

對圓形曲線執行"以平面曲線建立曲面"指令 …　　　　物件類型為"已修剪曲面"

以預設的快速鍵「F10」打開圓面的控制點觀察，發現圓面的控制點並不在圓面上，而是四個控制點和它們之間的虛線連線（Hull，翻譯為外殼線），在圓面的外部形成一個四邊形的結構。而這個四邊形的結構，就是圓面的「原始曲面」的結構。

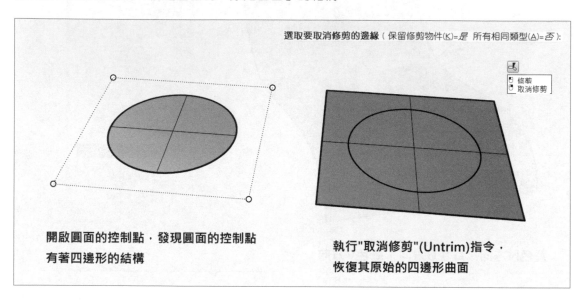

開啟圓面的控制點，發現圓面的控制點
有著四邊形的結構

執行"取消修剪"(Untrim)指令，
恢復其原始的四邊形曲面

以滑鼠右鍵點選「修剪」（Trim）指令按鈕，執行「取消修剪」（Untrim）指令，並設定「保留修剪物件 (K)=是」，將圓形曲線保留下來方便觀察和解說。對「已修剪曲面」執行「取消修剪」指令，可以恢復為 NURBS 曲面的原始結構，並不是把修剪後的部分還原回來（這樣按 Ctrl + Z 就行了）。

再舉一個曲面的例子，如下建立一個曲面並執行「重建曲面」增加曲面的控制點，用一個圓形曲線來「修剪」曲面，開啟控制點後發現曲面的四邊形原始結構並沒有改變，而使用「取消修剪」指令也可以從已修剪的邊線將之還原成原始四邊形結構的曲面。

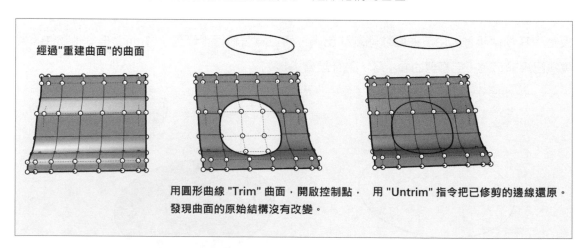

經過"重建曲面"的曲面

用圓形曲線 "Trim" 曲面，開啟控制點，
發現曲面的原始結構沒有改變。

用 "Untrim" 指令把已修剪的邊線還原。

也就是說，其實執行「修剪」(Trim)指令，並沒有真正把曲面刪除掉，只是把曲面暫時「隱藏」起來。而透過開啟曲面的控制點，可以顯示出曲面尚未修剪之前的控制點和其外殼 (虛)線的結構，也就是它的原始結構。而執行「取消修剪」(Untrim)指令，會將「已修剪曲面」恢復成它「原始的四邊形曲面」的形狀。

NOTE Untrim 主要是應用在修復模型，例如發生了破面，可以將破面恢復成未修剪的狀態，再重新進行修剪或其他調整。

選取與編輯 NURBS、SubD、Mesh 三種類型的「次物件」

按住 **Ctrl + Shift** 鍵，使用滑鼠左鍵點選、框選或窗選，或其他各種選取方式，可以選取到不同類型物件的「次物件」(可複選)。這裡先以 NURBS、SubD、Mesh 三種類型的物件來說，它們的「次物件」(Sub-Object)就是指它們內部的頂點(vertices)、邊線(edges)、面(faces)。

比較 NURBS、SubD 和 Mesh 曲面，其中 NURBS 曲面繪製一個方形曲線將它做「分割」(split)然後再「組合」(Join)起來，成為一個 NURBS 多重曲面。我們可以發現對於 SubD 和 Mesh 物件來說，它的次物件「點、線、面」相當多，直觀看到的每個小面都有自己的頂點、邊線，很容易理解。而對於 NURBS 多重曲面來說，它的點、線、面是以被分割出來的多重曲面(polysurface)為單位，NURBS 曲面內部的結構線(iso-curce)只是視覺上的輔助線，並不是用來劃分次物件的。

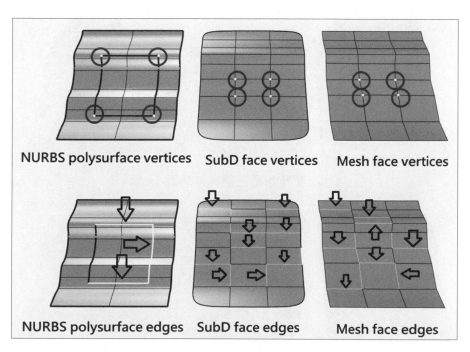

NURBS polysurface vertices　SubD face vertices　Mesh face vertices

NURBS polysurface edges　SubD face edges　Mesh face edges

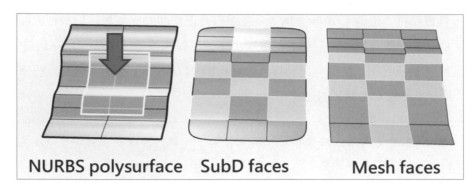

按住 **Ctrl + Shift** 鍵單選或複選多個次物件（點、線、面）之後，就可以對它們做移動、旋轉、縮放、擠出、偏移，或者各種變形…等等來建立形狀，這是經常用到的基本操作，尤其對於 SubD 物件很有「捏黏土」的感覺。

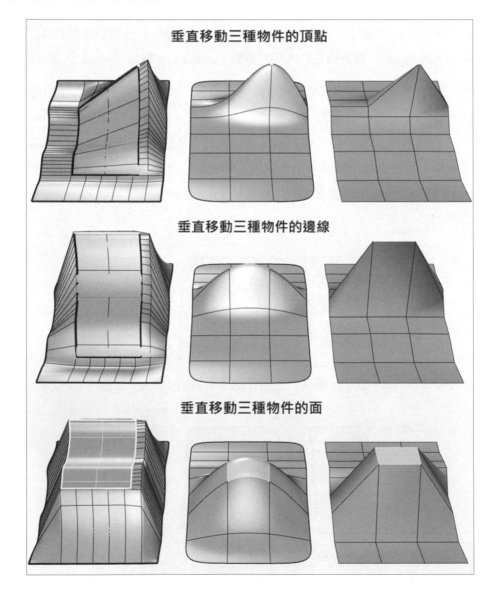

我們可以用任意形狀的曲線來分割 NURBS 曲面，做出任意形狀的多重曲面，然後可以按住 **Ctrl + Shift** 鍵選擇被分割出來的多重曲面進行各種操作，例如移動、旋轉、縮放、擠出、偏移，或者各種變形…等等來建立形狀，這是經常用到的基本操作。由於 NURBS 多重曲面無法直接開啟控制點（F10 鍵）來做塑形，除了開啟「實體點」或使用「變形控制器」來對多重曲面做塑形之外，更好用的方式就是用這種選取「次物件」的方式來對多重曲面或實體物件做各種編輯與塑形，於後續的章節中會再適時補充說明。

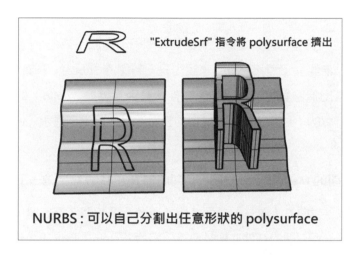

不過，對 SubD 物件使用「分割」（Split）指令的話，會發現 SubD 會變為 NURBS 多重曲面，也就是說 SubD 並沒有辦法直接做分割。而至於 Mesh 類型則有專屬的「MeshSplit」（分割網格）指令，因此觀念和操作與 NURBS 類似。

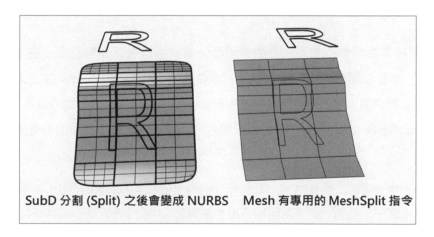

除了以上的點、線、面，按住 Ctrl + Shift 做次物件選取，也可以選到群組（group）內的個別組成物件、多重直線或多重曲線內的某一線段…等等，可以活用「選取次物件」做編輯的方式來建模。

實體（Solid）物件

實體物件就是指「實際的物體」，具有厚度，可以被製造出來，套用材質之後也可以產生質量。現實世界的所有物體都是實體，但在電腦的虛擬空間中可以允許沒有厚度、沒有質量的物體存在。因此，假設要將在虛擬空間中建立的模型輸出到真實世界，無論是 CNC 切割、模具製造或 3D 列印，一定要把所有的物件都做成實體。但如果只是要做成美術圖片、電影或遊戲，模型不是實體也無所謂。

對於 NURBS 類型來說，實體物件就是指「封閉的（單一）曲面」或是「封閉的多重曲面」，也可以是「封閉的擠出物件」。而對於 SubD 來說則是「封閉的 SubD」，對於 Mesh 來說則是「封閉的 Mesh」，可以看出無論對於哪種類型的物件，**是否為實體（solid）的關鍵就在於「封閉（closed）」兩字**。所謂的「封閉」就是指模型的表面沒有破洞、不透水（water-tight），能夠計算出體積（volume）。

封閉的 SubD 或和封閉的 Mesh 很容易理解，但封閉的 NURBS 就需要做一下說明：

對於 Rhino 來說，除了封閉的（單一）曲面，例如球體、橢圓體、環狀體…為實體之外，如果單一曲面之間形成了一個封閉的空間並對其執行「組合」（Join）指令後，形成的「封閉的多重曲面」在 Rhino 也被視為實體物件，但不能有破面、缺口…等這些損壞與錯誤。

封閉的多重曲面實體（圓錐體、圓柱體、立方體 ...）或封閉的單一曲面實體（球體、環狀體、橢圓體…），因為總是正面朝外，所以實體的法線（N）的方向也一定總是朝外，並且無法被反轉（Flip）。

將 NURBS 曲面轉為實體物件的方法主要有兩種，第一種是在「偏移曲面」的指令列中設定「實體 (S)= 是」，將曲面透過偏移產生厚度，或者執行某些指令的指令列中也會有可以設定「實體 (S)= 是」的選項。第二種方法是製作由數個曲面所構成的一個封閉的區域，將其全選後執行組合（Join）指令，把這些封閉的曲面「組合」（Join）成一個「封閉的多重曲面」，也就是實體（Solid）。

和曲線與曲面一樣，選取一個物件後，右側的「內容」面板的物件類型顯示為「封閉的擠出物件」、「封閉的（單一）曲面」或「封閉的多重曲面實體」，就代表這是一個實體物件。

> **NOTE** SubD 和 Mesh 物件也是在「內容」面板確認它是開放或封閉。

即使對實體執行「取消修剪」（Untrim）指令，實體物件也不會恢復成 (近似) 長方體的結構，而是會恢復為它正常的形狀，這點和曲面很不同。以下做個測試，以五邊形曲線分割球體，手動刪除球面，留下兩個被分割出來的小面，再對小面執行「取消修剪」指令，發現可以恢復成球體。

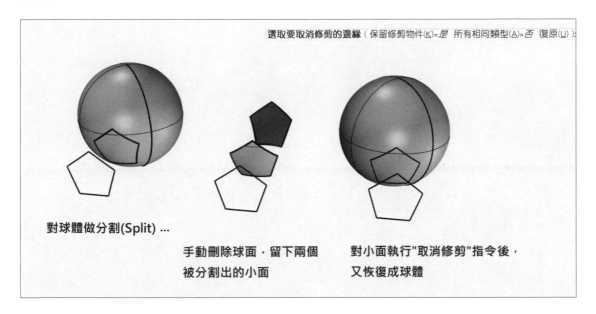

這些觀念牽扯到 NURBS 的數學定義，讀者可以不必深入研究。但有了這些觀念，在建模的過程中才能知其然，也知其所以然。

Rhino 內建了許多建立實體的指令，可以直接建立如立方體、球體、橢圓體、環狀體…等基本實體物件（Primitive）的指令，後續章節將會進行詳細說明。

> **NOTE** 如果有曲面邊線上的所有控制點都匯集成為一點（稱為匯集點），那它必定是封閉的，例如球體的南、北極點。

曲線與曲面的階數，以及
「連續性」觀念

在以 NURBS 數學建模時，最常聽到的數學概念就是階數（Degree）與連續性（Continuity），不過對於建模來說只需要有高中的數學程度就可以理解這兩個觀念了。

階數就是曲線或曲面方程式的所有項中，最高次方的那個數字，例如 P(u) = 5u³ + 2u² + 3u +8，就是一個 3 階的方程式。直線（例如 Y = 5X + 6）是一階方程，圓錐曲線（如圓、橢圓、拋物線、雙曲線）是二階方程，而大部分的不規則曲線則是三階或是五階的。

曲線或曲面可以「折彎」的次數為它的「階數 - 1」。例如直線是 1 階的，所以折彎次數為 0，代表直線無法折彎，這是理所當然的；同理，圓錐曲線可以彎曲 1 次，即使這個彎曲很「平滑」。不規則曲線屬於 3 階曲線，例如一條 S 形的不規則曲線，它可以彎曲 2 次。

改變曲線或曲面的階數，同時也會改變它控制點的數目，公式是：「控制點數目大於或等於階數 + 1」。

所以直線最少有兩個控制點（位於兩個端點），2 階的圓錐曲線至少有 3 個控制點，3 階的不規則曲線至少有 4 個控制點。由於 B-Spline 的特性是階數與控制點數可以不必直接相關，所以可以在保持曲線或曲面的階數不變的狀態下，自由的增加 / 減少控制點數目。

在 Rhino 中有可以直接對曲線或曲面物件進行「改變階數」的指令（例如「重建曲線」、「重建曲面」或「改變階數」）。提高 NURBS 曲線或曲面的階數可以不改變它的形狀（因為最高階項的係數可以是 0），但降低階數一定會改變曲線或曲面的形狀，這也很容易理解。

以下是用「變更曲線階數」指令依序做出五條線，並開啟控制點觀察，1 階的線有最少的控制點，5 階的線有最多的控制點。

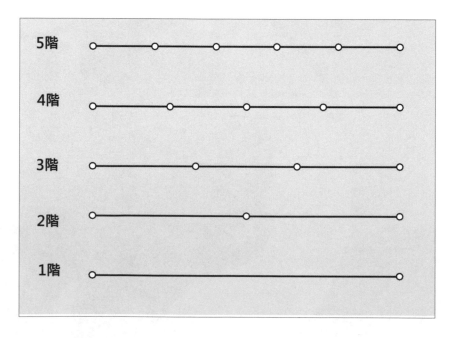

曲線或曲面的階數越高，移動控制點對其形狀的塑形程度愈平滑，且影響的變形範圍愈廣。例如移動一個 1 階的控制點會形成尖銳的角，而移動一個 5 階的控制點就產生平滑的變形，並且影響的範圍較窄。

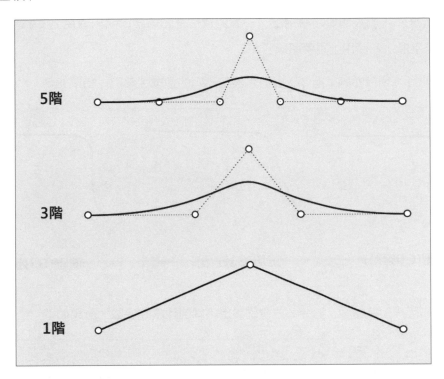

曲線與曲面的連續性

除了沒有相接的情況以外（根本不連續），在 Rhino 中的連續性主要為 G0、G1 和 G2 連續三種。

1. 兩條曲線（或曲面）在接點處的切線方向不一致，會形成一個尖銳的角，稱為 G0 連續，G0 連續只能說明兩條曲線（或曲面）是單純的被連接在一起，所以 G0 連續又稱為「位置連續」。

2. 兩條曲線（或曲面）在接點處的切線方向一致，但曲率發生變化，稱作 G1 連續，G1 連續視覺上感覺較為平順，沒有尖角，所以 G1 連續又稱為「相切連續」。

3. 兩條曲線（或曲面）在接點處切線方向一致，曲率也呈現連續變化，視覺上感覺很平順，稱作 G2 連續，又稱為曲率連續。

4. 曲線或曲面的階數（Degree）愈高，連續性也愈好，因為調整高階的控制點是很平順的對其做塑形。

5. 另外更高階的連續性，例如 G3 連續（曲率變化率連續），除了符合 G2 連續的條件外，相接邊緣的曲率變化率也必須相同。G4 連續則是除了符合 G3 連續的條件外，相接邊緣的曲率變化率的變化率也必須相同。不過這麼高階的連續性實務中極少使用，除非在要求很高的汽車或是船、航太領域才會用到，一般消費性產品通常最高只會用到 G2 連續，只要視覺看起來平順，和使用上順手可以了。

對兩條線段執行「銜接曲線」指令，並分別設定不同的連續性參數，結果如下：

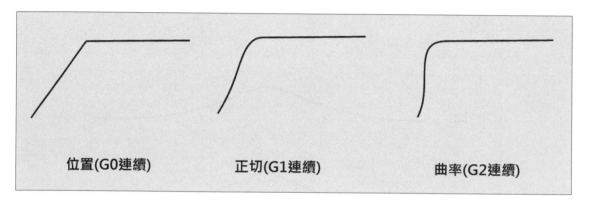

對兩個曲面執行「銜接曲面」指令，並分別設定不同的連續性參數，結果如下：

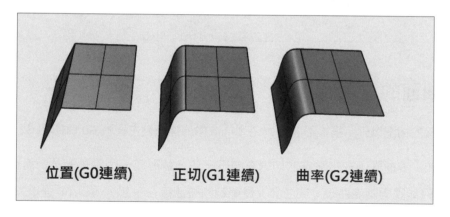

不過，並非說 G0 連續（有銳角或銳邊）就是不好的，要看使用者想要怎麼做，美學上的要求，和想要達到何種設計效果。不過太過尖銳的線或太大的銳邊容易發生破面或錯位的情況，也容易使得模型在轉檔時發生錯誤，還是要盡量避免。

曲線可以使用「兩條曲線的幾何連續性」指令，直接顯示兩條曲線以何種連續性相接。不過曲面就沒有這麼單純，必須使用諸如「曲率分析」、「斑馬紋分析」、「環境貼圖」…等曲面分析的指令，間接的以肉眼進行視覺判斷；或者在以某些指令建立或編輯曲面時，都可以自行選擇相接的連續性，之後的章節將會詳述這些功能。

Rhino 的座標系統、工作平面與草圖的繪製方式

工作平面（Construction Plane，簡稱 Cplane）是你畫點、畫曲線或放置物件的平面。除非使用垂直模式、物件鎖點或是座標輸入…或其他限制方式，否則所繪製或創建的物件總是會落在工作平面上，可以把工作平面想像成是一個「畫板」。

在繪製時養成好習慣，依據模型的大小選用正確的單位模板（Template）和公差，從工作平面的原點開始繪製與建模，並且盡量不要繪製超出預設工作平面格線的範圍。

Top、Bottom、Front、Back、Right、Left…等視圖的工作平面都是各自獨立的，但 Perspective 視圖使用的是 Top 工作平面。

Rhino 預設的工作區域是四個作業視窗同時顯示在螢幕上，也就是 Top、Front、Right 視圖和 Perspective（透視）視圖。視圖（Viewport）是指不同觀看角度的作業視窗，而每個視圖中有格線的部分，稱為「工作平面」（Construction Plane，簡稱 CPlane），工作平面上的紅色軸代表工作平面座標系的 +X 軸向，綠色軸代表工作平面座標系的 +Y 軸向，紅綠軸交會處代表工作平面的原點。預設不會顯示工作平面的 Z 軸（藍色軸），除非在右側「顯示」面板中勾選顯示工作平面的 Z 軸，可依需求開啟，但通常不開。

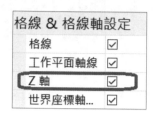

在每個視圖的左下方都有一個顯示為不同軸向的座標系圖示，這就是「世界座標系」，可以想成是一個宏觀的座標系統。

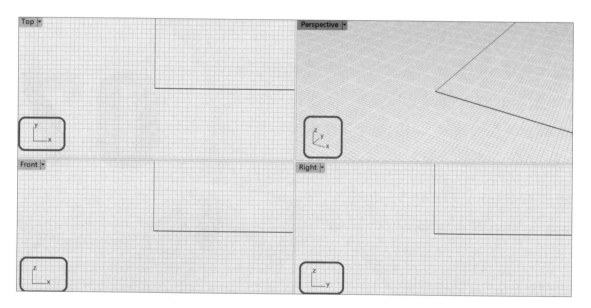

將每個視圖的視角都拉遠一點，發現世界座標系的圖示並不隨之移動，但會隨之旋轉。

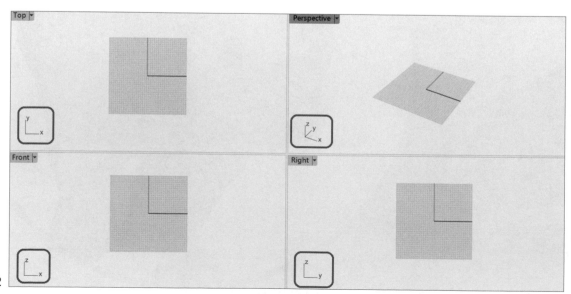

由於 Rhino 可以隨意改變、重新放置工作平面（本章中將會詳細說明），所以工作平面的軸向和原點是可以隨意改變的，稱為「工作平面座標系」。由於每個視圖都有自己的工作平面座標系，而且和其他視圖的工作平面座標系彼此獨立、不會互相影響，所以會有多個工作平面座標系。不過，無論工作平面座標系如何改變，「世界座標系」都不會變，而且只有唯一的一個世界座標系，作為三維空間裡「絕對」定位的參考，使用者也無法改變世界座標系。

這就好比在一個房間裡有四個人，四個人都有一個以自己為準的座標系統（工作平面座標系），不過房間的座標系（世界座標系）總是唯一而且不變的。

在不同軟體之間做轉檔（匯入/匯出）時，世界座標系是與其他軟體溝通的「橋樑」，這樣才不會造成模型座標的混亂。

座標系統的觀念說明完畢，接下來說明在 Rhino 中如何繪製草圖。

在視圖中進行繪製或移動物件時，如果沒有使用「物件鎖點、「垂直模式」、「指定座標」…或使用其他的輔助功能，則滑鼠游標所指定的點和作用的範圍都只會落在使用中視圖的工作平面上。初學者常以為自己繪製的是 3D 曲線，實際上卻和想像中不一樣，就是這個原因，這點在之前的章節中已經詳細說明過。

直接在 Top、Front 或是 Right 視圖的工作平面上繪製草圖，也就相當於在 CAD 類型軟體的三個預設基準平面：上基準面、前基準面或是右基準面繪製草圖。

下圖是在 Perspective 視圖的工作平面上繪製曲線和建立實體,並在其他三個視圖中觀看的樣子,只要一張圖讀者就可以瞭解四視圖的繪製觀念了。

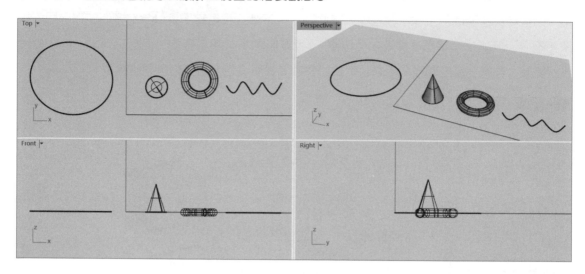

有需要的話還可以開啟 Bottom、Back 和 Left 視圖,方法一樣是從視圖左上角的下拉式「視圖選單」中開啟,如右圖所示,所以其實 Rhino 共有 7 種視圖可供使用,包含 6 個互相正交的視圖和 1 個透視視圖。

當然,Rhino 也可以直接在 Perspective(透視)視圖中繪製草圖。不過因為 Perspective 視圖預設的工作平面和 Top 視圖的工作平面相同,所以即使在 Perspective 視圖中放置點或繪製曲線,或者按住滑鼠左鍵拖曳移動物件,也還是受限在(世界)Top 工作平面上,使用者並不能直接在三度空間中隨心所欲的繪製草圖或者移動物件。

還有一點非常重要,就是工作平面實際上是「無限大」的平面,只是因為顯示的格線範圍有限,視覺上難以感受出來。所以建議可在「Rhino 選項」→「文件內容」→「格線」選單中調高「總格數」,擴大視圖中工

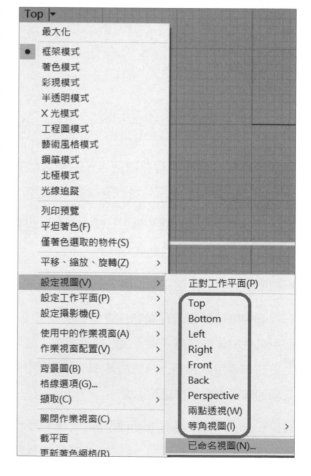

作平面上有格線的範圍。初學者如果不明白這點的話，在 Perspective 視圖中直接繪製曲線或移動物件，就會非常容易因為視覺誤差而誤判，如下例所示：

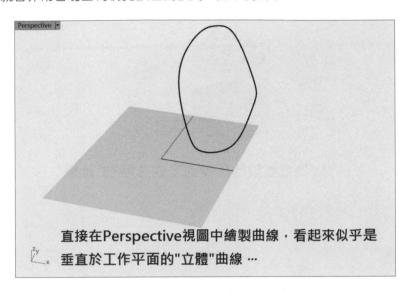

直接在Perspective視圖中繪製曲線，看起來似乎是垂直於工作平面的"立體"曲線 …

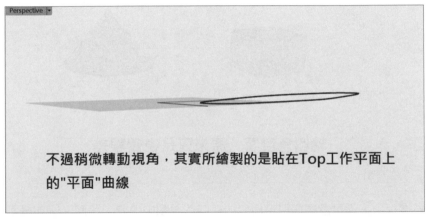

不過稍微轉動視角，其實所繪製的是貼在Top工作平面上的"平面"曲線

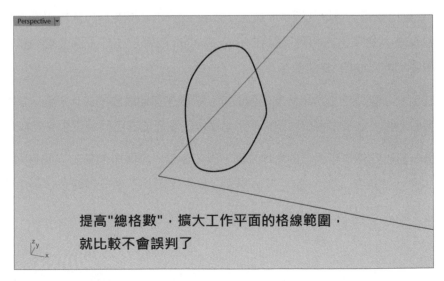

提高"總格數"，擴大工作平面的格線範圍，就比較不會誤判了

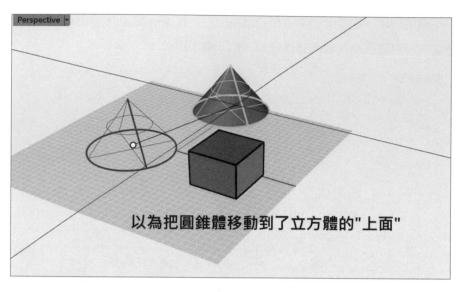

以為把圓錐體移動到了立方體的"上面"

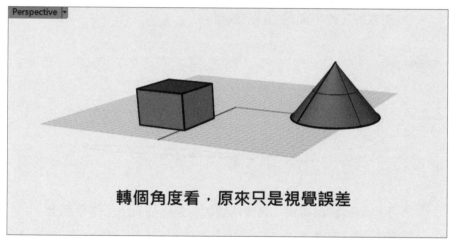

轉個角度看，原來只是視覺誤差

在繪製與建模過程中，滑鼠游標還可以自由的在四個視圖中遊走、跨越。例如繪製多重直線或控制點曲線 ... 等指令時，可以先在 Top 視圖（或 Perspective 視圖）的工作平面上繪製，並且在指令尚未結束的狀態下直接移動滑鼠到 Front 或 Right 視圖的工作平面上繼續繪製，即可畫出橫跨不同視圖的非平面的 3D 曲線。

或是可以先在某一個視圖的工作平面上繪製曲線，然後在其他視圖的工作平面上調整曲線的控制點，或是移動物件…等操作也是同理，使用者可以很靈活的在不同視圖中交互操作。

因為 Rhino 是分割出四個作業視窗的操作介面，導致在單一視圖中作業的空間有點小，當然使用者可以最大化（快速鍵：Ctrl + M）某個視圖在其中作業，不過這樣就必須經常切換不同的視圖。

而「單一視圖」指令，讓使用者增加在 Perspective 視圖中作業的方便性，讓使用者可以盡量保持在最大化 Perspective 視圖的狀態下工作，減少要經常切換不同視圖的麻煩。

這個指令被放置在「視圖」工具列中，建議讀者在此指令按鈕上按住 Ctrl 鍵與滑鼠左鍵拖曳，將此指令按鈕複製一個到其他工具列中，例如「標準」工具列。

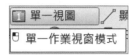

點選「單一視圖」指令按鈕執行此指令，指令列中顯示如下，確定「啟用 (A)= 是」後按下Enter、空白鍵或滑鼠右鍵確認後，開啟「單一視圖」功能。

設定 OneView 的選項 (啟用(A)=是 角度(B)=10 更新工作平面(C)=是 返回Top工作平面(T)=是 視圖標籤(D)=是 Perspective視圖最大化(M)=是):

如果設定指令列中「Perspective 視圖最大化 (M)= 是」，軟體會把 Perspective 視圖最大化，並且在右上角顯示目前使用的是哪個工作平面，例如一開始是預設的世界「Top」工作平面，發現視圖的右上角出現一個藍底的「Top」文字標示。

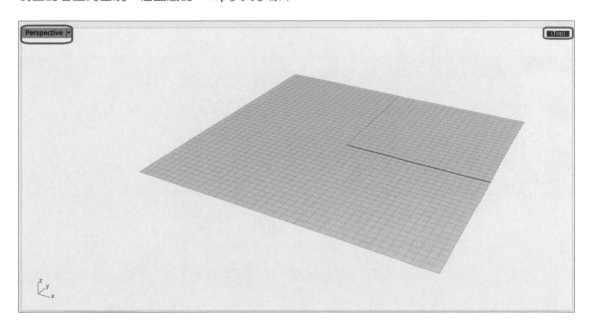

維持在 Perspective 視圖，一旦我們環轉視角，例如把視角環轉到 Top 工作平面的反面，發現工作平面會被自動轉正並對齊，並且右上角顯示的名稱和底色變為「Bottom」文字標示，也就是說此時執行的作業都會落在 Bottom 工作平面上。

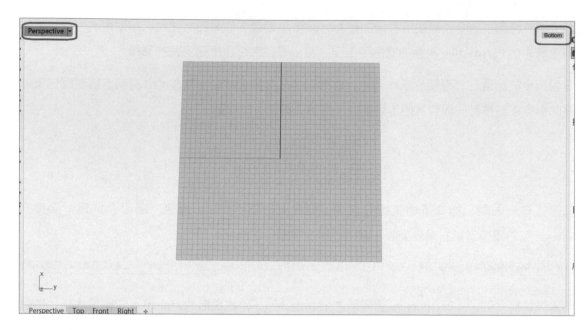

再度嘗試環轉視角,到差不多接近原本世界 Front 視角的位置,發現工作平面又被自動轉換並對齊,右上角顯示的名稱和底色變為「Front」文字標示,此時執行的作業都會落在 Front 工作平面上。

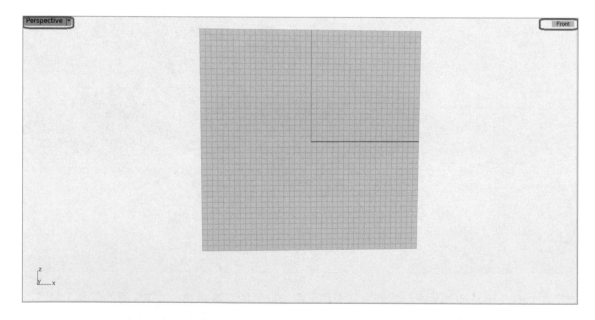

而在視角呈現歪斜時,右上角代表目前使用中工作平面的文字旁邊會加上括號,但不影響作圖。

其他同理,只要在 Perspective 視圖中環轉視角到接近某個視圖的工作平面,就會自動轉正對齊並切換讓使用者使用該視圖的工作平面,減少使用者要經常切換不同視圖的麻煩。

不過這個功能在每次重新開啟 Rhino 後就會失效，必須自己手動開啟（可把此指令放到滑鼠中鍵的快顯工具列中），或者在「Rhino 選項」→「一般」選單中把它設定成每次 Rhino 開啟後執行。

```
指令清單
  每當 Rhino 啟動時執行下列指令(R):
  ┌─────────────────────────────────────┐
  │                                     │
  │                                     │
  │                                     │
  └─────────────────────────────────────┘
```

要關閉單一視圖，只要再次執行此指令，然後將「啟用 (A)」設定為「否」即可，不過即使不關閉也不會怎麼樣，可以不用刻意去關閉它。指令列中還可以設定容許角度，容許角度愈大愈容易觸發工作平面自動切換；其他的選項看名稱都能理解，一般維持預設值即可。

精確繪圖與精確建模

在 Rhino 裡繪製曲線，使用者不需要像 CAD 類型的軟體一樣，要非常嚴格的「標註尺寸」和「定義限制條件」，可以比較自由的繪製草圖。不過這並不表示 Rhino 的精確度就比較差、或者無法繪製出準確的草圖。Rhino 也可以用十分精確的方式繪製草圖，就像在 AutoCAD 裡精確的繪製圖面那樣，可說是兼具了即興創作和工程要求等雙重特質。

例如，在繪製直線或多重直線時，指定了直線的起點後，直接在鍵盤上輸入長度（單位以「Rhino 選項」中設定的為主）可以指定直線下一點的長度，則下一點就會被限制在指定的長度上；繪製圓形時，指定圓心的位置後，可直接輸入半徑繪製指定大小的圓；執行「將線擠出」指令時，可以直接輸入數值限制擠出的長度；執行「移動」指令時，可以直接輸入數值以限定物件移動的距離…等等，很容易理解。

並且在指令列中也可以直接輸入數學運算式，例如 100/3、133/6 + 30* 42、3*cos(pi/4)+2tan (90degrees)、5.8e-12-64（公式中沒有空格）…等。

也可以用輸入座標的方式來繪圖或放置物件。例如，輸入座標 31,12,32 指定多重直線的起點，按下 Enter、空白鍵、或滑鼠右鍵確認後，再輸入座標 20,48,66 指定多重直線的下一點…等，注意輸入座標時不需要輸入括號。而如果不輸入 Z 座標，則得到的點會落在使用中的工作平面上。

NOTE

1. 座標是以現在視圖中工作平面的座標為主，不是世界座標。
2. 如果要使用世界座標系的座標，需要在最前方加入一個「w」，也就是輸入：wx,y,z 的格式。
3. 如果要指定的是工作平面的原點，不需要完整的輸入 0,0,0，只要輸入 0 就好了。

如果要以「相對座標」的方式繪圖或放置物件，則至少需要先有一個點，當指定下一個點時，輸入 rx,y,z 或者 @x,y,z（例如輸入：r8,11,23 或 @8,11,23）格式的數值，即可用上一個點當作基準點（原點），以相對於上一個點的座標放置下一點。

如果要指定一個角度，輸入「< 角度值」即可。例如繪製直線，於指定下一點…時輸入 r8.73<42 或 @8.73<42，可以畫出一條限定角度 42 度、距離上一個點 8.73 個單位長度的直線。

> **NOTE** 角度是以上一個點為原點，於它右手邊第一象限 +X 軸的方向為基準的「極座標」來定義。逆時針起算，角度為正值；順時針起算，角度為負值。

「工作平面」指令集

Rhino 的工作平面就類似於 CAD 類型軟體的基準平面，不過實際進行繪製時還是有些不同。最大的不同是 Rhino 的每個視圖中只有唯一的一個工作平面，可以執行各種指令以「重新放置」工作平面，而不像 CAD 類型的軟體是依據需求「創建」多個基準平面來使用。

舉個實際的例子來說明。如下圖所示，在 Solidworks 中，除了預設的基準平面（上、前、右）外，還必須自己額外創建兩個基準平面，並分別在三個基準平面上繪製草圖，才能執行「放樣」（Solidworks 中翻譯為「疊層拉伸」或「疊層拉伸曲面」）指令產生實體或曲面：

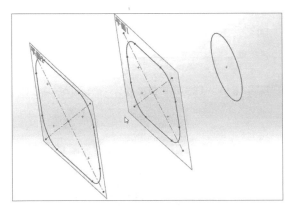
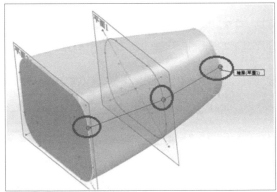

而在 Rhino 中，只要在任意一個視圖（依據使用者需求選用）的工作平面上繪製曲線，並直接把每條曲線按住滑鼠左鍵拖曳移動，將三條曲線一一拉開放置，就可以執行放樣（Loft）了。

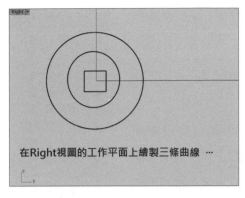

在Right視圖的工作平面上繪製三條曲線 …

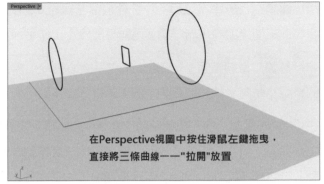

在Perspective視圖中按住滑鼠左鍵拖曳，
直接將三條曲線一一"拉開"放置

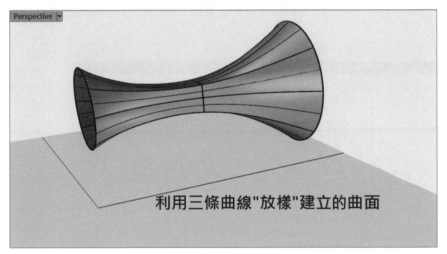

利用三條曲線"放樣"建立的曲面

而在選取視角上重疊的物件時，Rhino 也會自動彈出「候選清單」對話框，詢問使用者要選取的是哪一個物件，十分方便。

如前所述，Rhino 是直接在各個視圖的工作平面上繪製草圖，並且可以直接拖曳移動、旋轉或縮放草圖曲線，加上垂直模式、平面模式、智慧軌跡和操作軸…等輔助功能互相搭配，所以在 Rhino 中「重新放置」工作平面只是「輔助性」的操作，不像 CAD 類型的軟體必須要經常「創建」很多不同的基準平面來繪製草圖，在 Rhino 大部分場合完全不使用到關於工作平面的指令也可以完成建模。不過，在繪製過程中，還是可以適時移動或改變工作平面，這樣就可以在最適當的位置繪製曲線或建立物件，減少還要移動、旋轉或投影的麻煩。

所以建議在「標準」工具列中按住滑鼠左鍵約 0.5 秒，展開「工作平面指令集」來使用即可，而不需要再額外開啟「工作平面」工具列。

執行各類「重新放置」（設定）工作平面的指令，需要重新指定工作平面的原點和軸向，依照指令列中的提示進行操作即可。

在「Rhino 選項」的「建模輔助」選單中可以設定工作平面的狀態，「標準工作平面」與「同步工作平面」選項可以決定不同視圖的工作平面是否連動。設為標準工作平面時，不同視圖的工作平面各自獨立；設為同步工作平面時，不同視圖的工作平面的相對位置會彼此連動，但一般不會使用這個設定。

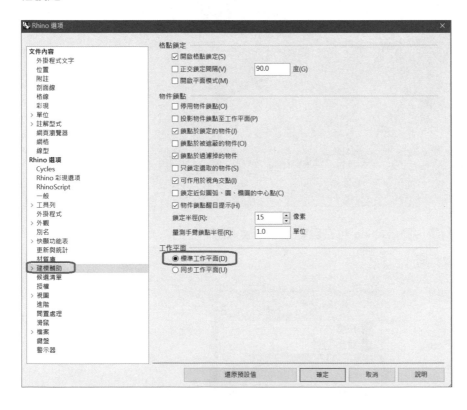

可以「重新放置」工作平面的所有指令

> 設定工作平面原點：在使用中的視圖指定工作平面的新原點，平移工作平面。

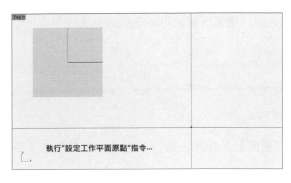

於指令列中可以使用其他變更工作平面的指令，不過都有對應的指令按鈕可以使用，以下分別介紹。

「全部 (A)」選項可以設定是否要將所有視圖的工作平面的原點都移至指定的位置。

➢　🔧 設定工作平面高度：將使用中的視圖的工作平面上、下垂直移動，類似於 CAD 類型軟體的「偏移基準平面」指令。不過因為已經有垂直模式與平面模式的輔助功能，所以這個指令很少用到。

➢　🔲 設定工作平面至物件：將使用中的視圖的工作平面定位至物件（曲線、曲面、實體、網格…）上。有 CAD 類型軟體（如 Solidworks、Solidedge、Invenotor、Creo、Catia、UG NX…等）基礎的人應該非常習慣這種繪製方式，在 Rhino 中也經常用到，例如將工作平面設定到金字塔形的三角形平面上，即可在該面繪製曲線或放置物件。

➢　🔲 設定工作平面至曲面：將使用中的視圖的工作平面定位至曲面上。是「工作平面：至物件」的曲面版本，可將工作平面重新放置到曲面上的指定點，並與該曲面相切，說明同上。

➢　🔲 設定工作平面與曲線垂直：將使用中的視圖的工作平面定位至某條曲線上，並與該曲線垂直。因為許多繪製指令都已經有「環繞曲線 (A)」選項可使用，所以很少使用此方式去改變工作平面。

➢　🔲 旋轉工作平面：旋轉使用中的視圖的工作平面，很少用。

➢　🔲 設定工作平面（垂直）：將使用中的視圖的工作平面重新設為與目前的工作平面垂直。要做到這個效果，一般只要直接在不同視圖的工作平面上繪製曲線即可，所以很少用這個指令。

➢　🔲 以三點設定工作平面：以三個點重新放置工作平面，簡單明瞭。

➢　🔲 以 X 軸設定工作平面：以指定 X 軸方向的方法，重新放置使用中的視圖的工作平面。

> ✎ **以 Z 軸設定工作平面**：以指定 Z 軸方向的方法，重新放置使用中的視圖的工作平面。

> ✎（**復原工作平面變更** / ✎）**重做工作平面變更**：

  ▶ **左鍵點選**：復原使用中的視圖的工作平面變更。

  ▶ **右鍵點選**：重做使用中的視圖的工作平面變更。

  和以 Ctrl + Z 或 Ctrl +Y 執行「步驟」的還原或重做觀念相同，但這個指令只能針對「工作平面」的還原與重做。

  不過，如果要把工作平面還原成預設狀態，建議直接執行「標準」工具列的「四個作業視窗」指令即可，因為如果重複執行復原或重做工作平面多次，很容易造成混亂。

> ✎（**設定同步工作平面模式** / ✎）**設定標準工作平面模式**：

  ▶ **左鍵點選執行此指令**：連結平行視圖的工作平面。

  ▶ **右鍵點選執行此指令**：讓不同視圖的工作平面各自獨立。

如前述，除非已經對 Rhino 很熟悉的使用者，否則讓不同視圖的工作平面各自獨立即可。

> 👁（**設定工作平面至視圖**）：不改變視圖和物件，將目前使用中視圖的工作平面轉到正對使用者「垂直俯瞰」的視角方向，並將工作平面轉正歸位，效果如下圖，注意畫面上視圖名稱和三個物件完全沒有改變，改變的只有工作平面。

建議可以開啟「按鈕編輯器」（Shift + 滑鼠右鍵），將此指令顯示的名稱改為「將工作平面轉到正對視角」。不過這個指令很少用，而且也很容易造成混亂。若是要恢復所有視圖的工作平面為預設值，請執行「標準」工具列的「四個作業視窗」指令。

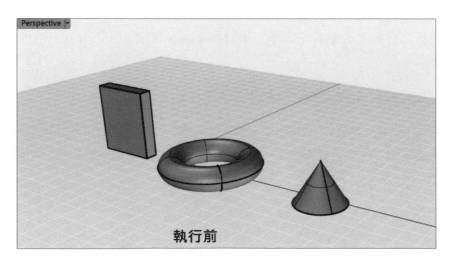

執行前

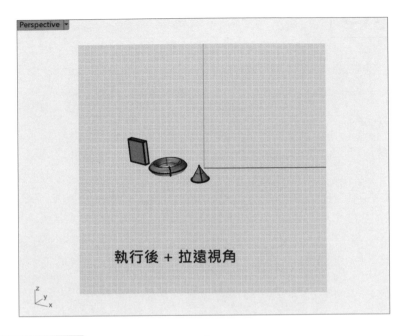

> 設定工作平面為世界 **Top**、**Bottom**、**Front**、**Back**、**Right**、**Left**：這六個指令屬於同一分類，可將目前使用中的視圖的工作平面設定為所選的工作平面，通常是用來將視圖的工作平面復原。例如在 Perspective 視圖中修改了工作平面，就可以執行「設定工作平面為世界 Top」指令，將它本來的工作平面還原到初始狀態。

> **MPlane**（動態工作平面）：將工作平面定位至物件上，而且當物件進行移動或旋轉等操作時，動態工作平面也會隨著物件移動或旋轉。蠻花俏的指令，但實際用途並沒有想像的那麼高。

其他如命名工作平面、儲存已命名的工作平面、工作平面的匯入 / 匯出等指令，因為很容易理解，故不多加贅述。

Shift + Home：復原上一個工作平面。

Shift + End：重做下一個工作平面。

但這只能復原或重做上一個工作平面，要恢復預設工作平面的方法如下：

1. 重新設定為該視圖原本的工作平面

2. 重選一次視圖或工作平面

3. 執行「四個作業視窗」指令或它的右鍵指令

除了執行指令，也可以在每個視圖的標籤上按右鍵 >>「設定工作平面」，從選單中去設定工作平面。

「點的編輯」工具列

在 Rhino 中所有線（包含直線與曲線）、面（包含平面與曲面）都是向量物件，有用過 AutoCAD、illustrator 或 Photoshop 鋼筆工具的讀者應該對此不陌生，Rhino 也是用類似的操作方式對物件做調整。

調整 Rhino 中各種類型的物件的可控點（包含控制點、編輯點、實體點…等），能直接對物件做「塑形」，改變曲線、曲面、實體或網格物件的形狀，具有強大的編輯與調整能力。這種透過調整物件的可控點改變物件形狀的方式，本書稱之為「塑形」（Shaping）。

只要選取了線物件，就會自動開啟線物件的「控制點」；如果系統沒有自動開啟控制點，可以手動點按執行本章所描述的指令，開啟線物件的控制點或編輯點，或者按快速鍵 F10。

> **NOTE** 讀者若是覺得 F10 鍵不好按，也可以在「Rhino 選項」中自訂快速鍵，方法如第二章所述。

開啟線物件的控制點或編輯點後，可以直接對線上的控制點或編輯點按住滑鼠左鍵進行拖曳調整，改變曲線（或直線）的長度或形狀，相當直覺。而如果覺得可控點的數量不足，也有指令可以增加可控點。

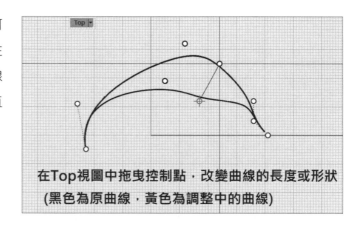

在Top視圖中拖曳控制點，改變曲線的長度或形狀
(黑色為原曲線，黃色為調整中的曲線)

同樣的，面物件也可以開啟控制點（點選指令按鈕，或按快速鍵 F10）進行調整，方法和線物件一樣，不過面物件沒有編輯點。一旦控制點的位置改變了，面也會跟著變形，就像捏黏土一樣，可以用很直覺的方式對面物件做「塑形」。這種自由造型（Freeform）的能力，是 Rhino 和偏向工程、機械用的 CAD 軟體（如 Solidworks、Inventor、Creo…等）的最大不同與優勢。

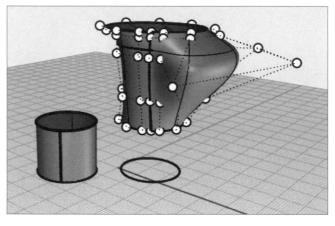

因為（單一）曲面可以按 F10 鍵開啟控制點（可搭配「重建曲面」指令得到均勻分布的控制點），很方便我們以曲面的控制點調整它的形狀，但多重曲面（無論開放或封閉）則無法開啟控制點，只能用選取次物件或變形控制器編輯（CageEdit 指令）…等等方式來調整其形狀，會比較不那麼靈活。因此建模過程中，如果可以，不要急著把曲面加厚或封閉起來，可以留到最後再做。

可以單選、也可以一次複選（按住 Shift 鍵複選、Ctrl 鍵減選，或者用框選、窗選方式）多個可控的點來對物件做塑形。而至於實體（Solid）與網格（Polygon Mesh）物件也都是一樣的，可以透過物件上「可控的點」來直接改變其形狀。

記得我們前面設定過的「推移」功能（按住 Alt 鍵與方向鍵進行移動、或再搭配上 Ctrl 或 Shift 鍵改變推移步距），除了可移動物件外，一樣可以對控制點、編輯點或實體點…等可控點作用，可以較為細緻的移動可控點，對物件做塑形，改變物件的形狀。

除了按住滑鼠左鍵拖曳或推移的操作之外，各種移動、旋轉、縮放、鏡射…等所有變動或變形類型的指令，都一樣可以對這些「可控的點」執行操作，對物件做塑形，改變物件的形狀，並可搭配上「操作軸」功能，於調整時更加方便。

調整這些「可控的點」對物件做塑形，是 NURBS 建模的核心操作。可控的點太少，會降低物件的可塑性，讓形狀變得呆版；可控的點太多，會讓物件變得過於複雜，造型上反而不容易做平順的調整，也容易在存檔、轉檔或輸出時發生錯誤。而且也必須兼顧物件相接處的連續性來適當的調整這些可控的點，因此如何適當的增加 / 減少可控的點，以及調整可控的點的技巧，都需要使用者的耐心、細心，並多加練習，累積操作經驗。

這些可控的點，例如：控制點、編輯點、實體點、網格頂點…也可以被物件鎖點的「點」選項鎖定到。

> **NOTE** 執行有些指令會使用到特殊的可控點，例如「調整曲線端點轉折」、「調整曲面邊緣轉折」、「弧形混接」、「混接曲線」、「混接曲面」、「不等量移動」…等指令。由於這些特殊的可控點只在這些指令的操作過程中有作用，故於介紹這些指令時才解說。

在 Rhino 中共有「四種可控點」和「節點」，以下分別介紹之：

一、控制點（Control Points）

控制點（Control Points，簡稱 CP 點），也叫作「控制頂點」（Control Vertex，簡稱 CV 點）。

曲線或曲面、實體、網格物件都有控制點，甚至於圖像平面、彩現時加入的燈光物件、貼圖軸、標註時的剖面線、尺寸的標註線…等等都有控制點，所以說控制點是所有物件都有的，最基本的可控點。

下圖是對線物件和面物件按 F10 鍵，開啟控制點後的狀態，其中曲面經過執行「重建曲面」指令。

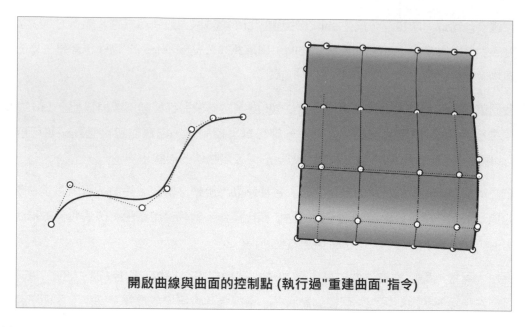

開啟曲線與曲面的控制點 (執行過"重建曲面"指令)

控制點「近似的」決定了曲線的形狀,實際上位於曲線上的點是由控制點彼此之間的「權值」所換算出來的,所以如果增加(執行指令)或刪除(按 Delete 鍵)控制點,也會改變曲線或曲面的形狀。

如同我們在「物件的觀念」一章中所說明的,控制點的最小數目是「物件的階數 + 1」。控制點愈多,就能夠愈精確的控制曲線或曲面的樣態。階數愈高,曲線或曲面的曲度愈平緩,但一般情況下預設的 3 階已經能滿足大部份需求。

再用曲面來說明控制點的作用。繪製一個平面並選取這個平面,點選「顯示物件的控制點」指令按鈕,或按 F10 鍵開啟平面的控制點,發現只有四個控制點位於平面的四個角落,如果要對這個平面做塑形,四個控制點顯然不夠用。

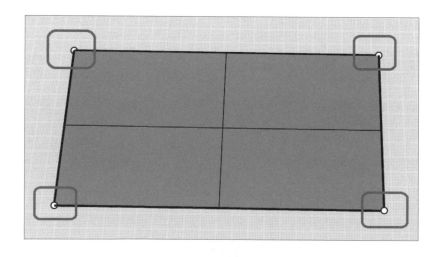

使用「編輯曲面」工具列中的「重建曲面」指令，將這個平面重建，成為一個 U、V 方向點數都為 10、階數都為 3 的平面，發現平面多了很多控制點，足夠我們塑形使用了。

按住 Shift 鍵，以框選或窗選的方式複選平面左右兩排的控制點（如果不小心選到其他東西，按住 Ctrl 鍵再點擊滑鼠左鍵做減選就行了），搭配開啟「操作軸」拖曳滑鼠調整控制點的位置，將控制點往 +Z 方向移動，對平面進行「塑形」，製作了一個兩端上翹的曲面。

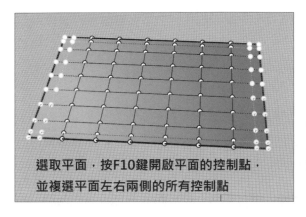

選取平面，按F10鍵開啟平面的控制點，並複選平面左右兩側的所有控制點

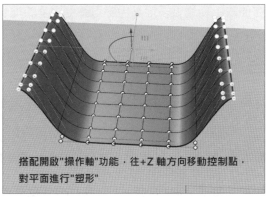

搭配開啟"操作軸"功能，往+Z軸方向移動控制點，對平面進行"塑形"

接著，於「繪製曲線」章節中，會詳細說明「控制點曲線」的繪製方式，讓讀者很清楚的明白控制點的觀念。

二、編輯點（Edit Points）

不同於控制點（CP 點）只有兩個端點的控制點在曲線上，編輯點（EP 點）全部都是位於「曲線上」的可控點。只有「曲線」能夠開啟編輯點，其他種類的物件沒有編輯點。編輯點是由曲線上「節點」的平均值所計算出來的，待會介紹到節點觀念，讀者就可以明白了。

下圖是對同一條曲線開啟控制點與編輯點的比較，區別很明顯。控制點只有首尾兩端的點在曲線上，而每個控制點之間有著虛線的連線，稱為外殼線（Hull）；而編輯點則是全部都位於曲線上。

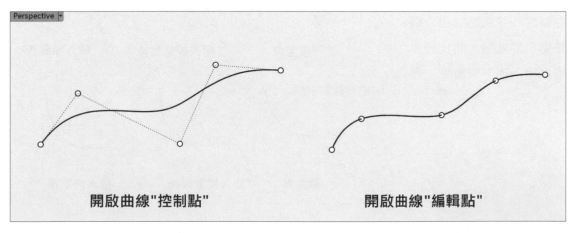

開啟曲線"控制點"   開啟曲線"編輯點"

可以把「編輯點」看作是「位於曲線上的控制點」。不過和控制點不同的是,調整一個編輯點會對整條曲線的形狀影響較大,而調整一個控制點只會改變曲線局部的形狀,可以較為平滑的改變曲線的造型。如何使用沒有規則,依據使用者需求、技巧、偏好與經驗來決定。

選取一條曲線時預設是開啟曲線的「控制點」,而不是「編輯點」。如果要打開曲線的編輯點,必須手動點選「開啟編輯點」指令按鈕,或者可自訂快速鍵以開啟曲線的編輯點。

在曲線上新增更多節點自然可產生更多的編輯點,而刪除編輯點也一樣會影響曲線的形狀。

三、節點(Knot)

節點是 NURBS 數學的一個參數值,是個數字而不是真正的可控點。實際上節點的英文「Knot」並沒有點(Point)的意思,所以也沒有類似「開啟物件的節點」這樣的指令,無法直接使用節點對物件做塑形。「節點」就是曲率開始變化的地方,決定曲面結構線(iso-curve)的多寡。

節點數等於(N + 階數 - 1),N 代表控制點的數量,所以插入一個節點會增加一個控制點,移除一個節點也會減少一個控制點。插入節點可以不改變 NURBS 曲線或曲面的形狀,但移除節點必定會改變 NURBS 曲線或曲面的形狀。

在曲線上「插入節點」會同時增加曲線的控制點和編輯點。對同一曲線分別執行「插入控制點」和「插入節點」做個比較,各插入 5 個點。發現最大的不同是,「插入控制點」只能被新增在曲線控制點彼此之間的外殼線(Hull)上,而且每插入一個控制點都會改變曲線的形狀;而「插入節點」可以在「曲線上」插入節點,並在最靠近曲線的範圍內產生控制點,並且也幾乎不會造成曲線的變形。

所以,如果要增加曲線的可控點,通常會用「插入節點」指令,間接的增加曲線的「控制點」與「編輯點」的數量,而比較少直接用「插入控制點」指令。

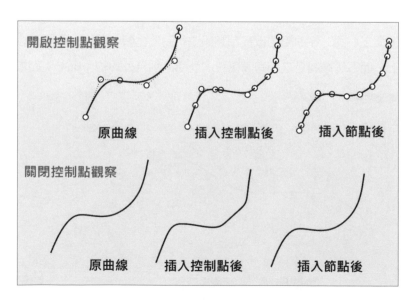

而在曲面上「插入節點」，會同時增加曲面的結構線與一整排控制點。

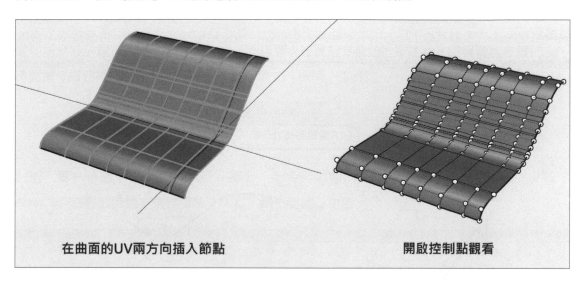

在曲面的UV兩方向插入節點　　　　　　　**開啟控制點觀看**

同理，我們也對曲面的「插入控制點」做一個比較，結果如下圖，觀念和曲線都是相同的。對於使用者來說，這兩種方式都可以增加曲面上的控制點，依據使用者的需求、偏好、技巧與經驗來做判斷，沒有一定的規則。

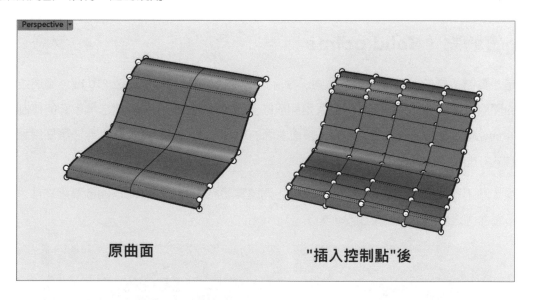

原曲面　　　　　　　　　　**"插入控制點"後**

雖然「節點」不是可以直接控制、調整的點，不過物件鎖點中有「節點」選項可以啟用，節點仍然可以被「物件鎖點」捕捉到。

四、銳角點（Kink）

銳角點是曲線或多重直線上，方向突然劇烈改變的點，例如矩形四邊的銳角，或是圓弧與直線的接點。如下圖所示，線上紅色框中的點都是銳角點，當然用有銳角點的曲線建立的曲面也會有銳邊。

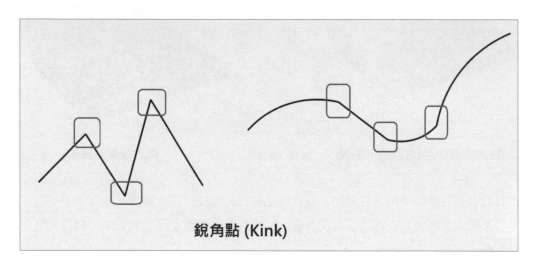

銳角點 (Kink)

五、實體點（Solid points）

如果是「實體」物件（封閉的多重曲面），執行「開啟控制點」指令或按 F10 鍵，發現並不能完整的開啟實體物件的控制點。而如果是開放的多重曲面物件，則根本無法開啟它的控制點。這是 Rhino 為了避免在調整控制點時，多重曲面的組合邊線出現裂縫，所以無法讓使用者以一般的方式打開它的控制點。

這時候，點選執行「實體工具」工具列中的「開啟實體點」指令，就可以開啟實體物件、或開放的多重曲面邊緣端點上的控制點，如下圖所示。

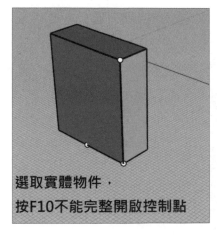

選取實體物件，
按F10不能完整開啟控制點

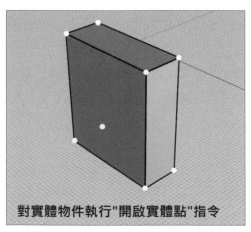

對實體物件執行"開啟實體點"指令

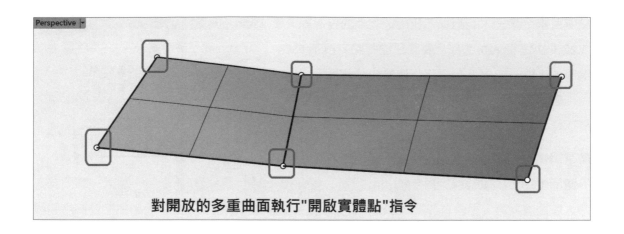

對開放的多重曲面執行"開啟實體點"指令

> **NOTE** 建議把「實體工具」工具列中的「開啟實體點」指令，按住 Ctrl 鍵拖曳，也複製一個到「點的編輯」工具列中。

調整「實體點」一樣可以對物件做「塑形」，使用者就把實體點當作是實體物件、或開放的多重曲面的控制點就可以了。

實務上，只有邊緣端點位置的實體點通常還是不夠用的，所以「開啟實體點」指令一般很少用到。不過，有些無法開啟控制點的（開放的）多重曲面、或封閉的多重曲面（實體）物件，仍然可以用按住 Ctrl + Shift 鍵，以點選次物件的方式選取它們的頂點、邊線、面，藉由調整其位置來改變它們的造型，這樣的方式還比較直接。或者執行「變形控制器編輯」（Cage Edit）指令來間接的改變其造型，後續將說明。

除了按住 Ctrl + Shift 鍵用選取次物件（點、線、面）做調整的方式來塑形，SubD 物件也可以像 NURBS 物件一樣按 F10 開啟控制點，也可以執行指令開啟編輯點和實體點，做形狀的調整。不過調整 SubD 的實體點會把 SubD 轉換為 NURBS 類型，但我們通常還想用 SubD 的方式繼續調整，所以實體點很少用到。

至於 Mesh 物件則只有網格頂點和控制點（同樣 F10 開啟），但發現調整 Mesh 的控制點很容易造成破面，所以一般只會調整 Mesh 的頂點。

養成好習慣，從繪製曲線時就細心、耐心的調整可控點，使其達到合理的連續性和形狀。從源頭就繪製高品質的曲線，就能較簡單的建立出高品質的曲面或是實體物件，也能減少後續再做編修的麻煩。

觀念解說完畢，以下介紹 Rhino「點的編輯」工具列中的指令：

> **PointsOn**（開啟點）/ **PointsOff**（關閉點）：建議按住 Shift 鍵並點擊滑鼠右鍵，開啟「按鈕編輯器」，把開啟點改名為「開啟控制點」。

點選此指令按鈕，可以顯示出所選物件的控制點，或按下快速鍵 F10 也行。要關閉控制點，按下 ESC 鍵或 F11 鍵。如果沒有選定物件就執行此指令，指令列會提示選取一個物件，選好後按下 Enter、空白鍵或是滑鼠右鍵確認即可。

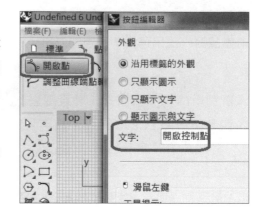

點選滑鼠右鍵執行：關閉控制點、編輯點或實體點的顯示（ESC 或 F11 鍵亦可）。

> ⟋ **EditPtOn**（開啟編輯點）/ ⟋ **EditPtOff**（關閉點）：

  ▶ 點選滑鼠左鍵執行：顯示所選曲線的編輯點。

  ▶ 點選滑鼠右鍵執行：關閉控制點、編輯點或實體點的顯示。

  要關閉所有的可控點，按下 F11 鍵或 ESC 鍵即可，使用者也可以自訂別的快速鍵。

> ⟋ **PtOffSelected**（關閉選取物件的點）：單純關閉所選物件的可控點，而不是把畫面上所有物件的可控點都關閉。

> ▣ **SolidPtOn**（開啟實體點）：開啟位於實體物件或開放的多重曲面邊緣端點的控制點，如前述。

  讀者可以為這個指令新增一個快速鍵，但因為不如「選取次物件」方便，很少用到就是了。

> ⟋ **HBar**（控制桿編輯器）：在曲線或曲面上新增一個貝茲線的控制桿，用控制桿來編輯曲線或曲面，提供給熟悉貝茲線工具的使用者。

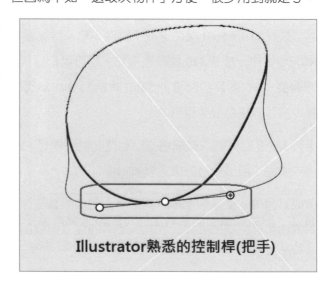

Illustrator熟悉的控制桿(把手)

> 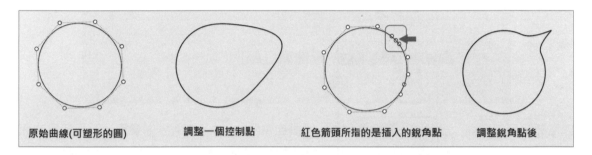 **InsertControlPoint**（插入控制點）：在曲線上加入一個控制點，或在曲面上加入一排控制點，詳細的用法如前述。

如果是曲面，於指令列中可以選擇要插入曲面 U、V 哪個方向的控制點，並可以進行方向切換。也可以進行延伸、或是在兩排控制點的間距中點加入一排控制點。

> **RemoveControlPoint**（刪除控制點）：插入控制點的反操作，也可以直接按下鍵盤 Delete 鍵刪除所選到的控制點，注意刪除控制點會改變曲線或曲面局部的形狀，而刪除到某些關鍵位置的控制點影響更大。

> **InsertKink**（插入銳角點）：在曲線或曲面插入銳角點或銳邊。

如以下例子，繪製一個階數 3，控制點數 8 的「可塑形」圓，選取它會自動開啟圓形曲線的控制點。調整圓右上方的一個控制點對圓做塑形，可以平滑的改變圓的形狀；執行「插入銳角點」指令在圓右上方插入一個銳角點，發現插入的銳角點兩旁還多產生了兩個控制點，這是為了維持銳角兩端和圓相連處的連續性。拖曳銳角點對圓塑形，產生一個尖銳的角。

| 原始曲線(可塑形的圓) | 調整一個控制點 | 紅色箭頭所指的是插入的銳角點 | 調整銳角點後 |

選取並觀察調整銳角點後的圓的控制點，發現剛才隨著插入銳角點而新增的兩個控制點，仍然維持在原處，說明這兩個控制點只是普通的控制點。而嘗試拖曳調整這兩個點，也發現沒有產生銳角的效果。

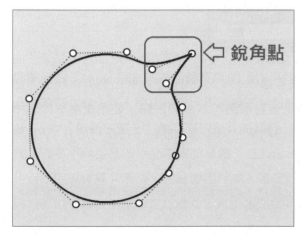

銳角點

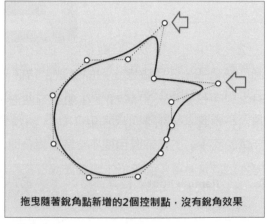

拖曳隨著銳角點新增的2個控制點，沒有銳角效果

對曲面「插入銳角點」也是同樣的觀念與操作方法，不過曲面上產生的是一個銳邊。

要繪製一個有銳角的曲線時，就可用這個指令插入銳角點，再調整銳角點產生有銳角的曲線。

> 🖋 **InsertKnot**（插入節點）/ 🖋 **InsertEditPoint**（插入編輯點）：如同前述觀念，以滑鼠左鍵點選執行「插入節點」指令，可對曲線或曲面插入節點。而以滑鼠右鍵點選執行「插入編輯點」指令，對曲線插入編輯點。

原本在「點的編輯」工具列中的「插入節點」指令，預設只有滑鼠左鍵有作用，但其實較為完整的指令被放置在了「有機」工具列中。請讀者在有機工具列的「插入節點」指令按鈕上按住 Ctrl 鍵，並按住滑鼠左鍵將它拖曳複製到「點的編輯」工具列中，並將「點的編輯」工具列中原本的「插入節點」指令按鈕，按住 Shift 鍵與滑鼠左鍵拖曳到工作區中刪除，並再把「有機」工具列關閉。

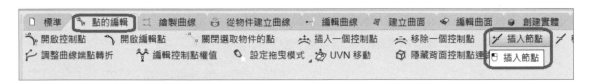

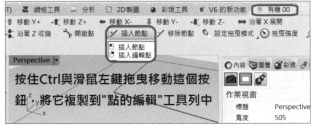

在指令列中可以選擇「自動 (A)」，在現有的節點與節點之間的參數距離中點插入節點或（曲面）結構線，避免破壞一致的參數化結構，或者選擇「中點 (M)」在兩個節點的中點插入節點；也可以選擇「對稱 (S)」在曲線或曲面的兩側對稱地加入兩個節點。如果是曲面的話，也可以選擇要在 U 或是 V 方向上插入節點、或是兩個方向都插入節點，並且可於 U、V 方向切換。

> 🖋 **RemoveKnot**（移除節點）：插入節點的反操作，可刪除曲線的節點，或曲面的節點與結構線。

> 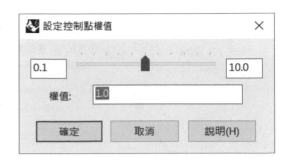 **Weight**（編輯控制點權值）：調整曲線或曲面控制點的權值。曲線或曲面控制點的權值是控制點對曲線或曲面的「牽引力」，權值越高曲線或曲面會越接近控制點，所以改變控制點的權值，也會改變曲線或曲面的形狀。

不過如果有匯出檔案到其他軟體做進一步編輯與加工的需求，因為其他軟體不一定有支援控制點權值的功能，可能會發生意想不到的錯誤，這時就設定所有控制點的權值都是 1 即可（預設值）。

> 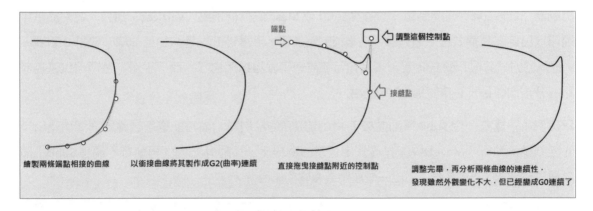 **EndBulge**（調整曲線端點轉折）：雖然這個指令被歸類在「點的編輯」工具列中，不過建議也可以複製一個到「曲線工具」工具列中。

這是一個很「細緻」的指令，直接以一個實際的例子說明此指令的用法。繪製兩條以端點相接的曲線（開啟物件鎖點的「端點」），並以 Match Curve（銜接曲線）將兩條曲線調整成曲率（G2）連續。然後拖曳調整兩條曲線接縫點附近的控制點，發現只要一經過調整，就會破壞兩條曲線之間的連續性。執行「分析」工具列中的「兩條曲線的幾何連續性」指令檢查現在兩條線的連續性，發現兩條線在接縫點處雖然外觀看不太出變化，但連續性被破壞，已經變成 G0連續了。

繪製兩條端點相接的曲線　　以銜接曲線將其製作成G2(曲率)連續　　直接拖曳接縫點附近的控制點　　調整完畢，再分析兩條曲線的連續性，發現雖然外觀變化不大，但已經變成G0連續了

要避免這種情況，可以使用「調整曲面端點轉折」指令，去調整除了曲線接縫點和另一側端點以外的控制點。如下圖所示，如果執行「調整曲線端點轉折」指令去調整兩條曲線（姑且叫它們 A、B 曲線）接縫點附近的控制點，發現控制點被強制維持在一個方向上移動。點擊滑鼠左鍵確認放置控制點後，再次執行「分析」工具列中的「兩條曲線的幾何連續性」指令檢查兩條曲線的連續性，發現 A、B 曲線還是保持著 G2（曲率）連續。不過為了保持 G2 連續，曲線的其他地方就產生變形了，也是因為移動的距離太大導致。

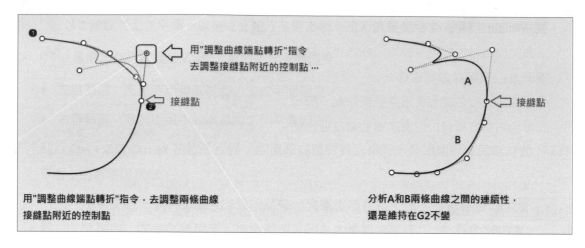

用"調整曲線端點轉折"指令
去調整接縫點附近的控制點 …

接縫點

用"調整曲線端點轉折"指令，去調整兩條曲線
接縫點附近的控制點

A

B

接縫點

分析A和B兩條曲線之間的連續性，
還是維持在G2不變

所以這個指令適用於「精細的」調整曲線接縫點附近的形狀，而不會破壞兩條曲線在接縫點的連續性。

在「曲面工具」工具列中也有一個類似的指令「調整曲面邊緣轉折」，觀念相同，可以在不改變兩個曲面相接的連續性的情況下，改變曲面相接處的形狀。

> **Move UVN (UVN 移動) / MoveUVN ,off（關閉 UVN 移動對話框）**：這個指令可以將選定的任何物件的「控制點」，沿著物件的 U、V 或 N 方向移動，是手動拖曳控制點很難做到的操作，可以較有規律的調整控制點對物件做塑形。

「MoveUVN」指令對任何物件的控制點（按 F10 開啟）都有效果，甚至是曲線的控制點、變形控制器（CageEdit）的控制點，不過對 SubD 或 Mesh 物件的頂點（vertices）無效。在對話框中還可以設定移動模式是沿著切線、沿著控制點連線、沿著控制點連線的延伸線，或是 U 對稱、V 對稱的方式移動所選控制點，讀者自行嘗試一下就可以明白了。而「平滑」選項可以讓控制點的分布均勻化，一樣試過就知道效果。

舉個例子，建立一個 SubD 平面並按下 F10 開啟它的控制點，並搭配選取過濾器選擇如圖所示的控制點，執行「MoveUVN」指令設定適當的縮放比，移動 N 方向，再執行「偏移 SubD」將之做成封閉的 SubD 實體，做出一個超市裝食物的紙盤。

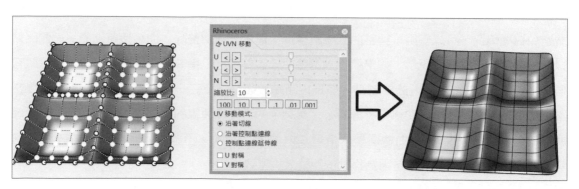

再舉個例子,用「SubD 旋轉成形」做了一個形狀,選取上面三排控制點,使用「MoveUVN」指令將它們朝著 N 方向移動,可以「膨脹」放大上面的形狀。像這樣用「MoveUVN」指令來調整控制點的 N 方向做膨脹或收縮,是很常用的技巧。

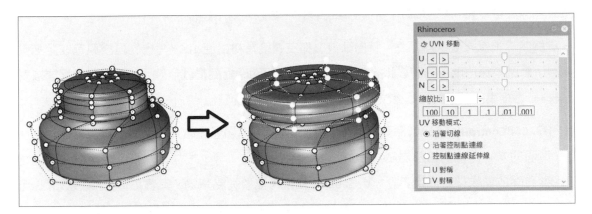

也可以嘗試把所選的控制點往 U 或 V 方向移動看看,並嘗試不同的選項,可以做出很多有趣的效果。如下圖,從剛才的形狀繼續在 U、V、N 方向調整控制點,做了一個現代感的椅子。

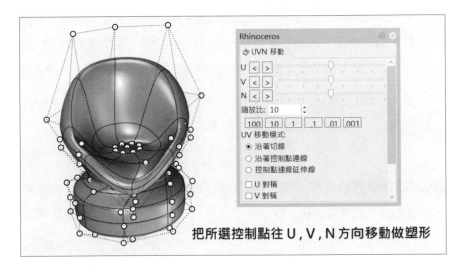

把所選控制點往 U , V , N 方向移動做塑形

>  **Drag Strength**(拖曳強度):這個指令預設不在「點的編輯」工具列中,不過因為它和點的編輯確實是有關聯的指令,讀者可以仿照前面的方式,把「拖曳強度」這個指令從「有機」工具列中複製到「點的編輯」工具列中。

這個指令蠻單純的，點選執行後會跳出一個對話框，可以改變以滑鼠左鍵或是操作軸拖曳物件、或調整控制點做塑形時物件所移動的量。例如初始設定為 100，當按住滑鼠左鍵拖曳移動一個單位，物件就會移動一個單位；而如果設定為 40，則當按住滑鼠左鍵拖曳移動一個單位時，物件只會移動 0.4 個單位，是很細緻的操作，實際用處不是很大。

一旦關閉「拖曳強度」對話框，將自動恢復拖曳強度為初始值 100%，也就是說只有在「拖曳強度」對話框保持開啟的時候此指令才有效果，一旦關閉對話框就無效了。不過當再度開啟對話框時，「拖曳強度」對話框會記憶使用者上一次所設定的數值。

> ⬡ **CullControlPolygon**（隱藏物件背面控制點連線）：顧名思義，如果覺得每次都選到物件背面的次物件（例如控制點、SubD 頂點、Mesh 頂點…等）很討厭，可以用此指令隱藏物件背面的點物件讓你選不到，用 SubD 建模時可能會有點幫助。其實這個指令應該算「可見性」類型的指令，可以複製一份到滑鼠中鍵的快速選單，或「可見性」工具列。

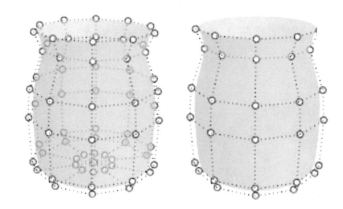

> 🪶 **DragMode**（設定拖曳模式）：設定各種以滑鼠游標拖曳物件的方式，但並不建議使用這個指令，容易把自己搞得昏頭轉向的。

【補充】

若搭配「選取指令集」中關於「點的選取」類型的指令，可以方便我們快速將指定類型或方向的可控點一鍵選取起來，方便做編輯與調整。

「選取點」指令集如下，可從「標準」工具列中展開使用，或開啟「選取點」工具列，並以前述的方式讓它同時「顯示圖示與文字」，這樣一來看名稱就知道指令的用法了。

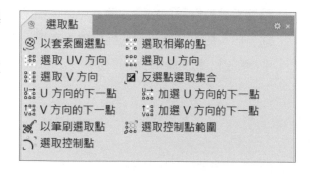

「標準」工具列

「標準」工具列中包含了作業視窗（視圖）的設定、尺寸標註、工作平面、可見性、選取、彩現、檔案管理和 Rhino 選項...等通用的指令集合。不過預設的「標準」工具列的指令又多又雜，因此個人建議把標準工具列做大幅度的簡化，刪除無用的指令按鈕（按住 Shift + 拖曳出去）以精簡版面，提高作業效率。

CHAPTER

09

> ⊞ **4View**（四個作業視窗）/ ⊞ **4View then Zoom All Extents**（四個作業視窗 + 縮放至最大範圍）：以滑鼠左鍵點選執行此指令：把目前的工作區域恢復成四個作業視窗的狀態，並恢復視角為初始設定。

很實用的指令，建模過程中經常調整視角到分不清東西南北的時候，可執行這個指令以重置視角，故建議可將此指令按鈕加入到滑鼠中鍵的快顯工具列中。如果作業視窗的大小或位置有改變過，執行此指令會先將作業視窗恢復成預設值，再度執行一次此指令才會恢復視角，所以有時候要連續執行這個指令兩次，作業視窗和視圖的角度才會回復到最初預設的狀態。

以滑鼠右鍵點選執行此指令：把目前工作區域恢復成四個作業視窗的狀態，並且縮放視圖的視角至可以容納所有物件的最大範圍，說明同前述，個人覺得比左鍵功能更加實用。

> ⧉ **CopyToClipboard**（複製至剪貼簿）：不如直接按 Ctrl + C，故建議可將這個指令按鈕刪掉，以精簡版面。

> ✂ **Cut**（剪下）：不如直接按 Ctrl + X，故建議可將這個指令按鈕刪掉，以精簡版面。

> ▦ **工作平面指令集**：保留，在「工作平面：原點」按鈕上按住滑鼠左鍵約 0.5 秒，展開「工作平面」指令集。

> ⌞⌟ **Dim**（尺寸標註指令集）：保留，請參考本章末尾說明。

> ◻ **DocumentProperties**（文件內容）：執行「選項」指令即可，故可將此按鈕刪掉以精簡版面。

> ◉ **Grasshopper**（啟動 **Grasshopper**）：保留，啟動 Grasshopper 程式。

> ❓ **Help**（說明主題）：不如直接按 F1 鍵，可將這個按鈕刪掉以精簡版面。

> 💡 **「可見性」指令集**：保留，在「隱藏物件」按鈕上按住滑鼠左鍵約 0.5 秒，展開「可見性」指令集，後續章節將說明。

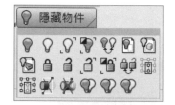

> 🔒 **「鎖定」指令集**：保留，在「鎖定」按鈕上按住滑鼠左鍵約 0.5 秒，展開「鎖定」指令集，後續章節將說明。

> ◈ **Layer**（切換置至圖層面板）：如前述，圖層相關的功能從右側圖層面板操作即可，可刪除此按鈕。

> ▷ New（開新檔案）：從下拉式功能表「檔案 (F)」執行即可，故可刪除此按鈕，精簡版面。

> ▷ Open（開啟舊檔）：從下拉式功能表「檔案 (F)」執行即可，可刪除此按鈕。

> ▷ Options（選項）：開啟「Rhino 選項」，其實從下拉式功能表「工具 (L)」→「選項」中一樣可以執行，但還是保留此按鈕比較方便一點。

> ▷ Pan（平移）：使用快速鍵操作更方便，可刪除此按鈕。

> ▷ Paste（貼上）：使用快速鍵 Ctrl + V 操作更方便，可刪除此按鈕。

> ▷ Print（列印）：從下拉式功能表「檔案 (F)」執行即可，可刪除此按鈕。

> ▷ Properties（物件內容）：內容面板就在軟體介面右側，不需要這個指令，可刪除。

> ▷ Render（彩現）：保留，參考「彩現」章節。

> ▷ RotateView（旋轉視圖）：使用快速鍵操作更方便，可刪除此按鈕。

> ▷ Save（儲存檔案）：從下拉式功能表「檔案 (F)」執行即可，可刪除此按鈕。

這裡要特別介紹一下，在下拉式功能表「檔案 (F)」的「遞增儲存 (C)」功能，會以加上流水號的方式「另存新檔」，一般在建模時可養成習慣用這個功能存檔，因為 Rhino 沒有特徵建構樹的功能，這樣在需要舊檔案時比較方便。但是要養成習慣整理或刪除過多的存檔檔案，不然很吃硬碟空間，後續也不容易做管理。建議在 Rhino 選項 >> 檔案，取消勾選「儲存或匯出時建立 .BAK 備份檔案」以節省空間，以及設定自動儲存的時間間隔。

> ▷ SaveSmall（最小化儲存）：只保存物件形狀而不保存彩現與分析資料，當只需要形狀而不需要其他東西時，可以節省檔案大小。「遞增儲存」使用的也是「最小化儲存」的方式。

> ▷ 「選取」指令集：保留，參考「選取指令集」章節。

> ▷ 設定視圖指令集：在「Right 視圖」按鈕上按住滑鼠左鍵約 0.5 秒展開「設定視圖」指令集，個人習慣不會用到，讀者可依據偏好決定是否刪除。

> ▷ Shade（著色）：沒什麼用，可刪除。

> ▷ 著色模式作業視窗：沒什麼用，可刪除。

> **ShowOsnap**（物件鎖點）：一般不會從這裡執行，可刪除。

> **Spotlight**（建立聚光燈）：一般不會從這裡執行，可刪除。

> **復原 / 重做**：不如按 Ctrl + Z 或 Ctrl + Y，可刪除。

> **UndoView**（復原視圖變更）：沒什麼用，可刪除。

> **框選縮放 / 目標縮放**：沒什麼用，可刪除，習慣用此方式縮放視角的讀者可保留。

> **動態縮放**：沒什麼用，可刪除，習慣用此方式縮放視角的讀者可保留。

> **縮放至最大範圍**：沒什麼用，可刪除，習慣用此方式縮放視角的讀者可保留。

> **縮放至選取物件**：沒什麼用，可刪除，習慣用此方式縮放視角的讀者可保留。

NOTE 關於縮放 (Zoom) 指令的快速鍵是 Ctrl + W，可從指令列中選擇各種縮放方式。

尺寸標註指令集

在「直線尺寸標註」上按住滑鼠左鍵約 0.5 秒，可展開尺寸標註指令集。

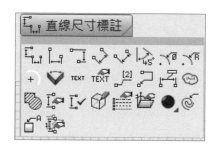

這裡的功能相當直觀，標註草圖的距離、長度、角度、半徑、座標點、建立標註文字與標註引線、建立註解點 ... 等等，很容易使用，也和 AutoCAD 與其它同類軟體都是相同的操作，故這裡不一一介紹所有的指令，只示範幾種，其餘請讀者自己嘗試。

在「Rhino 選項」→ 文件內容 →「註解型式」分頁中，可以設定標註的比例、字體、文字大小（高度）、顏色、線型⋯與其它標註內容相關的參數。

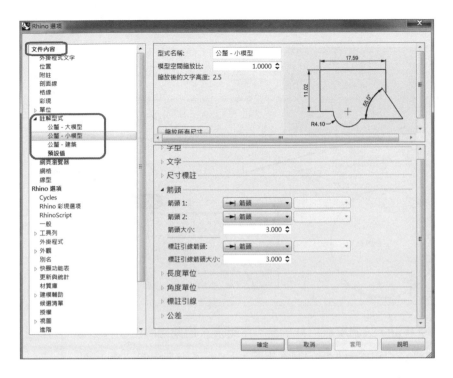

或是更直觀的，選取一個「標註」物件後，在右側「內容」面板中設定關於標註的底色、文字高度、縮放比、字型、箭頭 ... 等眾多參數，都不困難，讀者自己試過一遍就知道了。

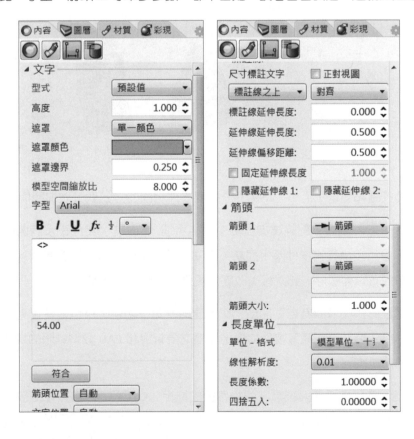

下圖是建立 2D 標註的效果：

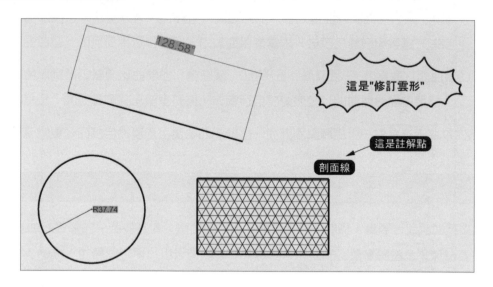

下圖是建立 3D 標註，注意標註只能放置「平行於」目前視圖的工作平面的方向上，故需要在不同視圖中做標註（和繪製曲線的觀念相同），才能達到下圖的效果：

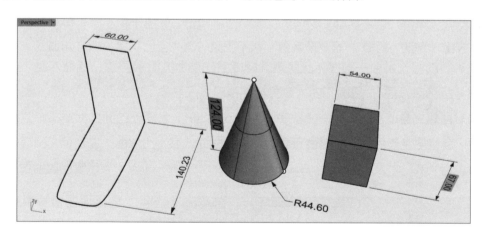

標註線同樣會有控制點可以使用，可以用和一般線物件相同的方式對其做編輯與調整。

在以前的版本中，如同前面「記錄建構歷史」功能所述，「標註」物件在沒有開啟「記錄建構歷史」功能時不會和被標註的物件產生連結，也就是說變更幾何圖形不會更新尺寸標註，變更尺寸標註也不會更新幾何圖形，如果模型改變，要再重新做尺寸標註。

現在建立尺寸標註的預設值即為自動開啟「紀錄建構歷史」功能，所以當使用者修改了有尺寸標註的物件時，尺寸標註也會隨著物件的變化而隨之更新，和 CAD 類型軟體的功能一樣了，是非常方便實用的新功能。

還有一個技巧是，將尺寸標註與被標註的物件組成群組（Ctrl + G），這樣在縮放物件時，尺寸標註也會一起被縮放並更新數值。

選取指令集

「選取指令集」中的指令讓使用者可以「一鍵選取」指定類型
的物件，例如：一鍵選取所有的點物件或控制點、一鍵選取
所有的線（直線與曲線）物件、一鍵選取所有的單一曲面、一
鍵選取所有封閉的多重曲面（實體）、一鍵選取所有重複的物
件…等，例如要清除模型中多餘的物件，或者檢查模型時都很
好用。

CHAPTER

10

在「標準」工具列中按住滑鼠左鍵約 0.5 秒，展開「全部選取」指令集，或者也可以開啟「選取」工具列。不過本書是建議從「標準」工具列中點選，並把常用的指令加入滑鼠中鍵的自訂工具列即可，不需要額外開啟「選取」工具列。

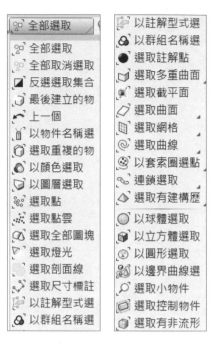

這邊的指令非常多，不過看名稱就知道用法了，讀者可以自己去試試看，本章只介紹幾個實用或特殊的選取指令。注意右下角有黑色箭頭的指令，代表還可以再度展開更多相關的選取指令。

> ▣「反選」(invert) 指令：取消所有已選取的物件，改選所有未選取的物件。

> ⊛「以套索選取」(Lasso)：和 Photoshop 的套索選取工具同樣，手動點選畫出不規則的選取範圍，選擇範圍內部的物件或次物件，搭配「選取過濾器」來使用效果最好。由於經常要選取 Mesh 或 SubD 的次物件，例如頂點或控制點來塑形，Lasso 指令就很好用。

可以一邊調整視角、及跨越不同視圖來畫出選取範圍，選完後按滑鼠右鍵或 Enter 或空白鍵確認便可建立選取範圍。指令列中可以設定選取模式為「窗選」或「跨選」(和滑鼠從左拖曳或從右拖曳選取同理)、或是反選、復原上一步的選取操作。建議可以把此指令複製一份到滑鼠中鍵的自訂選單中，或是直接在指令列輸入指令名稱執行。

> ▥「以圍籬選取」(SelFence)：和套索選取類似的指令，但它是選取接觸到套索的「邊界線」上的物件而不是內部的範圍，指令列中可以選取一條現有的曲線作為選取路徑。建議可以把此指令複製一份到滑鼠中鍵的自訂選單中，或是直接在指令列輸入指令名稱執行。

> 🖌️「以筆刷選取」（**SelBrush**）：由於 Rhino 7 經常要選取 Mesh 或 SubD 的次物件，例如頂點或控制點、邊線、面來塑形，因此 SelBrush 指令就很好用，如果不想每次都用點選或框選滑鼠的方式來選取，也可以改用這種用「塗抹」選取物件的方法。搭配按住 Ctrl + Shift 鍵的話，就可用筆刷選取次物件（點、線、面…等），而單純只按住 Ctrl 塗抹可以取消選取被塗抹到的物件。

指令列選項可以指定一條現有的曲線作為選取路徑（少用到），或是調整筆刷的大小（按住 Shift 鍵上下移動滑鼠也可以）、設定是否要啟動多重直線路徑（設為「關閉」可以自由手繪）、選取模式為窗選或跨選、或是反選，也可以設定要不要把選取範圍穿透到物件背面（一般習慣設為關閉）。還有，可以設定是否要即時建立選取範圍，也就是筆刷「現掃現選」，但如果電腦變得很卡就關閉這選項，選完再按滑鼠右鍵或 Enter 或空白鍵確認，便可建立選取範圍。

建議可以把此指令複製一份到滑鼠中鍵的自訂選單中，或是直接在指令列輸入指令名稱執行。

> 🖌️「以筆刷選取點」（**SelBrushPoints**）：相當於 SelBrsuh 搭配「選取過濾器」的「點」選項，可以用來選取點物件，例如普通的點、控制點、或是點雲裡的點。

以下介紹一些和檢查模型相關的選取指令，雖然都有指令按鈕可用，但我個人是習慣直接在指令列中輸入指令名稱執行：

「SelSmall」選取小於特定尺寸的物件，在確認模型有沒有過小的物件時很好用。

「SelNonManifold」選取有非流形邊緣的物件，便可對它進行修復或刪除重建。

「SelShortCrv」選取小於特定長度的曲線，便可對它進行修復或刪除重建。

「SelDup」（不包含原本的物件）和「SelDupAll」（也包含原本的物件）選取形狀相同、重複出現在同樣位置的物件，例如原地複製貼上多次的物件，但是對隱藏起來的物件無效。

選取指令還有一個很大的作用，就是用來確認製作好的模型是否全部都為實體，才能輸出製造：

1. 執行「Selpt」和「SelCrv」選取所有點、線物件，刪除或者隱藏。

2. 執行「SelClosedSrf」和「SelClosedPolySrf」確認所有 NURBS 物件是否都為實體，並執行「SelClosedSubD」和「SelClosedMesh」確認所有的 SubD 和 Mesh 物件是否都為實體。

3. 將選到的東西用快速鍵 Ctrl + H 隱藏起來，然後使用 Ctrl + A 進行全選，確認還有選到哪些東西，這些東西就是非實體的物件，可對它進行修復或是刪除重建。

快速選取 Loop 或 Ring

在編輯 SubD 或 Mesh 物件時，經常需要選取一整圈或一個範圍內的頂點、邊線或面，除了用對應的選取指令，Rhino 也提供了我們以下快速選取的方式：

一、選取「Loop」

Loop（循環）可以有 Vertices Loop、Edge Loop 以及 Face Loop，也就是「一整圈」的點、線、面。以下示範最常使用的選取一整圈 edge loop，只要按住 Ctrl + Shift 在其中一條邊線上點兩下左鍵就可以了。而如果要選取一整圈的頂點或是面，要先按住 Ctrl + Shift 選取一個頂點或面，接著在與它相鄰的頂點或面上點兩下左鍵就可以了。

按住 Ctrl + Shift 在 edge 上
點兩下左鍵選取一整圈的 edge loop

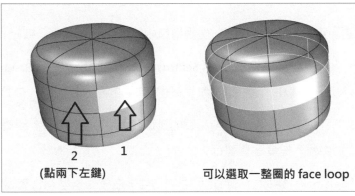

2　1
（點兩下左鍵）　　　　　可以選取一整圈的 face loop

要取消選取的話，按住 Ctrl 雙擊選中的 edge loop。而如果只想選取「某個範圍」內的 loop，如下圖，可以按住 Ctrl + Shift 鍵選取兩個範圍邊界的頂點、邊線或面，此時不放開 Ctrl + Shift 鍵，並在任意一個相鄰的頂點、邊線或面上點兩下左鍵就可以了。圖片只示範選取一個範圍內的邊線，但對於頂點和面的操作方法都是相同的。

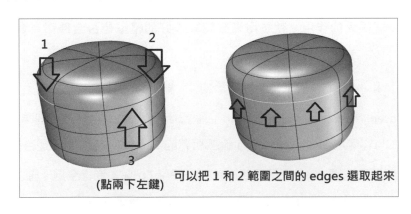

1　2

3
（點兩下左鍵）　　　可以把 1 和 2 範圍之間的 edges 選取起來

二、選取「Ring」

Ring（環狀循環）和 Loop 類似，但 Ring 指的是「互相平行」的一連串邊線（edges）。操作方法和選取 Loop 類似，但需要多按一個 Alt 鍵，如下圖所示。

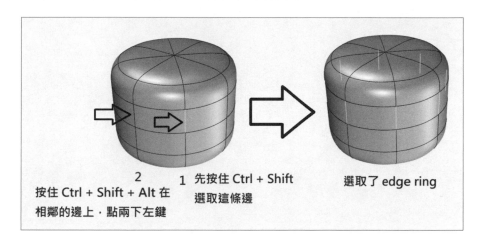

如果只想選取兩條邊線之間範圍的 edge ring，仍然使用剛才提到的方法，只不過是多按了一個 Alt 鍵而已。要取消選取的話，按住 Ctrl + Alt 雙擊選中的 edge ring。

除此之外，要選取同方向的一整排「控制點」也可以在同方向上的「控制點之間的連線」上雙擊左鍵。而如果要選取一個範圍內的控制點，先按住 Shift 鍵選取 U 或 V 方向起始和結束的控制點設定一個範圍，持續按住 Shift 鍵再雙擊左鍵點選它們之間的某一段「控制點連線」即可。不過要這麼做的前提是先在「Rhino 選項」的「滑鼠」頁面把「可選取控制點連線」打勾，這邊建議所有項目都勾起來，如下圖。

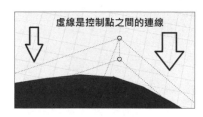

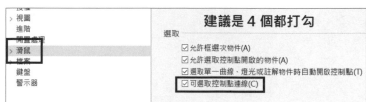

可見性指令集

「可見性」指令集中包含了將選取的物件隱藏、顯示、鎖定、解鎖、遮蔽…等指令，是建模過程中非常好用的輔助操作。在「標準」工具列中按住滑鼠左鍵約 0.5 秒，展開「隱藏物件」或「鎖定」指令集，或者也可以開啟「可見性」工具列。不過本書是建議從「標準」工具列中點選，並把常用的指令（例如隱藏、顯示、鎖定、解除鎖定）加入滑鼠中鍵的快顯工具列，或甚至直接使用快速鍵操作即可，不需要再額外開啟「可見性」工具列。

CHAPTER

11

Rhinoceros 7

這邊只介紹幾個常用的指令，其他的指令看名字就知道意思了，也比較少用到，故不多加說明。

>  **Hide** 隱藏物件（快速鍵 **Ctrl + H**）：隱藏選取的物件，是很常用的指令，建議使用快速鍵操作。也可以把物件放置至圖層，以圖層對物件做顯示 / 隱藏、與鎖定 / 解鎖。而使用圖層來「隱藏」物件（燈泡圖示），和以「隱藏」指令的快速鍵 Ctrl + H 來隱藏物件，兩者是獨立的，實際運用起來很方便。

>  **Show** 顯示物件（快速鍵 **Ctrl + Alt + H**）：重新顯示所有隱藏的物件，和以滑鼠右鍵點選「隱藏」的功能相同，建議使用快速鍵操作。

>  **Lock** 鎖定物件（快速鍵 **Ctrl + L**）：被鎖定的物件不會隱藏，無法選取與編輯，仍可被物件鎖點捕捉到（若有開啟物件鎖點的「鎖點於鎖定的物件」選項）。通常會鎖定和目前編輯無關的物件，防止不小心被動到，提高作業的便利性。另外，也經常鎖定描繪用的參考底圖（圖像平面），避免描圖時不小心動到參考圖片。由於被鎖定的物件仍然可以被物件鎖點捕捉到，所以除了使用「新增參考線」指令，也可以自行繪製直線或是曲線，選取後將它鎖定，或將它放在單獨的圖層中以圖層的方式鎖定，作為繪製的輔助線。

>  **Unlock** 解除鎖定（快速鍵 **Ctrl + Alt + L**）：解除鎖定「所有」被鎖定的物件。

>  **UnlockSelected** 解除鎖定選取的物件（快速鍵 **Ctrl + Shift + L**）：只解除鎖定選取的鎖定物件。

>  **isolate**（隔離）：只顯示被選取到或被鎖定住的物件，隱藏其他的，在編輯時相當實用的指令，可以自己設定快速鍵。

>  **Unisolate**（取消隔離）：將被「隔離」指令隱藏起來的物件顯示出來，或者使用「顯示」指令（Ctrl + Alt + H）將所有被隱藏或隔離的物件都顯示出來。

> **ClippingPlane**（截平面）：這個指令類似於 CAD 類型軟體的「剖切平面」功能，能建立一個用來剖切模型（無限延伸）的平面，方便觀察模型內部的樣子，就像電腦斷層掃瞄一樣。從軟體介面右側的「內容」面板中可以設定各種截平面的參數，而位於截平面「背面」的物件會被隱藏，可以用來遮蔽物件的某些部份以方便觀察、或者展示模型。

建立截平面的方式和繪製矩形完全一樣，也可以在不同的視圖中建立不同方向的截平面，或者旋轉截平面從不同角度去剖切物體。以下的圖片是在 Top 視圖的工作平面上建立截平面。如果截平面遮蔽的方向和需求相反，可以使用「2D 旋轉」指令將截平面轉動 180 度，或者從「內容」面板中點擊「反轉方向」按鈕，反轉截平面的遮蔽方向。另外，也可以像對普通平面一樣移動、旋轉或縮放截平面，改變「切片」的方向。

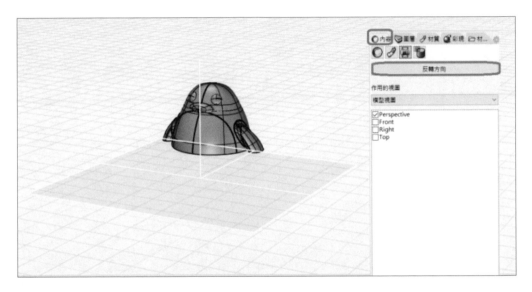

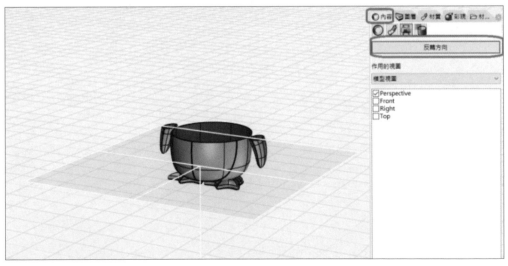

左側邊欄的「主要」指令集

Rhino 軟體介面左側的「主要」邊欄（如下圖）幾乎集合了所有建模會常用到的指令，兩欄的指令就有 36 種之多，而且還可以再進一步展開當中許多指令。由於本書採用的是以「工具列」為主的說明方式，故本章只針對「主要」邊欄中沒有說明過的指令做講解。

若讀者不是用工具列的方式操作，從左側「主要」邊欄中也大多可以找到需要的指令，讀者如果習慣從左側「主要」邊欄中執行指令也可以。反正只要明白觀念和用法，無論從哪裡執行指令都是一樣的。

CHAPTER

12

> **Move**（移動）：將物件從一個位置移動至另一個位置。雖然 Rhino 有很多種移動物件的方式，不過點選執行這個「移動」指令，雖然操作比較麻煩，但可以很精確的指定物件移動的「基準點」和「移動到的終點」，可以輸入數值移動精確的距離，並搭配物件鎖點使用，適用於要精確把物件移動到特定位置的場合，或是物件被遮擋住不好拖曳時，「移動」指令都能派上用場。

在 Rhino 7 指令列中新增「Normal」（法線）選項，可以選取任何類型的物件做為參考，以它表面的法線方向移動所選物件。而「Vertical」（垂直）選項，可以沿著垂直於目前工作平面的方向移動所選物件。

> **Copy**（複製 / （原地複製物件）：
> ▶ 滑鼠左鍵點選執行：複製物件到剪貼簿，並持續產生物件複本。
> ▶ 滑鼠右鍵點選執行：原地複製物件（將選取的物件在同樣的位置建立複本）。

比起直接用 Ctrl + C 複製物件，或者按住滑鼠左鍵並快按 Alt 鍵做移動複製，點選執行此「複製」指令，可以精確的指定物件複製的「基準點」和「放置的終點」，但操作比較繁瑣，適用於要精確把物件複製到特定位置的場合。

> **Group**（群組）：將物件組成可以一次選取的集合，以一個群組為單位，方便一次對群組中的物件做移動、旋轉、縮放、變形⋯等操作。建議使用快速鍵「Ctrl + G」將所選物件組成群組，而快速鍵「Ctrl + Shift + G」可以解散群組。

> **NOTE** 注意「群組」和「圖塊」觀念和用法都不同，可參閱「圖塊」一章。

> **TextObject**（文字物件）：文字有三種類型：曲線、曲面和實體，也可以使用中文，所有關於建立文字物件的參數都在對話框中進行設置。

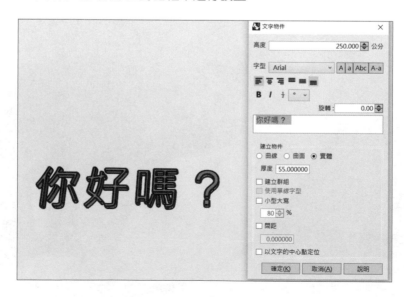

> 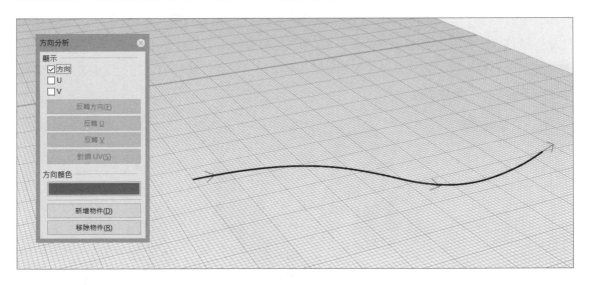 **Dir**（分析方向）/ **Flip**（反轉方向）：點選滑鼠左鍵執行「分析方向」：顯示出所選曲線的方向，或曲面的 U、V、N 方向，觀念已介紹過。

選取一條曲線時，從指令列中可以設定要不要反轉曲線的方向，或者反轉所有選取的曲線的方向。

選取一個曲面時，從指令列中可以反轉曲面的 U 或 V 方向，或是對調曲面的 U 與 V 方向，也可以選擇反轉曲面的法線方向，或者反轉所有選取的曲線的方向（全部反轉）。

按鈕上點選滑鼠右鍵，執行「反轉方向」指令：反轉曲線的方向，或反轉曲面的法線方向，或反轉網格物件的法線方向，用法前面已介紹過。

本書建議一定要把曲面的正反面設定為不同顏色，所以對曲面執行「反轉方向」指令，反轉曲面的法線方向，將曲面翻面，不只曲面正反面顏色顯示有差異，對某些指令效果也不同。例如，曲線的方向與曲面的法線方向影響許多指令建立曲面與布林運算的結果。如果在編輯的過程中，或者執行布林運算指令，結果和所需剛好相反，這時就可以反轉曲線的方向、或反轉曲面的法線 (N) 方向，再重新執行指令，就會得到想要的結果。

對曲線執行「分析方向」指令，會顯示曲線的起點指向終點的方向（曲線沒有 U、V 方向）。

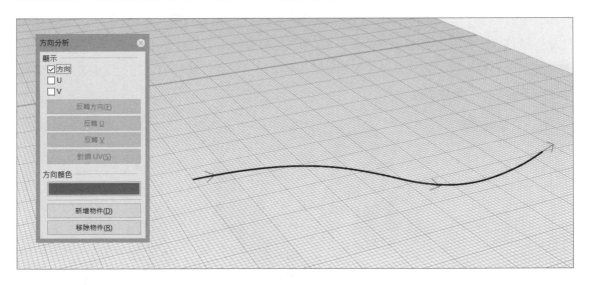

接著看曲面的例子，如下圖，選取一個曲面，並以滑鼠右鍵點選左側「主要」邊欄的指令按鈕，執行「反轉方向」指令，將曲面反轉。由於我們在「Rhino 選項」的著色模式中設定了曲面的正面為橘色，反面為藍色，所以可以看到曲面被反轉為橘色朝上。點選介面上方「分析」工具列的「顯示方向」指令，在對話框中勾選「方向」（應為翻譯失誤，寫「N」方向才對）選取曲面並按下 Enter、空白鍵或滑鼠右鍵確認，顯示曲面的法線 (N) 方向為垂直於曲面正面朝外。

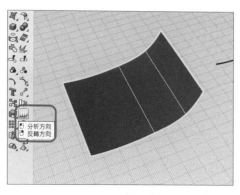

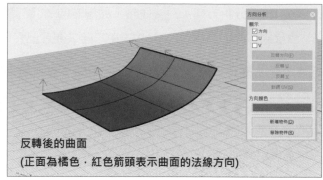

反轉後的曲面
(正面為橘色，紅色箭頭表示曲面的法線方向)

> Split（分割）快速鍵「Ctrl + Shift + S」/ Split（以結構線分割曲面）：「分割」和「修剪」是任何一個建模軟體都非常重要的核心操作。

  - ▶ 滑鼠左鍵點選執行「分割」指令：以一個物件分割另一個物件，能對所有類型的物件執行分割。

  - ▶ 滑鼠右鍵點選執行「以結構線分割曲面」指令：以曲面自己的結構線分割曲面本身。

Split（分割）是指定一個當作「分割工具」的物件作為切割刀，去切割「要被分割的物件」，依據指令列中的提示執行操作即可。

例如以下的例子，繪製一條直線做為分割工具（切割刀），對圓柱體和錐體做分割。分割後圓柱體與錐體外觀看不出變化，只是多了一條粗黑色的邊線（切割線），必須要自己手動把切割出來的部分移動分開，或者自己手動刪除（Delete 鍵）不需要的部分。如果「分割」實體物件，會破壞物件的實體屬性。

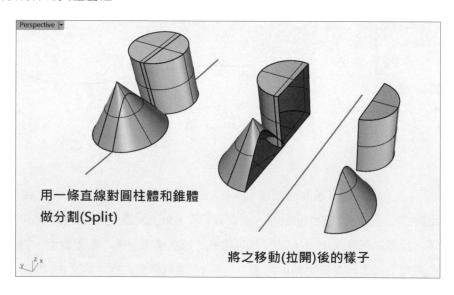

用一條直線對圓柱體和錐體
做分割(Split)

將之移動(拉開)後的樣子

做分割的主要目的是把原始物件「切」成數個部分，如此一來就能對這些分割出來的部分做單獨的編輯、調整、變形或者上顏色、套用材質（彩現）…等操作，或者利用分割功能把原始物件上不需要的部份分離出去，再重新進行其他操作。不過要注意對實體物件執行「分割」操作後，會破壞物件的實體屬性。例如上圖的實體物件被分割後，就變成開放的多重曲面，不過可以再把它們「組合」（Join）回來產生新的多重曲面。

特別的是「分割」指令預設就帶有「投影」的效果，所以只要「切割用物件」與「要被分割的物件」在同一個投影方向上就可以進行分割，不必事先做「投影」，非常方便。但要注意物件的背面也會同時被「分割」到，這點後續章節中將會詳述。

如以下的例子，要被分割的物件為球體（實體），切割用的物件為一個封閉線段（切割刀）。線段並不是球體上的線，不過因為「分割」指令預設就帶有「投影」效果，所以線段仍然可以對球體做分割。

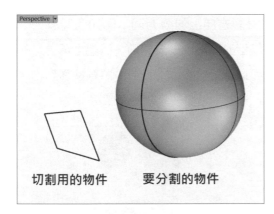

切割用的物件　　　要分割的物件

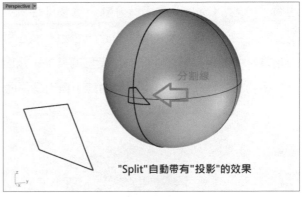

"Split"自動帶有"投影"的效果

將分割線內部的面選取，並按下 Delete 鍵刪除，在球體上產生一個「洞」，從右側「內容面板」中查看物件類型，球的屬性變成「已修剪曲面」。注意下圖中因為分割線正好「壓」在球面的接縫線上，所以球體被分割成了兩小塊。

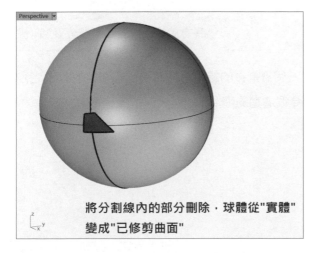

將分割線內的部分刪除，球體從"實體"變成"已修剪曲面"

重做一次分割（Split）把球面分割成兩個區塊，再重新將它們組合（Join）起來，按住 Ctrl +
Shift 鍵以次物件選取它們，分別套用材質與材質顏色，切換到「彩現模式」下觀察。

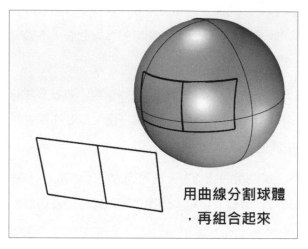

用曲線分割球體
，再組合起來

注意「分割」（Split）會同時分割所選物件在同一個投影方向上的所有面，例如會同時「分
割」所選物件的正、反兩面，有時候會因為沒注意到模型的背面也被分割到，而產生預想之外
的結果。所以如果只想「分割」模型的其中一個面，可以執行「投影」指令，將線投影到物件
上，手動刪除物件另一側的投影曲線，再用投影曲線「分割」想要被分割的面即可。

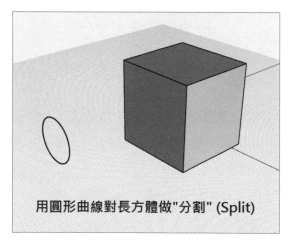

用圓形曲線對長方體做"分割" (Split)

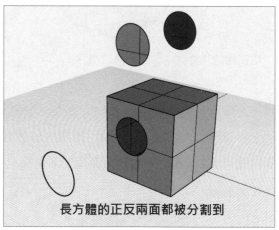

長方體的正反兩面都被分割到

以下再舉一個例子，在不同視圖中比較同一個分割後的結果，並將被分割後的物件的各別部分
移動出來，方便觀察，讀者便能對分割指令很清楚的瞭解了：

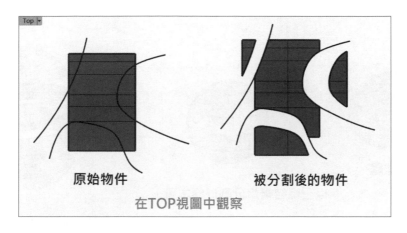

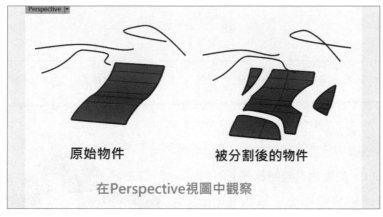

要對曲線做分割，可以用點、曲線或是曲面作為切割工具；

要對曲面做分割，可以用曲線、曲面、或是實體也能作為切割工具；

要對實體做分割，可以用曲線、曲面、或是實體也能作為切割工具。

如果要被分割的對象是曲線，從指令列中點選「點 (P)」子選項，即可在曲線上指定一點（可配合物件鎖點），以此點將曲線做分割，是很實用的操作。

> **NOTE** 如果是要分割曲面的邊線，要執行「分割邊緣」指令，於第 24 章會解說。

而以滑鼠右鍵點選「分割」指令按鈕，會執行「以結構線分割曲面」指令。此指令能以曲面本身的結構線分割自己，相當於同時執行「抽離結構線」與「分割」這兩個指令。點選指令列中的「結構線（I）」選項，指定結構線分割曲面的方向是曲面的 U 方向、V 方向，或是在兩個方向上都進行分割。

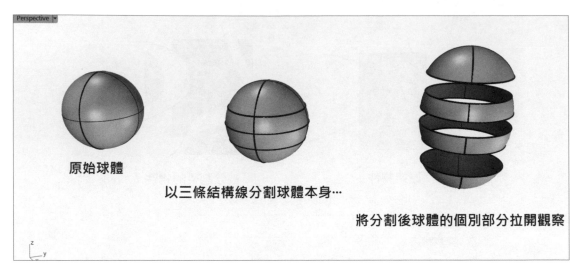

原始球體

以三條結構線分割球體本身…

將分割後球體的個別部分拉開觀察

NOTE 請同時參考本書中「從物件建立曲線」工具列（第 18 章）的「抽離結構線」指令說明。

以下是執行「以結構線分割曲面」指令，把一個球體分割（Split）的亂七八糟的樣子。不過要注意，「以結構線分割曲面」只能對（單一）曲面作用，無法用在多重曲面，除非將多重曲面「炸開」成各別的單一曲面再一個一個以結構線分割，或是將各別的單一曲面合併（MergeSrf 指令）成一個大的單一曲面再以結構線分割它。

在開放輪廓的狀態下，如果要用來作為分割工具（切割刀）使用的物件，其範圍必須要

被切的亂七八糟的球面

大於被切割的物件，否則就會因為刀子不夠大無法將物件切開，無法完成「分割」或「修剪」操作。

還有對曲面進行分割時，在指令列中設定「縮回 (S) = 是」，可將分割後的「已修剪曲面」的控制點自動「縮回」至靠近其分割的邊線，省去再執行「縮回已修剪曲面」指令的步驟。

以上說明如何「分割」（Split）NURBS 類型的物件，接下來說明如何「分割」SubD 和 Mesh 類型的物件。

在指令列中點選「邊緣循環」（Edge Loop），並選擇 SubD 物件原有的 Edge Loop 來分割 SubD 本身，則可以順利將 SubD 物件分割成兩個開放的 SubD，再自行將它們封閉起來即可，這就是 SubD 物件做「拆件」的方法。也可以用「Insert Edge」（插入邊緣循環）指令，自己在 SubD 物件上添加用來做分割的 Edge Loop。

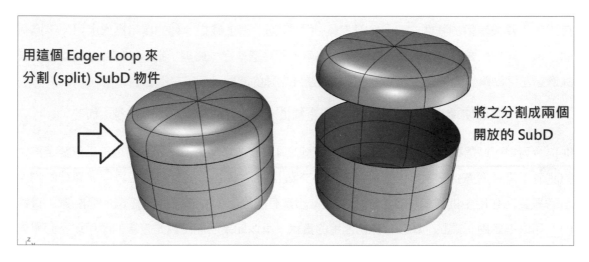

但是，如果用類似 NURBS 的分割方法，也就是隨意繪製一條曲線對 SubD 物件做分割，則被分割後的 SubD 會變成 NURBS 物件，也就是說 SubD 物件無法被隨意分割，否則將自動先把 SubD 轉換為 NURBS 來做分割。如果想要分割後仍然是 SubD，只能自己手動將之再從 NURBS 轉換回 SubD。而對於 Mesh 物件來說，有專屬的「MeshSplit」指令可用來對網格物件做分割，觀念和 NURBS 的分割類似。

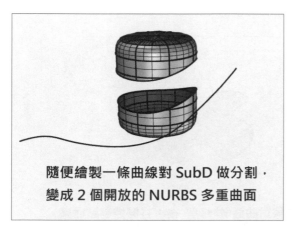

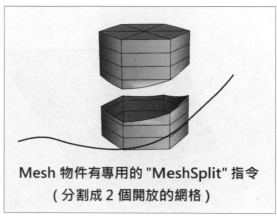

> ⬚Trim（修剪）快速鍵「Ctrl + T」/ ⬚Untrim（取消修剪）：滑鼠左鍵點選執行「修剪」指令：以一個物件修剪另一個物件，能對所有類型的物件執行修剪。

滑鼠右鍵點選執行「取消修剪」指令：將曲面的已修剪邊線恢復為其原始未修剪的四邊形邊界，請參考「物件的基本觀念」章節。

「修剪」（Trim）指令和分割同樣的操作方式，也預設帶有「投影」屬性，最大的不同是「分割」會保留分割前後的所有物件，而「修剪」會直接刪除物件上所選取的部分。

在設定「要被修剪的物件」和「修剪工具」（切割刀）時依據指令列的提示操作即可。不過有個訣竅，先把想要修剪的所有物件都全選起來，再點選執行「修剪」指令，如此就可以直接刪除滑鼠左鍵點擊到的部分，而不必考慮修剪邊界之類的問題，反正左鍵點到哪裡就修剪哪裡。

選取切割用物件（延伸切割用直線(E)=否 視角交點(A)=是 直線(L)）：

從指令列中可以選擇要不要以「直線延伸切割工具」來做修剪，不過如果切割工具已經足夠大的話就不需要考慮這個選項。或者從「視角交點 (A)= 是 or 否」設定修剪工具與被修剪的物件是否只要在作用中的作業視窗（視圖）裡看起來有視覺上的交集就可以修剪。而點選「直線(L)」可以指定兩個端點，繪製一條切割用的直線，所以如果切割工具是直線的話可以不必事先繪製出來。

再複習一下前面說過的觀念，由於「修剪」（Trim）指令並沒有真正的刪除曲面被修剪的部分，只是將它隱藏起來。開啟已修剪曲面的控制點就可以觀察到它原始的四邊形結構，執行Untrim「取消修剪」指令可將這個已修剪曲面恢復至其原始的四邊形結構。

如果要把已修剪曲面的原始四邊形結構上的控制點「收縮」到接近至曲面的修剪邊線的大小，要使用「縮回已修剪曲面」或「縮回已修剪曲面至邊緣」指令。

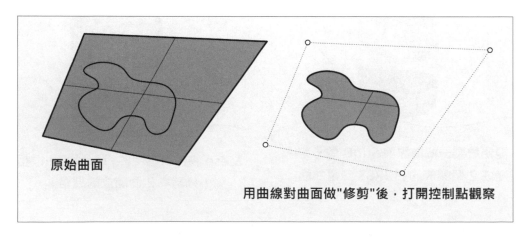

原始曲面

用曲線對曲面做"修剪"後，打開控制點觀察

分別對上圖中右邊的已修剪曲面執行「縮回已修剪曲面」與「縮回已修剪曲面至邊緣」指令（在「曲面工具」工具列），比較其結果。如下圖，看起來似乎沒有任何差別。

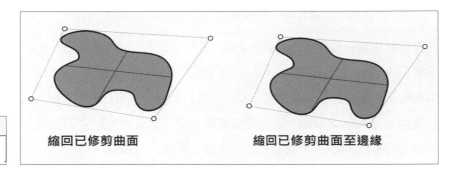

縮回已修剪曲面　　　　　縮回已修剪曲面至邊緣

而將視角拉近觀察它們的邊線，就可以發現不同之處了。「縮回已修剪曲面」是將控制點彼此之間的虛線連線（Hull、外殼線）縮到接近已修剪曲面的狀態，而「縮回已修剪曲面至邊緣」則是將控制點的外殼線都貼在了曲面的邊線上，「收縮」的更加徹底。

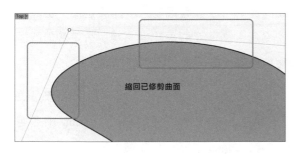

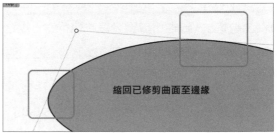

不過，無論再怎樣「縮回」，也無法改變它的物件類型，即無法從「已修剪曲面」變回「未修剪曲面」的物件類型。不過，有些因為是「已修剪曲面」屬性而無法執行的指令，使用者仍然可以試著對其縮回控制點後，再嘗試執行看看。

對已修剪曲面執行「縮回」後，這時如果再執行「取消修剪」（Untrim）指令，則已修剪曲面會回復成「經過收縮後」的（四邊形）原始曲面，也就是恢復成比原本還小的原始曲面。

補充說明一下「取消修剪」的指令列中的子選項。「保留修剪物件 (K)= 是 or 否」可以設定是否要將取消修剪前的物件刪除；而設定「所有相同類型 (A)= 是」時，也就是說把所有相同類型的邊線都一併取消修剪，則點選曲面邊界上的其中一個修剪邊線時，會將「整個曲面」的修剪邊線都取消修剪；而點選曲面上修剪出來的洞時，會將曲面上「所有的洞」都取消修剪。

選取要取消修剪的邊緣（保留修剪物件(K)=否 所有相同類型(A)=否）：

其實對於 NURBS、SubD 或 Mesh 物件來說，「修剪」和「分割」的意思是相同的，因為修剪只不過是把分割出來的部分，多做了一個刪除（delete）的動作而已。

> 🧩 **Join**（組合），快速鍵 **Ctrl + J**：「組合」指令相當於「膠水」，可以對曲線執行、也可以對曲面執行，觀念在「物件的基本觀念」章節中已說明過，是建模過程中必要的核心操作，建議用快速鍵比較方便操作。

如果對數條單一直線或數條單一曲線，執行「組合」指令，可以「組合」成為一條多重直線或多重曲線（Polyline 或 Ploycurve），就是由數條單一的線物件以端點對端點組合（Join）在一起的狀態。如果對曲面（或平面）執行「組合」指令，可以把數個單一曲面透過邊線「組合」成多重曲面（Ploysurface）。而如果數個單一曲面構成一個封閉的空間，執行「組合」後就成為「封閉的多重曲面」，而這樣的狀態就是「實體」（Solid）物件。

在執行 Join 指令時，設定的絕對公差很重要，小於所設定的絕對公差間隙的線或面物件才能被組合起來，成為多重曲線或多重曲面。絕對公差的值設定的愈小，所組合出來的面愈精準。較大的絕對公差值雖然可以較容易的組合間隙較大的線或面物件，但組合後物件的變形量也會愈大。

在「Rhino 選項」中可以設定絕對公差的值。特殊情況下可以放寬絕對公差的設定值，但為了保持建模的一致性，放寬公差並執行完「組合」指令後，請一定要再記得將絕對公差的值改回來，不要讓一個模型中有兩種以上的公差，這樣後續會發生許多料想不到的錯誤。

對於 SubD 物件來說，「組合」（Join）指令的觀念和做法類似 NURBS，可以將數個開放且邊界重疊的 SubD 物件組合成「封閉的 SubD」。只不過在 SubD 的指令列中多了「SubD 組合邊緣 (S)= 平滑 or 銳邊」的選項，用來設定被組合的 SubD Edges 是平滑或銳邊。例如，用「單一SubD 面」（3D Face）指令搭配物件鎖點的「頂點」選項繪製兩個 SubD 面，但因為 SubD 面圓滾滾的不容易看出邊界，所以按 Tab 鍵切換為平坦顯示模式（可參閱「SubD 工具列」章節的「SubD 顯示」指令）。

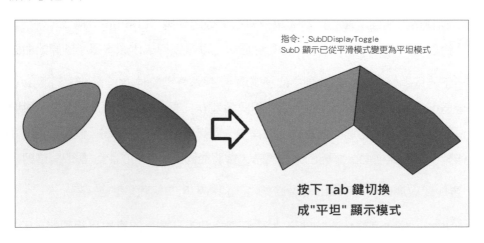

指令: '_SubDDisplayToggle
SubD 顯示已從平滑模式變更為平坦模式

按下 Tab 鍵切換
成"平坦"顯示模式

然後，再對這兩個 SubD 面執行「組合」指令（Ctrl + J），比較「SubD 組合邊緣 (S)= 平滑 or 銳邊」選項的效果，如下：

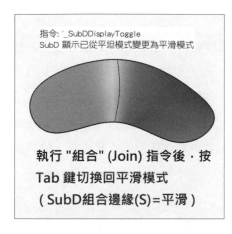

指令: '_SubDDisplayToggle
SubD 顯示已從平坦模式變更為平滑模式

執行 "組合" (Join) 指令後，按
Tab 鍵切換回平滑模式
（SubD組合邊緣(S)=平滑）

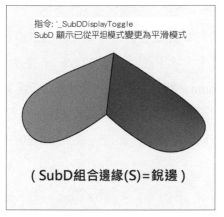

指令: '_SubDDisplayToggle
SubD 顯示已從平坦模式變更為平滑模式

（SubD組合邊緣(S)=銳邊）

> **Explode**（炸開）/ **ExtractSrf**（抽離曲面）：組合（Join）的反操作，能將多重曲線打散為數條單一曲線，或將多重曲面打散為數個單一曲面。以滑鼠左鍵點選執行此指令，選擇一條或數條多重曲線（或多重曲面），按下 Enter 鍵、空白鍵或滑鼠右鍵即可將選中的多重曲線或多重曲面分解。

以滑鼠右鍵點選「炸開」指令按鈕，會執行「抽離曲面」指令，後續於「實體工具」工具列章節中將會詳述，而且同樣是「抽離曲面」（ExtractSrf），這個指令也可以用來抽離 NURBS 或 SubD 物件的面。「炸開」指令對於圖塊、尺寸標註、群組、剖面線、網格物件、文字、變形控制器物件…等也都有效果，觀念和操作都是一樣的，讀者可自行對不同類型的物件執行「炸開」試試看。

經常我們會把多重曲面或實體全部炸開、或把某一面抽離出來做重新編輯，如有必要會再將之組合（Join）回去，所以「炸開」和「抽離曲面」提供了一個靈活的編輯多重曲面或實體物件的方法。

至於 SubD，和 NURBS 類型不同的是，如果已經「組合」成封閉的 SubD 之後，就無法再被「炸開」，只能炸開組合後仍是開放的 SubD 物件。而對於 Mesh 物件來說，「炸開」的意義則是「分離尚未焊接（Weld）、只有被組合（Join）起來的部分」，這很容易理解，因為「炸開」是「組合」的反操作，而焊接（Weld）的反操作是解除焊接（Unweld）而不是炸開。

> **Align**（對齊）：按住滑鼠左鍵約 0.5 秒，從左側「主要」邊欄中展開「對齊物件」指令集，共有八種可將所選物件對齊的方式，很簡單就不多加說明。

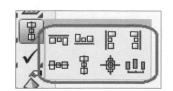

「對齊」是在 Rhino 7 中被強化很多的指令，原先只能對齊所選的整個物件（依據物件邊框方塊的中心點），現在多了很多指令列選項，非常適合用來對齊所選到的控制點、編輯點、Mesh 或 SubD 頂點、邊線、面…等物件或次物件，對齊式的改變形狀。

指令列選項可以設定要以工作平面座標或世界座標對齊所選物件，然後除了原本的「向下對齊、雙向置中、水平置中、向左對齊、向右對齊、向上對齊、垂直置中」可以用來對齊所選物件之外，Rhino 7 新增了對齊「至曲線」、「至直線」、「至曲線」、「至逼近的平面」（至少需要選擇四個點以便讓軟體自動計算逼近平面），「至平面」（指定兩個點或三個點定義一個對齊用的平面）這些實用的選項。舉個例子，對曲線的數個控制點使用對齊「至直線」的效果如下：

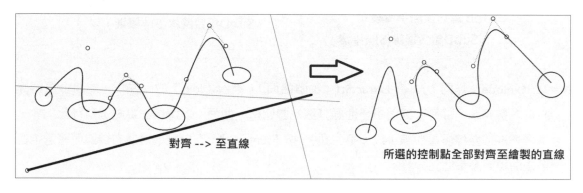

而對曲面的控制點來說，例如下圖的曲面有兩側對稱的控制點，使用「至平面」和「至直線」兩個選項的效果不同，其中「至平面」或「至逼近平面」比較符合我們的需求，「至直線」則是會把兩側的控制點都集中對齊到同一條直線上，形成「包捲」的效果。

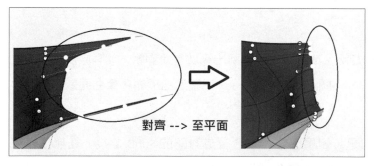

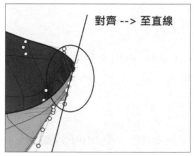

讀者可以自己嘗試將任何物件或次物件，使用不同的對齊選項試試看，相當實用的指令。

> ▥ **Distribute**（平均分布物件）：可以依照指定的方式，平均分布所選的數個物件（最少三個）的位置，指令列中可以設定物件分布的方向、模式、間距…等，比較簡單就不做示範了。

繪製點物件指令集

從軟體介面左側「主要」邊攔中按住滑鼠左鍵約 0.5 秒展開
「繪製點」指令集，不過繪製（放置）點物件較少用到，
主要是作為輔助，例如作為 " 物件鎖點 " 的參考物件使用。

CHAPTER

13

> 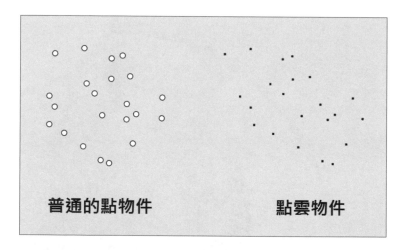 **Point**（單點）：在指定的位置放置一個點物件，點放置完後指令會自動結束。

> **Points**（多點）：連續放置多個點物件，除非按下 Enter、空白鍵或滑鼠右鍵確認後指令才會結束。

> **PointCloud**（點雲）：以選取的點物件或網格建立一個「點雲」物件，點雲除了方便選取以外，顯示速度也比較快。經常在使用網格功能或是從其他檔案匯入大量的點物件時，將點物件組成點雲可以提高 Rhino 的操作效率。

點雲就像是網格頂點，但不顯示網格頂點之間的網格邊線。

組成「點雲」的點可以被「炸開」指令還原為「點」物件。

點雲主要是被應用於逆向工程或 3D 掃描技術，基本上一般正向建模不太會用到的指令，除非做大量的網格物件處理時才有機會用到。點雲物件中的點比起普通的點物件還要小，不過也可以在「Rhino 選項」中更改顯示設定，但建議不需要更改點雲的顯示方式。

普通的點物件   **點雲物件**

> **PointCloud, 加入**（加入點至點雲）**/ PointCloud, 移除**（從點雲移除點）：點選滑鼠左鍵執行：將選取的點物件加入一個現有的點雲。點選滑鼠右鍵執行：從一個點雲物件移除選取的點。

> **PointGrid**（點格）：直接以矩形陣列的方式，指定長寬高建立點雲的矩形陣列，指令列中可以指定三個軸向的點數。

> **Divide by Length**（依長度建立點將曲線分段）**/ Divide By Numbers**（依數目建立點

將曲線分段）：以滑鼠左鍵點選此指令按鈕，可依據「指定長度」間隔產生點物件將曲線分段；以滑鼠右鍵點選此指令按鈕，可依據「指定數目」產生點物件將曲線分段。

> **ClosestPt**（**最接近點**）：在一個物件上標示與指定的點或選取的曲線或曲面邊線的最近點，可在選取的物件最接近指定點的位置建立一個點物件，或是在兩個物件距離最短的位置各建立一個點物件，在指令列中有些子選項可設定。

> **ClosestPt, 物件**（**數個物件的最接近點**）：找出一組物件距離另一個物件（或一個點）上最接近的點，並產生一個點物件，產生的點物件可以作為物件鎖點使用。

> **DrapePt**（**在物件上產生布簾點**）：幾乎用不到的指令，「布簾曲面」指令的「點」版本，可參考「建立曲面」工具列的說明。

> **MarkFoci**（**標示圓錐曲線的焦點**）：在圓錐曲線（橢圓、雙曲線、拋物線）的焦點位置放置點物件，簡單明瞭。指令列中可以設定要不要「畫出軸線」，也就是畫出兩個焦點之間的直線。

> **CrvStart**（**標示曲線起點**）**/** **CrvEnd**（**標示曲線終點**）：以滑鼠左鍵點選：在曲線的起點放置一個點物件。以滑鼠右鍵點選：在曲線的終點放置一個點物件。如果要在直線的端點上放置點物件，直接使用「端點」物件鎖點就很方便了，而且用分析工具列的「顯示方向」指令也可以判讀曲線的方向，這個指令說實在並沒有多大用處，使用者可以決定要不要刪除此指令按鈕以精簡版面。

繪製直線指令集

繪製「直線」是最基本的繪製指令，從軟體左側「主要」
邊欄中，在「多重直線」指令按鈕上按住滑鼠左鍵約半
秒鐘，就可以展開繪製直線指令集。

除了繪製一般用來建模的直線，若繪圖時需要使
用輔助線的時候，可以繪製（有限長度）的直線
作為參考，用完後再將之刪掉（Delete 鍵）或隱
藏（Ctrl + H）。或者，將這些輔助用的
線段放置在特定的圖層，並將圖
層鎖定，鎖定後的物件還是
可以作為物件鎖點時使
用，不需要輔助線時，
再將放置輔助線的
圖層刪除或隱藏。

>  **Line（單一直線）**：指定繪製一條單一直線，只要畫出一條線後指令就會結束。如果要再繼續繪製單一直線，按下 Enter、空白鍵或滑鼠右鍵重複執行上一次執行過的指令。

執行「分析」工具列中的「顯示方向」指令，發現直線的方向預設指的是從直線的起點指向終點的方向，不過也可以反轉這個方向。曲線也同理，不過線物件沒有 U、V 方向。

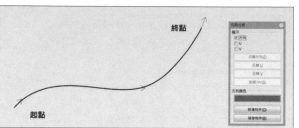

雖然是很單純的指令，不過指令列中提供了非常多的子選項，可讓使用者畫出特定的直線：

直線起點（兩側(B) 法線(N) 指定角度(A) 與工作平面垂直(V) 四點(F) 角度等分線(I) 與曲線垂直(P) 與曲線正切(T) 延伸(X)）：

- **兩側 (B)**：指定直線的中點，往兩側畫出直線，所以直線的總長度會是指定長度的兩倍。

- **法線 (N)**：選取一個曲面，從指定點開始，畫出與曲面垂直的直線，偶爾會用到的選項。

- **指定角度 (A)**：畫出一條與指定的基準線呈指定角度的直線。

- **與工作平面垂直 (V)**：畫出一條與目前的工作平面垂直的直線。

- **四點 (F)**：以兩個點指定直線的方向，再指定兩個點建立直線。但通常不會用這樣的方式畫直線，太麻煩了。

- **角度等分線 (I)**：指定兩條基準線建立一個角度，畫出這個角度的角度等分線。

- **與曲線垂直 (P)**：在曲線上指定起點，畫出垂直於這條曲線的直線。

- **與曲線正切 (T)**：在曲線上指定起點，畫出正切於這條曲線的直線。

- **延伸 (X)**：以單一直線延伸所選曲線的端點。

以上雖然是「單一直線」指令列中的子選項，但也有相對應的指令按鈕可以使用，所以一口氣就介紹了 10 種直線的形態。

>  **直線 - 與曲線垂直（兩條曲線）**：建立一條與其它兩條曲線垂直的直線。

>  **直線 - 起點正切、終點垂直**：建立一條一端與一條曲線正切，一端與一條曲線垂直的直線。

> 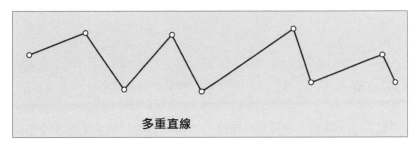 **LineThroughPt**（逼近數個點的直線）：首先要有一些點物件（控制點、網格或點雲也可以），用此指令可以自動擬合（fitting）這些點，建立一條直線。

> **Polyline**（多重直線）/ **Lines**（線段）：「多重直線」就是數條以端點相連並 Join（組合）過的單一直線。可以對多重直線執行「炸開」指令，將多重直線轉為數條單一直線，也就是 Lines（線段）。

連續指定數個點繪製多重直線，這些直線以端點相連並 Join（組合）在一起，不會只畫完一條直線指令就結束。繪製一條多重直線之後，在介面右側的「內容」面板中，物件類型顯示為「開放的曲線」，代表多重直線為一個整體，除非被「炸開」。

多重直線

以滑鼠右鍵點選「多重直線」指令按鈕，執行「線段」（Lines）指令，可繪製數條以端點相連，但並未「組合」（Join）在一起的單一直線。將「線段」全選後，從右側「內容」面板顯示物件類型為「7 條開放的曲線」，而且可以直接用滑鼠將這 7 條直線拖曳拉開。

按 Ctrl + Z 將線段恢復成它們的端點還相接在一起的時候，選取這 7 條線段並執行「組合」（Join）指令，就可將它們變為一條整體的多重直線（Polyline）。

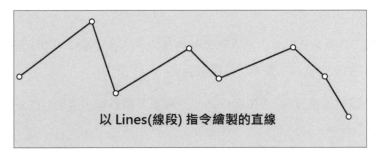

以 Lines(線段) 指令繪製的直線

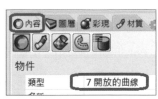

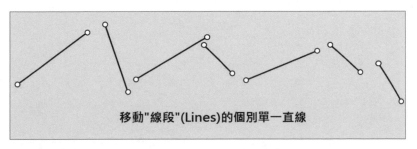

移動"線段"(Lines)的個別單一直線

「多重直線」的指令列有多個子選項可以使用（和 AutoCAD 一樣的操作），以下分別介紹：

> 多重直線的下一點，按 Enter 完成 (持續封閉(P)=*否* 模式(M)=*圓弧* 導線(H)=*否* 方向(D) 中心點(C) 復原(U))：

■ **持續封閉 (P)**：設定為「是」，則多重直線將會自動把終點和起點以圓弧動態的連接起來。

■ **模式 (M)**：可以指定「直線」或「圓弧」兩種模式在指定的兩點之間產生連線。如果指定模式為「圓弧」，反而還比較適合稱呼為「多重曲線」。在指令結束前，可以互相切換直線或圓弧模式交互繪製。

"圓弧"模式下的多重直線

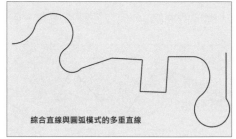

綜合直線與圓弧模式的多重直線

■ **導線 (H)**：開啟動態的正切或正交（垂直）軌跡線，讓建立圓弧與直線混合的多重曲線時更加方便。

■ **方向 (D)**：只有在圓弧模式下才能使用，指定下一個圓弧線段起點的正切方向。

■ **中心點 (C)**：指定圓弧的中心點。

■ **復原 (U)**：回到上一步，其實直接按 Ctrl + Z 就好了。

> ◇ **Convert**（將曲線轉換為多重直線）：此指令可將曲線轉換為多重直線、或圓弧多重直線，從指令列中設定參數即可。

> ☺ **CurveThroughPt**（多重直線：通過數個點）：「逼近數個點的直線」的多重直線版本，建立一條以選取的點物件為通過點的多重直線（模式為直線或圓弧）。

> ⊕ **PolylineOnMesh**（於網格上繪製多重直線）：在網格物件上繪製多重直線，很單純的指令，只不過操作的對象是網格（Mesh）物件。

繪製幾何圖形

R hino 的幾何圖形包含了畫圓、畫橢圓、畫圓弧、畫矩形、
畫多邊形。在介面左側「主要」邊欄中的指令按鈕上按住
滑鼠左鍵約半秒鐘,可以展開同一分類下的更多指令。

CHAPTER

15

繪製「圓形」曲線指令集

>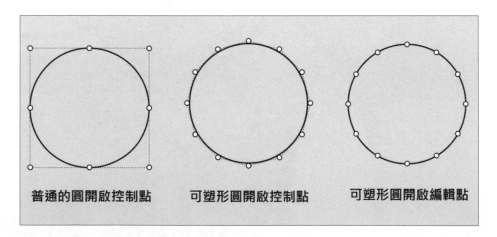

> ⏱ **Circle**（圓：中心點、半徑）：指定中心點與半徑畫圓。

圓心 (可塑形的(D)　垂直(V)　兩點(P)　三點(O)　正切(T)　環繞曲線(A)　逼近數個點(F)):

從指令列設定圓形的子選項「可塑形的 (D) ＝是或否」。當設定「可塑形的 (D) ＝否」，則對圓開啟控制點（選取就自動開啟或按下 F10 鍵）後，發現控制點落在圓形原始的四邊形結構上（參考前面解說的「曲面的基本結構」觀念），而且控制點的數量不多。

若設定「可塑形的 (D) ＝是」，則指令列變為以下的選項：

圓心 (階數(D)=*3* 點數(P)=*12* 垂直(V)　兩點(O)　三點(I)　正切(T)　環繞曲線(A)　逼近數個點(F))

設定可塑形圓的階數和控制點數目如上圖，再對可塑形的圓開啟控制點和編輯點，比較其與普通（不可塑形）的圓之區別。發現可塑形圓的控制點或編輯點是以指定的階數和數量等距分布，更方便我們調整圓的控制點對其做塑形。

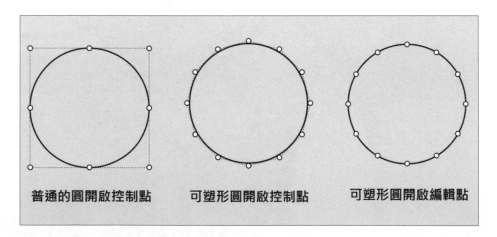

普通的圓開啟控制點　　可塑形圓開啟控制點　　可塑形圓開啟編輯點

指令列中選擇「垂直 (V)」可以畫出垂直於目前工作平面的圓；「兩點 (P)」可以用兩點畫圓；「三點 (O)」可以用三點畫圓；「正切 (T)」可以建立與指定曲線正切的圓；「環繞曲線 (A)」可以指定一條曲線，以這條曲線上的點為圓心，繪製出垂直於這條曲線的圓，非常實用，尤其很常用在繪製 Sweep（掃掠）的斷面曲線時使用，如下圖所示，注意這是在 Perspective（透視）視圖中觀看。

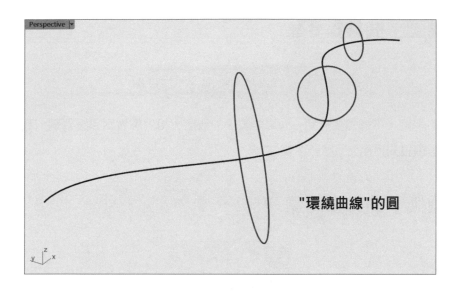

"環繞曲線"的圓

NOTE

1. 有不少繪製的指令都有「環繞曲線 (A)」的選項，意思都相同。

2. 不過，如果要在曲線上繪製圓形斷面建立「掃掠」曲面，直接用 Pipe（圓管）指令會更方便。

「逼近數個點 (F)」可以選取至少 3 個點（普通的點物件、點雲、控制點、編輯點、網格頂點 … 都可以）做擬合，建立圓形曲線。

以下列舉其它繪製圓的指令，依據需求和習慣選一個即可，重複的就不再說明。

> ⊘ **Circle**：diameter（圓：直徑）：以中心點與直徑建立圓。

> ⊙ **Circle 3 points**（圓：三點）：指定圓周上的三個點建立圓。比較特別的是這三個點並不一定要位在同一個平面上，第三個點可以控制圓形圍繞第一和第二個點形成的軸線旋轉。

> ⊙ **Circle**：tangent、tangent、radius（圓：正切、正切、半徑）：繪製相切於兩條曲線的圓形。選擇兩條曲線後，輸入半徑值，可以在指令列中輸入數字，也可以在視圖中點擊兩點來確定半徑大小。

> ○ 圓，與數條曲線正切：顧名思義，建立與三條曲線正切的圓。

> ⊕ 圓，與工作平面垂直，中心點、半徑：從中心點、半徑建立與工作平面垂直的圓。

> ⊖ 圓，與工作平面垂直，直徑：從中心點、直徑建立與工作平面垂直的圓。

繪製「橢圓」曲線指令集

和繪製圓形都相同,不過需要搭配一些高中數學的觀念,相信讀者應該沒問題。看指令的名稱和指令列的選項就知道用法了,不多贅述。

繪製「圓弧」曲線指令集

同理,故不多贅述,多留意一下以滑鼠左鍵或右鍵點選執行的不同功能,以及指令列的子選項即可。常用的是「起點、終點、半徑」。

繪製「矩形」曲線指令集

不多贅述,比較特別的是指令列中的「圓角 (R)」選項,可以直接繪製一個圓角矩形,省下再做圓角的功夫。而按住 Shift 畫矩形,會變成正方形。

繪製「多邊形」曲線指令集

內接多邊形中心點 (邊數(N)=5 模式(M)=內接 邊(D) 星形(S) 垂直(V) 環繞曲線(A)):

同理,看指令名稱和圖示就知道怎麼用了,指令列中可以直接設定多邊形的邊數等選項,其餘的功能都非常簡單,請讀者自行嘗試即可。

「繪製曲線」工具列

曲線是建模的基礎，有好的曲線才能建立好的曲面，所以
學習怎麼繪製曲線，以及把曲線畫好，再基本不過了。

在「控制點曲線」、「內插點曲線」的指令列內新增一個叫
「SubD 友善 = 是 or 否」的選項，當需要用畫出來的曲線建構
SubD 物件，建議將之設定為是，從 SubD 友善的曲線建構出
來的 SubD 曲面才能完全重合原本的曲線，否則會有
一點偏差。不過如果在繪製曲線時忘記開啟這個
選項，也可以在事後再執行「建立 SubD 友善曲
線」（MakeSubDFriendly）指令，效果都一樣。

CHAPTER

16

> Curve（控制點曲線）/ CurveThroughPt（通過數個點的曲線）：依序點擊滑鼠左鍵放置曲線的控制點以繪製出曲線，繪製完成後按下 Enter、空白鍵或滑鼠右鍵確認。使用控制點可以平滑的調整曲線的整體形狀，所以是最主要用來繪製曲線的指令。如「點的編輯」章節中所述，發現除了曲線的兩個端點處，控制點都不在曲線上，但並不影響繪製時的手感，讀者只要畫一次就可以立即上手了。

通常是先用控制點曲線繪製出曲線大致的造型，再透過調整控制點對曲線塑形，精修曲線細部的形狀，如果控制點不夠就執行「插入控制點」或「插入節點」或「插入編輯點」指令。

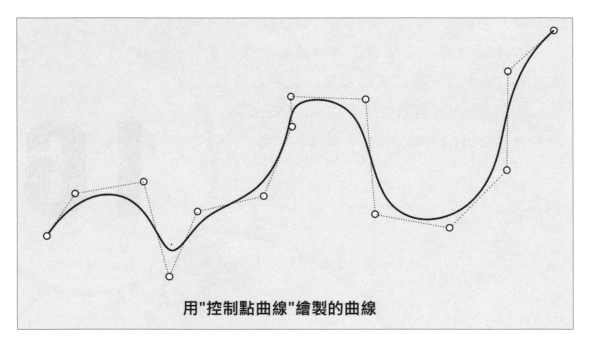

用"控制點曲線"繪製的曲線

如上圖所示，「控制點」一般在曲線之外，並不和曲線重合。控制點以虛線顯示其彼此之間的連線，此虛線稱為「外殼線」（Hull），所以控制點為附著在外殼線（Hull）上的點群。在以「塑型」的方式編輯曲線或曲面的造型時，一般經常是調整曲線或曲面的控制點，因為朝一個方向移動控制點時，控制點左右兩側的曲線會隨控制點的移動而發生改變，使用者比較容易掌握其變化。

在需要大部分平滑的部分以較少、較稀疏的控制點畫出曲線，而在需要比較精細的地方以較多、較密集的控制點畫出曲線，有利於調整控制點對曲線做塑形。

指令列中可以設定曲線的階數（一般都使用 3 階），以及要不要把曲線自動封閉，以及指定封閉的方法。不過也可以自己將曲線的首尾端點相接（開啟「端點」物件鎖點）自行封閉曲線，這比較常用。

下一點，按 Enter 完成（階數(D)=*3* 持續封閉(P)=*否* 封閉(C) 尖銳封閉(S)=*否* 復原(U)）：

以滑鼠右鍵執行此指令，執行「通過數個點的曲線」，可以使用現成的點物件、點雲、控制點、編輯點或網格頂點自動擬合繪製出曲線，不過一般很少用。

> 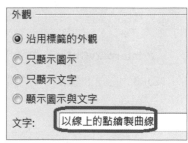 InterpCrv（內插點曲線）/ Handle Curve（控制桿曲線）：以滑鼠左鍵點選此指令按鈕，可以繪製「內插點曲線」；而以滑鼠右鍵點選，可以繪製「控制桿曲線」。

「內插點曲線」就是以指定曲線「通過點」的方式繪製曲線。如下圖，執行「內插點曲線」指令，點選滑鼠左鍵依序放置曲線上的點繪製出曲線。

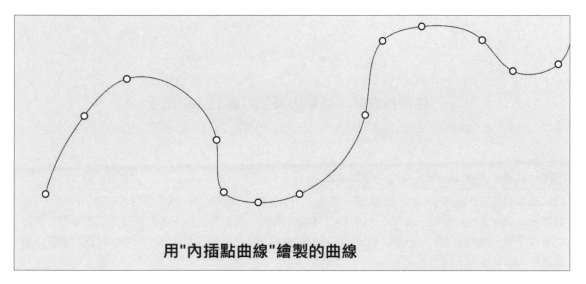

用"內插點曲線"繪製的曲線

特別注意，「內插點曲線」只是一種依序指定「曲線上的點」來繪製曲線的方法，不要被它的名稱誤導了。為了避免它和「點的編輯」工具列中的控制點、編輯點、節點、銳角點、實體點…等觀念混淆，請在「內插點曲線」指令按鈕上按住 Shift 鍵並以滑鼠右鍵點擊，從「按鈕編輯器」中把指令的名稱改為「以線上的點繪製曲線」。

> [!NOTE] 於繪製一條「內插點曲線」時進行抓圖，繪製完畢後再對它開啟「編輯點」，比較兩者差異，發現內插點的位置並不是編輯點的位置，所以說內插點也不是編輯點。所以依據本書建議，不使用內插點這個譯名，觀念上就不會造成混亂。

「以線上的點繪製曲線」指令可以繪製出比較精準的曲線，適合繪製一些過渡較緩和、幅度較小但需要較為精確的曲線。指令列中有些子選項，讀者看名稱就知道意思了。

而以滑鼠右鍵點擊「內插點曲線」指令按鈕，會執行「控制桿曲線」指令，讓使用者能以和 illustrator 或 Photoshop 的鋼筆工具相同的方式繪圖，提供給習慣貝茲線工具的人使用。按住

滑鼠左鍵拖曳可以調整控制把手的長度和角度，進而改變曲線的形狀，其餘的控制方式都和 illustrator 相似。

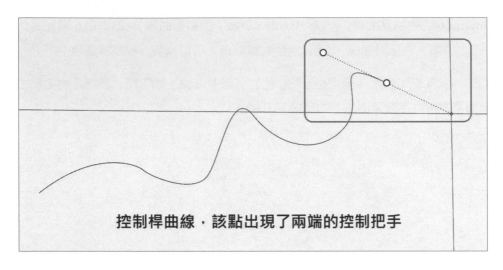

控制桿曲線，該點出現了兩端的控制把手

知識：比較「控制點曲線」和「內插點曲線」

控制點為附著在外殼線（Hull）上的點群，在以「塑形」的方式編輯曲線或曲面的造型時，一般經常是調整曲線或曲面的控制點，因為朝一個方向移動控制點時，控制點左右兩側的曲線會隨控制點的移動而發生改變，使用者比較容易掌握其變化。控制點曲線功能相對較容易控制，所以比較適合繪製一些弧度較大的曲線。

而內插點就是依序指定曲線的通過點以繪製曲線，所以適用於繪製細節處。

不過其實這兩個指令都可以繪製出不錯的曲線，看使用者習慣，搭配運用即可。

> 🔘 **InterpCrvOnSrf（曲面上的內插點曲線）**：不用透過「投影」的方式，就可以直接在 NURBS 曲面上畫出「內插點曲線」，很方便的指令，但缺點是不太容易控制，不容易畫出好的形狀。

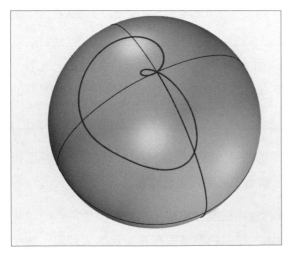

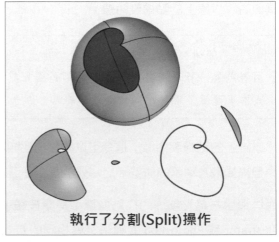

執行了分割(Split)操作

在指令列中點選「編輯 (E)」，可以重新編輯曲面上的內插點曲線。注意以此指令在曲面上畫曲線時，曲線無法跨越曲面的邊緣（邊線、Edge）、銳邊或是接縫線。此指令對 Mesh 物件無效，對 SubD 物件來說只能在它的其中一個 face 畫線因此沒什麼用，對 NURBS 曲面才比較好用。

> ⟳ 從多重直線建立控制點曲線 / ⟲ 從多重直線建立內插點曲線：以滑鼠左鍵執行指令，建立通過多重直線頂點的控制點曲線。以滑鼠右鍵執行指令，建立通過多重直線頂點的內插點曲線。看名字就知道用法了，不過是用處不大的指令。

> ⬡ Sketch（在曲面 / 網格上描繪曲線）：可以直接在 NURBS 曲面上、或者是 Mesh 物件上畫出貼合物件曲度的曲線。在指令列中可以選擇要畫在 NURBS 曲面或 Mesh 物件上，以及是否要自動將繪製的曲線封閉起來，並且可以選擇兩種描繪方式（點擊描繪 (L)= 是 or 否），差別在於按下滑鼠左鍵的繪製方式。下圖是用此指令直接在 NURBS 曲面和網格上繪製曲線的效果。此指令會同時畫出另一側的投影曲線，若不需要可以把多餘的曲線刪掉。

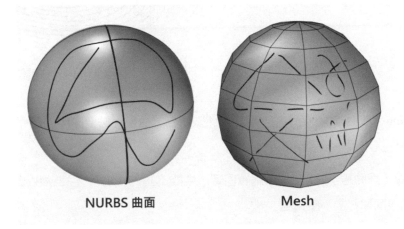

NURBS 曲面　　　　　　　　Mesh

sketch 指令也對 SubD 類型有效果，經過測試，對於 SubD 物件來說，使用「曲面上」效果會比「網格上」來的好。

不過，這個指令並不太好控制，更建議使用「曲面上的內插點曲線」（InterpCrvOnSrf）。

> ⊕ Sketch on Polygon Mesh（在網格上描繪）：同上，只不過針對的是網格物件。

> ⟳ Helix（彈簧線）/ ⟲ Helix, Vertical（垂直彈簧線）：以指定圈數、螺距建立彈簧線，其他的選項參考指令列選用，都介紹過了。

以滑鼠右鍵執行指令，可以建立一條與工作平面垂直的彈簧線。

> ◎ Spiral（螺旋線）/ ◎ Spiral,flat（螺旋線 - 平坦）：指定圈數、螺距選項建立平坦、垂直或環繞曲線的螺旋線。

螺旋線和彈簧線很類似，還可以指定
第二個半徑，如右圖。

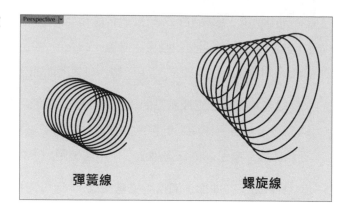

以滑鼠右鍵執行指令，可以建立一條平坦（平
面）的螺旋線，就像蚊香一樣。

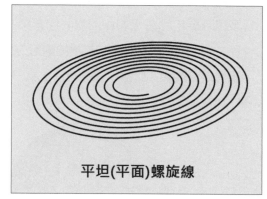

>  **Hyperbola**（雙曲線）：從焦點、頂點、係數建立雙曲線。需要高中的數學知識，依據指
令列中的操作提示與選項使用即可。

> **Catenary**（垂曲線）：建立一條兩端固定，中間下垂的垂曲線，和拋物線相似。很少用
到，操作也很簡單，故不多贅述。

> **Conic**（圓錐線）/ **Conic,**（圓錐線：起點垂直）：繪製錐形的二次曲線，指定起點、
終點、頂點或 rho 值建立一條圓錐曲線。圓錐曲線是橢圓、拋物線或雙曲線的其中一部
分，需要高中的數學知識，依據指令列中的操作提示與選項使用即可。

以滑鼠右鍵執行指令，可建立一條起點與其它曲線垂直的圓錐線。

透過點按滑鼠左鍵依序放置起點、中間點和終點，最後確定曲率的方式繪製（在繪圖區中點按
左鍵放置，或在指令列輸入一個介於 0 到 1 的曲率數值），依照指令列中的提示執行操作即可。

> **Conic, 圓錐線：起點正切** / Conic, 圓錐線：起點正切、終點正切：建立一條起點與
其它曲線正切的圓錐線。

建立一條起點和終點與其它曲線正切的圓錐線。

> 🔽 **Parabola,**（拋物線：焦點）/ 🔽 Parabola,（拋物線：頂點）：以滑鼠左鍵執行指令，指定頂點、焦點、終點建立拋物線。

以滑鼠右鍵執行指令，指定焦點、方向、終點建立拋物線。

依據指令列中的操作提示與選項使用即可。

> 🔽 **拋物線 - 三點**：透過三個選取的點建立拋物線，依據指令列中的操作提示與選項使用即可。

> 🔽 **TweenCurves（在兩條曲線之間建立漸變的均分曲線）**：在兩條曲線之間產生等距離、漸變的曲線。在兩條開放的曲線之間，或者兩條封閉的曲線之間、或者一條開放對一條封閉的曲線之間都可以使用。

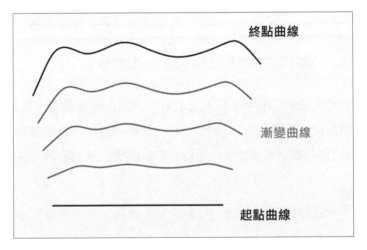

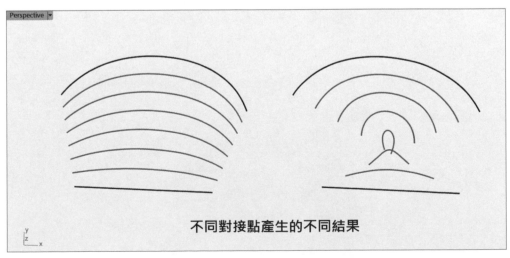

不同對接點產生的不同結果

依照指令列的提示，依序點選起點曲線、終點曲線，並指定對應的端點。如下圖，如果對應的端點交錯的話，會產生怪異的均分（漸變）曲線，可以即時預覽結果看到變化，點選另一個端點可將之反轉。

按下 Enter、空白鍵或滑鼠右鍵確認後，在起點曲線與終點曲線之間產生漸變的均分曲線。以下是以封閉的曲線執行「均分曲線」指令，並分別點選不同的對應端點產生的結果。

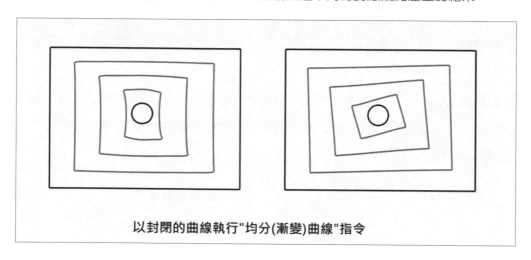

以封閉的曲線執行"均分(漸變)曲線"指令

在指令列中可以設定均分曲線的數目，以及它們要被放置在哪個圖層，或是可以「反轉 (F)」對應的端點。還有可以設定「符合方式 (M)」為無、重新逼近、或是取樣點（要再多設定一個取樣數目），因為有方便的即時預覽功能，使用者可以測試三者的不同，決定要使用哪一個選項即可。

執行指令之前開啟「記錄建構歷史」，便可於指令完成之後，再度調整起始曲線或終止曲線的形狀，改變之間所有漸變曲線的形狀。

「曲線工具」工具列

這是有最多指令的工具列，因為曲線是建模的基礎，而有好的線條，就容易建立高品質的曲面。

> ⊞ **AddGuide** / ⊞ **RemoveGuide**（新增參考線 / 移除參考線）：有用過 SketchUP 的使用者
> 應該對這個指令很熟悉，這指令就類似於 SketchUP「捲尺工具」的翻版，在建構平面上指
> 定兩點，產生一條無限長的參考線（建構線），讓其他繪製工具可以做為物件鎖點使用，並
> 且參考線不會被印出。這個指令很單純，指令列中也沒有其他子選項可選擇。

以滑鼠右鍵點選此指令按鈕，再按下 Enter 或滑鼠右鍵確認，可以暫時隱藏所有參考線；在指
令列中點選「全部移除 (R)」子選項並按下 Enter 或滑鼠右鍵，可以將所有參考線刪除。

> ⌇ **ArcBlend**（弧形混接）：在兩條曲線的端點之間建立由兩個圓弧組成的混接曲線。點選
> 執行此指令，依照指令列中的提示，分別選取第一條曲線與第二條曲線的端點處，指令列
> 中出現一些選項，先不理會這些選項，直接按下 Enter、空白鍵或滑鼠右鍵確認，產生一條
> 弧形混接曲線，如下圖所示桃紅色線段（放置弧形混接曲線到桃紅色的圖層，方便觀察與
> 解說）的「S 形」弧形混接曲線。

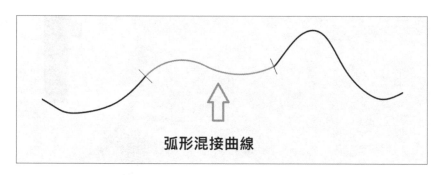

弧形混接曲線

觀察弧形混接曲線的形狀，發現它是兩個圓
弧，也就是說弧形混接曲線即為兩個圓形曲
線的其中一部分相連所組成，這也是此指令
名稱的由來。

圓形曲線的其中一部份(圓弧)

按 Ctrl + Z 返回到尚未建立弧形混接曲線之前的狀態，或將弧形混接曲線刪除，重新執行一次
指令。依序點選兩條線段的端點後，發現結果預覽中，有數個弧形混接點可以點選。點擊一下
滑鼠左鍵，選擇一個弧形混接點，弧形混接點就會被吸附在滑鼠游標上移動，可以動態的改變

弧形混接曲線的形狀，並且可以即時預覽結果。在預覽中確認之後，再點擊一次滑鼠左鍵放置
弧形混接點，再按下 Enter、空白鍵或滑鼠右鍵確認，產生一條新的弧形混接曲線。

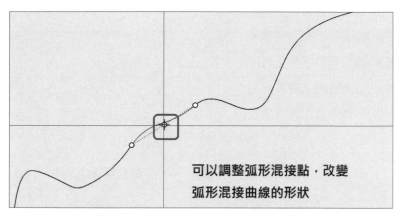

可以調整弧形混接點，改變
弧形混接曲線的形狀

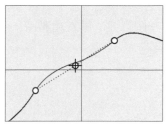

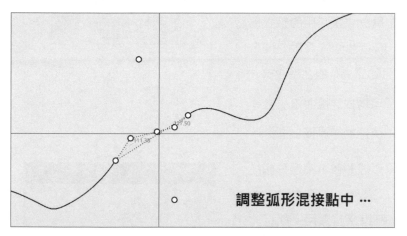

調整弧形混接點中 …

重新了解一下指令列中的子選項。下圖比較設定「修剪 (T)」為是或否的結果差異，以及如果
設定「組合 (J)」= 是，則弧形混接曲線會自動和原本的兩條曲線組合（Join）起來，成為一條
多重曲線。

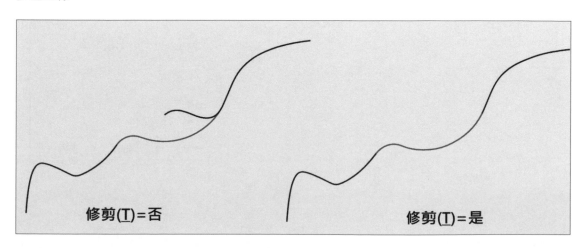

修剪(T)=否　　　　　　　　　　　　　　　　修剪(T)=是

於指令列中點選「其他解法 (A)」子選項，可以反轉
圓弧的方向，產生圓弧方向不同的弧形混接曲線；而
點選「半徑差異值 (R)」可以設定這兩個混接圓弧曲線
的半徑差異值，輸入 0 表示產生兩半徑相等的圓弧曲
線，或是系統自動找到可以讓兩個圓弧半徑最接近的
點。而輸入正數時，先點選的曲線端的圓弧會大於另
一個圓弧；輸入負數時，後點選的曲線端的圓弧會較
大。

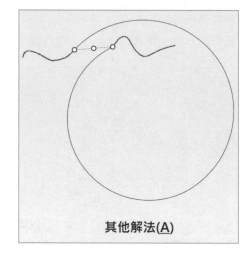

其他解法(A)

> 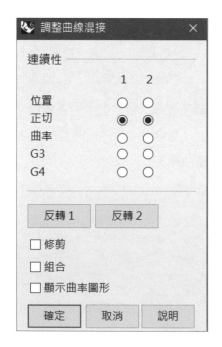 **BlendCrv / Blend**（可調式混接曲線 / 快速曲線
混接）：是「編輯曲線」工具列中最常用的核心指
令，可在兩條曲線之間、或者曲面的邊線之間，
以設定的連續性產生一條可動態調整的混接曲線。

　▶ 以滑鼠左鍵點選執行：「可調式混接曲線」指令。

　▶ 以滑鼠右鍵點選執行：「快速曲線混接」指令。

和「弧形混接」的觀念和操作都很類似，不過這個指
令是以指定兩端連續性的方式來產生一條「混接曲
線」，在實際建模的過程中比較直接且實用。執行此
指令並點選兩條曲線的端點處後，會產生「調整曲線
混接」對話框，在其中設定混接曲線在兩端與兩條原
始的輸入曲線之間的連續性。對話框內的其他選項都
簡單易懂，讀者應該可以明白。

另外，在尚未點選曲線之前，指令列中出現如下的選項。點選「邊緣 (E)」可指定一個曲面的邊線，並且以與該曲面邊線垂直的方向做混接；而「混接起點 (B)」可以設定混接曲線起點的位置為「曲線端點」或「指定點」；「點 (P)」選項則可以事先指定混接曲線的終點，此點甚至可以不在曲線上，如下圖所示。

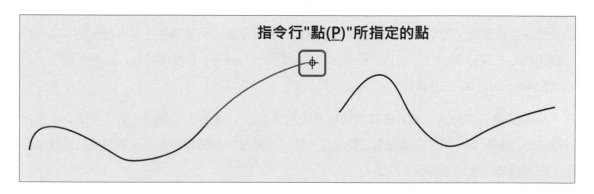

指令行"點(P)"所指定的點

至於「編輯 (D)」選項則可以重新編輯混接曲線的形狀，不過於建立混接曲線之前必須要開啟「紀錄建構歷史」功能才行，否則指令列中會顯示：「此模型裡沒有曲線含有 BlendCrv 指令的歷史記錄」，而無法使用這個選項，後續如果要再調整混接曲線只能砍掉重練。

和弧形混接相同，在未按下「調整曲線混接」對話框的「確定」按鈕之前，可以在畫面上調整混接點的位置，改變混接曲線的形狀，並即時動態的預覽調整結果，這也是「可調式」名稱的由來。

選取要調整的控制點，按住 SHIFT 並選取控制點做對稱調整。：

注意指令列中的操作提示，於點選某一個混接點前，先按住 Shift 鍵再點選混接點（之後可以放開 Shift 鍵，繼續按住也行），可以對混接點做兩端「對稱性」的調整，也就是同時調整右圖中 1 和 2 的混接點。

「可調式混接曲線」指令也可以對兩條相連的曲線執行操作，甚至可以對曲線自己本身執行操作，讀者可嘗試

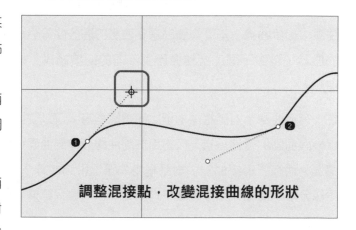

調整混接點，改變混接曲線的形狀

不同的用法，不過最常用的還是將兩條不相連的曲線，以它們彼此的端點建立混接曲線。

以滑鼠右鍵點選此指令按鈕，執行「快速曲線混接」指令。這個指令和以左鍵點選執行「可調式混接曲線」差不多，但不是以對話框的方式調整，也不會產生可動態調整的混接點，而是全部在指令列中設定參數。能設定的參數比較少，不過能比較快速的建立混接曲線。

> **選取要混接的第一條曲線 - 點選要混接的端點處**（垂直(P) 以角度(A) 連續性(C)=曲率）:

於「快速曲線混接」的指令列中可以選擇「垂直」、「以角度」、「連續性」等連接方法，其中於「連續性」的子參數設定，位置（position）、相切（tangency）和曲率（curvature）設定，分別代表 G0、G1、G2 的連續性。

在「曲面工具」工具列中有一個非常重要的「混接曲面」（Blend Surface）指令，即為「混接曲線」的曲面版本，可在兩個曲面之間產生一個可以動態調整的混接曲面。熟悉混接曲線指令後，曲面版本也能較容易的理解了。

> **Match Curve**（銜接曲線）：和可調式混接曲線一樣，是「曲線工具」工具列中最常用的核心指令，它也有一個曲面版本，即「曲面工具」工具列中的「銜接曲面」（Match Surface）指令。

基本上觀念和混接曲線差不多，也是以指定兩端連續性的方式來連接曲線。最大的不同點是，當兩條曲線不相連時，「混接曲線」指令是產生一條「新的」混接曲線，而「銜接曲線」指令是「延伸」現有的輸入曲線（先點選的曲線會被延伸），把兩條曲線做銜接，而且沒有可以動態調整的銜接點。至於要延伸哪條曲線銜接至哪條曲線，依據點選的順序而定，先點選的是要被延伸的曲線，後點選的是延伸至的目標曲線。

注意「銜接曲線」指令需要點選要變更的開放曲線靠近端點的位置，點選不同的端點會產生不同的銜接結果，很容易理解。

在「銜接曲線」對話框中勾選「與邊緣垂直」可以使曲線銜接後與曲面的邊線垂直，只適用於將曲線延伸到曲面邊線的情況。而在「銜接曲線」對話框中勾選「平均曲線」，可讓兩條分離的曲線在銜接時做平均的延伸，不會只延伸其中一條曲線，也就是「互相銜接」的意思。

如果曲線在我們調整相接處的另一端還有與其它的曲線相接，指令列中的「維持另一端 (P)」選項可以使用設定的連續性，在調整時主動維持曲線於「另一端」與其他曲線相接

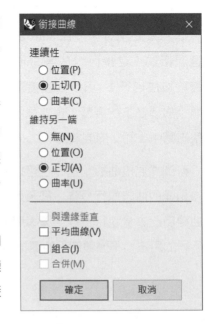

處的連續性,所以曲線的另一側的連續性不會因為調整了這一端就被破壞掉,不會顧此失彼,能持續保持所設定的連續性和其他曲線相接。

至於組合(Join)選項則讀者應該很熟悉了,而合併(Merge)選項只有在使用「曲率」連續性做銜接時才可以使用。合併是指將延伸相接後的兩條曲線合併成為一條單一曲線,故無法再被「炸開」,而不像組合是將兩條曲線以端點「黏合」成一條多重曲線,可以被「炸開」成為兩條曲線。

此指令還有一個最常用且重要的用法,就是它可以改變現有相連的兩條曲線之間的連續性。可以執行「銜接曲線」指令,直接改變兩條相連的曲線對接處的連續性,並且可以即時動態的預覽調整結果。

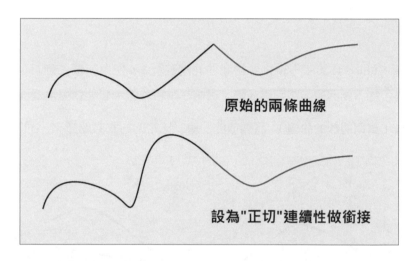

選取要銜接的開放曲線 - 點選要銜接的靠近端點處(曲面邊緣(S) 銜接至(M)=*曲線端點*):

於「銜接曲線」的指令列中點選「曲面邊緣 (S)」可以指定曲面的邊線做延伸,並使銜接曲線與曲面邊線垂直;而「銜接至 (M)」選項則一樣可以指定要銜接的起點的位置為「曲線端點」或「指定點」。

> DEG **ChangeDegree**(變更曲線階數):直接變更選取曲線的階數(升階或降階),同時也會增加或減少曲線的控制點。曲線階數的觀念,還有階數與控制點數目之間的關係,請參考之前的章節所述。

選取要變更階數的曲線或曲面,按 Enter 完成
新階數 <3>(可塑形的(D)=*否*):

直接在指令列中設定新的曲線階數,以及設定「可塑形的 (D)= 是或否」並按下 Enter、空白鍵或滑鼠右鍵確認即可。

如果設定「可塑形的 (D)= 是」，則原來的曲線在改變階數之後會變形，但不會有重複的節點（複節點），方便使用者對曲線的形狀做進一步的塑形微調。若設定「可塑形的 (D)= 否」，則曲線升階後可以維持原本的形狀，不過會產生重複的節點；而曲線降階後會變形，不過不會產生重複的節點。讀者可以自行嘗試一下比較兩者的區別，就可以明白了。這個選項的影響並不是很大，設定哪種都差不多，覺得曲線的形狀不太好時，一樣使用控制點或編輯點調整曲線的形狀，或者搭配「插入節點」或「插入控制點」指令操作。

但實際上這個指令用的很少，因為有更好用的「重建曲線」指令，除了可以將曲線升降為指定的階數，還可以指定產生的控制點數目，以及有其他選項可以使用，實用性更高。雖然執行「重建曲線」指令後，一般會改變曲線的形狀，而「變更曲線階數」比較不會造成大的變形，但只要不是非常要求精度的場合，即使曲線有一點變形，也可以輕易地調整其控制點，將形狀調整回來。

還有一點很重要，Rhino 預設的不規則曲線和曲面階數為 3，如果有匯出到其他軟體做進一步編修的狀況，盡可能不要改變階數超過 3 階，否則在其它軟體中可能會發生錯誤。

> 〉　 **CloseCrv**（封閉開放的曲線）：將開放的曲線以指定的方式封閉起來，很單純的指令。

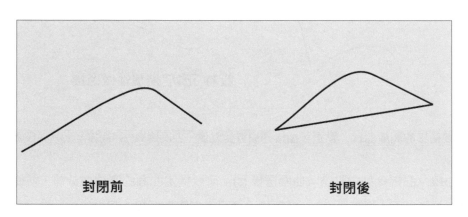

封閉前　　　　　　　　　　　　　　　封閉後

指令列可以設定公差的數值，只於執行此指令時有效。當兩條曲線端點的距離大於公差時，會以加入線段的方式將之封閉；而當曲線兩端的距離小於公差時，會以兩條曲線端點相連的方式將之封閉起來；還可以設定曲線的大缺口是否要以直線封閉起來。

不過實際上要封閉曲線，個人習慣開啟「端點」物件鎖點，手動繪製直線或曲線將開放的曲線封閉起來，有需要的話就手動執行「組合」或「銜接曲線」，還更加簡單且容易控制。

> 〉　 **Connect**（連接）/ **Connect, Repeat**（連接 - 重複執行）：這個指令類似「銜接曲線」，會延伸所選曲線與另一條曲線做對接，不過比較單純而直接，只能設定延伸的方式為直線或圓弧，並且會自動把延伸後多餘的部分修剪（Trim）掉。

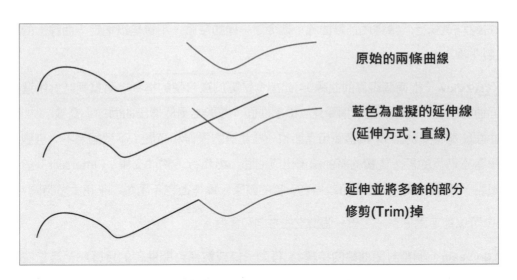

以滑鼠右鍵點選執行指令，在按 Esc 鍵取消指令之前指令不會自動停止，可以持續的點選曲線做延伸與修剪。

> 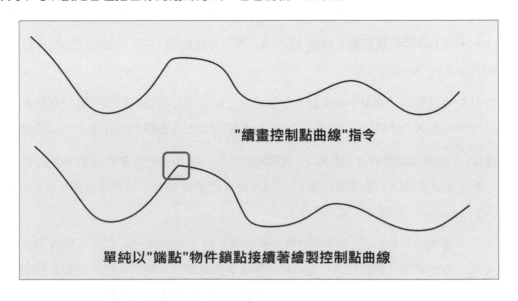 ContinueCurve（續畫控制點曲線）/ ContinueInterpCrv（續畫內插點曲線）：以滑鼠左鍵點選執行「續畫控制點曲線」指令，可以選取一條控制點曲線，從它的端點處繼續繪製，新繪製的曲線會和原本的曲線自動合併起來成為單一曲線，很實用。

下圖比較用「續畫控制點曲線」指令與單純使用「端點」物件鎖點接續繪製控制點曲線，發現「續畫控制點」指令在接點處沒有連續性的問題（因為是單一曲線），而單純以端點物件鎖點繪製出來的是 2 條開放的單一曲線，並且在接點處的連續性很差。

指令列中可以設定各種把曲線封閉的方式，看名稱就一目了然。

以滑鼠右鍵點選執行「續畫內插點曲線」指令是一樣的意思，不過是以指定「曲線上的點」的方式繪製曲線。

> ⚙ **Crv2View**（從兩個視圖的曲線）：此指令是屬於複合型的指令，可以同時對所選的兩個平面曲線執行「將線擠出」指令建立擠出曲面，並取出兩個擠出曲面的「交線」（如果這兩個曲面能夠相交的話），能替使用者節省一些點選的操作和時間。不過因為不太直觀，如果初學者不熟悉的話，老實的將曲線擠出成曲面，再執行「物件交集」（Intersect）指令取出（複製）兩個曲面的交線，可以得到一樣的效果，操作上也不困難，不花太多時間。

指令列中可以指定兩個點，定義一個擠出的方向和角度。

> ⚙ **CrvSeam**（調整封閉曲線的接縫）：移動一條或數條封閉曲線的接縫點至其它位置。此指令可以在封閉曲線上調接縫點的位置，需要調整的原因和「調整封閉曲面的接縫」相關，讀者可先翻到「曲面工具」工具列章節，查看「調整封閉曲面的接縫」指令的說明，就可以了解了。

移動曲線接縫點，按 Enter 完成（反轉(F) 自動(A) 原本的(N)）:

在調整封閉曲線的接縫點時，指令列中可以設定讓系統「自動 (A)」調整以對齊接縫、或是「反轉 (F)」所選接縫點的曲線方向。而點選「原本的 (N)」選項，可以使用這些曲線原本的接縫點和曲線原本的方向來放樣。

還有，調整封閉曲線的接縫點和後續以「Loft 放樣」、「單 / 雙軌掃掠」... 等由曲線產生曲面的指令相關，封閉曲線上不同的接縫點位置也會影響建立出來的曲面。不過在執行這些建立曲面指令的過程中也可以再調整曲線的接縫點，倒也不一定要使用此指令先行調整曲線的接縫點。

> 🖋 **CrvStart**（標示曲線起點）/ 🖋 **CrvEnd**（標示曲線終點）：在曲線的起點或終點處放置一個點物件。

由於繪製點物件並開啟「端點」物件鎖點，就可以在曲線的起點或終點處放置一個點物件，所以這個指令作用不大，建議可將之刪除（按住 Shift 鍵將此指令拖曳到工作區中）以精簡版面。

> 🔲 **CSec**（從斷面輪廓線建立曲線）：很實用的指令，能夠直接從數條定義外型的輪廓曲線中，產生出斷面曲線（斷面輪廓線）。之後，這些斷面曲線就可以利用放樣（Loft）或「從網線建立曲面」…等指令來建立曲面。

如下圖例子，在 Top 和 Front 視圖中各繪製兩條曲線，並在 Perspective 視圖中觀察這四條曲線的樣子，為了方便觀察，把這四條外型曲線的圖層更改為紫色。點選執行「從斷面輪廓線建立曲線」指令按鈕，依照指令列的提示，依據順時針或逆時針的順序依次點選這四條曲線，按下

Enter 鍵或滑鼠右鍵確認選取。之後指令列提示「指定斷面線起點」，在曲線的外部點擊滑鼠左鍵指定斷面線起點、再到曲線的另一側指定斷面線的終點，就會以這條斷面線為基準，產生一個「斷面輪廓線」，將之以黑色表示。

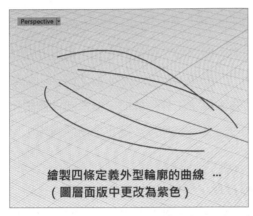
繪製四條定義外型輪廓的曲線 …
（圖層面版中更改為紫色）

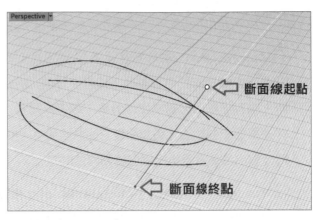
斷面線起點

斷面線終點

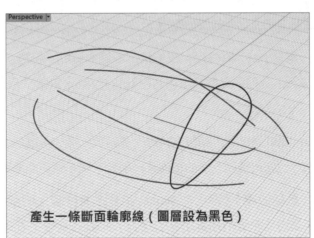
產生一條斷面輪廓線（圖層設為黑色）

在指令還未結束前可以繼續指定斷面線的起點和終點，連續建立多個斷面輪廓線，注意這些斷面輪廓線會與目前的工作平面垂直。如下圖就是建立了四條斷面輪廓線，並以這些斷面輪廓線建立放樣（Loft）曲面的結果。

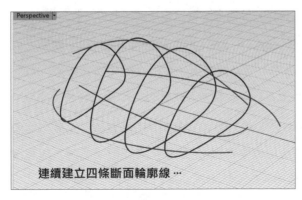
連續建立四條斷面輪廓線 …

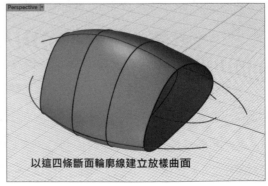
以這四條斷面輪廓線建立放樣曲面

在指令列中可以設定要不要把建立的斷面曲線（斷面輪廓線）封閉起來，若設定「封閉 (C)=否」，則此時建立的斷面輪廓線會是開放的曲線。

> **NOTE** 建議可以把這個指令也複製一份到「從物件建立曲線」工具列中。

> **CurveBoolean**（曲線布林運算）：透過在指令列中詢問與設定選項的方式，執行有重疊區域的曲線之間的布林運算（修剪、分割、組合），和 illustrator 的「路徑管理員」功能類似。讀者可以自己嘗試操作看看，或者先翻到「實體工具」工具列章節，參考四種實體布林運算指令的解說，這個即是它的曲線版本，Rhino 7 在指令列新增「簡化曲線」選項，可減少輸出曲線在直線及圓弧線段的控制點。

> **SubCrv**（縮短曲線）/ **SubCrv,Copy**（複製子線段）：將曲線上兩個指定點「之外」的部分刪除。依據指令列的提示，在一條曲線上選取起始點，再選取終點，可將曲線上起點到終點的部分保留下來，之外的部分刪除。

在指令列中可以設定「模式 (M)」為縮短、或是標示曲線的端點，但標示端點的作用不大。而至於已經指定了一點後，指令列中又會多出「方向 (D)= 自由 or 鎖定」，一般都設為自由，讓下一點保持在曲線上。

以滑鼠右鍵點選此指令，就如同點選「複製 (C)= 是」子選項一樣，可以把曲線上指定的兩點之間的子曲線複製一份出來，也就是複製一條曲線的某一部分，比左鍵功能還實用，一定要學起來。

> **DeleteSubCrv**（截斷曲線）：對比於 SubCrv 指令是將曲線上兩個指定點「之外」的部分刪除，這個指令是將曲線上兩個指定點「之內」的部分刪除。指令列中可以設定「方向 (D)」為自由或是鎖定，其他同 SubCrv 指令的說明。

此指令沒有右鍵功能。

> **ExtractSubCrv**（抽離曲線）：此指令可以抽離多重直線或多重曲線上所選取的子線段，而不用將之整條「炸開」，剩下的多重直線或多重曲線還是維持著組合（Join）的狀態。

> **Convert**（將曲線轉換為多重直線）/ **Convert, Arc**（將曲線轉換為圓弧）：實務上非常少用的指令。顧名思義，選取要轉換的曲線，進行確定後，在指令列中設定參數，以設定的公差將曲線轉換為由直線線段組成的多重直線，或轉換為由圓弧線段組成的多重曲線。

指令列中可以設定要輸出為圓弧或直線，要不要簡化輸入物件，建議測試看看再決定要不要簡化。之後可以設定角度公差與絕對公差（只在此指令中有效），最小長度和最大長度，建議維持預設值 0（不限制）就好，最後可以設定轉換完成後的輸出物件要放置在哪一個圖層中。

≫ FAIR **Fair**（整平曲線）：以設定的限制公差將曲線整平，讓曲線曲率變化較大的地方變得比較平滑，太過細緻所以很少用到的指令。

≫ **Fillet**（曲線圓角）

≫ **FilletCorners**（全部圓角）

≫ **Chamfer**（曲線斜角）

圓角、斜角類型的指令，有另闢專章說明。

≫ **InsertLineIntoCrv**（在曲線上插入直線）：在一條曲線上指定兩個點，這兩點之間的曲線會被刪除並以直線取代，且直線會與曲線的其它部分組合（Join）在一起。操作方法很簡單，不過實際應用到的機會並不多。

≫ **MakePeriodic**（週期化）/ **MakeNonPeriodic**（使非週期化）：「編輯曲線」和「編輯曲面」工具列都有「週期化」指令，但針對的物件不同。和曲線版本的指令，可以把一個曲線封閉起來，並使曲線上的銳邊變平滑，成為「封閉且無銳邊」的曲線，就是所謂的「週期曲線」。而它的右鍵功能則是反操作，很容易理解。

要注意的是「週期化」指令並不是說直接把曲線的銳角變平滑，如果對一條多重直線或線段執行「週期化」指令，會發現無法完成周期化，因為系統並不知道如何封閉它。

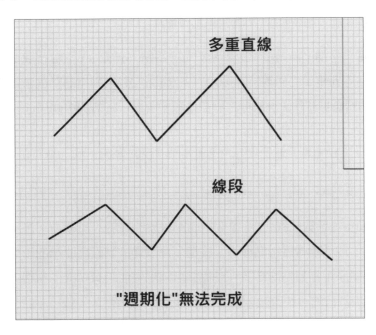

以下是將一條有銳角點的曲線轉換為週期曲線的例子：

也可以把封閉的曲線轉換為周期曲線：

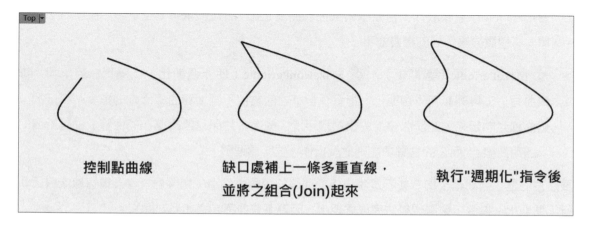

注意週期曲線的屬性為「單一曲線」，無法再被炸開。

指令列中可以設定「平滑 (S)= 是 or 否」，若設定「平滑 (S)= 是」，則會移除曲線上所有的銳角點，並移動控制點得到平滑的曲線。若設定「平滑 (S)= 否」，則控制點的位置不會被改變，只有位於起點的銳角點會被移除，曲線的形狀只會稍微改變，一般很少使用這個選項。

> **NOTE** 並不是說「銳角點」就是不好，還是要依據使用者的設計，來判斷要不要把曲線週期化。

> ⬚ **MakeUniform（參數一致化）**：每個控制點對於曲線的「影響力」是不同的，例如執行「插入銳角點」或「編輯控制點權值」的指令會改變控制點對曲線的影響程度，而這個指令就是用來「還原」控制點的參數，使每個控制點對曲線有一樣的影響力。執行此指令之後曲線的形狀或許會有一些改變（因為控制點的權值改變了），但控制點的位置不會改變。

> **MatchCrvDir**（符合曲線方向）：改變選取的曲線的方向，使之與目標曲線的方向一致。通常用在「放樣」、「掃掠」…等建立曲面指令之前，對輸入曲線的方向預先做調整。不過因為這些指令本身已經都有調整曲線方向的功能，而要調整曲線方向也有別的指令可以使用（例如：「反轉方向」指令），因此這個指令顯得很雞肋。

> **MoveExtractedIsocurve**（移動抽離的結構線）：這個指令在「從物件建立曲線」工具列的章節會有解說，是「抽離結構線」的右鍵功能，如果要精簡版面可將之刪除無妨。

> **Offset Curve**（偏移曲線）/ **OffsetMultiple**（偏移曲線 / 連續偏移曲線）：這是一般 CAD 類型的軟體（如 Creo、Solidworks、Solidedge、Inventor、UG NX、Catia…）等都必有且常用的指令，將所選的「曲線」或者「曲面邊線」做偏移 + 複製，建立與原來的曲線平行的曲線，就如同它按鈕 icon 所示的圖形一樣。

選取要偏移的曲線（距離(D)=1 鬆弛(L)=否 角(C)=銳角 通過點(T) 公差(O)=0.01 兩側(B) 與工作平面平行(I)=否 加蓋(A)=無）:

在指令列中可以輸入偏移的距離、是否要往兩側偏移、是否要在偏移曲線與原始曲線兩端形成封閉（加蓋，無、平頭或圓頭蓋），也可以設定一個通過點，不使用輸入數值的方式設定偏移距離；而且也可以設定偏移的方向是否要與目前的工作平面平行，一般都設定為「是」，讓曲線沿著工作平面的方向偏移。如果設定為「否」，則可以在這條平面曲線的平面上偏移這條曲線，也蠻常用的。

還有「鬆弛 (L)= 是 or 否」與「公差 (O)」可以設定，若設定「鬆弛 (L)= 是」則偏移後的曲線的結構和控制點數目不會改變，反之則系統會依據狀況自動增加偏移後曲線的控制點。而「公差」選項一般維持預設值即可，除非很有把握，否則不要調整。

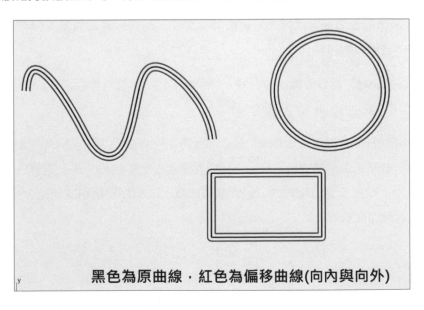

黑色為原曲線，紅色為偏移曲線(向內與向外)

如果是朝原曲線「向外」的方向偏移曲線，並且原曲線有一個轉角，指令列中可以設定朝外偏移出去的曲線，這個轉角是要變成銳角（G0 連續的角）、圓角（G1 連續的角）或是平滑的角（G2 連續的角），或者是斜角。

這個指令也可以用來偏移曲面的邊線，也就是可以用曲面的邊線作為偏移的輸入物件，如下圖所示：

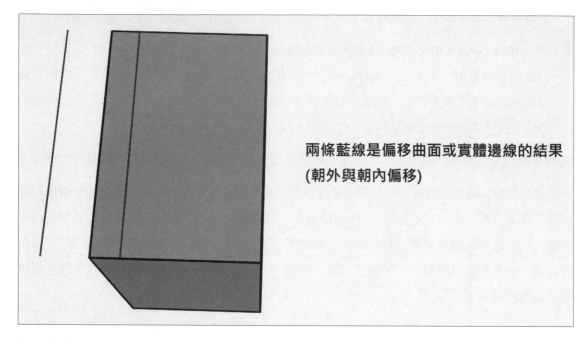

兩條藍線是偏移曲面或實體邊線的結果
(朝外與朝內偏移)

注意曲線的偏移距離必需適當，偏移距離過大時，偏移曲線可能會發生自我交錯（自相交）的情形，這樣的曲線沒什麼用處，請減少偏移距離重新執行偏移。

以滑鼠右鍵點選此指令按鈕可執行「連續偏移」指令，相當於連續執行「偏移曲線」指令多次，可節省使用者操作的時間。

> **OffsetCrvOnSrf**（偏移曲面上的曲線）：將曲面上的曲線沿著曲面表面方向做偏移＋複製，建立與原來的曲線平行的曲線。

如下例所示，用「曲面上的內插點曲線」在曲面上繪製一條曲線，點選執行「偏移曲面上的曲線」指令按鈕，按照指令列的提示進行操作：先點選曲面上的曲線，再點選基底曲面，從指令列中點選「反轉」可以反轉偏移方向，輸入偏移距離（或移動滑鼠指定距離）後按下 Enter、空白鍵或滑鼠右鍵完成指令。

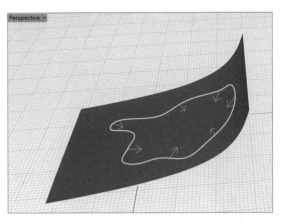

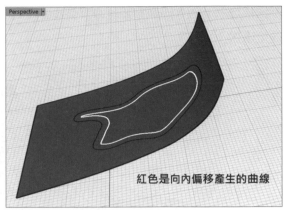

紅色是向內偏移產生的曲線

不過需注意，過大的偏移距離會讓偏移曲線變形的很嚴重，甚至形成自我交錯（自相交）的情形，如下圖所示，這樣的曲線沒什麼用處，請減少偏移距離之後重新執行偏移。

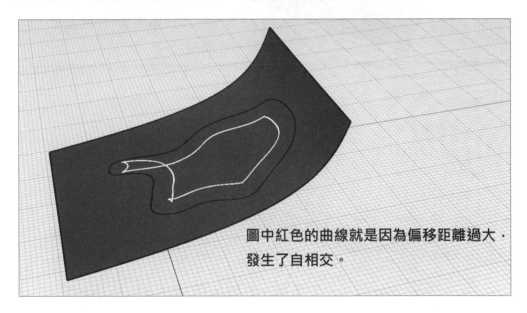

圖中紅色的曲線就是因為偏移距離過大，發生了自相交。

指令列中有「通過點」、「反轉偏移方向」與「偏移次數」等子選項可進行設定。

> 🔵 **OffsetNormal**（往曲面法線方向偏移曲線）：是「偏移曲面上的曲線」的另一個版本，能夠朝著「曲面的法線方向」偏移 + 複製曲面上的曲線。

如下圖所示，用「曲面上的內插點曲線」指令在曲面上繪製一條曲線，接著點選執行「往曲面法線方向偏移曲線」指令按鈕，按照指令列的提示進行操作：先點選曲面上的曲線，再點選基底曲面，從指令列中點選「反轉」可以反轉偏移方向，輸入偏移距離（或移動滑鼠指定距離）後按下 Enter 或空白鍵完成指令。

不過需注意，過大的偏移距離會讓偏移曲線變形很嚴重，產生預期之外的結果，請減少偏移距離後重做。

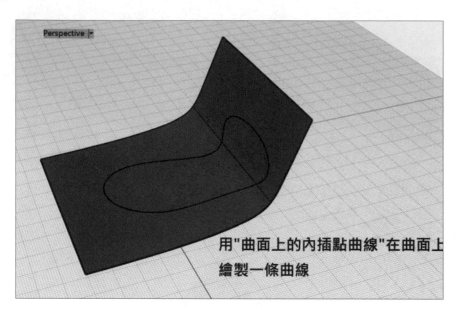

用"曲面上的內插點曲線"在曲面上繪製一條曲線

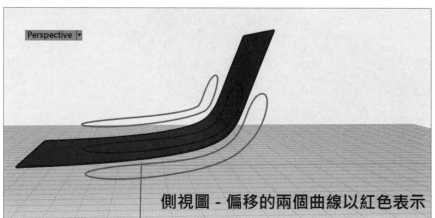

側視圖 - 偏移的兩個曲線以紅色表示

> Rebuild 重建曲線 / Rebuild, 主曲線（以主曲線重建曲線）：

- ▶ 點選滑鼠左鍵執行指令：以設定的階數與控制點數重建曲線。
- ▶ 點選滑鼠右鍵執行指令：使重建曲線的結構符合另一條指定的曲線。

很實用的指令，能依照使用者指定的階數與控制點數重新調整曲線結構，讓曲線上均勻分布指定階數與點數的控制點，而重建曲線的形狀會依據使用者指定的階數與控制點數而改變，和原本愈接近的參數，曲線重建後的變化愈小。

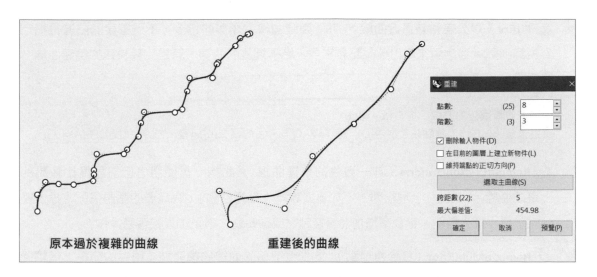

原本過於複雜的曲線　　　　　　重建後的曲線

所以，無論目前曲線的控制點太少（塑形彈性小）或太多（塑形太過複雜），都可以將曲線重建，讓曲線變得容易控制，便於做調整塑形，也能建立出結構比較單純的曲面。

以下說明重建曲線對話框中的參數：

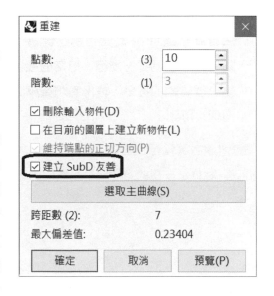

點數與階數：分別指定重建需要的 U、V 兩個方向的控制點數目與階數，欄位前面括號內的數字是目前曲面的 U、V 參數。

勾選「刪除輸入物件」會於曲線重建後同時刪除原曲線，反之。勾選「在目前的圖層上建立新物件」會在目前的圖層建立新曲線（參考右側圖層面板）；若不勾選，則會在原曲線所在的圖層建立新的曲線（重建後的曲線）。而勾選「維持端點的正切方向」，顧名思義，重建後的曲線會維持原本端點的正切方向，於端點處的變化很小，只適用於重建開放曲線的場合（因為開放曲線才有兩個端點）。

點選「選取主曲線 (S)」按鈕，可以指定一條曲線為基準曲線，比照辦理，重建出一條和基準曲線有相同結構和控制點數目的曲線，和它的右鍵功能是相同的。

「重建曲線」對話框內新增了「建立 SubD 友善」選項，可將曲線重建為適用於 SubD 擠出、SubD 放樣、SubD 掃掠 … 等需要由曲線產生 SubD 物件的最佳化曲線。

以下還有顯示跨距數和最大偏差值，供使用者參考，並提供預覽功能，設定完成後按下確定即可。

>  **FitCrv**（以公差重新逼近曲線）：和「重建曲線」類似的指令，不過重建的依據是指定公差和階數，通常用來簡化控制點非常多、結構複雜的曲線，算是比較快速的重建曲線，偶爾還是會用到。

選取要重新逼近的曲線，按 Enter 完成
逼近公差 <0.01>（刪除輸入物件(D)=是 階數(G)=3 目的圖層(O)=輸入物件 角度公差(A)=1）:

> **RebuildCrvNonUniform**（非一致性的重建曲線）：此指令是使用者自訂程度比較高的「重建曲線」，但操作上很複雜，不如直接執行「重建曲線」，有需要的話再搭配「插入控制點」或「插入節點」指令來增加曲線控制點或編輯點，還更加直覺容易操作。

> **RemoveMultiKnot**（移除複節點）：此指令可移除曲線的複節點（重複的節點）以精簡其結構、減少控制點的數量，降低轉檔輸出產生錯誤的機率。不過一般都是執行它的曲面版本，於最終輸出前對模型做優化，很少用到曲線版本。

> **ShowEnds**（顯示曲線端點）/ **ShowEndsOff**（關閉曲線端點顯示）：點選滑鼠左鍵執行此指令，會出現「端點分析」對話框，能夠以指定的顏色標示出 4 種曲線上的點，很單純的指令，使用者想要確認曲線的狀態時使用，但很少用到。

點選滑鼠右鍵執行此指令，和點選右上角的「x」關閉「端點分析」對話框是一樣的意思，有點雞肋的感覺。

> **SimplifyCrv**（簡化直線與圓弧）：將曲線近似直線或圓弧的部分，以真正的直線或圓弧取代（合併共線的直線、或合併共圓的圓弧線段），所以曲線的控制點數目會減少，結構也會變得比較單純。此指令的操作步驟相當簡單，只要選取曲線並確認就好，指令列中也沒有選項可以設定。如果直線或圓弧的控制點太多、結構太過複雜，可試試看用此指令把它們的結構簡化，不過我個人是偏好執行「重建曲線」指令。

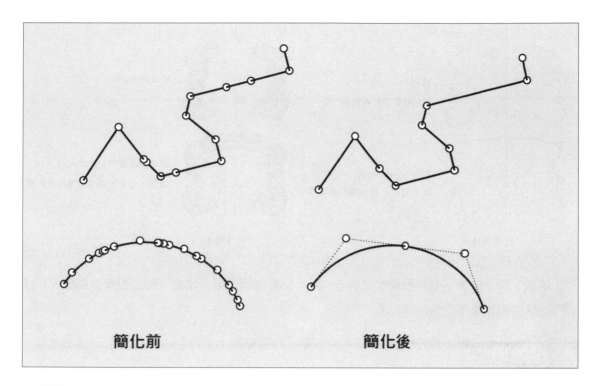

簡化前 　　　　　　　　　　　　　 簡化後

> 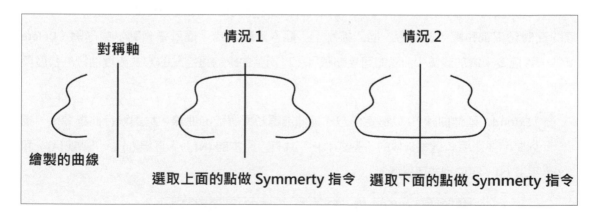 **Symmetry**（對稱）：「對稱」指令在「曲線工具」和「曲面工具」都有，也就是有曲線和曲面兩種版本。它和鏡射（Mirror）的不同之處在於「鏡射」只是單純把物件映射到對稱軸的另一側，不會主動做連續性相接；而「對稱」則是把曲線或曲面在指定的點、在點選之處主動延伸並以指定的連續性相接起來。另外，「鏡射」可以針對任何物件，而「對稱」只能針對曲線或曲面。

17-21

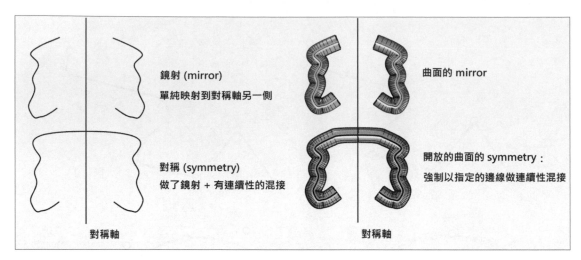

鏡射 (mirror)
單純映射到對稱軸另一側

曲面的 mirror

對稱 (symmetry)
做了鏡射 + 有連續性的混接

開放的曲面的 symmetry：
強制以指定的邊線做連續性混接

對稱軸

對稱軸

和「鏡射」指令一樣，若執行指令之前先開啟「記錄建構歷史」功能，則改變輸入曲線，新建立的對稱曲線也會隨之發生變化。

> ⟰ **TweenCurves**（均分曲線）：在第十五章「繪製曲線」工具列中也有完全一樣的指令，不多贅述。

延伸曲線（Extend Curve）指令集

在「曲線工具」工具列的「延伸曲線」指令按鈕上按住滑鼠左鍵約 0.5 秒，展開延伸曲線指令集，可用指定的方式延長所選取的曲線。

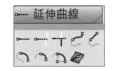

不過，依據我個人的使用習慣並不太用到這邊的指令，而是以直接調整曲線的控制點或編輯點，並配合「插入控制」、「插入節點」或「插入編輯點」或刪除（Delete 鍵）…等指令來增加或減少曲線的可控點數目，以調整曲線的可控點的方式改變曲線的長度與形狀。

> ⟞ **Extend**（延伸曲線）：以指定的方式延伸或縮短所選取的曲線。點選執行此指令後，指令列提示要使用者選擇延伸的「型式 (T)」，共有「原本的 (N)」、「直線 (L)」、「圓弧 (A)」和「平滑 (S)」四種型式可選擇。

> **選取要延伸的曲線**（型式(T)=*原本的* 至邊界(O)）：

> **型式 <原本的>**（原本的(N) 直線(L) 圓弧(A) 平滑(S)）：

若設定延伸型式為「原本的 (N)」，則系統會依據曲線原本的形狀接續下去以延伸曲線，移動滑鼠即可動態的預覽延伸的結果。若是使用者發現不太能夠掌握系統會以什麼方式延伸曲線，

可改為使用後面的三種延伸型式。延伸後的曲線會與原本的曲線自動合併（Merge）成單一曲線，無法再被炸開。

> **NOTE** 直線 (L)、圓弧 (A)、平滑 (S) 的延伸型式，分別對應至 G0、G1、G2 的連續性。

設定延伸型式為「原本的 (N)」還有一個用法，就是可以順著原本曲線的形狀「逆向延伸」，達到縮短曲線的效果，這個用法比較實用。

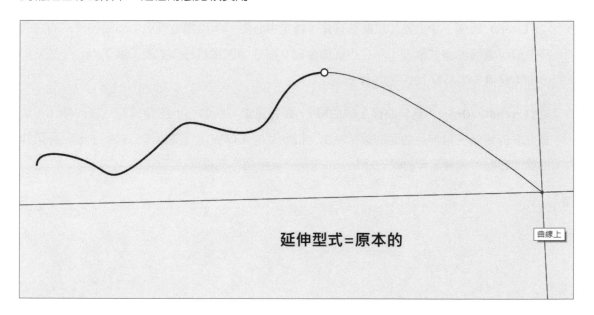

延伸型式=原本的

曲線上

在移動滑鼠動態的預覽延伸長度的同時，也可以直接輸入延伸長度的數值，而輸入負值表示縮短。同時也可以指定一個「點」或延伸至的「邊界」物件，讓曲線延伸至該點或該邊界物件為止，很容易理解。

延伸終點或輸入延伸長度 <1000.00>（ 至點(T) 至邊界(O)):

可以使用任何曲線、曲面或實體為延伸的邊界物件。

> **Extend, to boundary**（延伸曲線至邊界）：和在「延伸曲線」的指令列中點選「至邊界 (O)」的操作相同。

> **Connect**（連接）：前面已說明過。

> **Extend、平滑**（延伸曲線（平滑））：和在「延伸曲線」的指令列中點選「平滑 (S)」的操作相同。

> ⟩ Extend、直線（以直線延伸）：和在「延伸曲線」的指令列中設定延伸型式為「直線 (L)」的操作相同。

> ⟩ Extend, 圓弧、至點（以圓弧延伸至指定點）：和在「延伸曲線」指令中選擇延伸型式為圓弧，並再於指令列中點選「至點 (T)」的操作相同。

> ⟩ Extend, Arc, Keep radius（以圓弧延伸（保留半徑））：和在「延伸曲線」的指令列中設定延伸型式為「圓弧 (A)」的操作相同。

> ⟩ Extend, 圓弧、中心點（以圓弧延伸（指定中心點））：以指定圓弧中心點與終點的方式將曲線以圓弧的型式延伸，和在「延伸曲線」指令中選擇延伸型式為「圓弧 (A)」，並於指令列中點選「中心點 (C)」的操作相同。

> ⟩ ExtendCrvOnSrf（延伸曲面上的曲線）：顧名思義，將曲面上的曲線的一端或兩端，順著曲面的走勢，延伸至曲面的邊線為止。指令列中可以設定「要延伸的端點」是只要延伸曲線的起點、只要延伸曲線的終點，或是同時於兩個方向都進行延伸。

「從物件建立曲線」工具列

很多時候作為草圖的曲線並不需要每一條都自行繪製，而且很多線條並無法畫出來，例如曲面的結構線、兩個曲面的相交曲線、斷面輪廓線、曲面的邊線…等。這些特別的曲線可以使用「從物件建立曲線」工具列中的指令，把它從現有的物件中抽取（複製）出來，成為我們建模時可以利用的線物件。

CHAPTER

18

> 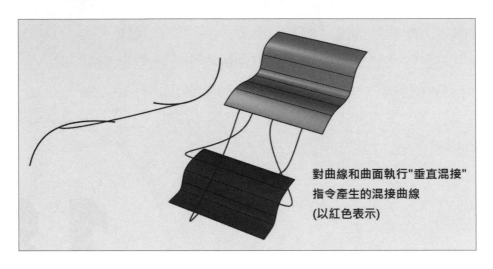 **Blend,Vertical**（垂直混接）：建立與兩條曲線之間、或兩個曲面的邊線之間相互垂直的混接曲線。

蠻單純的指令，按照指令列的提示，依序選取兩條曲線或兩個曲面的邊線，設定連續性，並各別指定一點做垂直混接，效果如下圖。

> 對曲線和曲面執行"垂直混接"
> 指令產生的混接曲線
> (以紅色表示)

> 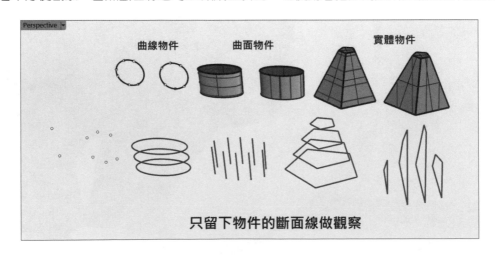 **Contour**（等距斷面線）：在物件上建立等距分佈的斷面線或點物件。

點選此指令按鈕，選取要建立等距斷面線的物件，按下 Enter、空白鍵或滑鼠右鍵確認選取。之後指令列提示指定「等距斷面線平面的基準點」，接著要再指定「與等距斷面線平面垂直的方向」，之後指定（輸入數值）等距斷面線的間距，再按下 Enter、空白鍵或滑鼠右鍵即可完成指令，會在物件上以指定的方向、指定的間距自動產生數條斷面線。

看起來好像很複雜，不過只要把系統要求指定的兩點構成的直線方向看作是「斷面曲線的排列方向」就可以了。下圖是把物件做了水平和垂直的等距斷面線後的結果，並把斷面線放到紅色的圖層中方便觀察。當然斷面線也可以做成歪斜的，看使用者指定兩點所定義的方向而定。

> 曲線物件　　曲面物件　　實體物件
>
> 只留下物件的斷面線做觀察

> **NOTE** 直接在 Perspective（透視）視圖中指定兩點定義一個方向很容易因為視覺誤差讓方向和想像中的不同，建議在其它正交的平面視圖（如 Front、Right…）中指定兩點才能準確的產生一個方向。

> **選取要建立等距斷面線的物件**（ 目的圖層(A)=*目前的圖層* 組合曲線(J)=*以等距斷面線平面* 以等距斷面線平面群組(G)=*否*）：

在指令列中可以設定產生的等距斷面線要放置在哪個圖層，要不要把產生的同一個平面的等距斷面線組成群組，還有從多重曲面建立的共平面的等距斷面線之間是否要組合成多重曲線，還可以設定曲面或多重曲面上要產生等距斷面線的區域範圍。

> ➤ 🔲 **DupBorder**（複製邊框）：此指令可以把曲面、多重曲面或網格物件的邊框複製出來，成為一條普通的曲線或多重直線。所謂曲面的 Border（邊框）就是指曲面周圍所有的邊線，但不包括其結構線。

對一個單一曲面執行「複製邊框」指令，將曲面的邊框原地複製成為一條普通的曲線，再把這條複製出來的邊框曲線拖曳移動出來，方便觀察，如下圖所示。

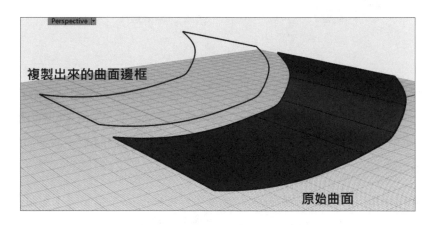

不過直接對實體使用此指令，系統會不知道使用者到底要複製哪些邊框，除非先以選取「次物件」的方式，選取實體的一個或數個面，如下圖。

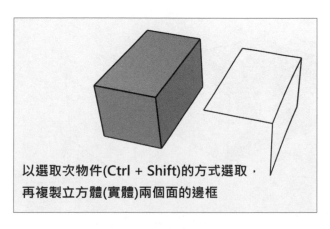

在指令列中可以設定被複製出來的邊框線要放置在哪個圖層。

> 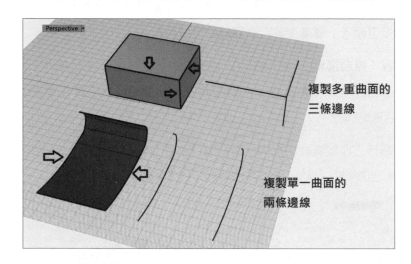 **DupEdge**（複製邊緣）/ **DupMeshEdge**（複製網格邊緣）：所謂曲面的「Edge」（邊線，或稱邊緣）指的就是曲面單獨的一條邊。DupEdge 指令可將單一曲面、多重曲面或網格的其中一條或數條邊線複製出來，成為一般曲線。

執行此指令將多重曲面和單一曲面的數條邊線複製出來，再把複製出來的曲線拖曳移動出來觀察，如下圖所示，在指令列中可以設定被複製出來的邊線要放置在哪個圖層。

複製多重曲面的三條邊線

複製單一曲面的兩條邊線

以滑鼠右鍵點選執行「DupMeshEdge」指令，和 DupEdge 同樣的道理，不過針對的是網格（Mesh）物件，可複製網格物件的邊線建立多重直線。因為網格物件的邊線是由許多段直線所組成的，而網格物件的面數愈高、其邊線就被細分得愈多，就愈加逼近平滑的形狀，但終究沒有 NURBS 那樣精確。

> **DupFaceBorder**（複製面的邊框）：此指令可以把曲面或多重曲面（包含封閉的多重曲面實體）指定的面的邊框複製出來，成為一條普通的曲線。

對多重曲面的某一面執行這個指令，並將複製出來的邊框拖曳出來觀察，如下圖所示。

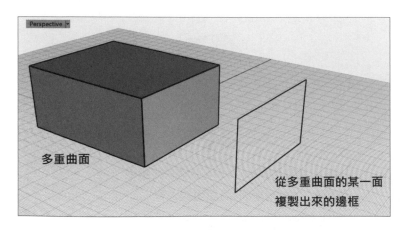

多重曲面

從多重曲面的某一面複製出來的邊框

在指令列中可以設定被複製出來的邊框線要放置在哪個圖層。

> ⚙ **ExtractPt（抽離點）**：將曲線的控制點或編輯點、曲面的控制點或網格的頂點複製成為普通的點物件或點雲物件。可以複選一些點，則此指令只會抽離被選中的點。如下圖所示，對一個曲面執行重建後，再用此指令複製出它的控制點。

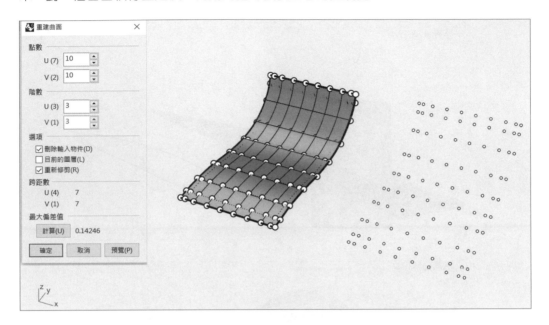

> ⚙ **ExtractWireframe（抽離框架）**：曲面的框架（Wireframe）是指同時包含了曲面或多重曲面，以及網格物件的邊線（Edge）和結構線（Isocurve），此指令可以把曲面或多重曲面的「邊線和結構線」同時複製出來成為一般曲線。如下圖所示，在 Perspective 視圖中改為「半透明模式」顯示，對一個球體執行「抽離框架」指令，並將抽離（複製）後的框架曲線拖曳移動出來。

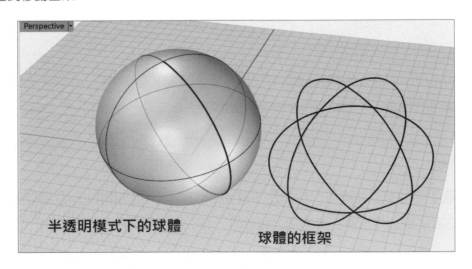

> 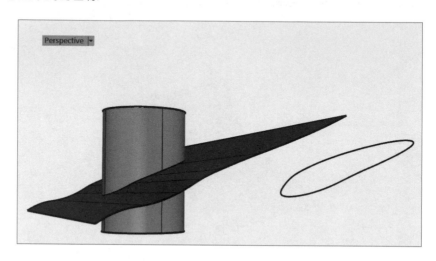 **Object Intersection**（物件交集）：將曲線與曲面、或曲面與曲面之間相交部份的輪廓曲線取出，並產生交點或交線，如同此按鈕上圖示所顯示的一樣。選取多組物件，可以一起計算「物件交集」取出其交點或交線。不要小看它，「物件交集」是很好用的指令，可建立出許多意想不到的曲線。

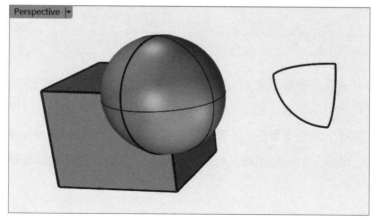

本指令的指令列中沒有額外選項可以設定。

> **IntersectTwoSets**（以兩組物件計算交集）：此指令和「物件交集」非常像，不過「物件交集」指令會無差別的在所有選取的物件之間都複製出交線。

而這個指令會要求使用者設定兩組物件，只計算不同組物件之間的交線，同組的物件之間的交線不會被計算。

選取要計算交集的第一組物件，按 Enter 完成（目的圖層(O)=*目前的*）

選取要與第一組物件計算交集的第二組物件，按 Enter 完成（目的圖層(O)=*目前的*）:

點選執行此指令後,依據指令列的提示,設定第一組物件,此時不必按住 Shift 鍵就可以複選要成為第一組的物件,選取完畢後按下 Enter、空白鍵或滑鼠右鍵確認,再用相同的方式複選要成為第二組的物件,確認後,則系統只會取出兩組物件之間的交線,而不理會同一組物件之間的交線。如下圖所示,是把左邊的圓柱體和圓環體當作第一組物件、右邊的當作第二組物件,所執行出來的結果比較。

這兩組物件之間不需要事先組成群組,依照指令列的提示進行點選操作即可。不過,也可以事先將物件組成群組(Group),可能會比較好點選。

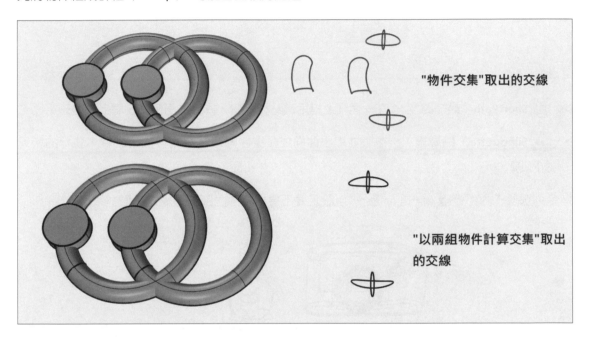

在指令列中可以設定被複製出來的交線要放置在哪個圖層。

> **PointCloudSection**(從點建立斷面線):建立一個平面與點雲或一群點物件的交線,不用事先建立一個平面,可在指令執行過程中畫出來。

一般很少使用到這個指令。

> **Section**(斷面線):如果「等距斷面線」指令是自動式的,這個指令就是「手動式」的:一一指定方向,做出斷面線。下例分別對曲線、曲面和實體物件執行斷面線指令,手動指定兩點定義出切割面的方向,依序取出其斷面線。

指令列的選項和「等距斷面線」都相同。

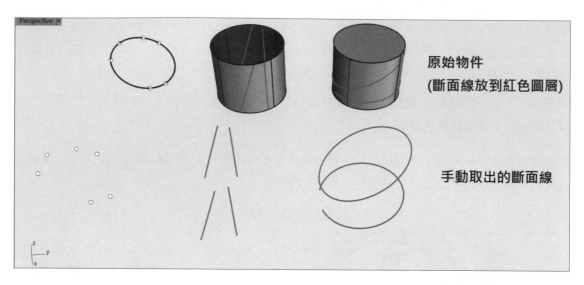

>  **ShortPath**（最短路徑）：在一個面上指定起點和終點，找出這兩個點在面上的最短路徑。

> **Silhouette**（輪廓線）：複製並取出曲面或多重曲面或網格物件的輪廓線，執行的結果如下圖。

指令列選項「內部邊緣 (I)= 是 or 否」，可設定要不要把物件內部的邊線也複製並取出。

依據目前工作區域視角的不同，會隨之建立不同的輪廓線。

通常執行此指令取出的輪廓線，是使用作為其他「平面性」的用途，例如輸出到 Photoshop 或 illustrator 等軟體，給平面設計的美編人員做二次加工，繪製出多彩的平面設計圖案，用途廣泛。

> 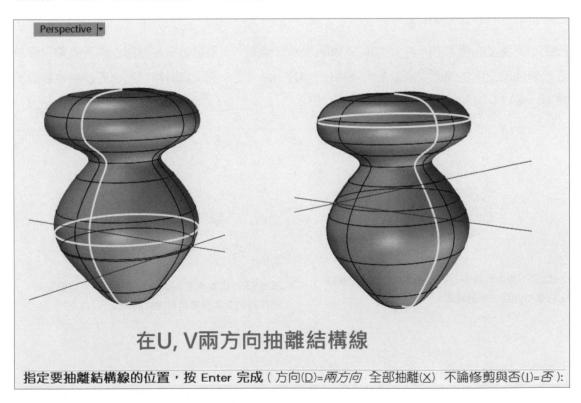 **MeshOutline**（網格輪廓線）：上一個「輪廓線」指令的網格版本，不過因為網格物件的特性，所建立出來的網格輪廓線都會是「多重直線」，如前所述。

> **ExtractIsocurve**（抽離結構線）/ **MoveExtractedIsocurve**（移動抽離的結構線）：此指令可以抽離（複製）曲面或實體的某一面上指定位置的結構線，抽離後的結構線會成為獨立的曲線，所以此指令能取得完全服貼在曲面 U 方向、V 方向或同時 UV 兩個方向的曲線。

曲面的結構線有無限多條，只不過 Rhino 平常只會顯示曲面「視覺上」具有代表性的幾條結構線。

執行此指令並選取一個曲面或實體的某一面後，以滑鼠游標在面上任意移動，滑鼠十字線的標記會被限制在曲面上，並顯示曲面上通過標記位置的結構線，確認位置後點擊滑鼠左鍵，即可將曲面上該處的結構線抽離出來。如下圖所示，黃色的線就是抽離出來的 UV 兩個方向的曲面結構線，理論上可以抽離無限多條的結構線。

在U, V兩方向抽離結構線

指定要抽離結構線的位置，按 Enter 完成（方向(D)=*兩方向* 全部抽離(X) 不論修剪與否(I)=*否*）：

以此指令取得的曲面結構線會獨立於其原始曲面,所以抽離曲面的結構線後,原始曲面的結構並不會受到任何改變,可用「複製」的概念來理解。抽離後的結構線就是普通的曲線,可以當作物件鎖點的定位物件使用,也可以用一般曲線生成曲面的指令(例如 Extrude、Loft…)來生成新的曲面。如以下例子,就是從一個實體的頂面抽出數條結構線(放置到紅色的圖層),並對抽離後的結構線做擠出的結果。

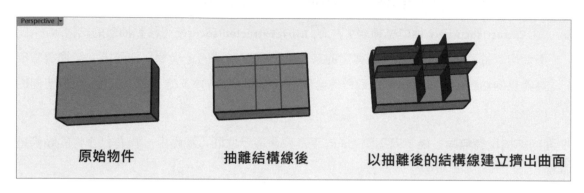

選取要抽離的結構線(方向(D)=U 切換(T) 全部抽離(X) 不論修剪與否(I)=否):

從指令列中可以設定要抽離的結構線的「方向 (D)」為 U、V 或兩個方向同時抽離,並可以點擊「切換 (T)」在 U 或 V 兩個方向之間切換。而點選「全部抽離 (X)」可以立刻把所設定的結構線抽離出來,而不會中斷指令。

設定「不論修剪與否 (I)= 否」,則如果曲面是修剪過的,則滑鼠游標可點選的作用範圍只限於已修剪曲面之內的範圍;而設定「不論修剪與否 (I)= 是」,則滑鼠游標可點選的作用範圍限於其原始邊界之內。

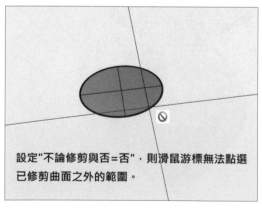

設定"不論修剪與否=否",則滑鼠游標無法點選已修剪曲面之外的範圍。

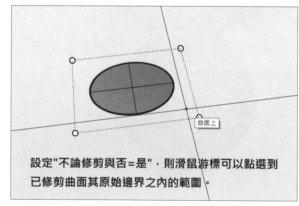

設定"不論修剪與否=是",則滑鼠游標可以點選到已修剪曲面其原始邊界之內的範圍。

以滑鼠右鍵點選此指令按鈕,執行「移動抽離的結構線」指令,將抽離出來的結構線在原來的曲面上移動,如果對抽離的結果不滿意,可以不用復原(Ctrl + Z)後重新抽離結構線,很實用。

> Project(投影曲線)/ Project,Loose(投影曲線 - 鬆弛):將曲線或點物件往指定的方向投影至選定的被投影物件上,相當於將投影曲線往指定的方向擠出至被投影物件,然後求兩者的相交曲線,是所有建模軟體不可或缺的重要功能。

在指令列中設定投影的方向為「視圖方向」或者「自訂投影方向」(指定兩點定義一個投影方向,最常用),或使用預設的工作平面 Z 軸的方向為投影方向。注意如果投影方向不正確,就無法正確把曲線投影到被投影的物件上,也就是執行指令後不會有任何結果。

注意「投影」指令會在被投影物件的同一個投影方向上都會產生投影曲線,如下圖,在圓柱體的背面也產生投影曲線了。如果不需要背面的投影曲線,請手動將它刪除,避免之後產生不必要的困擾。

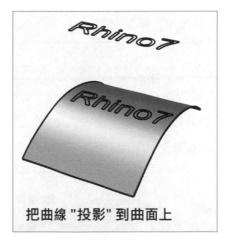

把曲線 "投影" 到曲面上

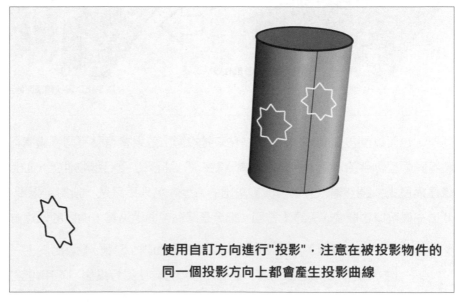

使用自訂方向進行"投影",注意在被投影物件的同一個投影方向上都會產生投影曲線

還有一個技巧是，即使在同一個投影方向上，被「隱藏」(Ctrl + H) 起來的物件就不會產生投影曲線，可利用這個技巧避免產生過多的投影曲線。

「投影曲線」指令列中可以設定要不要於操作結束後刪除輸入物件，也就是刪除原來的投影曲線；並且可以設定投影後的曲線要放置在哪一個圖層中。另外還有比較重要的「鬆弛 (L)= 是 or 否」子選項，在接著說明「拉回曲線」(Pull) 指令時會以實例說明。

點選滑鼠右鍵執行此指令，和在「投影曲線」指令的指令列中設定「鬆弛 (L)= 是」是相同的，會在維持投影物件的控制點結構和點數不變的狀態下，將曲線投影至被投影的物件上。

> **NOTE** 如果要在曲面上建立曲線，另一種方式是使用「曲面上的內插點曲線」指令，直接在曲面上繪製曲線。但這種方式比起先在平面上繪圖，再把曲線投影到曲面上的方式，較難精確的繪製曲線。

另外，Rhino 7 的「投影」指令不只可以投影曲線，也可以投影各種「點」物件。例如，我們知道改變 SubD 頂點或控制點可以改變 SubD 物件的形狀，繪製一個擠出曲面並建立 SubD 圓柱體做陣列，開啟「選取過濾器」選取 SubD 圓柱體頂面的頂點，並使用「投影」指令將所選的 SubD 頂點以「自訂」方向投影到擠出曲面，就可以做出特別的造型。

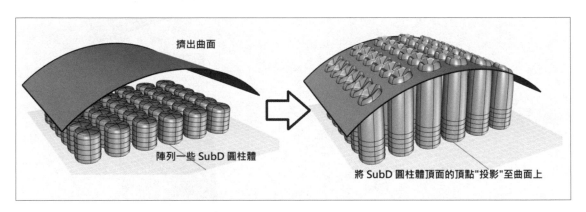

同理，也可以開啟 SubD 物件的控制點來做投影，效果會有點不同。讀者可以自己舉一反十，將不同類型物件的頂點、控制點、編輯點…給「投影」到各種物件上，並且可以搭配開啟「紀錄建構歷史」調整輸入物件，改變輸出的造型。另外不只是「投影」指令，「拉回」(pull) 指令也一樣可以這麼做，只是「拉回」指令是將點或曲線沿著「曲面的法線方向」進行投影。

> 🝱 **Pull**（拉回曲線）/ 🝱 **Pull, Loose**（拉回曲線 - 鬆弛）：對比於上一個「投影曲線」指令，此指令是將點或曲線沿著「曲面的法線方向」進行投影，不用再設定一個投影方向。

指令列中的子選項都與「投影曲線」相同，在此我們要詳細說明一下「鬆弛 (L)」子選項。我們繪製一個圓角矩形，並把圓角矩形「拉回」到球面上，並分別設定「鬆弛 (L)= 是 or 否」，發現看不出差別。

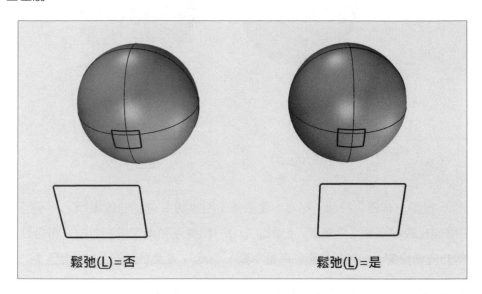

把球面上拉回後的曲線移動出來和原始曲線放在一起，全選後按 F10 開啟控制點觀察，發現設定「鬆弛 (L)= 否」的那組，拉回後的曲線為了符合球面的形狀，系統自動幫我們增加控制點，使得結構比原始曲線複雜。而設定「鬆弛 (L)= 是」，拉回後的曲線和原始曲線的控制點數目和結構是相同的，只是尺寸有點縮水，不過因為我們強迫曲線不要改變結構，曲線可能不會完全服貼於球面上。

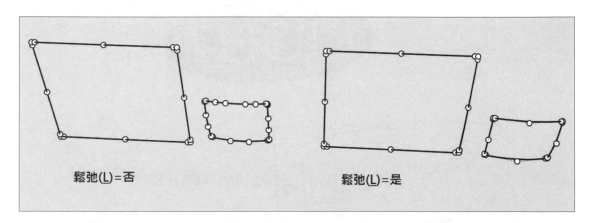

最後，比較投影（Project）與拉回（Pull）的差別，發現「投影」比較能忠實的把曲線投影到物件上，而「拉回」則因為是沿著「曲面的法線方向」進行投影，所以投影後的曲線會有點縮水。而注意「拉回」指令只會在所選的面上產生投影曲線，另一側（背面）不會產生投影曲線。

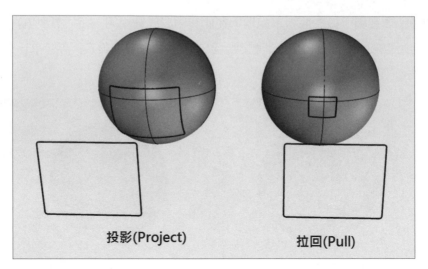

投影(Project) 　　　　　　　　拉回(Pull)

到底要執行「投影」或是「拉回」指令，要依據使用者想要達到的效果而定。不過「拉回」（Pull）的操作比較簡單，不需要像「投影」指令一樣要手動指定投影方向，可自動朝著所選物件的法線方向做投影。但如果投影面不是平面，「拉回」產生的投影曲線會變形縮水。

> ◈ **CreateUVCrv**（建立 UV 曲線）/ ◈ **ApplyCrv**（對應 UV 曲線）：這就是類似其他軟體所說的「UV 展開」，但 Rhino 中的功能比較單純一點。用滑鼠左鍵點選此指令按鈕，可執行「建立 UV 曲線」功能，選取某個（單一）曲面物件，將它的邊界曲線投影到工作平面上。用滑鼠右鍵點選此指令按鈕，會執行「對應 UV 曲線」指令。

以下舉一個實際的例子來說明。如果我們要在球體上繪製一些規則的曲線，尤其是文字，即便使用「曲面上的內插點曲線」指令也是無法畫得很準確。這時，點選滑鼠左鍵執行「建立 UV 曲線」指令，並選取球體，按下 Enter、空白鍵或滑鼠右鍵確認選取後，發現系統將球面上的 U、V 兩個方向都「展平」成為一個矩形框架，而矩形的其中一個角落位於工作平面的原點上。

這個矩形的框架線代表球面的原始四邊形邊界，所以接下來，我們可以在矩形的範圍內繪製曲線，或者建立「曲線」型態的文字。

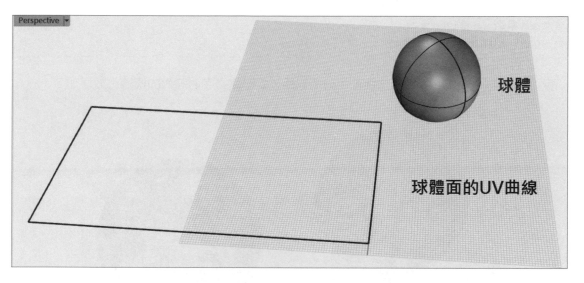

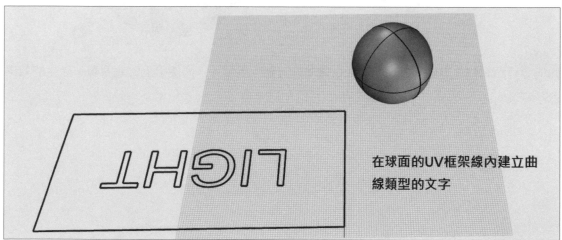

在此指令按鈕上點擊滑鼠右鍵，執行「對應 UV 曲線」指令，依據指令列提示，全選文字和 UV 框架並確認後，再點選目標曲面（球面），可將 UV 框架內繪製的曲線對應到球面上放置，效果如下圖。

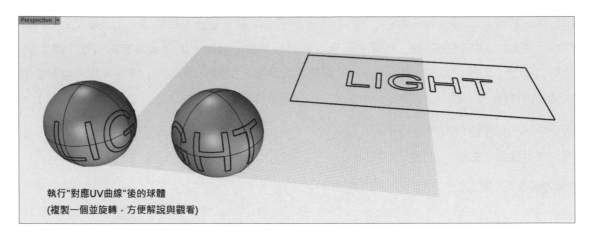

執行"對應UV曲線"後的球體
(複製一個並旋轉，方便解說與觀看)

執行「分割」（Split）指令，以文字曲線分割球面，並刪除文字曲線內的區域，效果如下：

此指令有點類似「變動」工具列的「沿著曲面流動」指令，不過使用上較為直覺，產生的效果
也不同。

建立曲面工具列

有了作為草圖的直線或曲線後，就可以用「建立曲面」工具列中的指令從曲線建立出曲面；也有一些指令不需要曲線就可以直接建立曲面。

想當然爾，建立 NURBS 曲面是 Rhino 的核心操作，所有指令都不難理解而且容易使用。

有了作為草圖的直線或曲線後，就可以用「建立曲面」工具列中的指令從曲線建立出曲面，也有一些指令不需要曲線就可以直接建立曲面。這裡再補充一下，任何類型物件的邊線（Edge，或稱為邊緣）對於 Rhino 來說也是曲線（Curve）屬性，也就是說 NURBS、SubD 或 Mesh 面的 Edge 都可以當作需要曲線作為輸入物件的時候使用。例如，繪製圓形時，於指令列中點選「環繞曲線」選項，可以把曲面邊線上的任一點當作圓心來畫圓、各種「擠出」類型的指令可以直接擠出曲面的邊線成為面、可以使用曲面的邊線作為單軌或雙軌掃掠（Sweep）的路徑、放樣（Loft）的輪廓、圓管（pipe）指令的路徑 … 等等，知道這個觀念後可以多多嘗試。

將線擠出指令集

在「將線擠出」（原名「直線擠出」）指令按鈕上按住滑鼠左鍵約 0.5 秒，展開「從曲線擠出成曲面」指令集，內含 6 個把曲線擠出成曲面或實體的指令。

> 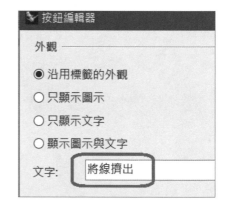 **ExtrudeCrv**（翻譯原名「直線擠出」，但建議改名為「將線擠出」）：擠出直線或曲線成為平面、曲面或實體物件，是最基本的從線物件建立面或實體物件的指令。

此指令預設的翻譯為「直線擠出」詞不達意，如果要直接翻譯也是翻譯成「擠出曲線」才對。不過，建議讀者在此指令按鈕上同時按住 Shift 鍵與滑鼠右鍵開啟「按鈕編輯器」，將此指令顯示的名稱改為「將線擠出」更能精確傳達意思。

無論開放或封閉的曲線，或者「曲面的邊線」都可以擠出（拉伸）成為曲面或實體物件。點選執行此指令，依照指令列提示，選取一條線物件，並按下 Enter、空白鍵或滑鼠右鍵確認後，即可將曲線擠出。可移動滑鼠，動態的改變擠出長度，也可以直接輸入數值以指定的長度做精確的擠出，而輸入負值代表反向擠出。

指令列中最重要的選項是「實體 (S)= 是 or 否」，可設定擠出的物件要不要成為實體，如下圖所示。當設定為「否」時，系統只會把曲線擠出成無厚度的曲面；當設定為「是」時，系統會自動對擠出物件執行「將平面洞加蓋」指令，把擠出物件自動加蓋（Cap）並組合（Join），成為

封閉的多重曲面實體。所以，若是非平面的曲線，即使設定「實體 (S)= 是」也無法擠出成為實體，也就是此時這個選項沒有作用。

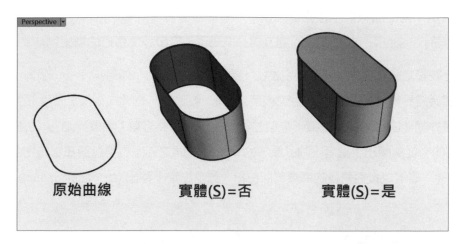

這是使用上很有彈性的指令，能夠擠出任意形狀的線成為面或實體，甚至可以直接擠出「曲面上的曲線」成為新的曲面（但因為不是平面曲線，無法擠出成為實體），如下圖所示，這是很多 CAD 類型的軟體預設無法做到的操作。

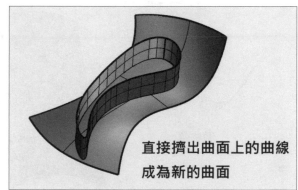

除了對單一曲線做擠出，如下圖對兩條封閉曲線做擠出，可以直接把它們內部的區域擠出成為實體：

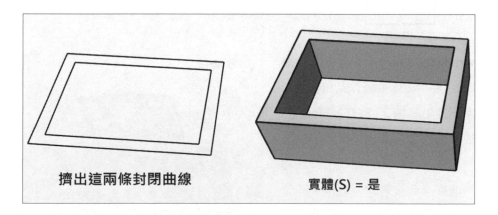

指令列中有「兩側 (B) ＝是或否」、「方向 (D)」⋯等選項可以設定，例如點選「方向 (D)」可以指定兩點定義一個方向，讓曲線朝著定義的方向擠出，是很常用的操作。

在指令列中可以指定一個基準點作為以兩點設定擠出距離的第一個點,不過實際上這個選項有點雞肋,不太實用。還可以選擇是否「刪除輸入物件」,擠出曲線的輸入物件就是曲線,所以若設定為是,則從曲線擠出建立曲面後,原本的曲線會自動被刪除掉;若設定「兩側 (B)=是」,則會同時在線的兩側都做擠出,建立總長度是單側擠出長度兩倍的擠出物件。

而下圖是比較設定擠出方向,有無設定擠出「至邊界」的區別,如果指定了一個擠出邊界,則擠出曲面超過邊界物件的部分會自動被修剪(Trim)刪除掉,也就是說擠出曲面在邊界處的形狀就會是邊界物件的形狀。有些擠出類型的指令,指令列中都有「至邊界 (T)」的選項。Rhino 7 在全系列的「從線擠出」指令,除了原本的 NURBS 曲面之外,也可以選擇直接把曲線擠出成為 SubD 物件,省下之後再轉換的麻煩,即在指令列中設定「輸出 (O) = 曲面 or SubD」。

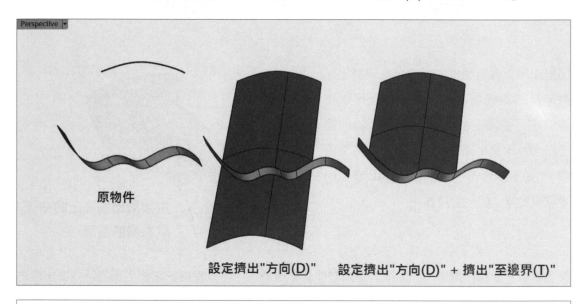

原物件

設定擠出"方向(D)"　　設定擠出"方向(D)" + 擠出"至邊界(T)"

擠出距離 <8.574> (輸出(O)=曲面 方向(D) 兩側(B)=否 實體(S)=否 刪除輸入物件(L)=是 至邊界(T) 設定基準點(A))
擠出距離 <8.574> (輸出(O)=SubD 方向(D) 兩側(B)=否 刪除輸入物件(L)=是 設定基準點(S))

> 　**ExtrudeCrvAlongCrv**(沿著曲線擠出曲線):使用一條曲線作為拉伸方向的參考,並沿著指定的方向把所選的曲線或曲面的邊線擠出(拉伸)成為曲面。需要注意的是,作為拉伸方向的參考曲線,並不需要和被拉伸的曲線輪廓有所交集,而擠出(拉伸)曲面的高度就是參考曲線的長度,除非在指令列中啟用「副曲線 (U)」選項。

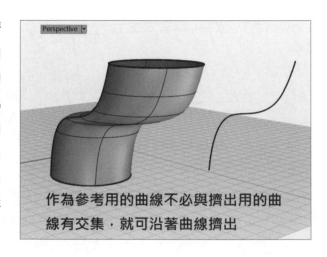

作為參考用的曲線不必與擠出用的曲線有交集,就可沿著曲線擠出

>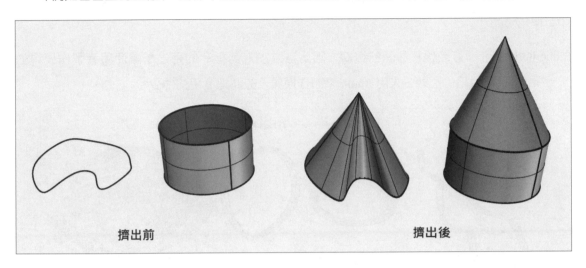

⯈ 🔺 **ExtrudeCrvToPoint**（擠出曲線至點）：從曲線或曲面的邊線往單一方向擠出至某個點，
建立出「金字塔」造型，或稱錐狀造型，如下圖所示，是配合「垂直模式」指定曲線擠出
至的點。雖然以下的例子是以平面曲線作示範，不過這個指令一樣可以擠出非平面的曲線
（例如曲面上的曲線），而非平面的曲線預設往使用中視圖的工作平面 Z 軸的方向擠出。

擠出前　　　　　　　　　　擠出後

同樣的，在指令列中可以設定「實體 (S)= 是 or 否」，可設定擠出後的曲面要个要封閉並組合
（Join）起來成為實體，或只是曲面物件。或者，可以設定要不要於建立擠出物件後就將原本
的輸入曲線刪除，過河拆橋；也可以指定一個邊界物件作為擠出的終點，都是說明過的。

而「分割正切邊 (P)= 是 or 否」子選項，若設定為「是」，則若是擠出的輸入曲線為多重曲線
（Polycurve）時，會在多重曲線彼此之間的正切端點做分割（Split）後再擠出，所以擠出曲面
會是多重曲面（Polysurface）屬性；若設定為「否」，則為擠出曲面為單一曲面屬性。

如果擠出的輸入曲線不是多重曲線，或是輸入曲線彼此之間沒有正切端點，則設定為是或否都
沒有差別。

🔧 **Ribbon**（彩帶）：此指令可以將原始曲線向外或向內偏移，在原始曲線和偏移後的曲線之間
產生曲面。在指令列中設定偏移的參數，例如偏移的距離、曲面是否為「鬆弛」（維持原始
曲線的控制點結構）、偏移產生的角落是斜角或是銳角（G0 連續）、圓角（G1 連續）或平
滑（G2 連續）、是否要指定偏移曲線的通過點、設定公差、是否同時往兩側偏移、偏移的
方向是否與工作平面平行（若設定為否，則偏移的方向會限定在曲線的平面上，而不是工
作平面上），目的圖層…等選項。

⬤ **RibbonOffset**（彩帶偏移）：Rhino 7 新增的指令，和「彩帶」類似，一樣是在偏移的曲線之
間建立曲面，但它可以選擇使用「雙軌掃掠」（Sweep2）建立曲面，或是選擇混合雙軌掃

掠和「網線曲面」（NetworkSrf）兩者來建立曲面。在彈出的對話框設定參數，設定偏移距離、混接半徑選項，並且可選取幾種產生面的方式，有即時預覽所以很方便測試與調整。

和「彩帶」（Ribbon）指令做比較，無論是不是平面曲線，Ribbon 和 RibbonOffset 這兩個指令都可以用，其中 Ribbon 也可以用在開放的曲線，但 RibbonOffset 只能用在封閉曲線（指令列中有提示）。

RibbonOffset 可以直接偏移曲面的邊線，因此官方加入此指令的用途是讓使用者製作模具的「分模線」，但目前仍然較少人用 Rhino 來製作模具，故此指令用的很少。

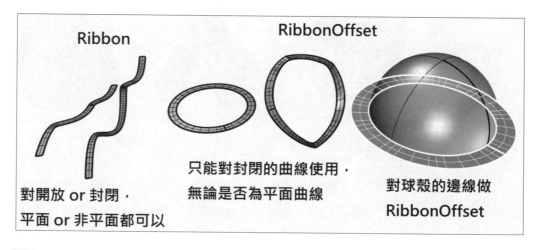

> 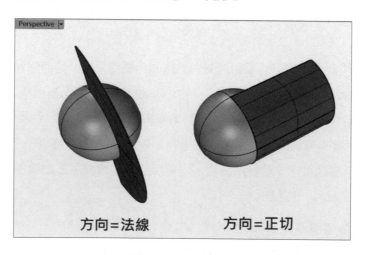 Fin（沿曲面法線方向擠出曲線）：Fin 就是魚鰭的意思。此指令可以將曲面上的曲線、甚至於曲面上的接縫線，沿著曲面的法線方向、或沿著曲面正切的方向進行擠出，就如同它的按鈕圖示一樣。依照指令列的提示選取曲面上的曲線，再選取基底曲面，並在指令列中可以選擇擠出方向為「法線」或「正切」…等設定。

> ⬛ **ExtrudeCrvTapered**（擠出曲線成錐狀）：顧名思義，此指令是把所選的「曲線」或「曲面邊線」擠出（拉伸）成錐狀曲面，相當於設定拔模角度的擠出，在指令列中設定拔模的傾斜角度（可為正值或負值）。不過需要注意的是，由於 Rhino 和以工程為主的 CAD 軟體還是有些差異，因此拔模效果大多只作為造型上使用。如果真的是要作為生產或開模用途的拔模，建議還是到 CAD 軟體上製作較好，或者都不要製作拔模，開模時再交由模具廠商依照他們軟體與設備進行調整與製作。

> **NOTE**　「拔模」是為了讓產品在成形後，公母模具可以順利的分離所設定的傾斜角度。如果不設定拔模角度，就會經常發生產品倒鉤卡死在模具上，使得公母模具無法順利分離、造成產品損壞的狀況。

實體(S)=否

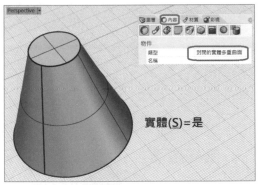

實體(S)=是

> ⬛ **SrfPt**（指定三或四個角點建立曲面）：指定三個或四個角點建立面。若所有的角點在同一個平面上，會建立出平面；角點也可以不在同一個平面上（指定點時跨越到其它視圖、或使用「垂直模式」來指定點），如此可建立出非平面的面。

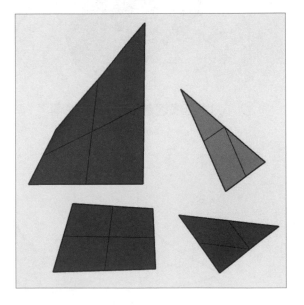

而如果指定了三個角點就按下 Enter、空白鍵或滑鼠右鍵進行確認，會建立出三角形的面。

> 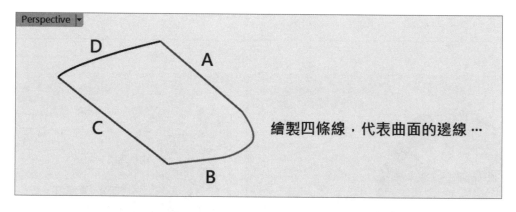**EdgeSrf**（以二、三或四個邊緣曲線建立曲面）：簡單明瞭而且實用的指令。顧名思義，選取 2、3 或 4 條開放的曲線（或直線）做為曲面的邊線（Edge、邊緣），也可以使用現有曲面的邊線當作輸入物件，選取完畢並按下 Enter、空白鍵或滑鼠右鍵確認後，就能建立曲面。

如果線物件不是剛好 2、3 或 4 條，可以配合 Split（分割）、Join（組合）... 等指令將曲線製作成 2、3 或 4 條，才能建立出符合需求的曲面。而這些作為曲面邊線的線可以不在同一個平面上，所以是非常靈活好用的指令。如以下例子，繪製四條代表曲面邊線的線，這四條線並沒有在同一個平面上，執行此指令，選取四條邊線並按下 Enter、空白鍵或滑鼠右鍵確認後，就可以建立曲面了。

繪製四條線，代表曲面的邊線…

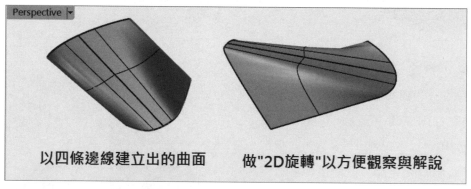

以四條邊線建立出的曲面　　做"2D旋轉"以方便觀察與解說

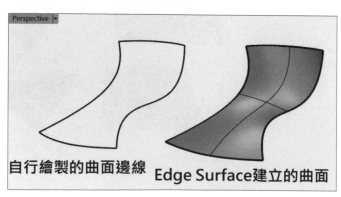

自行繪製的曲面邊線　　Edge Surface建立的曲面

注意此指令選擇曲線的先後順序決定了曲面的 U 參數方向，曲面的 U 參數方向總是垂直於第一條被選擇的曲線，在第二和第三條曲線的交叉處形成了曲面的頂點。

> **NetworkSrf**（從網線建立曲面）：和 Solidworks 的「邊界曲面」類似的指令。此指令可以用很靈活的方式建立曲面，只要指定方向 1、方向 2 的所有曲面輪廓線（每個方向可複選多條曲線），系統就會自動依據這兩個方向的曲線建立一個曲面。因為能用簡單的方式建立出形狀複雜的曲面，加上泛用性很高，所以是常用的建立曲面的方式。

所謂網線其實也就是一般的曲線，只是在這個指令中以網線（Network of curves）稱呼用來建立擬合曲面的曲線。如以下的例子，在 Top 視圖中繪製（左、右）兩條曲線，再到 Front 視圖中繪製三條曲線，並且到 Right 視圖中按住滑鼠左鍵拖曳移動這三條曲線，調整這三條曲線的前後位置、以及高低。

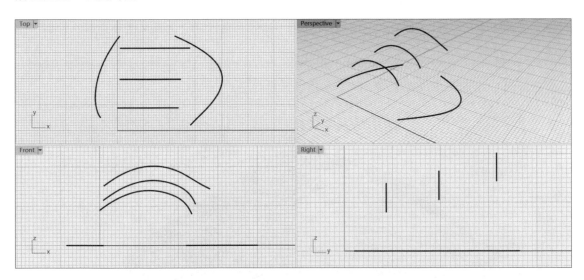

雙擊 Perspective 文字，將 Perspective 視圖最大化（或按 Ctrl + M）觀察這五條曲線。點選執「從網線建立曲面」指令按鈕，指令列提示「選取網線中的曲線」，按下 Ctrl + A 全選此五條曲線後，再按 Enter、空白鍵或是滑鼠右鍵確認選取。因為此時網線的兩個方向明確，系統可自動判斷（排序）兩個方向的曲線，產生一個曲面。這邊特別把上面三條曲線移動到藍色的圖層，方便觀察。

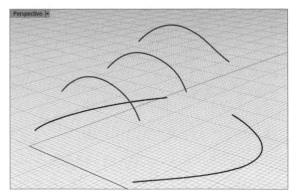

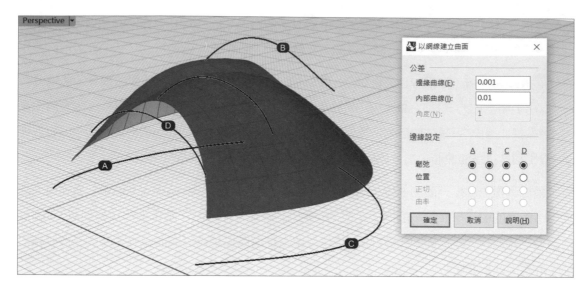

調整「以網線建立曲面」對話框中的參數,可用不同的連續性建立曲面,還有公差的設定,使用者可以自行嘗試不同的參數。

這裡把方向 1、方向 2 的網線都標示出來,讓讀者看清楚。

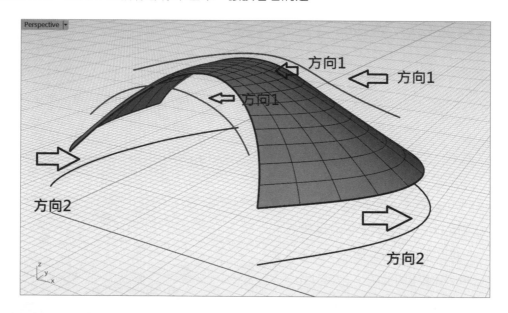

如果網線的方向 1 和方向 2 不明確(至少對系統來說不明確),執行「從網線建立曲面」並全選所有的曲線,按 Enter 鍵、空白鍵或是滑鼠右鍵確認後,會跳出警告視窗,告知使用者系統無法自動排序,請使用者手動逐一選取兩個方向的所有曲線。依據指令列的提示進行操作,依序選取方向 1、方向 2 的曲線(每個方向上可複選多條曲線)並確認選取後,在彈出的「以網線建立曲面」對話框中設定參數即可。

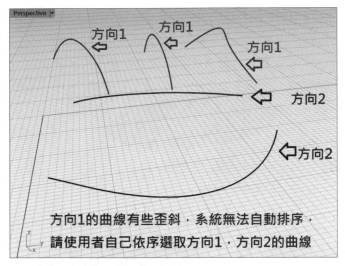

方向1的曲線有些歪斜，系統無法自動排序，
請使用者自己依序選取方向1，方向2的曲線

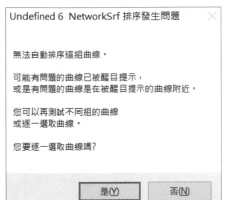

按下「是 (Y)」之後便不會再出現此警
告訊息。總之，依照指令列中的提示
進行操作即可。手動選取兩個方向上
的所有曲線，所建立出來的曲面如下
圖所示。

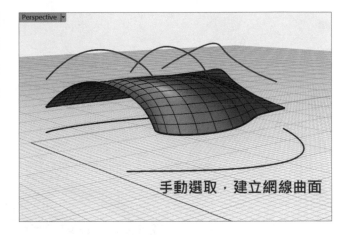

手動選取，建立網線曲面

NOTE

1. 方向 1、方向 2 並沒有差別，先選哪個方向上的曲線都可以，所建立出來的曲面都一樣。
2. 或者可於指令列中設定不讓系統自動排序，都由使用者手動指定方向 1、方向 2 的曲線。
3. 同方向的曲線之間不可以互相跨越、交錯。

> ⊙ **PlanarSrf**（以平面曲線建立曲面）：此指令需要一個「平面曲線」作為曲面的邊界線，
在其中「填充」建立平面。既然只能選取平面曲線，當然也只能建立出平面。除了一般的
做法，曲面的邊界線之內也可以再包含其他的曲線，產生「中間有洞」的平面，而「洞」
可以有很多個，也可以是任意形狀，如下圖所示。

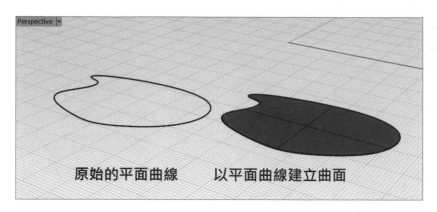

原始的平面曲線　　　以平面曲線建立曲面

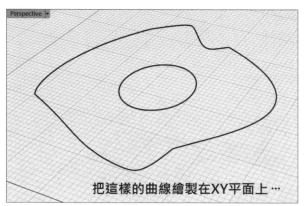

把這樣的曲線繪製在XY平面上…

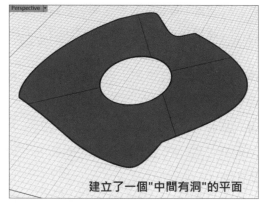

建立了一個"中間有洞"的平面

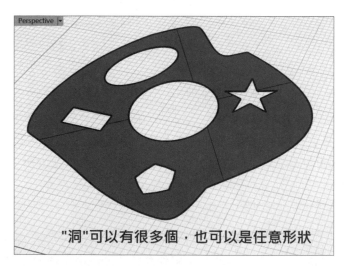

"洞"可以有很多個，也可以是任意形狀

> ⬡ **Loft**（放樣）：類似於 Solidworks 的「疊層拉伸」指令，是極為重要且非常好用，最常用來建立曲面的指令之一，藉由開放或封閉的曲線，或者曲面的邊線，依據點擊順序構成曲面。而點選順序與點選對應位置的不同，會產生不同的放樣曲面。

放樣指令的指令列中只有一個「點 (P)」選項，可以用「點」作為放樣的起點或終點，也就是從點開始放樣，或是放樣至點，而其他的放樣參數都在「放樣選項」對話框中設定。

以下是以數條開放的曲線作為放樣的輸入物件，產生放樣曲面的例子。

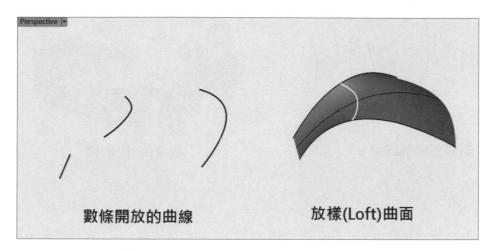

注意如果「放樣」的輸入物件為開放的曲線，那要特別注意點擊的對應位置會產生不同的放樣曲面。例如以下就是點選兩條開放的曲線上不同的對應位置所產生不同的放樣曲面，左邊為正常的放樣曲面，右邊的放樣曲面則是有扭轉的現象。

而以封閉的曲線「放樣」就沒有這個問題，但是要調整接縫點。

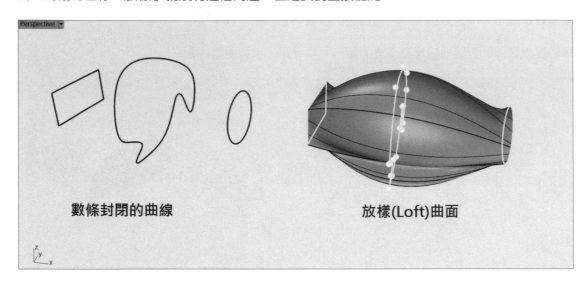

數條封閉的曲線　　　　　　　放樣(Loft)曲面

使用者可以依序指定數條開放的曲線，或數條封閉的曲線做放樣，但只能都是全部開放的曲線，或者全部都是封閉的曲線，無法混合開放與封閉的曲線放樣。

回到以封閉曲線放樣的例子，剛才說到了一個步驟，就是依序選擇輸入曲線並確認後，系統提示要「調整曲線的接縫點」，而這些輸入曲線的接縫點的連線，就會是放樣曲面的接縫線。調整輸入曲線的接縫點是非常重要的，可在斷面曲線上按住左鍵拖曳調整接縫點，直接決定放樣曲面的形狀，如果接縫點的位置交錯（沒有對齊），將會產生「扭轉」的放樣曲面。注意接縫點上也有代表該條曲線方向的箭頭，輸入曲線的方向不同，也會產生不同的放樣曲面。

調整多條曲線的接縫點 …

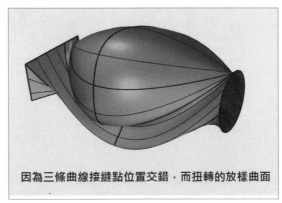

因為三條曲線接縫點位置交錯，而扭轉的放樣曲面

在調整封閉曲線的接縫點時，指令列中可以設定讓系統「自動 (A)」調整以對齊接縫、或是「反轉 (F)」所選接縫點的曲線方向。而點選「原本的 (N)」選項，可以使用這些曲線原本的接縫點和曲線原本的方向來放樣。

移動曲線接縫點，按 Enter 完成（反轉(F) 自動(A) 原本的(N)）:

調整好曲線的接縫點並按下 Enter、空白鍵或滑鼠右鍵確認後，彈出「放樣選項」對話框。

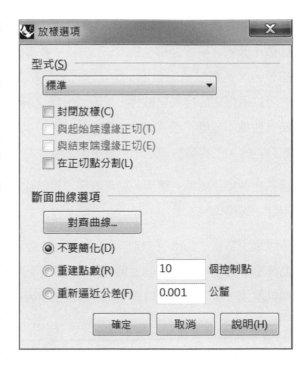

「放樣選項」對話框內可以設定放樣的型式為標準、鬆弛、緊繃、平直曲段，以及一致。不過以文字描述這些選項並沒有多大意義，使用者可以嘗試切換不同的選項，在即時預覽中觀察不同的變化，覺得哪個是想要的結果就可以了。

而勾選「封閉放樣」，曲面在通過最後一條斷面曲線後，會再回到第一條斷面曲線，故可將放樣曲面自動封閉起來，成為實體物件。不過這樣建立的多重曲面經常太過複雜，如果不是要這樣的效果，不要勾選此選項，後續再自己將曲面封閉即可，例如執行「將平面洞加蓋」指令。而這個選項必需要有三條或以上的輸入曲線才能使用。

勾選「與起始端邊緣正切 (T)」選項，則如果第一條曲線是曲面的邊線，放樣曲面可以與該邊線所屬的曲面形成正切，這個選項也必需要有三條或以上的輸入曲線才能使用。

勾選「與結束端邊緣正切 (E)」選項，則如果最後一條曲線是曲面的邊線，放樣曲面可以與該邊線所屬的曲面形成正切，這個選項也必需要有三條或以上的輸入曲線才能使用。

若勾選「在正切點分割」選項，則當輸入物件為多重曲線時，系統會以多重曲線線段與線段之間正切的頂點做分割（Split），故放樣曲面會成為「多重曲面」屬性。

而按下「對齊曲線」按鈕，會暫時關閉對話框，讓使用者可以點選輸入曲線的接縫點，反轉曲線的對齊方向，和剛才指令列中的「反轉 (F)」選項是相

同的意思，不過此處可以即時、動態的預覽放樣曲面的變化，較容易操作。調整完後，按下 Enter、空白鍵或滑鼠右鍵確認，又會回到「放樣選項」對話框。

選擇「不要簡化 (D)」選項，則不會於放樣前「重建」輸入曲線，維持輸入曲線的階數與控制點數（參考「重建曲線」指令的說明），讓放樣曲面確實通過每一條輸入曲線，符合一般的認知，因此是最常用的選項；而勾選「重建點數 (R)」則可以用指定的控制點數目，於確認放樣之前先重建輸入曲線；勾選「重新逼近公差 (F)」，則可以用指定的公差值，於確認放樣之前先重建輸入曲線。

○ 不要簡化(D)		
○ 重建點數(R)	10	個控制點
● 重新逼近公差(F)	0.001	公釐

這三個選項只能擇一選用，使用者可以嘗試切換不同的選項，即時預覽曲面的變化，決定要使用哪一個選項。

整體來說放樣（Loft）的操作較為繁瑣，不過因為放樣是極度重要的指令，絕對有必要花費心力瞭解放樣的操作與每個選項。因為改變不同選項都可以即時、動態的預覽放樣曲面的變化，幫助很大，初學者可多嘗試，熟練之後就會覺得沒什麼了。

➢ 🎯 **Sweep1（單軌掃掠）**：掃出或稱掃掠（Sweep）是所有類型的建模軟體必有的功能，是極為重要且泛用的建模方式。「單軌掃掠」就是把作為斷面的曲線，沿著一條指定的路徑（軌道）做掃出，掃出的軌跡就會成為曲面，很容易理解。

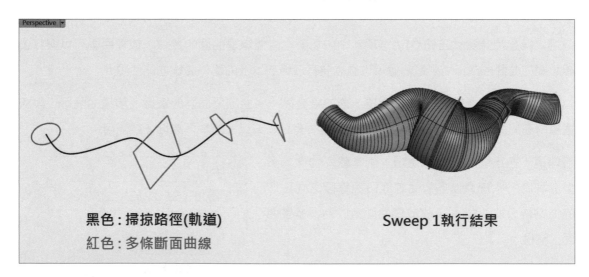

黑色：掃掠路徑(軌道)
紅色：多條斷面曲線

Sweep 1執行結果

如上圖，雖然只能使用一條掃掠路徑，不過可以使用很多個斷面曲線，當然只要使用一個斷面曲線也行。注意和「放樣」一樣，點選斷面輪廓的順序不同，會產生不同的掃掠曲面，因此通常是依照曲面通過的順序點選斷面曲線即可。

而斷面曲線與掃掠路徑（軌道）可以相交，也可以不相交，也就是說斷面曲線不一定要放置在掃掠路徑上，一樣可以讓斷面曲線沿著指定的路徑掃掠，建立掃掠曲面。

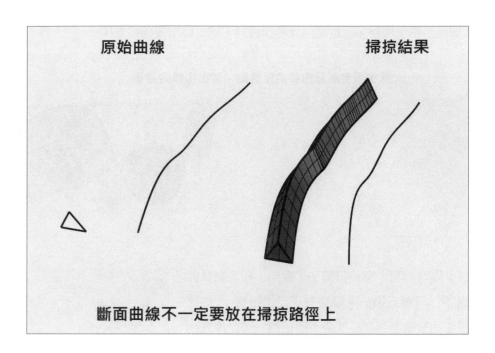

原始曲線　　　　　　　　　掃掠結果

斷面曲線不一定要放在掃掠路徑上

> **NOTE** 斷面曲線（Cross-section Curve），指的就是如果用刀子把曲面切開，曲面斷面上的曲線輪廓。不過因為刀子可以用任意角度去切割曲面，不同的切割角度就會產生不同的斷面曲線（圓錐曲線的觀念）。

雖然上圖是以封閉的曲線作為斷面曲線，不過若要使用開放的曲線作為斷面曲線也可以，不過和「放樣」一樣，不能混合使用封閉與開放的曲線作為斷面曲線。

點選執行此指令，依據指令列提示操作，依序點選路徑與斷面曲線，按下 Enter、空白鍵或滑鼠右鍵確認後，如同放樣（Loft）指令一樣，調整封閉的斷面曲線的接縫點（若是以開放的斷面曲線做掃掠就不必調整接縫點），再度按下 Enter、空白鍵或滑鼠右鍵確認後，彈出一個有點嚇人的「單軌掃掠選項」對話框，以下我們將一一進行解說。

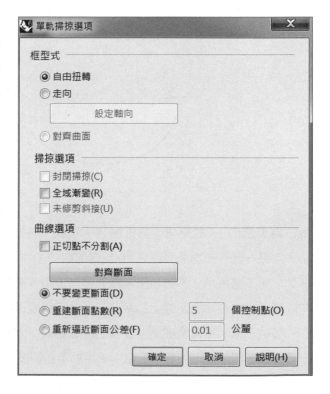

在 Sweep1 指令，拖曳調整多個斷面曲線的接縫點，可以做出扭轉的效果。

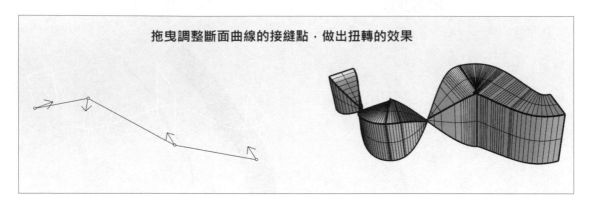

拖曳調整斷面曲線的接縫點，做出扭轉的效果

在「框型式」區域內有「自由扭轉」、「走向」和「對齊曲面」三個選項，只能三選一。設定為「自由扭轉」，則掃掠所建立的曲面會隨著路徑（軌道）而扭轉，可以建立比較自然的掃掠曲面，如下圖所示。

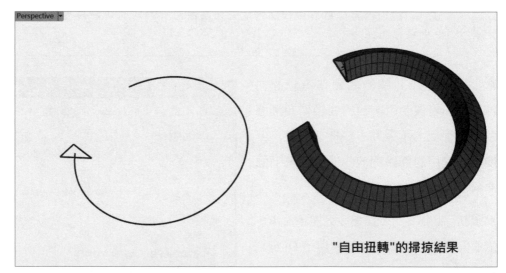

"自由扭轉"的掃掠結果

設定為「走向」，並點選「設定軸向」按鈕，會暫時關閉對話框，讓使用者在畫面上指定兩點，定義一個「掃掠曲面斷面 3D 旋轉的軸向」，掃略曲面上所有斷面都會順著指定的方向旋轉排列，如下圖所示。不過也因為斷面被強迫順著指定的軸向旋轉，所以在掃掠路徑上的某些部分會扭轉變形，像打了一個結一樣。通常需要測試幾次不同的軸向，才能調整出符合需求的曲面，但實際上這選項用的不是很多。

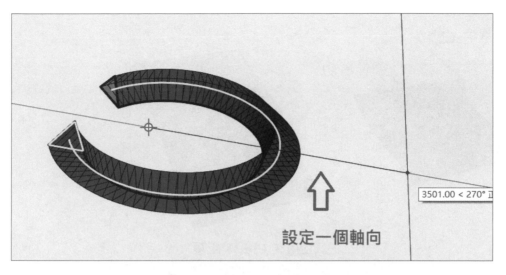

設定一個軸向

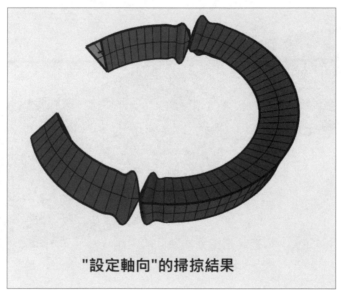

"設定軸向"的掃掠結果

而以曲面的邊線作為掃掠路徑（軌道）時，會啟用「對齊曲面」選項。以下比較它和「自由扭轉」選項有何不同。如下圖，以一條歪斜的曲面邊線作為單軌掃掠的路徑，一條直線作為斷面線，建立掃掠曲面。若使用「自由扭轉」選項，則為了維持掃掠曲面的平整性，使掃掠曲面不會扭轉變形，掃掠曲面兩側與原本曲面的夾角就會發生變化。轉動視角，觀察掃掠曲面兩側與原本曲面之間的夾角，讀者就明白了。

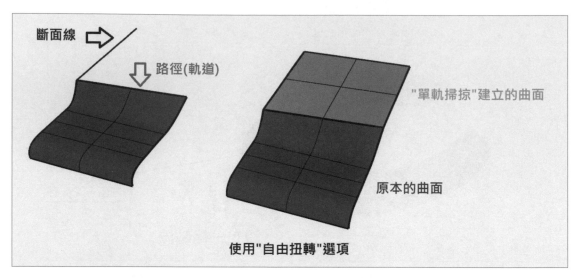

斷面線

路徑(軌道)

"單軌掃掠"建立的曲面

原本的曲面

使用"自由扭轉"選項

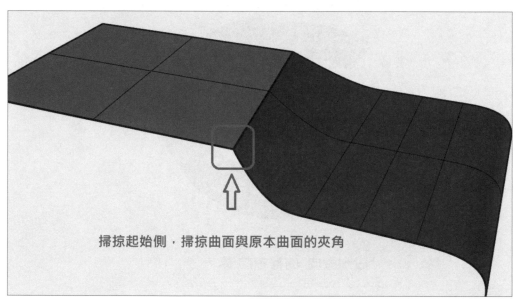

掃掠起始側，掃掠曲面與原本曲面的夾角

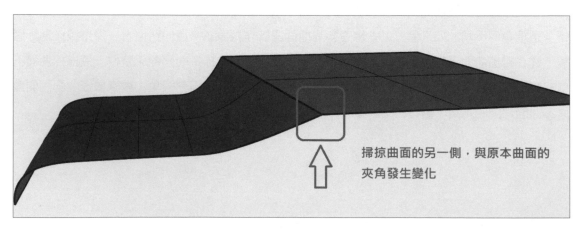

掃掠曲面的另一側，與原本曲面的
夾角發生變化

若使用「對齊曲面」選項，則系統只會考慮固定掃掠曲面兩側與原本曲面之間的夾角，不管掃掠曲面是否會變形。轉動視角，觀察掃掠曲面兩側與原本曲面之間的夾角，發現夾角不變，而掃掠曲面發生扭轉。

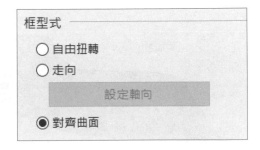

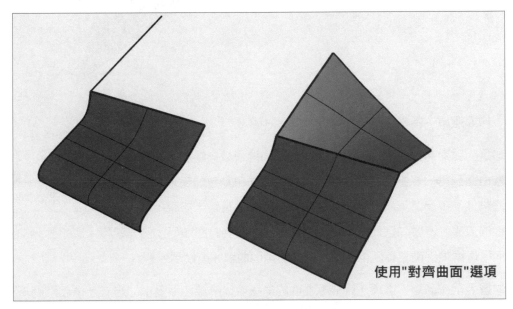

使用"對齊曲面"選項

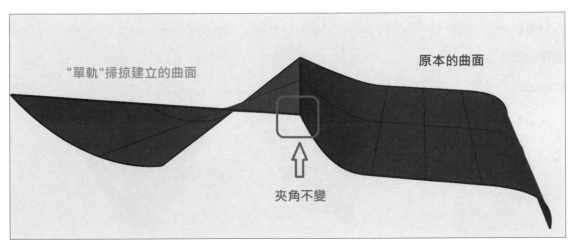

"單軌"掃掠建立的曲面

原本的曲面

夾角不變

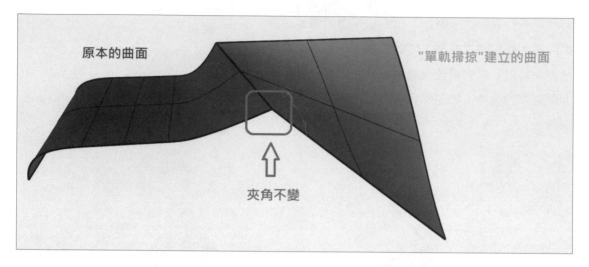

「掃掠選項」區域內有三個選項，以下說明之：

勾選「封閉掃掠」選項，則掃掠曲面在通過最後一條斷面曲線後，會再回到第一條斷面曲線，故可將掃掠曲面自動封閉起來，成為實體物件。不過這樣建立的掃掠曲面經常會太過複雜，如果不是要這樣的效果，不要勾選此選項，後續再自己將曲面封閉即可，例如執行「將平面洞加蓋」指令。而這個選項必需要有兩條或兩條以上的斷面曲線才能使用。

掃掠選項
- ☐ 封閉掃掠(C)
- ☑ 全域漸變(R)
- ☐ 未修剪斜接(U)

勾選「全域漸變」選項，則掃掠曲面的形狀會以「線性漸變」的方式，從起點到終點做線性的變化，可以建立比較規則的曲面，但也可能比較呆版。而不勾選此選項，曲面的斷面形狀在起點與終點附近的變化量較小，在路徑中段的變化量較大。使用者可測試勾選與不勾選，在即時預覽中觀察變化。

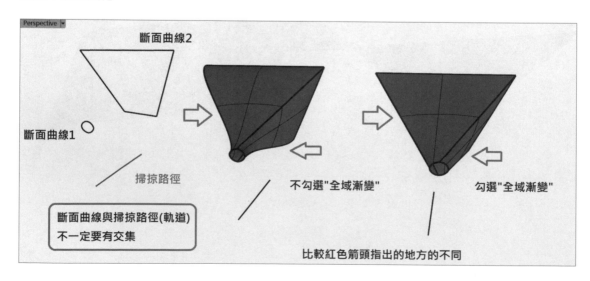

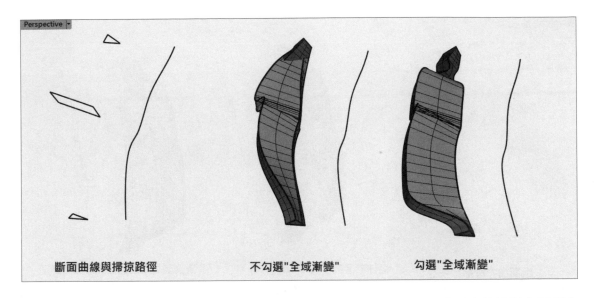

斷面曲線與掃掠路徑　　　不勾選"全域漸變"　　　勾選"全域漸變"

而勾選「未修剪斜接」選項，則如果建立的掃掠曲面是多重曲面，多重曲面中的個別曲面都會是未修剪的曲面。

「曲線選項」區域內的所有選項，以下說明之：

若不勾選「正切點不分割」選項，就是要在正切點分割的意思。如此一來，當輸入物件為多重曲線時，系統會以多重曲線線段與線段之間正切的頂點，將建立的掃掠曲面做分割（Split），故掃掠曲面會成為「多重曲面」屬性。

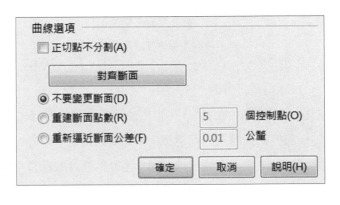

而按下「對齊斷面」按鈕，會暫時關閉掃掠對話框，讓使用者點選斷面曲線的端點，反轉該段掃掠曲面的法線方向（「反轉方向」（Flip）指令），所以應該翻譯為「反轉該段掃掠曲面的法線方向」比較合適。因為此時沒有勾選「正切點不分割」選項，所以建立出一個多重曲面屬性的掃掠曲面，所以掃掠曲面的每一段都可以各別反轉曲面的法線方向。可以用「對齊斷面」功能，把不同斷面之間的掃掠曲面都反轉為同一個方向，不只「著色模式」的顏色看起來會比較統一美觀，也讓會區分曲面法線方向的指令能順利執行，例如布林運算、彩現…等。

點選斷面曲線端點做反轉，按 Enter 完成：

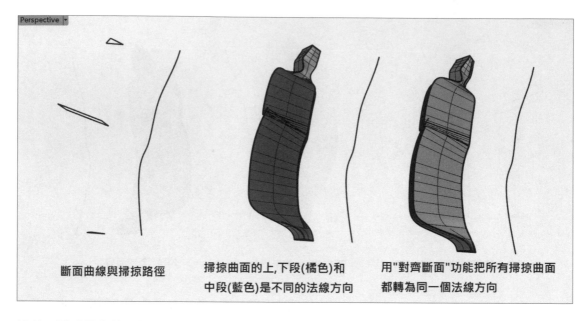

斷面曲線與掃掠路徑　　　　掃掠曲面的上,下段(橘色)和　　用"對齊斷面"功能把所有掃掠曲面
　　　　　　　　　　　　　中段(藍色)是不同的法線方向　　都轉為同一個法線方向

接著，說明最後的三選一選項。

勾選「不要變更斷面」，則掃掠曲面會乖乖的通過每一條斷面曲線，不會偏離斷面曲線，和我
們一般的認知相同。而選擇「重建斷面點數」則會以指定的控制點數，先行「重建」所有的斷
面曲線，之後再產生掃掠曲面。因為斷面曲線經過重建，已經和原始的斷面曲線形狀不太一樣
（和原本愈接近的參數，曲線重建後的變化愈小），所以掃掠曲面也就不會完整的通過最初的
斷面曲線。

而「重新逼近斷面公差」則是類似的意思，會先對斷面曲線執行「以公差重新逼近曲線」
（FitCrv）指令，以設定的公差重建斷面曲線後，再建立掃掠曲面。如果此處的公差值設為和
「Rhino 選項」內的絕對公差的設定值相同，則等同「不要變更斷面」選項的意思。

使用者可以嘗試切換這三個選項，從即時預覽中觀察掃掠曲面的變化，決定要使用哪個選項。

> 　Sweep2（雙軌掃掠）：比起單軌掃掠只能使用一條掃掠路徑，雙軌掃掠可以使用兩條掃
　　掠路徑，而且同樣也可以使用多個斷面曲線。以下是使用此指令的例子：

基本上雙軌掃掠和單軌掃掠的操作方式相同，只是需要多指定一條路徑（軌道），以及在「雙軌掃掠選項」對話框中的參數也不同。如果在繪製 Sweep2 的兩條掃出軌道時下點功夫，可以做出扭轉的形狀，如下圖所示。

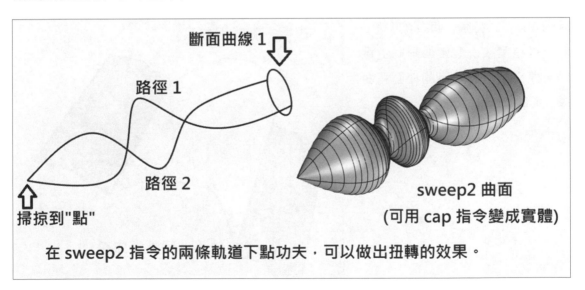

雖然「雙軌掃掠選項」對話框中的
參數看起來也有點嚇人,但大部分
都已經說明過了,以下只針對沒有
說明過的部分做解說。

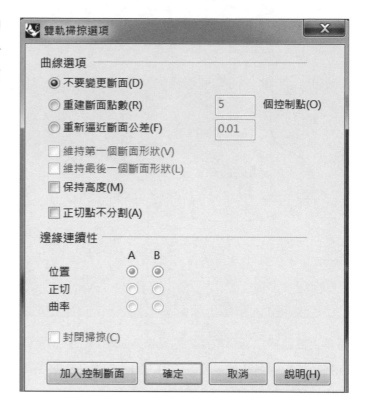

說明勾選「維持第一個斷面形狀」
和「維持最後一個斷面形狀」選
項。建立如下圖所示的曲面和曲
線,並做雙軌掃掠。

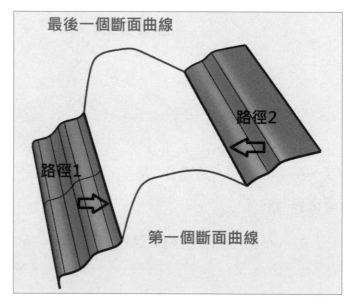

如果設定了「正切」或「曲率」的邊緣連續性，則掃掠曲面（圖中藍面）為了達成兩側邊緣連續性的要求，形狀會改變，不會符合斷面曲線的形狀。

勾選「維持第一個斷面形狀」，則掃掠曲面起始處的形狀會符合第一個斷面的形狀：

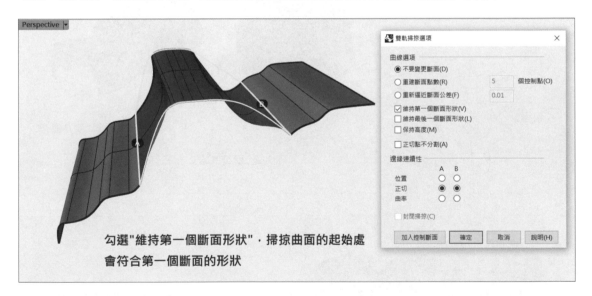

勾選「維持第一個斷面形狀」與「維持最後一個斷面形狀」，並設定兩側的邊緣連續性都為正切，結果如下圖所示：

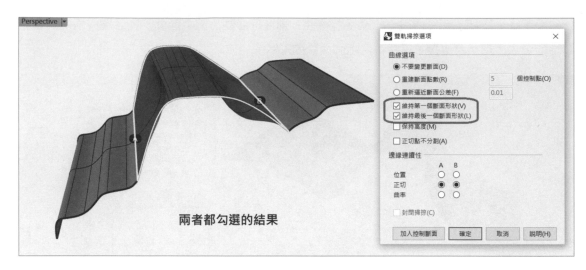

勾選「保持高度」會保持掃掠曲面的高度，讓掃掠曲面的高度不隨著兩條路徑之間寬度的變化而改變，參考下圖即可明白。

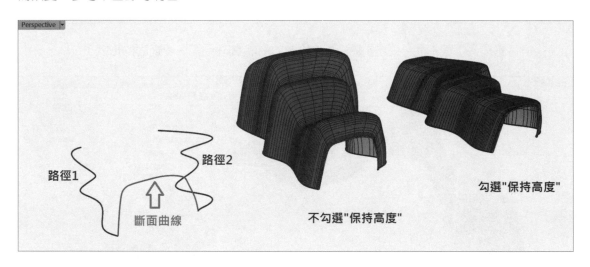

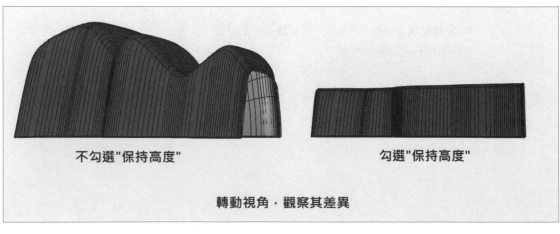

「加入控制斷面」按鈕：點選此按鈕，可以指定兩點定義一條基準直線，讓掃掠曲面斷面結構線的方向對齊這條基準直線做整齊的排列，並可以定義多條用來對齊的基準直線。主要是使用在掃掠曲面的結構線過於複雜、混亂的場合，來對掃掠曲面的形狀做「重新整理」。這樣講有點抽象，不過實際操作起來卻很直觀簡單，讀者自己嘗試一次就可以明白了。

> **NOTE** Loft、Sweep1、Sweep2 在指令列中也可以設定以「點」作為斷面，也就是可以從一個點開始做放樣或掃掠，或是終止於一個點。

>   Revolve（旋轉成形）/ Rail Revolve（沿著路徑旋轉成形）：以所繪製的曲線輪廓，繞著指定的旋轉軸旋轉形成曲面。如下圖，比較輪廓緊貼或遠離旋轉軸，會產生封閉的實體，或是開放的曲面（非實體）。

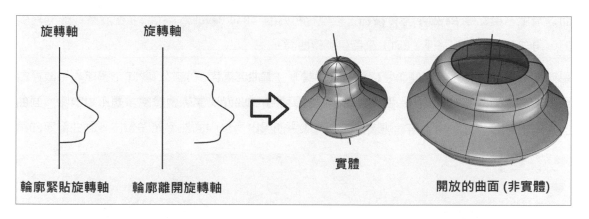

也可以繪製封閉曲線來做旋轉成形，會成為有厚度的實體，但其內部為空心的形狀。

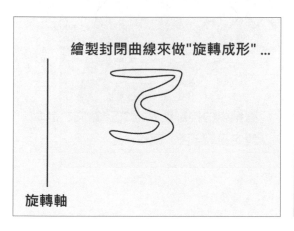

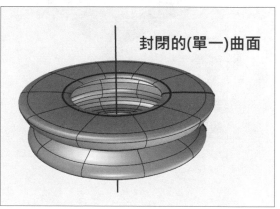

可以在指令列設定旋轉角度，不一定要旋轉 360 度。也可以建立歪斜的旋轉軸，如下圖：

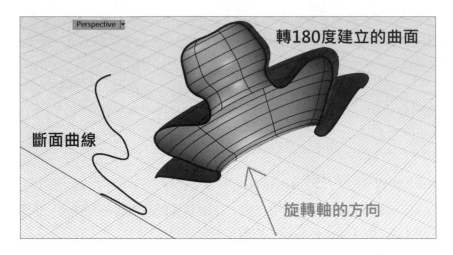

而以滑鼠右鍵點擊 Revolve 指令按鈕，會執行特殊的「Rail Revolve」功能，在旋轉成形的基礎上，再加入一條限制路徑（Rail）來產生旋轉曲面。

舉個例子說明，在 Top 視圖中，從左側「主要」工具欄中點選「圓：中心點、半徑」，並在指令列中點擊「可塑型的（D）」選項，設定階數 =3，點數 =20，事先定義出一個具有更多控制點的「可塑形圓」，並以工作平面原點為圓心繪製一個圓。

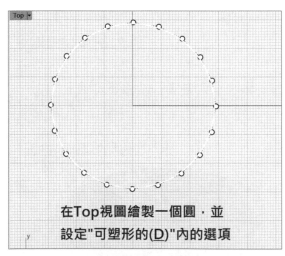

在Top視圖繪製一個圓，並設定"可塑形的(D)"內的選項

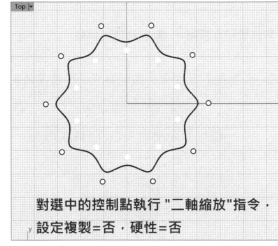

對選中的控制點執行 "二軸縮放"指令，設定複製=否，硬性=否

接著按住 Shift 鍵，跳著複選間隔一個的控制點，如上圖右所示，並使用「操作軸」或「二軸縮放」指令，把這些選中的控制點向內縮，建立一個梅花型的曲線。切換到 Front 視圖，從原點往上繪製一條垂直的直線，接著再以「圓弧：中心點、起點、角度」繪製一個圓弧。

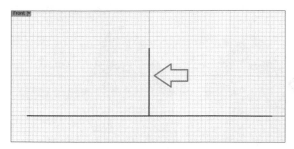
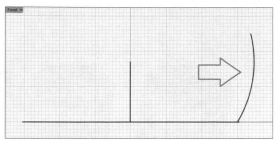

執行「沿著路徑旋轉成型」(Rail Revolve) 指令，依照指令列的提示，依序選取輪廓曲線（斷面線）、路徑曲線 (Rail)，最後指定旋轉軸的起點與終點，按下 Enter 鍵、空白鍵或滑鼠右鍵確認，建立一個非常漂亮的環狀曲面，將中間的轉軸直線隱藏或刪除，結果如下圖所示：

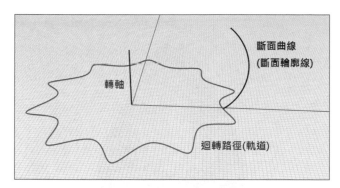
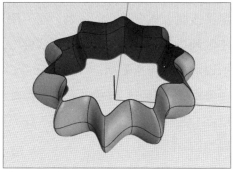

在指令列中若設定「縮放高度 (S)= 否」，則斷面輪廓線不會隨著旋轉而產生長度的變化，和雙軌掃掠的「保持高度」選項類似，如果路徑曲線與旋轉軸並不總是保持垂直，設定「縮放高度 (S)= 是」就會有差別。

> 　Patch（嵌面，或稱修補曲面）：最常用來建立曲面或對破洞做修補的指令之一，尤其是當要填補的缺口有超過 4 條邊線，或者形狀較不規則時，一定要使用 Patch 指令。

除了單純的填補曲面，還可以繪製數條限制曲線或數個限制點，對嵌面的形狀進行約束，而嵌面的形狀會盡可能的「逼近」限制曲線或限制點，但並不會完全符合限制曲線或通過限制點。

實際執行嵌面的結果如下圖，尤其以「點」來約束嵌面的形狀，較為簡單又可以產生不錯的效果，經常使用。

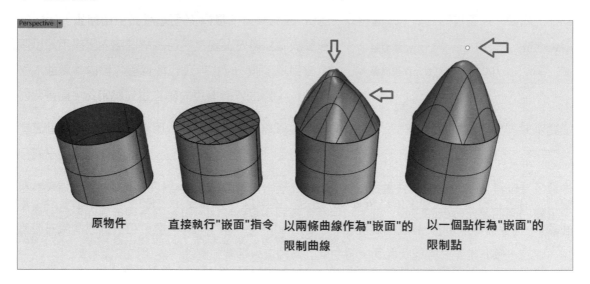

| 原物件 | 直接執行"嵌面"指令 | 以兩條曲線作為"嵌面"的限制曲線 | 以一個點作為"嵌面"的限制點 |

用「嵌面」指令建立的曲面，並不會主動和相鄰的曲面建立連續性條件，所以通常會再搭配執行「銜接曲面」（Match Surface）指令，來重新指定嵌面和相鄰曲面之間的連續性，提高模型的曲面品質。

注意「嵌面」所建立出來的曲面並不會和相鄰的曲面做組合（Join），嵌面的對話框中也沒有「組合」或「合併」選項可勾選 需要自己手動操作。

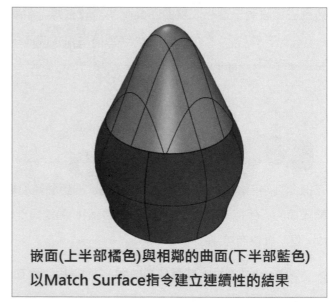

嵌面(上半部橘色)與相鄰的曲面(下半部藍色)
以Match Surface指令建立連續性的結果

以下介紹「嵌面曲面選項」對話框中的參數。

取樣點間距、曲面的 U 或 V 方向跨距數很容易理解，設定愈高的數值，所建立的曲面的結構線與控制點就愈密集，曲面結構愈複雜。

而「硬度」則是比較重要的參數，硬度愈高的曲面也就愈不易逼近限制曲線或限制點，可以把它想成硬度愈高的曲面，脾氣就愈倔強不想移動。硬度參數可以使用很小的值（例如 0.01）也可以使用很大的值（例如 1000），不過通常使用 1~10 之間的數值。

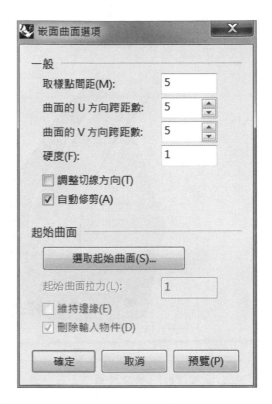

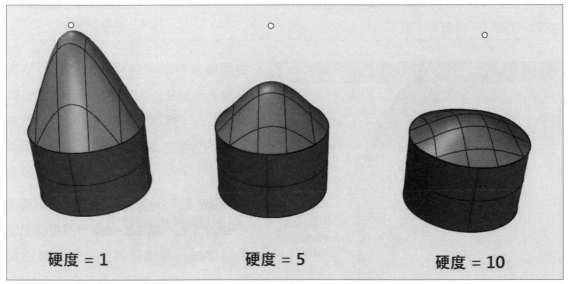

硬度 = 1　　硬度 = 5　　硬度 = 10

勾選「調整切線方向」，則如果輸入的曲線為曲面的邊線，嵌面建立的曲面可以與周圍的曲面形成正切，參考下圖就可以理解了。

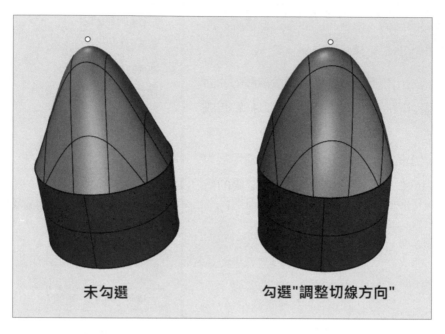

未勾選　　　　　　　　　勾選"調整切線方向"

勾選「自動修剪」，則系統會自動將封閉邊界曲線以外的曲面修剪掉，打開嵌面的控制點觀察就可以理解了，請參考下圖：

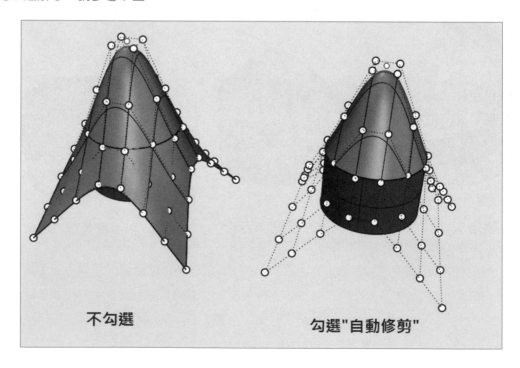

不勾選　　　　　　　　　勾選"自動修剪"

嵌面還有個很實用的功能，即「選取起始曲面 (S)」按鈕，可以使用限制點或限制曲線，將指定的起始曲面「拉」至逼近限制點或限制曲線，改變起始曲面的形狀。如以下的例子，我們先建立好一個平面和數個點物件，點選執行嵌面指令，這時最少要三個點，否則指令列會顯示「選取的參考物件不足」。

選取要逼近的數個點後按下 Enter、空白鍵或滑鼠右鍵，彈出對話框，點選「選取起始曲面 (S)」按鈕並選擇平面作為起始曲面，先維持底下的參數為預設值，按下確定後，起始曲面就被拉到逼近數個點物件的位置，產生變形。

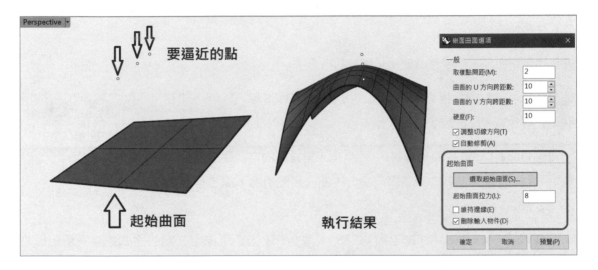

再嘗試使用曲線作為嵌面的限制曲線，而用線來做嵌面的逼近目標的話，最少只需要一條線就夠了。

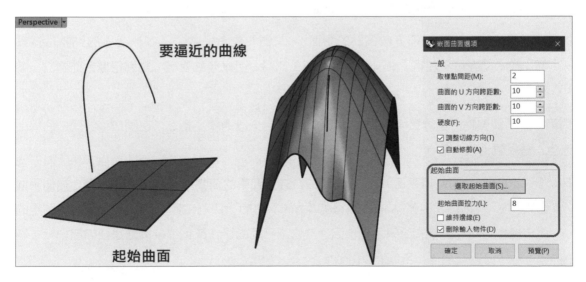

以下說明起始曲面的參數：

「起始曲面拉力」與硬度的設定類似，不過只能作用於起始曲面。而勾選「維持邊緣」，可以固定起始曲面的邊線，不會移動起始曲面的邊線。而勾選「刪除輸入物件」，會在新的嵌面建立後刪除起始曲面，有點「過河拆橋」的意味。

最下方右邊的「預覽」按鈕可以預先檢視調整後的結果，不滿意再回頭調整參數，最終按下「確定」完成嵌面的建立。

雖然「嵌面」（Patch）是比較萬用的指令，不過有著不太精確的缺點，若是在很要求精確的場合下要多加留意。

複雜的介紹完了，以下是一些比較單純的指令：

在「平面：角對角」指令按鈕上按住滑鼠左鍵約 0.5 秒，展開「建立平面」指令集，都是較簡單的指令。

> 　Plane（矩形平面：角對角）：以指定對角點的方式建立矩形的平面。指令列中有些子選項可設定，都已經說明過，讀者自行嘗試即可。

> 　Plane- 3 points（矩形平面 - 三點）：同上，不過是用指定三點的方式建立一個矩形平面。

> 　Plane, 垂直（垂直平面）：以矩形平面的三個角點建立一個與目前的工作平面垂直的矩形平面。指令列中有些子選項可設定，都已經說明過，讀者自行嘗試即可。

> 　PlaneThroughPt（逼近數個點的平面）：首先要先有一些（三個以上）的點物件或點雲、或者控制點、網格（Mesh）頂點都行，此指令可以自動對這些點進行擬合並建立一個平面。

偶爾會用「繪製點」指令集內的「依線段長度 / 數目分段曲線」指令，在開放或封閉的曲線上產生一些點物件後，再執行此指令建立出平面。

> 　CutPlane（切割用平面）：以畫直線的方式，簡單的在物件上產生一個平面，這個平面比物件大，能作為分割（Split）或修剪（Trim）時的「切割工具」使用，依照指令列中的提示操作即可。這個指令只是把自己建立切割平面的操作簡化，後續還是要自己執行「修剪」或「分割」操作，所以很少用到。

> 　Picture（圖像平面）：「圖像平面」是指從外部匯入圖片並貼圖在一個平面上，可作為

我們建模時 2D 描圖或 3D 尺寸的參考。這裡以一張附有三視圖（上視圖、前視圖和右視圖）的戰鬥機圖片作示範。

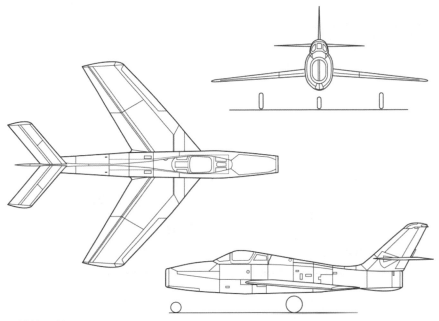

圖片來源：維基百科 https://commons.wikimedia.org/wiki/File:Republic_F-84F_Thunderstreak_3-view.png

把這張圖片稍微加工一下，分解成上視圖、前視圖和右視圖三張圖片並分別存檔，點選「新增圖像平面」指令按鈕，並分別在 Top、Front 和 Right 作業視窗的工作平面上把這三張圖片匯入進來，並以一點作為三張圖片對齊的基準點，例如這裡使用工作平面的原點作為基準點。之後，如同「平面：角對角」指令的操作方法一樣，指定兩個對角點分別在三個作業視窗中建立圖像平面。

NOTE 有個比較簡單的方法，只要將圖片直接拖曳進入某個視圖中，軟體會詢問使用者這張圖片的作用，選擇「圖像平面」即可，還有其它的選項也都很實用。

把 Perspective（透視）作業視窗最大化觀察，不過發現三張圖的比例和角度都不正確，故執行「三軸縮放」與「2D 旋轉」指令，將三張圖片調整到正確的比例和位置，並執行「移動」指令而不要直接用滑鼠拖曳移動圖片，更能精確的放置圖片。最後再按 F10 鍵開啟圖像平面的控制點，利用圖像平面的控制點微調它們的位置與形狀，最後的結果會像下圖這個樣子：

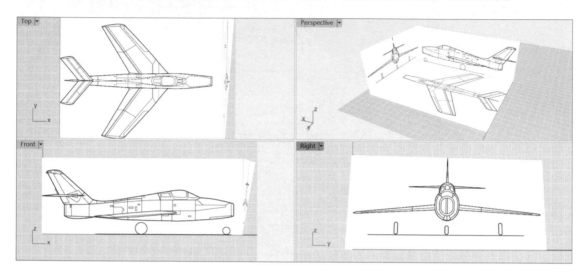

之後我們就可以照著圖片的輪廓進行 2D 的曲線描圖了，於建模時也可以依據圖片作為 3D 尺寸的參考。當然這裡只是用三視圖作示範，如果還有更詳細的資料，例如左視圖、後視圖或底視圖，也是以相同的方式匯入進來。讀者也可以自己手繪，照相或掃描後輸入電腦建模，會更有成就感。

有個實用技巧是可以先用「精確繪圖」的方法繪製指定長度的直線、或是長方體…等物件作為參照物（也可以標註一下尺寸），以便調整圖像平面的大小，調整完畢之後便可刪除用來輔助的物件。

> **NOTE** 也可以用另一種方式建立圖像平面：在視圖文字上點擊滑鼠右鍵，或用滑鼠左鍵點擊展開文字旁邊的小箭頭，開啟「視圖選單」，選擇「背景圖」→「放置」即可匯入一張外部參考圖到目前作業視窗的工作平面上。
>
>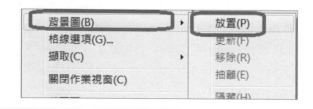

選取其中一張參考圖，於介面右側切換到「材質」面板，這邊可以設定匯入進來的圖像平面的各種參數，讀者可以自己捲動一下選單，看看有那些參數可以設定。其中比較重要的是「物件透明度」，可以適當的調整圖像平面的透明度，有助於描圖。

在匯入圖片時，指令列中所有的選項都與建立矩形平面相同，故不多加贅述。

> **InfinitePlane（使用無限平面）**：顧名思義是指一個無限延伸的平面，並無法單獨被創建出來，而是做為執行某些操作的輔助物件使用，例如「分割」、「修剪」「物件交集」…等指令。於這些指令要求選取一個曲面或多重曲面時，於指令列中輸入「IP」或「InfinitePlane」，並按下 Enter、空白鍵或滑鼠右鍵確認，將一個平面物件（例如：平面的曲線、曲面、多重曲面的面、網格面或截平面…）做無限延伸轉換為無限平面，以執行後續的操作，例如無限平面可以同時與很多物件產生交集。

如果只是一般的產品建模，很少用到此指令。

> **SrfPtGrid（從點格建立曲面）**：創建一些點物件做陣列當作曲面的通過點，以此建立出曲面，依照指令列的提示進行操作即可。產品建模很少用到的指令，在建築或設計領域中用的較多。

> **Drape（在物件上產生布簾曲面）**：想像在所選範圍蓋上一塊覆蓋住物件（往使用中工作平面的方向投影）的布，並且在重力的影響下這塊布最終會變成的樣子，就是建立出來的曲面。例如，從「建立實體」工具列中創建一個球體，點選執行「布簾曲面」指令，依照指令列提示，在 Top 視圖中拖曳出一個矩形定義布簾曲面的範圍，之後將布簾曲面移動到外面觀察，結果如下圖。

而依據目前不同的工作平面，會產生不同的布簾曲面，把工作平面（CPlane）想像成「地面」就對了。

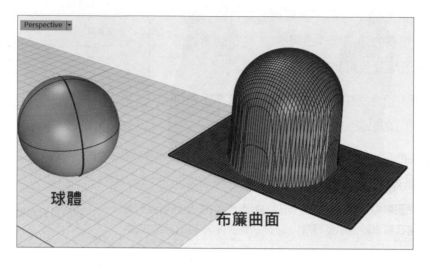

布簾曲面指令可以作用於網格、曲面及實體物件。知道有這個有趣的功能，偶爾還是會派上用場。

指令列中可以設定要不要讓系統自動設定間距，以及自動偵測最大深度。如不要讓系統自動設定，也可以手動設定各項參數。

>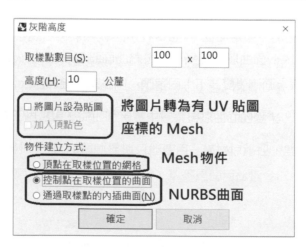
> **HeightField**（以圖片灰階高度產生曲面或網格）：很有趣的指令，點選此指令匯入一張圖片，依據圖片不同位置像素的灰階數值建立 NURBS 曲面或 Mesh（網格）物件，經常搭配「ApplyMesh」或「ApplyMeshUVN」指令使用。使用對話框設定參數，取樣點數目愈多，產生的曲面或網格的解析度就會愈高，設定適當就好。高度（H）則是產生的最大曲面或網格的高度，設愈大轉換出來的「山峰」也會愈高，其他的選項請參考下圖的說明：

HeightField 指令轉換的不同結果 (彩現模式)

原本的 2D 圖片　　控制點在取樣位置的曲面　頂點在取樣位置的網格　勾選"將圖片設為貼圖"

搭配「沿著曲面流動」或「球形對變」指令可以做出浮雕效果。

> 　**DevLoft**（可展開的放樣）：顧名思義，以此指令建立的放樣曲面，可用「攤平可展開的曲面」指令將之展開攤平，並極大的減少曲面展開之後的變形量，主要是應用在造船業或建築帷幕牆的設計，預先評估物體展開之後的樣子，再進行鈑金或平面模型製作。

不過，此指令最多只能用 2 條斷面曲線作為建立放樣曲面的輸入物件，所以也無法建立出複雜的曲面，並且無法保證輸出到其他軟體或者進行加工製造時不會發生錯誤。未來的官方修正檔或新版本，應該會持續完善這個指令。

「曲面工具」工具列

建立曲面之後，用「曲面工具」工具列中的各種指令，來
對曲面做編輯、調整與修正，是 Rhino 的核心操作，使
用者絕對要很熟練。

CHAPTER

20

> ▥ **DivideAlongCreases**（沿著銳邊分割曲面）/ ▥ （沿著銳邊與正切銳邊分割曲面）：曲面會有銳邊的原因通常為：從有銳角點的曲線建立的曲面，或者調整了曲面上階數很低的控制點。這個指令可以使用曲面的銳邊作為分割線將曲面做分割（Split），可以說是「以結構線分割曲面」的特別版本。

由於有銳邊的曲面看起來很像是兩個曲面透過組合（Join）指令產生的多重曲面（銳邊看起來就像是兩個曲面的組合邊線），不過實際上由於它還是單一曲面，所以當然無法「炸開」，這時就可以使用這個指令把曲面以銳邊「分割」（Split）開來，但實務中很少用到。

指令列中可以選擇要在曲面的正切邊或銳角邊進行分割。

> ✎ **EndBulge**（調整曲面邊緣轉折）： 是「調整曲線端點轉折」的曲面版本，可在不影響兩個曲面相接處的連續性的前提下，調整兩個曲面相接處附近的形狀，而不影響它們相互之間的連續性。和曲線版本一樣的觀念與類似的操作，不過曲面版本要先選擇一個「作用點」，再指定一段曲面邊線上的變化範圍（也可以使用整條邊線的範圍），並以指定的作用點為調整變形量最大的點，變形量依序向作用點兩側衰減至變化範圍，類似於高斯分布（鐘形曲線）的感覺。

如下圖，建立兩個曲面，並用「定位：兩點」指令把兩個曲面以邊線的端點定位、對齊放置，再用「銜接曲面」（MatchSrf）把兩個曲面銜接的連續性設為曲率（G2 連續）。選取兩個曲面相接的邊線，點選一個作用點，指定變化範圍（或直接按下 Enter、空白鍵或滑鼠右鍵指定變化範圍為整條邊線），再如同「調整曲線端點轉折」的操作方法一樣，左鍵單點轉折點，轉折點就被吸附在滑鼠游標上隨著滑鼠移動。確定轉折點新的位置後按下左鍵，即可在不改變兩個曲面相接的連續性的前提下，調整其中一個曲面的形狀，最終調整完成後，再按下 Enter、空白鍵或滑鼠右鍵確認變更即可。至於被調整的是哪一個曲面，依據所選的是哪個曲面的邊線而定，在「候選清單」中選擇。

能夠調整除了邊線上的所有轉折點，而被選中的轉折點是顯示為帶有十字線游標的點。

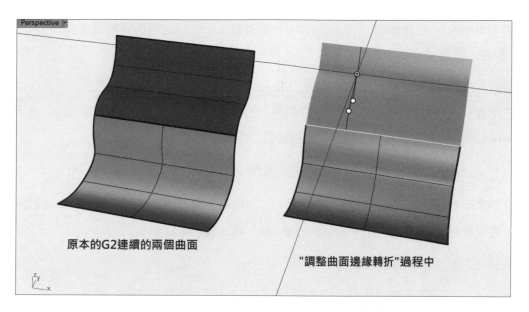

原本的G2連續的兩個曲面　　　　　　　"調整曲面邊緣轉折"過程中

此指令只能適用於未修剪曲面，如果曲面是四邊形的，也可以執行「縮回已修剪曲面」或「縮回已修剪曲面至邊緣」後再嘗試執行看看。

以上示範只用了兩個曲面，如果現在有三個曲面，各使用指定的連續性相接，於指令列中的「維持另一端 (P)」的選項，可以用指定的連續性，主動維持住被調整曲面另外一側和其他曲面相接處的連續性，而不會受到我們調整這一側曲面邊線的轉折點的影響，才不會顧此失彼。

拖曳點調整端點轉折，按 Enter 完成（連續性(C)=*曲率* 維持另一端(P)=*曲率*）:

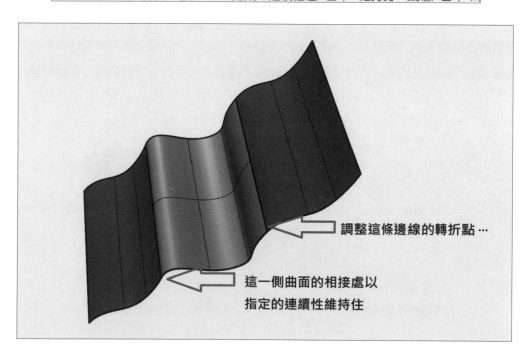

調整這條邊線的轉折點⋯

這一側曲面的相接處以
指定的連續性維持住

>  **ExtendSrf**（延伸曲面）：選擇曲面的一條邊線（即使是已修剪過的邊線都行），以延伸曲面邊線的方式，建立延伸曲面。

移動滑鼠游標動態的調整延伸距離，或輸入指定的數值以延伸該曲面，注意只能沿著該曲面的走勢方向建立延伸曲面。如果延伸的方向朝外，可以延伸曲面；而延伸的方向朝內，則可以修剪（Trim）掉曲面原有的部分，達到縮短曲面的目的。

延伸至的點[37763] <1.00>（設定基準點(S) 型式(T)=平滑 合併(M)=是）:

在指令列中可以設定延伸的基準點、選擇延伸（或修剪）的型式為平滑或直線，或者設定新建的延伸曲面是否要與原本的曲面「合併」（Merge）成一個單一曲面。

以下是透過邊線延伸曲面的例子：

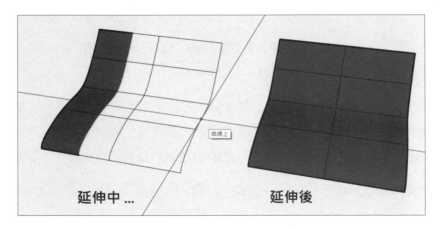

以下是只能往原曲面的「走勢方向」建立延伸曲面的例子。因為原曲面底部的形狀有點內凹，所以「延伸曲面」指令只能順著曲面的走勢方向繼續把曲面延伸下去，延伸曲面的形狀是彎曲的。

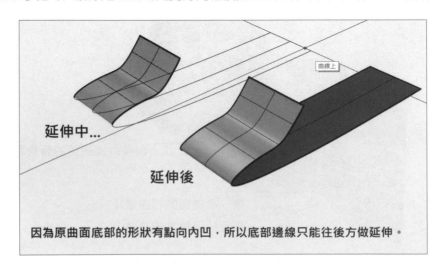

下圖是另一個只能朝原曲面的「走勢方向」延伸曲面的例子,於指令列中設定「合併 (M)=否」,並且把新建的延伸曲面方向反轉(Flip)以方便觀察,而延伸曲面的形狀是彎曲的。

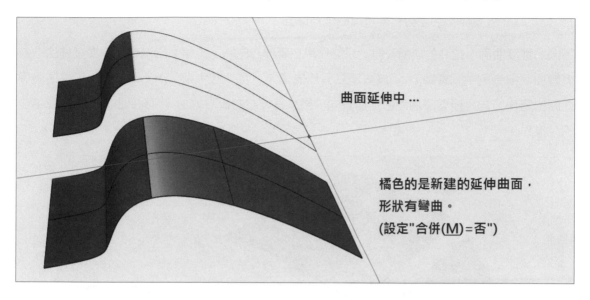

曲面延伸中 ...

橘色的是新建的延伸曲面,
形狀有彎曲。
(設定"合併(M)=否")

此指令也可以對封閉的曲面執行延伸或修剪,如以下例子。

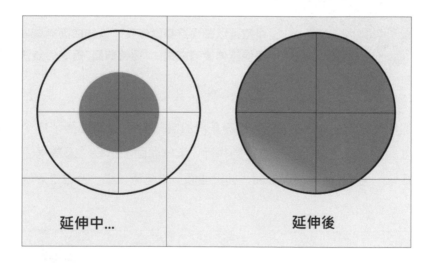

延伸中...　　　　　　延伸後

以下是縮減(反向延伸)封閉曲面的例子,可以修剪(Trim)掉曲面原有的部分。

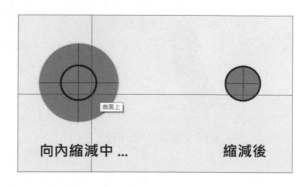

曲面上

向內縮減中 ...　　　　　縮減後

> 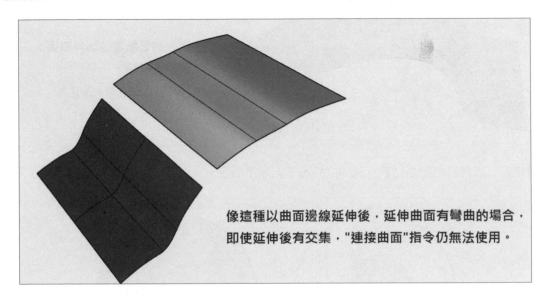 **ConnectSrf**（連接曲面）：這是一個複合型的指令，會將所選的兩個曲面執行「延伸曲面」指令，並以兩個延伸曲面的交線作為分割線，自動互相修剪掉多餘的部分，正如它按鈕的圖示（圖示藍色部分代表新建的延伸曲面）。

不過「連接曲面」指令的功能較弱，只能作用在延伸方向為「直線」的場合，只要延伸的方向有彎曲，指令列中就會顯示：「無法建立有效的延伸」而不能完成操作。如下圖，因為這兩個曲面的延伸方向是順著原曲面的走勢方向，所以延伸方向會有彎曲，「連接曲面」指令就不能完成操作。

像這種以曲面邊線延伸後，延伸曲面有彎曲的場合，
即使延伸後有交集，"連接曲面"指令仍無法使用。

不過這個指令的優點是，在兩個曲面的大小有差異的情況下，「連接曲面」指令還是可以對兩個面執行延伸並完成修剪（Trim）；比較手動執行「延伸曲面」指令，因為兩個面的大小有差異，即使執行修剪，也無法把面修剪的和「連接曲面」的結果一樣，這也是這個指令仍然被保留下來的原因。

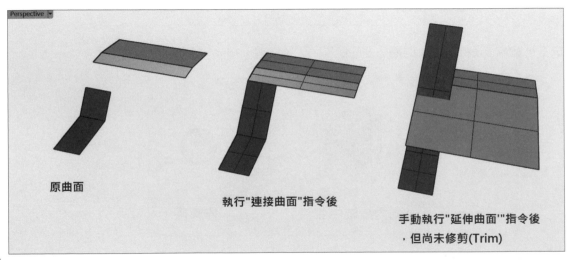

原曲面

執行"連接曲面"指令後

手動執行"延伸曲面'"指令後
，但尚未修剪(Trim)

不過若是要達成上圖中「連接曲面」的結果，還有很多方式都可以做到，不一定非得使用這個指令。

> 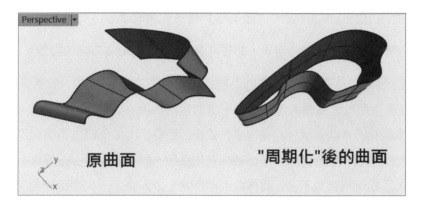 **MakePeriodic**（使曲面週期化）/ **MakeNonPeriodic**（使曲面非週期化）：和曲線版本的週期化指令一樣，可以把一個曲面封閉起來，並使曲面上的銳邊變平滑，成為「封閉且無銳邊」的曲面，就是所謂的「週期曲面」。而它的右鍵功能則是反操作，很容易理解。

注意週期曲面的屬性為「單一曲面」，無法再被炸開。

也可以把封閉的曲面轉換為周期曲面：

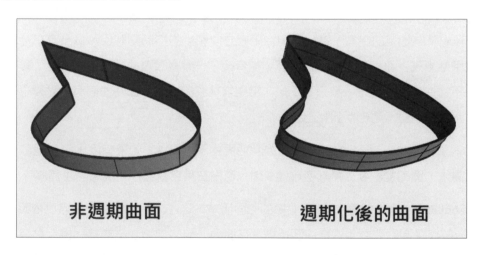

指令列中可以設定「平滑 (S)= 是 or 否」，設為「平滑 (S)= 是」，會移除曲面上所有的銳邊，並移動控制點得到平滑的曲線。設為「平滑 (S)= 否」，則控制點的位置不會被改變，只有位於起點的銳邊會被移除，曲面的形狀只會稍微改變，一般很少使用這個選項。

> **NOTE** 並不是說「銳邊」就是不對，還是要依據使用者的設計，來判斷要不要把曲面週期化。

>  **MakeUniform**（參數一致化）/  **MakeUniformUV**（使曲面的 U 或 V 方向參數一致化）：和它的曲線版本相同，不過曲面版本多了一個右鍵功能，能使所選曲面的 U 或 V 方向參數一致化，用滑鼠右鍵點擊執行，於指令列中可以選擇或切換 U、V 方向。

>  **ChangeDegree**（變更曲面階數）：直接變更選取曲面的階數（升階或降階），同時也會增加或減少控制點。曲面階數的觀念，還有階數與控制點數目之間的關係，請參考第六章所述。

指令：_ChangeDegree
新的 U 階數 <3>（可塑形的(D)=是）：

新的 U 階數 <3>（可塑形的(D)=是）：1
新的 V 階數 <1>（可塑形的(D)=是）：

和「變更曲線階數」不太一樣的地方是，曲面需要指定 U、V 兩個方向的階數。

如果設定「可塑形的 (D)= 是」，則原來的曲面在改變階數之後會變形，但不會有重複的節點（複節點），方便使用者對曲面的形狀做進一步的塑形微調。若設定「可塑形的 (D)= 否」，則曲面升階後可以維持原本的形狀，不過會產生重複的節點；而曲面降階後會變形，不過不會產生重複的節點。讀者可以自行嘗試一下比較兩者的區別，就可以明白了。實際上這個選項的影響並不是很大，設定哪種都差不多，覺得曲面的形狀不太好時，一樣使用控制點調整曲面的形狀，或者搭配「插入節點」或「插入控制點」使用。

不過實際上這個指令用的很少，因為有更好用的「重建曲面」指令，除了可以將曲面的 U、V 兩方向升、降為指定的階數，還可以指定兩個方向產生的控制點數目，以及有其他選項可以使用，實用性更高。雖然執行「重建曲面」指令後，一般會改變曲面的形狀，而「變更曲面階數」比較不會造成大的變形，但只要不是非常要求精度的場合，即使曲面有一點變形，也可以輕易地調整其控制點，將形狀調整回來。

還有一點很重要，Rhino 預設的不規則曲線和曲面的階數為 3，如果有匯出到其他軟體做進一步編修的需求，盡可能不要改變階數超過 3 階，否則在其它軟體中可能會發生錯誤。

>  **RebuildSrf**（重建曲面）：重建曲線的曲面版本，是經常用到的指令，可以依照使用者指定的階數與控制點數重新調整曲面結構，在曲面上均勻的增加結構線與控制點以「重建」原曲面，而曲面的形狀只會有很小的改變，或不會改變（和原本愈接近的參數，曲線重建後的變化愈小），便於使用者進一步調整控制點對曲面做塑形。

如下例，繪製一條曲線並將之擠出建立曲面，按 F10 鍵開啟曲面控制點。這個曲面的控制點不會很多而且分布不均，並只出現在曲面的邊線（Edge、邊緣）上。對這個曲面執行「重建曲面」指令，設定 U、V 方向的點數都為 10，階數都為 3，勾選「刪除輸入物件」和「重新修剪」，按下「確定」產生重建後的曲面。開啟控制點觀察，發現重建後的曲面的控制點（和結構線）以我們指定的方式均勻佈滿整個曲面，有很高的「可塑性」。

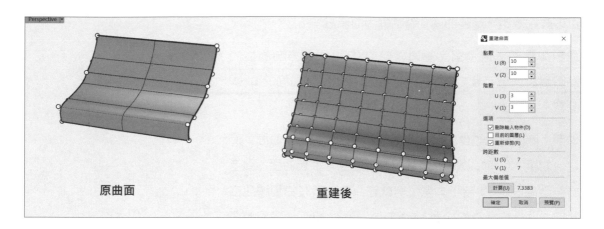

原曲面　　　　　　　　　　　重建後

無論曲面的控制點太多或太少、或者曲面的階數不符合需求，就執行此指令來重建這個曲面，在曲面上以指定的階數和點數「均勻的」產生控制點，是很萬用的功能。例如以下就是用「重建曲面」指令來簡化一個過於複雜的曲面：

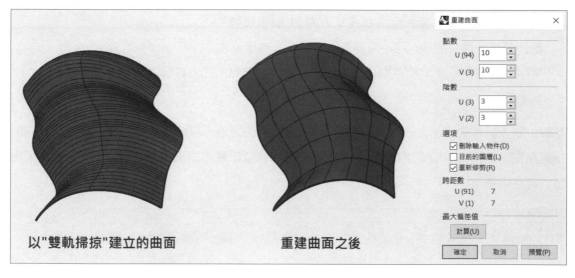

以"雙軌掃掠"建立的曲面　　　　　　重建曲面之後

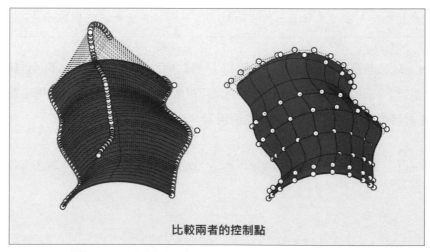

比較兩者的控制點

以下詳細說明「重建曲面」對話框內的參數:

點數與階數:分別指定重建需要的 U、V 兩個方向的控制
點數目與階數,欄位前面括號內的數字是目前曲面的 U、V
參數。

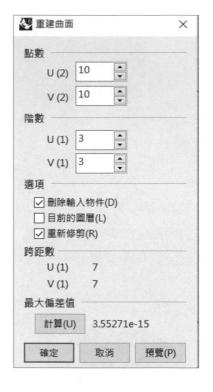

勾選「刪除輸入物件」會於曲面重建後同時刪除原曲面,反
之。勾選「目前的圖層」會在目前的圖層建立新曲面(參考
右側圖層面板);若不勾選,則會在原曲面所在的圖層建立
新的曲面(重建後的曲面)。而勾選「重新修剪」,會用原曲
面的邊線修剪重建後的曲面,讓重建曲面的變形量為最小。

以下還有顯示兩個方向的跨距數和偏差值,供使用者參考,
並提供預覽功能,設定完成後按下確定即可。

> 🏃 **RebuildUV(重建曲面的 U 或 V 方向)**:顧名思義,
> 是「重建曲面」的簡化版,只能重建曲面的 U 或者 V 的
> 其中一個方向,並且都在指令列中設定參數,不會彈出
> 對話框。

參數大致上都和重建曲面差不多,不過少了設定階數的選項,只能設定 U 或 V 其中一個方向的
控制點數,並且可以設定重建的「型式 (T)」,不過通常都要嘗試過不同的型式後,才知道哪種
型式符合所需。

```
選取要重建 U 或 V 方向的曲面
選取要重建 U 或 V 方向的曲面,按 Enter 完成
選擇 RebuildUV 指令的選項,按 Enter 完成 ( 方向(D)=U 點數(P)=10 型式(T)=一致 刪除輸入物件(L)=否 目前的圖層(C)=否 ):
```

> **NOTE** 因為此指令的重建原理是放樣(**Loft**),所以有和放樣相同的型式可選擇。

> 📷 **FitSrf(以公差重新逼近曲面)**:也是和「重建曲面」類似的指令,不過重建的依據是指
> 定公差和階數(於 U、V 兩個方向上)。通常用來簡化控制點非常多、結構複雜的曲面,是
> 能夠快速重建曲面的方法,偶爾還是會使用到。

```
選取要重新逼近的曲面,按 Enter 完成
逼近公差 <0.01> ( 刪除輸入物件(D)=是 重新修剪(R)=是 U階數(U)=3 V階數(V)=3 目的圖層(O)=輸入物件 ):
```

> **ReplaceEdge**（取代曲面邊緣）：將曲面的已修剪邊緣（邊線）以指定的方式替換掉。我們知道，對一個修剪過的曲面，執行「取消修剪」（Untrim）指令是恢復它的四邊形原始結構，無法把修剪過的邊線替換成其它形狀。如果想要這麼做，就要使用 ReplaceEdge 指令。

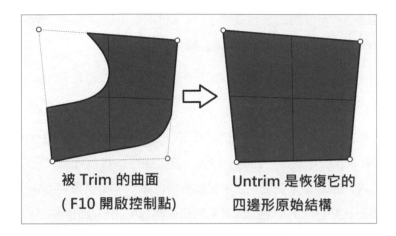

被 Trim 的曲面
（F10 開啟控制點）

Untrim 是恢復它的
四邊形原始結構

對曲面的已修剪邊線執行 ReplaceEdge 指令，使用下圖的指令列選項，結果如下：

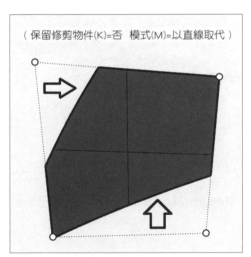

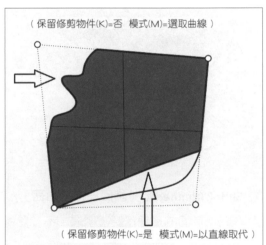

限制是，以直線或曲線取代已修剪邊線，不能超過其原始的四邊形邊界。而對 ReplaceEdge 後的曲面按 F10 開啟控制點可以發現，即使執行 ReplaceEdge 指令之後，也並不能把曲面的原始邊界縮回來。

在指令列中共有三種取代的模式可以選擇：以直線取代 (R)、延伸兩側邊緣 (E)、選取曲線 (S)。「以直線取代」比較單純，而「延伸兩側邊緣」模式會延伸曲面兩側的邊線作為新的邊線，不過兩側邊線延伸後的交點必須位於原始曲面的邊界內才能成功。「選取曲線」模式可以使用一條選定的曲線，來取代所選擇的已修剪邊線，不過新曲線的端點要和被改變的曲面邊線的端點重合才行（搭配物件鎖點來畫），如圖所示。

這個指令可以用在只想修改曲面的某個已修剪邊線的形狀,但又不想整個刪除重做的場合。其實,對曲面執行「取消修剪」(Untrim)指令,然後再重新修剪也是一樣的,看你喜歡怎麼做。

> ⬆️ **SetSurfaceTangent**(設定邊緣的正切方向):點選執行此指令,指令列中顯示操作提示,請使用者選取「未修剪的外露邊緣」,也就是未修剪也未經過「組合」(Join)的曲面邊線,於後面章節會再詳細敘述何謂外露邊緣。

接著在任意處指定一個正切方向的基準點,再於任意處指定第二點定義出一個方向,曲面就會改變形狀,與這個方向正切。

不過建議把正切方向的基準點(第一點)指定在曲面的邊線上(開啟「最近點」或「端點」物件鎖點選項),這樣會比較容易掌控曲面的變化。讀者也可以自行嘗試於任意處指定兩點,測試使用不同正切方向給曲面帶來的變化,會更加熟練此指令。不過實務上這個指令用的很少,若不是特別要建立有正切限制的曲面,大多數的情況都會用調整曲面控制點的方式改變曲面的形狀,比較直觀方便。

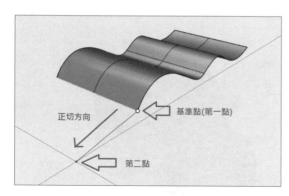

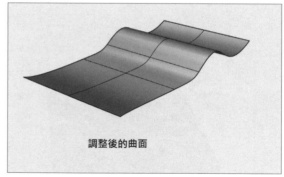

調整後的曲面

> ⚫ **ShrinkTrimmedSrf**(縮回已修剪曲面)/ ⚫ **ShrinkTrimmedSrfToEdge**(縮回已修剪曲面至邊緣):前面的章節已經說明過,不多贅述。

> 📊 **RefitTrim**(重新逼近已修剪邊緣):當我們在使用「MatchSrf」、「BlendSrf」、「MergeSrf」…等指令時,只適用於 NURBS 曲面「未修剪的曲面邊線」,實用上有限制。在過去,在執行分割(Split)指令時,可以於指令列中設定以 NURBS 曲面的「結構線」做分割,並設定「縮回(控制點)= 是」,分割後的曲面就仍然是「未修剪曲面」(物件類型只顯示為「曲面」)的屬性。不過這樣只限於使用結構線分割曲面的場合,不適用以任意曲線分割曲面。

Rhino 7 新增的這個「RefitTrim」指令,可以把已修剪的曲面邊緣的控制點給「縮回來」,使它變成未修剪的邊線,可以使用除了曲面結構線以外的曲線來分割,讓某些要求只能對未修剪邊線的指令能順利完成。聽起來很棒,但實際上也有限制,「RefitTrim」指令所選的曲面的已修剪

邊緣必須跨越 U 或 V 方向的全部範圍，也就是說修剪邊緣必須橫跨整個曲面，而且實際上也經常遇到無法順利完成的情況。

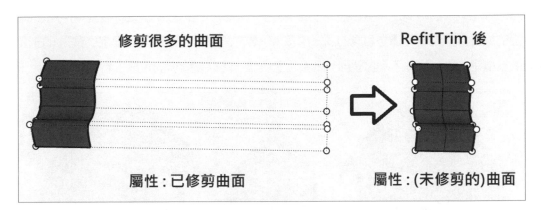

這個指令和「ShrinkTrimmedSrf」（縮回已修剪曲面）和 ShrinkTrimmedSrfToEdge」（縮回已修剪曲面至邊緣）的區別是，這兩個指令只會縮回曲面的控制點到曲面的原始結構的邊界（縮回的程度不同），但「RefitTrim」指令除了可以縮回已修剪曲面的控制點，也可以把已修剪邊緣的屬性變回「未修剪」，屬於三個指令之中做得最徹底的，但適用的限制也最多。

在指令列中可以設定每一個跨度中需要額外插入的節點（結構線）的數量，增加愈多結構線的數量，可以在恢復成未修剪邊緣時，變形量更少，但曲面結構會變得比較複雜。

> 　🔵 **OffsetSrf**（偏移曲面）：平行偏移所選的曲面，是 Offset Curve（偏移曲線）的曲面版本，也是曲面轉實體的一個重要的方式。透過在指令列中設定「實體 (S)= 是」，可以在原曲面與偏移曲面之間自動「填充」，也就是以「偏移加厚」的方式從曲面轉換為實體物件。如下圖所示，比較了設定「實體 (S)= 是 or 否」的差異，結構線比較密集的是尚未經過「重建曲面」的偏移曲面。

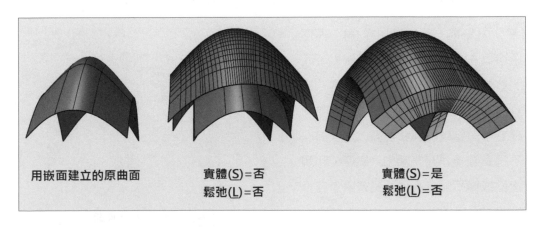

選取要反轉方向的物件，按 Enter 完成 (距離(D)=60 角(C)=圓角 實體(S)=是 鬆弛(L)=否 公差(T)=0.001 兩側(B)=否 刪除輸入物件(I)=是 全部反轉(F)=):

在指令列中有多個選項可以進行設定，不過選項大致上都和偏移曲線相同，大多已說明過。而設定「鬆弛 (L)= 是 or 否」是個蠻重要的項目，可以設定偏移後的曲面的結構線與控制點的結構是否和原曲面相同。這樣講還是有點抽象，請讀者參考下圖，可以發現設定「鬆弛 (L)= 是」時，偏移曲面的結構線和控制點還是和原曲面一樣多，只是向外擴展了而已。而設定「鬆弛 (L)= 否」的曲面的結構常會太過複雜不利於塑形，還要經過重建，所以通常會設定成「鬆弛 (L)= 是」。

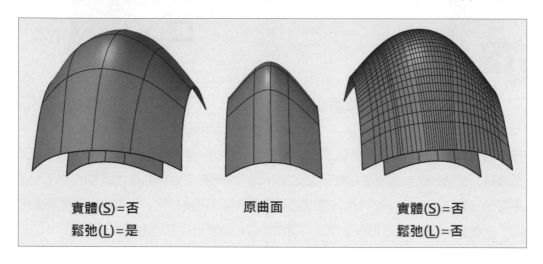

還有一點很重要，偏移後的曲面的連續性通常會比原曲面低一階，也就是說，如果用 G1 連續的曲面作偏移，偏移後的曲面將會形成 G0 連續，所以會產生銳邊，可能會在轉檔輸出時發生問題。所以盡可能使用有較高階連續性（例如 G3 連續或以上）的曲面作偏移，確保偏移後的曲面仍可以保持足夠的連續性，這點在「偏移曲線」也是相同的。

➢ 🔧 **VariableOffsetSrf**（不等距偏移曲面）：上一個「偏移曲面」指令是平行等距離建立偏移後的曲面，這個指令則是能不等距離的建立偏移曲面。操作十分簡單，只要調整原曲面角點上產生的偏移控制點，調整完後再按 Enter、空白鍵或滑鼠右鍵確認即可。

在指令列中點選「新增控制桿 (A)」子選項，還可以在曲面上新增偏移控制點，而移動這些偏移控制點可以產生虛線的「控制桿」，可藉由調整偏移控制點與控制桿，建立不等距離的偏移曲面，這樣講很抽象不過實際操作起來卻十分簡單，和調整混接點或轉折點的操作相同，讀者自行嘗試一次就明白了。

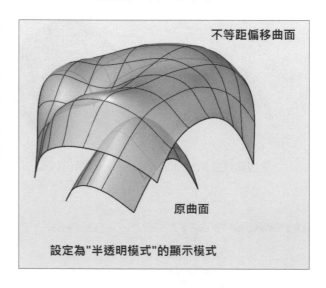

在指令列中還可以設定公差（只在這個指令中有效，不影響「Rhino 選項」所設定的公差）、是否要「反轉」偏移的方向，或是設定全部控制桿的長度為相等（「設定全部 (S)」），或者將所有控制桿連結在一起（「連結控制桿 (L)」）做連動式的調整。

選取要移動的點，按 Enter 完成（公差(T)=*0.01* 反轉(F) 設定全部(S)=*1* 連結控制桿(L) 新增控制桿(A) 邊正切(I))：

而點選「邊正切 (I)」，可手動在原曲面上指定邊線，維持偏移曲面邊線的正切方向與原曲面一致。

> 🖐 **BlendSrf**（混接曲面）：重量級指令，「混接曲面」是「可調式混接曲線」的曲面版本，也是「曲面工具」工具列最常用的核心指令之一。此指令會在兩個曲面之間，產生一個新的混接曲面，並且這個新的混接曲面會以指定的連續性，於兩端和原本的兩個曲面對接。

執行此指令，依照指令列中的提示，依序點選第一個曲面和第二個曲面的邊線，在原本的兩個曲面之間產生一個新的混接曲面（Blend Surface）。

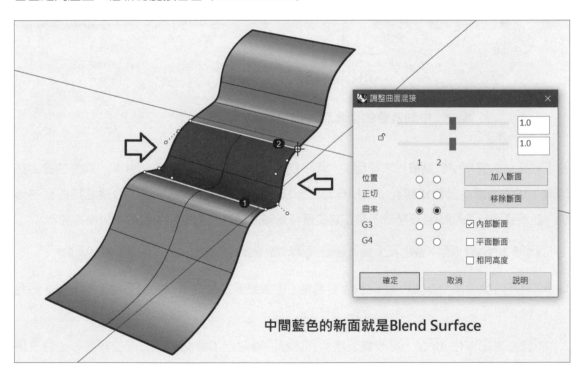

中間藍色的新面就是Blend Surface

選取第一個邊緣（連鎖邊緣(C) 編輯(E))：

尚未點選第二條邊線開啟對話框之前，此時指令列中有「連鎖邊緣 (C)」子選項，可設定一個指定條件，把符合指定條件的邊線一次選取起來。不設定連鎖選取的條件也沒有關係，一一手動點選即可。

而編輯 (E)」是日後可以再度用參數與控制桿的方式，重新調整混接曲面，相當於 CAD 類型軟體的「編輯特徵」，但必須於建立混接曲面之前開啟「紀錄建構歷史」功能，事後才可以再度編輯。

依序選取兩個要對接的曲面的邊線後，會自動跳出對話框，讓使用者設定混接曲面在兩端與兩個原本曲面對接邊上的連續性，以及其他參數，並有即時的動態預覽功能，方便使用者調整參數，設定完畢後按下「確定」即可建立出混接曲面。

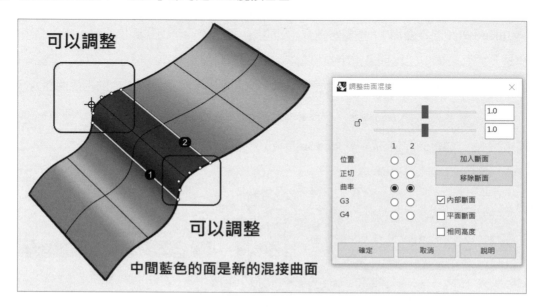

在「調整曲面混接」對話框尚未關閉前，可以調整混接曲面上的混接點，就和「調整曲線端點轉折」或「調整曲面邊緣轉折」的操作方法一樣。透過調整混接點，可以改變混接曲面的形狀，在調整混接曲面的混接點時，有些功能鍵可以輔助調整，指令列中也會出現操作提示：

> 選取要調整的控制點，按住 ALT 鍵並移動控制桿調整邊緣處的角度，按住 SHIFT 做對稱調整。

1. 調整時搭配按住 Shift 鍵，可同時「對稱性」的調整混接曲面同一側的邊線上相鄰的 2 個混接點。

2. 調整時搭配按住 Alt 鍵，可改變混接曲面的斷面線與原本曲面邊線之間的角度，也就是調整混接點的控制桿的角度。

> Rhino 的操作輔助鍵和 Photoshop 或 illustrator 相同，很好的設計，便於記憶與操作。

如果要在兩個封閉的曲面之間建立混接曲面，會
需要像「放樣」（Loft）一樣調整曲線的接縫點，
操作都是一樣的，不再贅述。

接著說明「調整曲面混接」對話框中的參數。

對話框左下角部分的參數相當明確，就是設定混
接曲面和原本的兩個曲面對接處（邊）的連續
性，注意這個指令可以產生高到 G4 連續的混接曲
面。

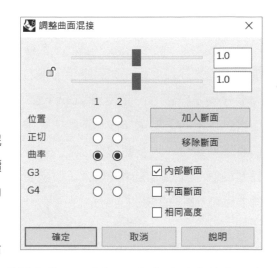

上面的滑桿可調整混接曲面的轉折大小，因為有
即時預覽，所以讀者自己嘗試拖動滑桿觀察混接面的變化就可以明白了，滑桿左邊的鎖是同時
調整兩個滑桿的意思。

按下「加入斷面」按鈕，可讓使用者在混接曲面上以兩點指定一個方向，產生限制性的斷面
曲線（可以建立多條斷面曲線），以約束混接曲面的形狀，在混接曲面的結構線與形狀過於扭
曲時使用。加入完成後按下 Enter、空白鍵或滑鼠右鍵確認，繼續回到對話框中設定參數。而
「移除斷面」按鈕可以移除自行加入的斷面曲線。

勾選「內部斷面」會產生更多的斷面曲線，讓混接曲面的結構更加複雜，有更強的可塑性，但
通常不太需要勾選。勾選「平面斷面」，則可以用指定兩點建立一個方向的方式，強迫混接曲
面上所有斷面曲線的方向與之平行。勾選「相同高度」則和執行「掃掠」建立曲面的選項相
同，可以強迫混接曲面的高度維持不變，如下圖。改變這些參數都可以在繪圖區中即時預覽造
型發生的變化，非常方便。

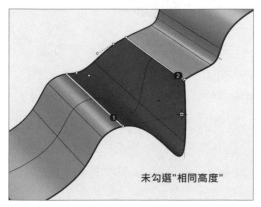

未勾選"相同高度"

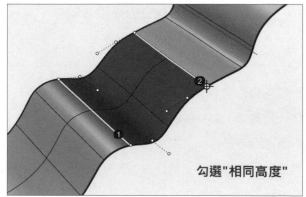

勾選"相同高度"

注意在點選兩個曲面的邊線建立混接曲
面時,點選的「順序」和「位置」,都會
產生不同的混接曲面。如果產生出來的
混接曲面不符需求,請復原(Ctrl + Z)
並嘗試以不同的點選順序和不同的點選
位置重新操作。大多數的情形下,都是
點選兩個曲面邊線的中點附近,混接曲
面才比較不會發生扭曲。

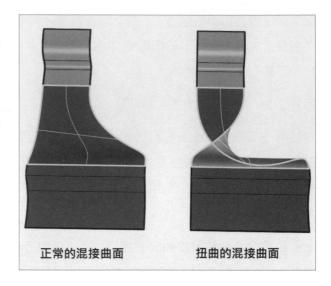

以下是在兩個曲面之間建立混接曲面的範例:

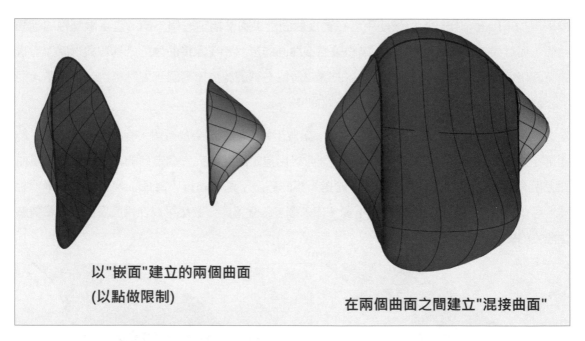

一個常用的建模技巧是,以各種方式刻意把模型的某部分執行修剪(Trim)或分割(Split),
然後再執行「混接曲面」指令填補刪除掉的部分,產生圓滑平順的過渡造型。而漸消面造型也
是種這種方式做出來的,這裡在錐形面上「分割」出一個小面,接著對小面做二軸縮放,移動
調整小面的位置後,再建立「混接曲面」,最後再將之組合(Join)起來,製作出模型上的漸消
面,結果如下圖所示。

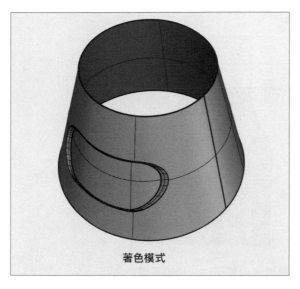

著色模式

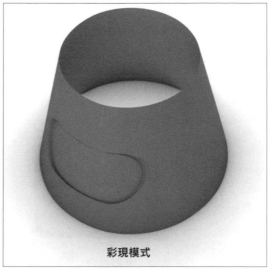

彩現模式

Rhino 7 在 BlendSrf 指令新增了「自動拉直」選項和角度臨界值的設定，可以點擊滑鼠自動加入斷面，可使混接曲面的結構較不會扭曲；也加入了優化（Refine）選項會加入更多結構線，建立形狀更飽滿的混接曲面。

> Match Surface（銜接曲面）/ MatchSrf,multiple（多重銜接）：另一個重量級的核心指令。「銜接曲面」的觀念和操作類似於「混接曲面」，但不同之處是「銜接曲面」並不是在兩個曲面之間產生一個新的曲面來做混接，而是「延伸」現有的曲面和另一面做對接。至於要延伸哪一面至哪一面，是依據所點選的順序而定，可參考指令列中的提示進行操作。

點選執行這個指令，並依照指令列的提示，依序點選兩個曲面的邊線（Edge）進行銜接，而如果曲面的邊線非常靠近或重疊在一起，系統會彈出候選清單。而因為這時兩條邊線的距離很近或重疊，只能用畫面上顯示的方向箭頭來判斷。

這邊故意建立兩個大小不同的曲面，將藍色曲面延伸，銜接至橘色曲面，當然讀者也可以將橘色曲面延伸，銜接至藍色曲面。和混接曲面一樣，注意在點選兩個曲面的邊線建立銜接曲面時，點選的「順序」和「位置」，都會產生不同的銜接曲面。如果產生出來的銜接曲面不符需求，請復原（Ctrl + Z）並嘗試以不同的點選順序和不同的點選位置重新操作。大多數的情形下，都是點選兩個曲面邊線的中點附近，銜接曲面才比較不會發生扭曲。

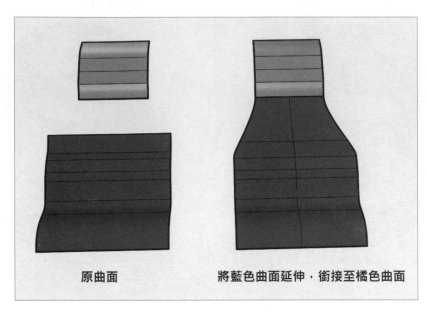

原曲面　　　　　　　　　將藍色曲面延伸，銜接至橘色曲面

「銜接曲面」指令也可以將曲面的邊線延伸並銜接至某條曲線上。

和混接曲面同樣，在指令列中的子選項並不多，主要還是在「銜接曲面」對話框中進行設定。點選第一條邊線時，指令列中的「多重銜接 (M)」子選項，適用於需要同時銜接多條邊線的場合，這和它的右鍵功能是一樣的，而最多可以同時銜接四條曲面邊線。

選取要變更的未修剪曲面邊緣（多重銜接(M)）:

而在點選第二條邊線時，指令列發生變化，顯示為:

選取要銜接至的曲線或邊緣。（連鎖邊緣(C)　靠近曲面的曲線(U)=*關閉*）:

連鎖邊緣已說明過，而如果設定「靠近曲面的曲線 (U)= 開啟」，可以選取曲面上或靠近曲面的曲線做為銜接目標，銜接過程中該曲線會先被「拉回」(Pull，參考「從物件建立曲線」工具列)至曲面上，但一般都設定為否。

以下介紹「銜接曲面」對話框內的參數,選項非常多,但都有分區歸類,而且也很容易理解。

在「銜接曲面」對話框中,能夠設置不同的銜接連續性,可以透過即時預覽來了解效果。而「維持另一端」選項也已經說明過。勾選「平均曲面」,則可以把兩個曲面都做平均的延伸,也就是「互相銜接」的意思,但兩個曲面都不能是已修剪曲面,因為已修剪曲面的邊線無法延伸出去。

而勾選「以最近點銜接邊緣」,可以取消擴展銜接的效果,單純以彼此之間的最接近點延伸曲面做銜接,如下圖所示:

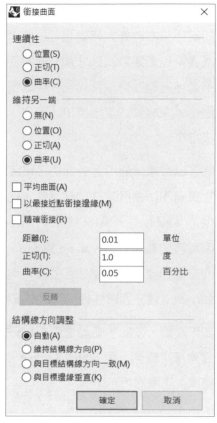

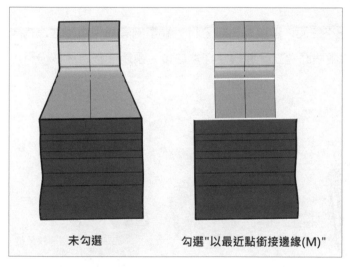

未勾選　　　勾選"以最近點銜接邊緣(M)"

勾選「精確銜接」會檢查兩個曲面銜接後邊線的誤差是否小於設定的公差,必要時會在延伸的曲面上加入更多的節點和結構線,使兩個曲面銜接邊線的誤差小於設定的公差。一般都是先勾選起來,如果導致銜接曲面過於複雜,才會取消勾選。

接下來的選項可以設定銜接的距離(G0 連續)、正切(G1 連續)與曲率(G2 連續)的公差,或者可以「反轉」變更曲面的方向,但只有在當時於指令列中設定「靠近曲面的曲線 (U)= 開啟」時才可使用。

最後還有四個選項，可設定「被延伸的曲面」的結構線方向要如何變化，只能擇一選用。這邊通常也是要嘗試過才能知道要使用哪一個，不過因為有即時預覽功能，可以很方便的觀察變化，完成設定之後按下「確定」按鈕即可完成指令。

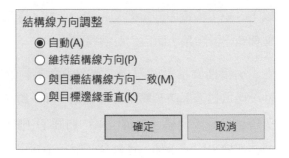

除了以邊線延伸所選曲面使它和目標曲面作銜接，「銜接曲面」指令還可以用於建立或重新調整現有兩個曲面之間的連續性。例如，「銜接曲面」經常用於建立「嵌面」（Patch）、「迴轉成型」（Revolve）、「單軌掃掠」（Sweep 1）…等指令產生的曲面和其相鄰曲面之間的連續性。因為諸如 Patch、Revolve、Sweep …等一些指令建立出來的曲面，並不會主動建立和其相鄰曲面之間的連續性（就是那些沒有可以設定連續性選項的指令），對它們再以銜接曲面（Match Surface）建立連續性後，可以提高模型的曲面品質。

如下左圖，頂部的弧面是用 Patch 做出來的面，開啟斑馬紋分析，觀察到其和相鄰面並沒有建立連續性條件。用 Match Surface 對這兩個面建立了連續性條件之後，重新開啟斑馬紋分析，結果如下圖右所示。

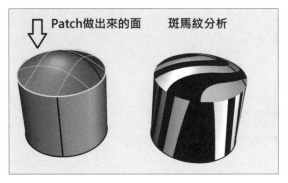

使用 Match Surface 指令，有以下重點：

1. Match Surface（銜接曲面）只能作用於兩個單一曲面之間，要進行銜接（Match）的兩個曲面都不能是多重曲面，除非先把多重曲面炸開（Explode）成單一曲面，再使用兩個單一曲面的邊線做銜接。如有需要，曲面銜接之後可以再把它們組合（Join）成多重曲面。

2. Match Surface 無法選擇曲面的已修剪邊緣（邊線），讓曲面的已修剪邊緣「延伸」至其他曲面做銜接，可以想像成是其原始曲面上的控制點擋住了延伸；但是曲面的已修剪邊緣仍

然可以作為其他未修剪的曲面邊緣延伸的終點，也就是可以讓其他未修剪的曲面邊緣「延伸至」已修剪的曲面邊線。

3. 封閉的曲面邊線不能與開放的曲面邊線或線段做銜接。

4. 即使對已修剪曲面執行「縮回已修剪曲面 / 縮回已修剪曲面至邊緣」指令，以上幾點還是不變，但 RefitTrim（重新逼近已修剪邊緣）指令在滿足條件下，可以把曲面的已修剪邊緣變回未修剪邊緣。

➤ 🔄 **MergeSrf**（合併曲面）：這也是個重要指令，但和 Blend Surface 與 Match Surface 相比之下，就顯得比較單純了。

Merge Surface 是把兩個距離小於設定公差的單一曲面，合併為一個整體的單一曲面，而單一曲面自然就無法再被炸開了。

如果曲面邊線之間的距離太遠就無法被合併，因為「合併曲面」並沒有延伸或產生新面的效果。

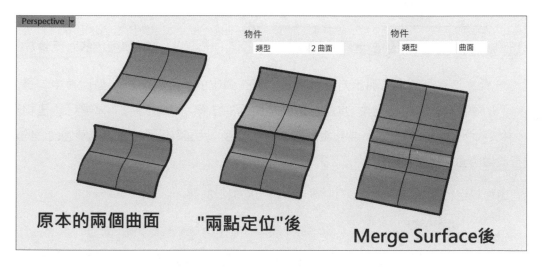

原本的兩個曲面　　"兩點定位"後　　Merge Surface後

不過「合併曲面」（Merge Surface）只能針對兩個曲面的未修剪邊緣（邊線）執行操作，如果是已修剪曲面的邊線，可以使用 RefitTrim（重新逼近已修剪邊緣）指令，或其他處理方式。

在「合併曲面」的指令列中，可以設定合併的參數。「平滑 (S)= 是 or 否」，可以設定要不要「平滑的」合併兩個曲面，不過曲面的形狀會有些變形，以符合平滑（G2 連續性）銜接的條件。也可以設定合併的公差，以及「圓度」，圓度介於 0 到 1 之間的數值，數值越接近 0 代表愈尖銳、愈接近 1 代表愈平滑，一般都是不改變預設值，使用 1。

選取一對要合併的曲面（平滑(S)=是 公差(T)=0.01 圓度(R)=1）:

觀念說明

以下舉一個例子說明 Match Surface（銜接曲面）和 Join（組合），以及 Merge Surface（合併曲面）的不同。

在 Right 視圖繪製兩條曲線，並在 Perspective 視圖對這兩條曲線執行「建立曲面」工具列下的「將線擠出」指令，產生兩個擠出曲面。將藍色的面選取後，用滑鼠右鍵點選左側邊欄的「分析方向 / 反轉方向」指令按鈕，將藍色的面翻面。

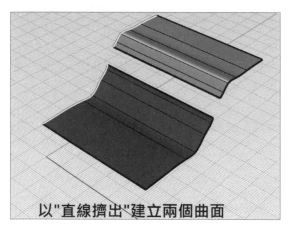

以"直線擠出"建立兩個曲面

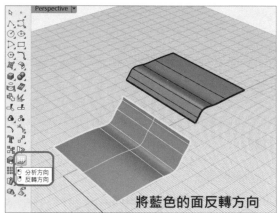

將藍色的面反轉方向

點選「分析」工具列下的「顯示方向」指令，並在彈出的「方向分析」對話框中勾選「方向」，分析兩個面的法線方向（「方向」指的是曲面的法線「+N」方向，這裡可能是翻譯錯誤）。由於我們在「Rhino 選項」中設定面的正面為橘色，反面為藍色，所以這兩個曲面的法線都垂直於橘色面並且方向朝外。

使用者也可以自行在「方向分析」對話框中改變方向顯示的顏色。

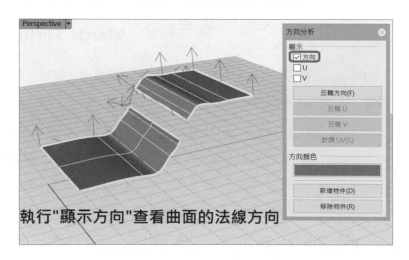

執行"顯示方向"查看曲面的法線方向

執行「變動 UDT」工具列下的「定位：兩點」指令，將上方曲面定位至下方。注意點選的參考點 1、參考點 2 與目標點 1、目標點 2 的位置和順序，可開啟「物件鎖點」來幫助定位。選取兩個曲面，按下組合（Join）的快速鍵 Ctrl + J 組合兩個曲面，之後開啟「分析」工具列下的「曲率分析」查看這兩個曲面的曲率，發現這兩個曲面的接合處有一個明顯的斷差，這是因為組合（Join）指令並不會主動建立曲面之間的連續性，只是單純的將兩個曲面以相接邊「黏」起來，而這條相接邊叫做「接縫線」。

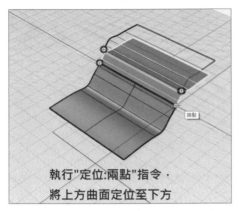

執行"定位:兩點"指令，將上方曲面定位至下方

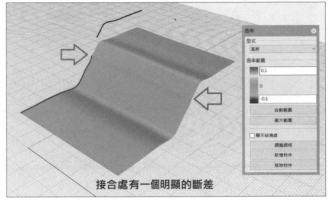

接合處有一個明顯的斷差

將這個多重曲面炸開，恢復成兩個單一曲面的狀態。接著再點選「編輯曲面」工具列下的「銜接曲面」（Match Surface）指令按鈕，依據指令列的提示，依序點選兩曲面要接合處的邊線，在彈出的銜接曲面對話框中設置連續性參數，點擊「確認」後，再開啟「曲率分析」觀察兩曲面之間的連續性。

如下圖所示，由於剛才把銜接的連續性都設為正切，相接處的連續性有改善；都設為曲率，相接處的過渡就顯得很平滑，讀者也可以自行嘗試不同的選項並比較其差異性。

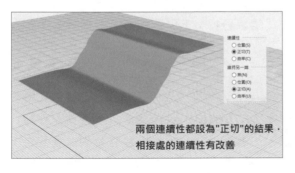

兩個連續性都設為"正切"的結果，相接處的連續性有改善

兩個連續性都設為"曲率"的結果，相接處顯得很平滑

所以，可以利用銜接曲面（Match Surface）指令來調整現有曲面之間的連續性，而銜接之後的曲面還是各別的兩個曲面，並沒有組合（Join）的效果，如有需求要自己手動組合。

按下 Ctrl + Z 復原到執行銜接曲面（Match Surface）之前的狀態，選取兩個曲面，執行編輯曲面工具列下的「合併曲面」（Merge Surface）指令，並從右側的「內容」面板中，發現合併之後的曲面的物件類型顯示為曲面（即單一曲面），也就是說合併曲面（Merge Surface）是把兩個曲面合併成一個整體的單一曲面，故無法再被「炸開」，但產生的單一曲面結構比較完整。

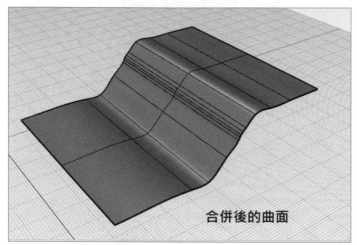

合併後的曲面

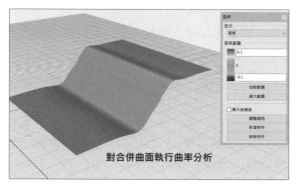

對合併曲面執行曲率分析

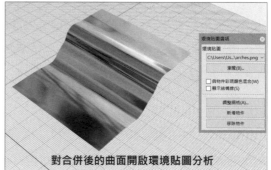

對合併後的曲面開啟環境貼圖分析

關於這點，也可以從「邊緣分析」看出差異，在「邊緣分析」工具列的章節中將有更深入的說明。

> **NOTE** 和曲面類似的觀念，其實 Rhino 也有「MergeCrv」（合併曲線）指令，可將兩條端點相接的曲線合併成為一條無法被炸開的單一曲線。不過 MergeCrv 指令沒有按鈕，只能輸入指令名稱執行，也可以自己在「曲線工具」工具列新增一個指令按鈕給它，或是在「Match」（銜接曲線）對話框中勾選「合併」選項。

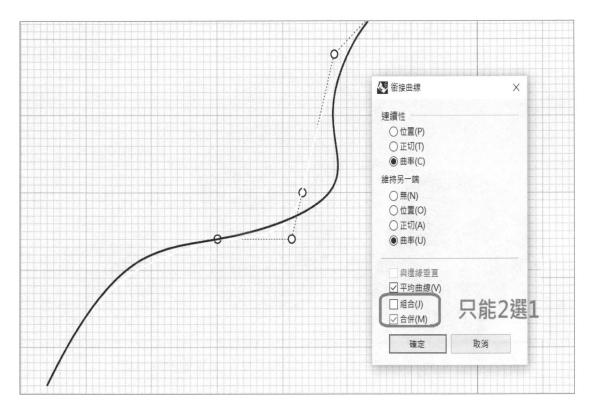

> **SrfSeam**（調整封閉曲面的接縫）：要瞭解這個指令，就必須再深入瞭解一下曲面的基本結構。

繪製一條曲線並執行「建立曲面」工具列下的「將線擠出」指令，在指令列中設定「實體 (S) ＝否」，將曲線擠出，建立擠出曲面。之後仔細觀察這個曲面，會發現在曲面的側邊上有條較粗的線（如果有依照第四章的方法設定曲面邊線和結構線的寬度的話，會更容易觀察到），如下圖所示：

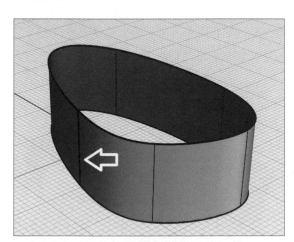

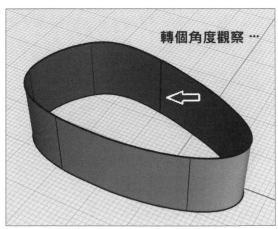

這條線就是曲面的接縫線。也就是說 Rhino 的 NURBS 曲面是有「接縫」的，想像成把紙帶的兩邊黏在一起就很容易理解了。而如果使用分析工具列中的「顯示邊緣」指令，勾選「全部邊緣」，也可以很清楚的觀察到曲面或實體物件的接縫線：

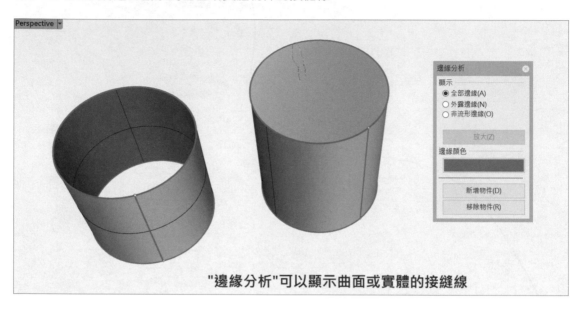

"邊緣分析"可以顯示曲面或實體的接縫線

NOTE

1. 在 Rhino 中實體就是封閉的多重曲面，當然也有接縫線。
2. 後面章節會再對邊緣分析做詳細說明。

曲面的接縫線還有一個重要的特性，就是接縫線會影響曲面執行分割（以及修剪）的結果，以下舉個實際例子來做說明。

在 Top 工作平面上繪製一條直線，以這條直線作為切割用物件（切割刀），對曲面執行「分割」（Split）指令。原先預期的結果是曲面會被這條直線分割為左右兩半，但實際上曲面卻被分割成了三段。將分割後的曲面按住滑鼠左鍵拖曳拉開，可以清楚觀察到，原來是曲面的接縫線也斷開了。

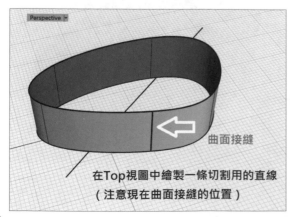

曲面接縫

在Top視圖中繪製一條切割用的直線
（注意現在曲面接縫的位置）

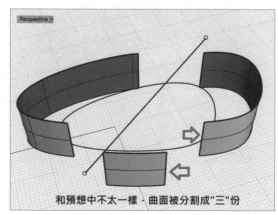

和預想中不太一樣，曲面被分割成"三"份

如果這不是我們想要的效果，要解決這個情況，除了執行「2D 旋轉」指令旋轉這個曲面，讓曲面的接縫線剛好與切割用的直線重疊，而更好的方法就是執行「調整封閉曲面的接縫」指令。

點選「調整封閉曲面的接縫」指令按鈕，依據指令列的提示選取要調整接縫的曲面，接著開啟「交點」物件鎖點，鎖定和切割用直線的交點，將曲面的接縫線移動到與切割用直線重疊。之後再重新執行分割（或修剪）指令，曲面就會和預想的一樣被分割成左右兩段了。

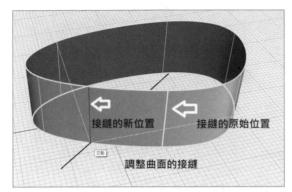

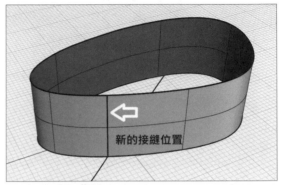

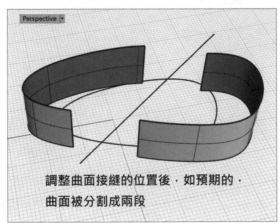

於指令列中可以設定要調整曲面 U 或 V 方向上的接縫線，或是同時調整 U、V 兩個方向的接縫線。

> UnrollSrf（攤平可展開的曲面）/ FlattenSrf（建立曲面的平面輪廓）：非常有趣的功能，能將曲面或實體物件（封閉的多重曲面）展開，就像摺紙、鈑金的原理一樣。

「攤平可展開的曲面」指令可將 U、V 兩個方向之中，只有一個方向有曲率的曲面或多重曲面展開、攤平為平面。只要選取要展開的單一曲面或多重曲面，確認後即可。而如果曲面上有曲線，也可以一起選取起來與曲面一同展開。注意這個指令和投影的觀念不同。

除了直接製造出立體的模型之外，也可以用這種方式把模型展開攤平，用切割機切割出來，再把它「摺」回去成為立體模型。

以下用曲面物件做個示範，如果曲面上有曲線（例如以「曲面上的內差點曲線」繪製），也能被一起攤平，依據指令列中的提示進行操作。如果曲面上沒有曲線，直接按 Enter、空白鍵或滑鼠右鍵確認即可。

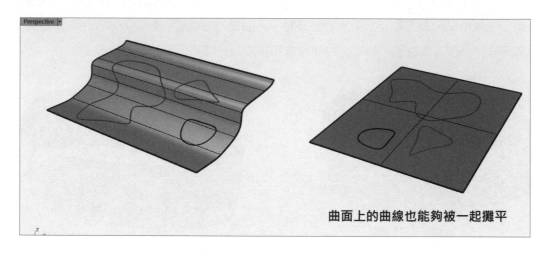

曲面上的曲線也能夠被一起攤平

再以實體物件做個示範，並比較指令列中不同選項產生的效果。

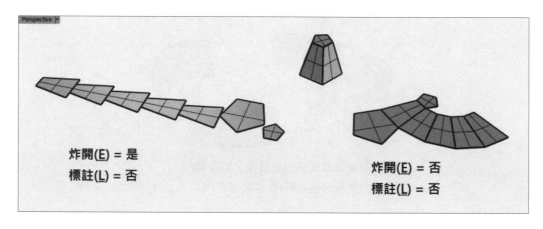

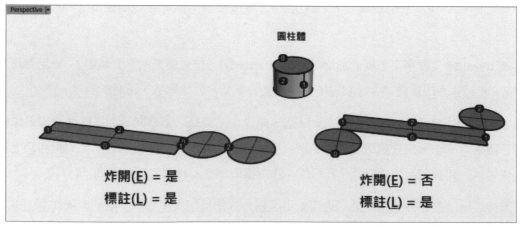

不過如果是球體、橢圓體、或是形狀複雜的自由曲面，因為在 U、V 兩個方向都有曲率，就不是可展開的曲面，就無法使用此指令攤平。

在指令列中可以設定要不要保留內容，也就是展開後的物件要不要保留原始物件在「內容面板」的這些設定，如圖層、顯示顏色、線型、列印顏色、列印線寬、彩現設定、結構線密度…等。

以滑鼠右鍵點選此指令，執行「建立曲面的平面輪廓」指令，可將曲面的邊緣（邊線、Edge）展開，對應至工作平面上建立平面曲線。

> ![icon] **Smash**（壓平雙向皆有曲率的曲面）：顧名思義，這個指令是彌補 UnrollSrf 指令的不足，可以展開雙向都有曲率的曲面或多重曲面，不過會產生延展或收縮的誤差，適合展開本身就具有延展性、彈性的材質，例如鞋類設計時使用，展開後的誤差影響程度較小或沒有影響。

讀者可以嘗試對不同的物件類型、或不同形狀的物件執行此指令，看看它們能否被壓平，還有壓平之後長什麼樣子（不過球體還是無法被壓平）。

> ![icon] **Symmetry**（對稱）：和「曲線工具」工具列的「對稱」指令相同，不過針對的是曲面物件。

> ![icon] **TweenSurfaces**（在兩個曲面之間建立均分的漸變曲面）：「TweenCurves」指令的曲面版本。依序指定起始與終止曲面，可在兩個曲面之間以「等距離」產生指定數量的漸變曲面。和曲線版本一樣，在指令執行的過程中，點選曲面角落的點，可以反轉或對調曲面的 U、V 方向，如下圖所示。

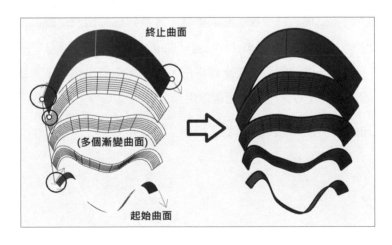

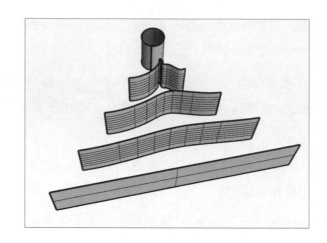

兩個封閉的曲面之間，或是開放和封閉的曲面之間也可以進行漸變，但必須都是單一曲面，否則只能對多重曲面的其中一個單一曲面進行漸變。除非，先將多重曲面「炸開」成各別的單一曲面後，以「合併曲面」（MergeSrf）指令重新將它們合併成整個單一曲面。

指令列中可以設定要在起始曲面與終止曲面之間產生多少個漸變曲面，還可以設定漸變曲面的計算方式（「符合方式(M)」是「無」、「重新逼近」或是「取樣點」，用文字描述太過抽象，讀者可以自行嘗試不同選項的差別，並在即時預覽中觀察變化。最後可以設定取樣點的點數，愈多的取樣點數建立出來的漸變曲面結構線與控制點就愈密集，設定適當的數值即可，反正如果不符合需求，還可以用「重建曲面」指令做調整。

執行指令之前開啟「記錄建構歷史」，便可於指令完成之後，再度調整起始曲面或終止曲面的形狀，改變之間所有漸變曲面的形狀。

RemoveMultiKnot（移除曲面的複節點）：此指令可移除曲線或曲面的複節點（同一位置重複的節點）以精簡其結構、減少控制點的數量，降低轉檔輸出產生錯誤的機率。例如雙軌掃掠（Sweep2）、混接曲面（BlendSrf）或偏移曲面（OffsetSrf）等指令所建立的曲面，通常會有複節點，於模型做好後，在輸出轉檔前，可用此指令優化一下。或者當轉檔、匯出時發生錯誤，可執行此指令來優化與修復原始模型。

這是和修復相關的指令，也可以複製一個到「分析」工具列。

「建立實體」工具列

「實體」（Solid）指的是能被製造出來的真實物體。不同於曲面是沒有厚度的虛擬物件，實體物件一定要具有厚度，而且表面一定要全部都是封閉的狀態，如果符合條件的數個單一曲面或多重曲面執行「組合」（Join）指令後就能變成實體物件。

CHAPTER

21

選取一個物件，從右側「內容」面板中可以確認目前所選的物件是否為實體。以下三種是常見的實體物件類型，雖然顯示的名稱不同，但它們都是實體：封閉的擠出物件、封閉的（單一）曲面、封閉的多重曲面實體。

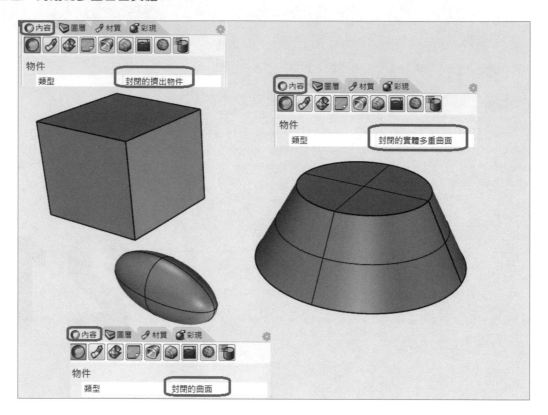

而以下這種有厚度（執行「偏移曲面」或是「將面擠出」指令）的封閉曲面，也是（片狀的）實體物件。

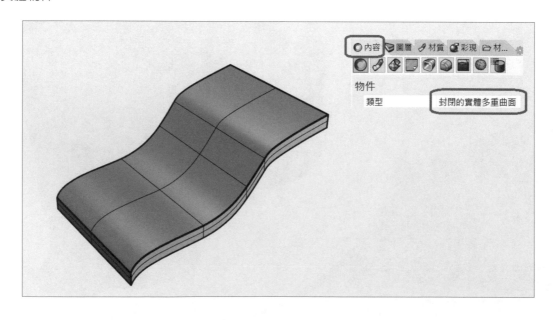

除了能和建立曲面的方法一樣，從曲線擠出（伸長）建立出實體物件的方法以外，Rhino 也內建了各種建立基本實體（Primitive）的指令，如：立方體、球體、橢圓體、環狀體、圓柱體、圓錐體…等，透過簡單的指令可以直接產生出基本實體。以這些基本實體物件作為原型，搭配選取次物件、調整控制點或實體點塑型、變形控制器編輯、分割與修剪、線切割、四種布林運算…等各種編輯指令，能夠快速的建立模型。

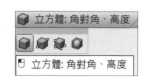

> **Box**（立方體：角對角、高度）：建立一個立方體。先以和繪製「矩形」相同的方法建立一個基底矩形的多重直線物件，再指定高度建立（實體）立方體。在繪製基底矩形時按住 Shift 鍵可以繪製正方形，而參考指令列提示，在指定高度時按 Enter 可以讓高度與寬度相同，建立正立方體。

還可以展開「立方體」指令集，內含四種建立立方體的方式。前三個都很直觀，而最後一個「邊框方塊」（Bounding Box）指令是建立一個可以容納所有選取的物件的矩形（平面方塊）或立方體（立體方塊），然後就可以經由測量邊框方塊的尺寸得知模型範圍的長寬高等資訊，相當方便。

> **Cone**（圓錐體）：先以繪製「圓形」曲線的方式建立一個基底圓形（基底圓形的方向限制可以是無、垂直或環繞曲線），再指定高度（圓錐體的頂點）建立一個圓錐體。

> **Cylinder**（圓柱體）：先以繪製「圓形」曲線的方式建立一個基底圓形（基底圓形的方向限制可以是無、垂直或環繞曲線），再指定高度建立一個圓柱體。

> **Sphere**（球體：中心點、半徑）：用指定中心點、半徑的方法直接建立一個球體，指令列的選項和繪製圓形曲線相同。可展開更多建立球體的指令集，看名稱就知道用法，讀者可依需求與偏好選用。

> **Ellipsoid**（橢圓體：從中心點）：以指定中心點、第一軸的終點、第二軸的終點和第三軸的終點的方式建立橢圓體，指令列的選項和繪製橢圓曲線相同。可展開更多建立橢圓體的指令集，看名稱就知道用法，讀者可依需求與偏好選用。

> **Paraboloid**（拋物面錐體）：依據指令列提示操作，建立一個拋物面錐體曲面或實體。

> **Pyramid**（金字塔）：和繪製多邊形的方法相同，畫出基底多邊形，再指定高度建立一個金字塔形的實體物件。

> 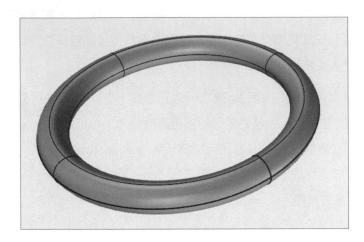 **Torus**（環狀體）：以繪製基底圓形並指定第一半徑、第二半徑的方式建立環狀體，指令列中的選項簡單易懂。

> **TruncatedCone**（平頂錐體）：和建立圓錐體相同的方式操作，但頂面被平面截斷。

> **TruncatedPyramid**（平頂金字塔）：和建立金字塔實體相同的方式操作，但頂面被平面截斷。

> **Tube**（圓柱管）：和建立圓柱體相同的方式操作，建立一個中間有洞的圓柱管，指令列中可以設定管壁的厚度。

> **Pipe**（圓管，平頭蓋）：只要有一條曲線（封閉或開放的曲線，或者曲面的邊線都可以），不必手動繪製圓形與執行掃掠（Sweep）指令，就可以直接在線上指定圓形的半徑建立兩端平頭的圓管實體。可以只指定起點與終點的圓形斷面曲線，也可以在曲線的不同位置上指定許多不同的圓形半徑（相當於用「環繞曲線 (A)」選項繪製多個圓形的斷面曲線），就可以只靠一條線建立出不同半徑的「變化圓管」實體，是很方便且常用的操作。

有個常用的技巧是以曲面的邊線建立圓管，再用圓管修剪（Trim）兩側的曲面，之後建立「混接曲面」達成兩個曲面平滑過渡的連接效果。

於指令列中可以設定一次複選數條曲線建立圓管、指定圓的半徑或直徑、指定圓管厚度（可建立有厚度的空心圓管）、設定圓管兩端的加蓋型式（不加蓋、平頭或圓頭）、要不要於圓管的正切邊做分割、以及漸變型式是「局部」（圓管的半徑在兩端附近變化較小，中段變化較大）或是「全域」（圓管的半徑由起點至終點呈線性漸變），還可以設定連鎖邊緣的條件（自動選取符合條件的曲線或曲面邊線，不過設定有點複雜，若不設定條件，一個個的手動點選也可以）。

> **Pipe**（圓管，圓頭蓋）：同上，不過建立的是兩端圓頭的圓管（實體）。

「擠出建立實體」指令集

在「擠出曲面」按鈕上按住滑鼠左鍵約 0.5 秒,展開「擠出建立實體」指令集。

> **ExtrudeSrf**(將面擠出):原名「擠出曲面」,但建議按住 Shift 鍵並以滑鼠右鍵點選此指令按鈕,開啟「按鈕編輯器」將之改名為「將面擠出」。此指令就是 SketchUP「推 / 拉」工具的進階版,是使用上很有彈性的指令。如同它的名稱所述,可以直接擠出(拉伸)任何一個「面」成為曲面或實體(指令列「實體 (S) = 是或否」,如下圖所示),而且不限制只能擠出平面,也可以直接擠出曲面成為實體,甚至可以做 " 反向擠出 " 減少擠出曲面的厚度。

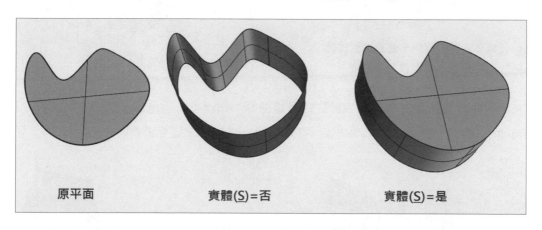

原平面　　　　　　實體(<u>S</u>)=否　　　　　　實體(<u>S</u>)=是

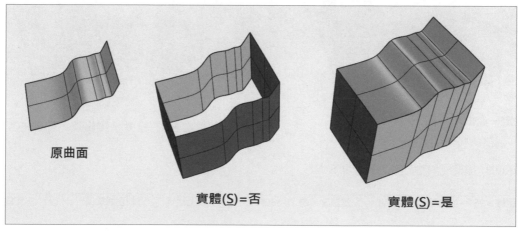

原曲面　　　　　　實體(<u>S</u>)=否　　　　　　實體(<u>S</u>)=是

和 ExtrudeCrv(原名「直線擠出」,但建議改名為「將線擠出」)的不同之處是,「將線擠出」是針對線物件進行操作,而「將面擠出」是針對面物件進行操作。

ExtrudSrf 指令也能夠直接擠出多重曲面的某一面。如下面的例子，在 Right 視圖繪製一個矩形，並以「擠出封閉的平面曲線」將矩形曲線擠出成一個長方體的實體物件。之後在於 Front 視圖中繪製一條曲線並以這條曲線對長方體作分割，並移除分割後的小面，再以「雙軌掃掠」建立曲面，補上這個空洞，再將之 Join 起來成為封閉的多重曲面實體。

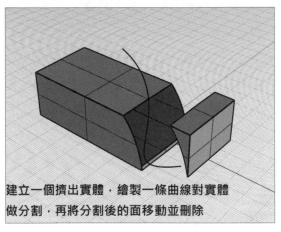
建立一個擠出實體，繪製一條曲線對實體
做分割，再將分割後的面移動並刪除

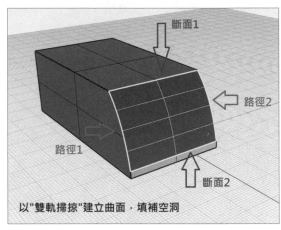
以"雙軌掃掠"建立曲面，填補空洞

按住 Ctrl + Shift 選取剛才雙軌掃掠建立的多重曲面，執行「將面擠出」指令，點選指令列的「方向 (D)」選項，在 Front 視圖中指定兩點作為擠出的方向，建立歪斜的擠出曲面。

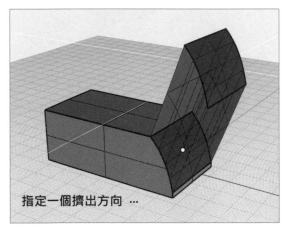
指定一個擠出方向 …

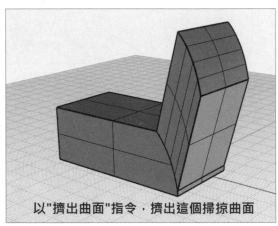
以"擠出曲面"指令，擠出這個掃掠曲面

ExtrudeSrf 指令列中的選項介紹如下：

擠出距離 <252> (方向(D) 兩側(B)=否 實體(S)=是 刪除輸入物件(L)=是 至邊界(T) 分割正切邊(P)=否 設定基準點(A)):

- **方向 (D)**：指定兩點定義擠出的方向（預設為垂直方向），可以沿著指定的方向擠出曲面，非常實用。

- **兩側 (B)**：從原來曲面的位置開始朝向兩方向同時做拉伸，故總長度為單方向擠出的兩倍。

- **實體 (S)**：如前述。

■ **至邊界 (T)**：將面擠出至指定的邊界物件，擠出形狀會配合邊界物件改變，之後會詳述。

■ **分割正切邊 (P)**：若設定 =「是」，則輸入的曲線為多重曲線時，在線段與線段正切之處會將建立的曲面分割成為多重曲面。若設定 =「否」則不會分割正切邊，會建立單一曲面。

■ **設定基準點 (A)**：指定一個點，作為以兩點設定擠出距離的第一個點，用處不大。

▷ **ExtrudeSrfToPoint**（擠出曲面至點）：同上，不過是將曲面擠出至一「點」，就如同它按鈕的圖示。

▷ **ExtrudeSrfTapered**（擠出曲面成錐狀）：以設定的拔模角度將面擠出成錐狀實體，就如同它按鈕的圖示。

▷ **ExtrudeSrfAlongCrv**（沿著曲線擠出曲面）**/ ExtrudeSrfAlongCrv, 副曲線**（沿著副曲線擠出曲面）：和「建立曲面」工具列的「沿著曲線擠出曲線」指令類似，不過針對的是「面」物件，並且會建立實體。

▷ **ExtrudeCrv**（擠出封閉的平面曲線）：和「建立曲面」工具列的「將線擠出」指令類似，不過只能把「封閉的平面曲線」擠出成實體物件。

▷ **ExtrudeCrvToPoint**（擠出曲線至點）：將曲線擠出至一點，並建立實體物件。

▷ **ExtrudeCrvTapered**（擠出曲線成錐狀）：將曲線以設定的拔模角度擠出成錐狀，並建立實體物件。

▷ **ExtrudeCrvAlongCrv**（沿著曲線擠出曲線）**/ ExtrudeCrvAlongCrv, 副曲線**（沿著副曲線擠出曲線）：和「建立曲面」工具列的「沿著曲線擠出曲線」指令類似，不過建立的是實體物件。

▷ **Slab**（以多重直線擠出成厚片）：屬於複合型的指令，將選取的多重直線偏移（Offset）建立封閉的曲線，然後再將之擠出、並加蓋建立實體，就如同它的按鈕圖示一樣。若不使用此指令，依照此順序手動操作也可以。

在指令列中設定偏移的方向是否要與工作平面平行、指定偏移的距離、以及是否要「鬆弛」（Loose）。若設定為「鬆弛 (L) = 是」，則多重曲線偏移後會在角的位置斷開，讀者可自行嘗試比較設定為是或否的差異。還可以指定偏移的通過點，或是做「兩側 (B)」同時擠出。

▷ **Boss**（突轂）：此指令可將封閉的平面曲線，往與曲線平面垂直的方向擠出至邊界物件，並與邊界物件結合成多重曲面。其實就相當於對曲線執行「擠出封閉的平面曲線」指令擠出至球體內部，再執行「布林運算聯集」。

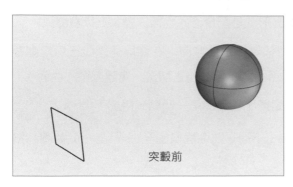

突擊前

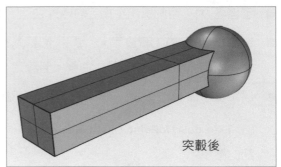

突擊後

如果曲線位於邊界物件內（例如：立方體中的圓形曲線），往外擠出則會變成除料的效果，如右圖所示。

在指令列中可以設定擠出的模式為直線或是錐狀（可設定拔模角度的擠出）。

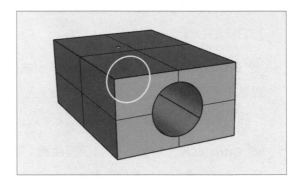

>  **Rib**（肋）：也是屬於複合型的指令，將選取的平面曲線往指定的邊界擠出成曲面，並與邊界物件做布林運算聯集。

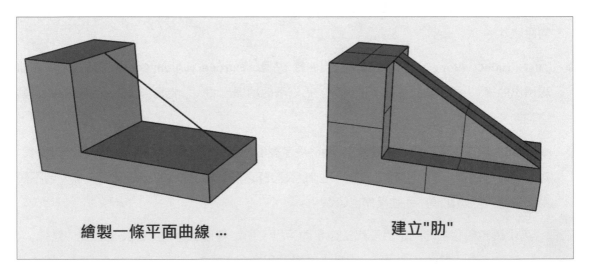

繪製一條平面曲線 ...　　　　　建立"肋"

除了上圖所示範的最基本的用法外，依據此觀念，還可以建立出各種不同變化的肋條。知道原理後，要活用指令。

指令列中可以設定輸入曲線（要建立肋的平面曲線）的偏移方向是往「曲線平面」或「與曲線平面垂直」的方向作偏移、設定偏移距離（肋條的厚度），並且可以設定擠出的模式為直線或是錐狀（可設定拔模角度的擠出）。

「實體工具」工具列

本章介紹對實體物件做編輯的指令，當然也是非常重要，
務必非常熟練。不過「實體工具」工具列中有部分指令
也可以對其他種類的物件執行操作（例如：曲面或開放的多重
曲面），請讀者多加嘗試與活用。

CHAPTER

22

> 🔲 **FilletEdge**（不等距邊緣圓角）/ 🔲 **BlendEdge**（不等距邊緣混接）

> 🔲 **ChamferEdge**（不等距邊緣斜角）：和圓角、斜角有關的指令，參閱專章說明。

> 🔲 **SplitFace**（將面分割）：SplitFace 指令顧名思義，就是「只會」分割所選擇的那一個面。比較它和普通的「分割」（Split）指令，對一個 NURBS 立方體實體來說，Split 會把投影方向上能夠分割的部分都切開，所以立方體實體會被分割成兩個開放的多重曲面，不再是實體。而 SplitFace 因為只分割了一個面，所以立方體仍維持實體狀態，按住 Ctrl + Shift 鍵用選取次物件的方式才可以選到被 SplitFace 分割出來的小面。

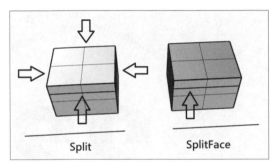
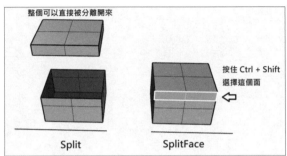

在「SplitFace」的指令列中點選「曲線 (C)」選項，可以指定一條現有的曲線（直線也行），將它「拉回」（Pull）到所選物件的某個面上作為分割線，這個選項比較常用。而如果沒有事先準備一條曲線（或直線），那就只能手動繪製一條直線在指定的面上做為分割線。

再舉個例子，在圓柱體頂面用「偏移曲線」指令選取頂面邊線，做出一條向內偏移的圓形曲線，再執行「SplitFace」指令，點選指令列的「曲線 (C)」選項，使用這條偏移曲線將圓柱體頂面分割。按住 Ctrl + Shift 鍵點選滑鼠左鍵選取被分割出來的小圓面，再按住 Ctrl 鍵進入垂直模式將之向下垂直移動（或使用「操作軸」也可以），就做出錐狀下凹、類似傳聲筒的造型（已將作為輸入物件的偏移曲線刪除）。

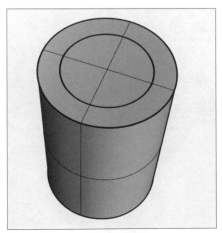
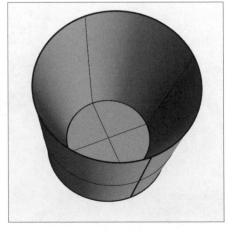

> 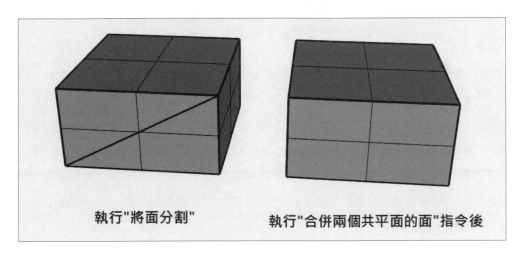 **MergeFace**（合併兩個共平面的面）/ **MergeAllFaces**（合併全部共平面的面）：以滑鼠左鍵點選此指令執行「合併兩個共平面的面」，可以把多重曲面（Polysurface）物件上，相鄰的兩個「共平面」的面給合併（Merge）起來。不過這個指令的限制較多，必須同時滿足 1. 多重曲面屬性，與 2. 兩個共平面的面，這兩個條件才行，使用上較為侷限。

例如對長方體執行「將面分割」指令，把它朝向前方的平面以一條對角線做分割，再對這個被分割的面執行「合併兩個共平面的面」指令，就可以把這個面給「合併」還原。

執行"將面分割"   執行"合併兩個共平面的面"指令後

不過若是對這兩個三角形的小面執行「抽離曲面」指令，就算維持它們的位置不動，執行「合併兩個共平面的面」指令也無法完成操作，因為這時候兩個三角形的小面是「已修剪曲面」屬性，而不是多重曲面屬性。

再舉個例子，創建一個長方體，點選它並查看右側內容面板，顯示它的物件類型為「封閉的擠出物件」，但我們知道它同時也是「封閉的多重曲面實體」物件，因為長方體可以被「炸開」成 6 個單一曲面。

對這個長方體的某一面執行「將面擠出（或原名：擠出曲面）」指令，擠出後，它的物件類型就顯示為「封閉的多重曲面實體」，這時就可以執行「合併兩個共平面的面」指令，把所選的兩個共平面的面給合併（Merge）起來，如下圖所示。

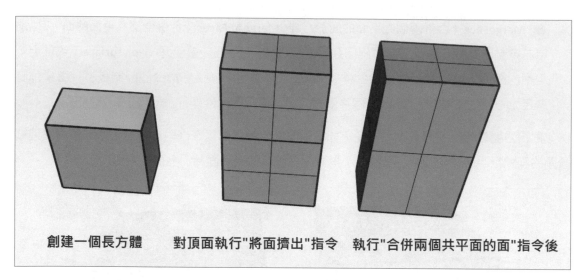

創建一個長方體　　　對頂面執行"將面擠出"指令　執行"合併兩個共平面的面"指令後

我們也嘗試對曲面執行此指令試試看。以「指定三或四個角（點）建立曲面」指令，繪製兩個共邊線的「單一曲面」，這時若直接對這兩個共邊線的單一曲面執行「合併兩個共平面的面」指令，發現無法完成操作。將這兩個共邊線的單一曲面執行「組合」（Join）指令，使它的物件類型變為「開放的多重曲面」後，再度執行「合併兩個共平面的面」指令，發現可以順利完成操作了，結果如下圖所示。

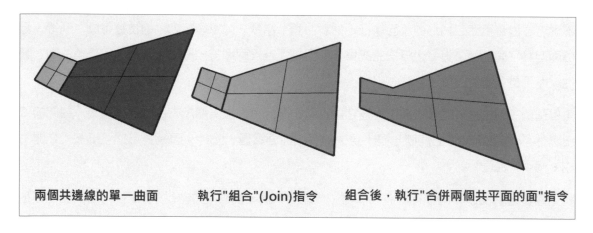

兩個共邊線的單一曲面　　　執行"組合"(Join)指令　　組合後，執行"合併兩個共平面的面"指令

以滑鼠右鍵點選此指令按鈕，會執行「合併全部共平面的面」指令，可以不必點選兩個要合併的面，而是把整個物件都選取起來後，按下 Enter、空白鍵或滑鼠右鍵確認，即可一次把這個物件上所有能被合併的共平面的面都合併起來。

> ▶ 🔲 **MoveFace**（將面移動）/ 🔲 **MoveUntrimmedFace**（移動未修剪的面）：「將面移動」指令並不會解除該面與其周圍面的邊線的組合狀態，故將該面移動後，其周圍相鄰的面也會同步被跟著改變（如同 SketchUP 使用「移動工具」來移動一個面一樣）。此指令可以移動實體或是多重曲面上的面，改變其造型和尺寸，而不改變其物件類型。

如下例，移動立方體的頂面之後，由於頂面還是和相鄰的面都保持著組合狀態，整個立方體跟著變形。也可以把選到的面向內移動，縮減其厚度。

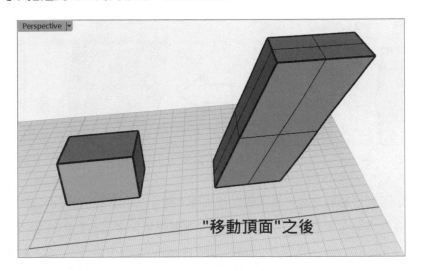

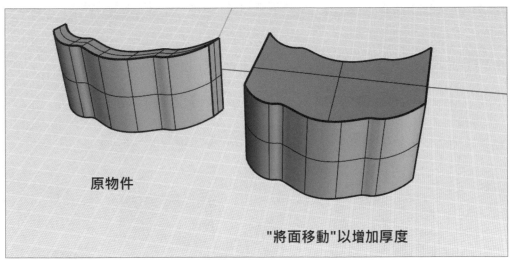

執行這個指令時，不必特意按住 Shift 鍵，也能複選多個面一次移動。其實這個指令和按住 Ctrl + Shift 鍵點選物件的面（次物件）的方法類似，按住 Ctrl + Shift 鍵選取了物件的面之後（可複選），也可用這種更直接的方式來移動物件所選取的面，改變物件的造型。

這個指令不限定只能作用於平面，也可以作用於曲面上，例如下圖把原物件的曲面移動，以增加厚度。

用一個圓形曲線分割立方體的頂面（用 SplitFace 指令，或是 Split 後再 Join 起來），比較執行「將面移動」與「將面擠出」的不同。發現「將面移動」時鄰近部分的形狀也會隨之改變，但不產生新的分段數，而「將面擠出」則正好相反。

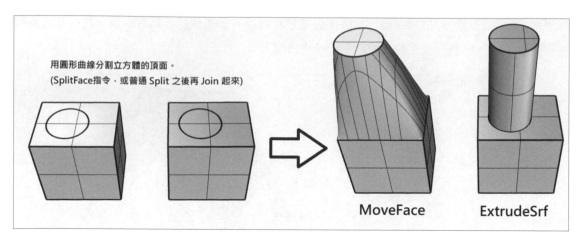

用圓形曲線分割立方體的頂面。
(SplitFace指令，或普通 Split 之後再 Join 起來)

MoveFace   ExtrudeSrf

指令列可以設定將面移動的方向，是不受任何限制（無），或是只能在該曲面的法線方向上移動。而和擠出曲線「至邊界 (T)」的選項相同，首先邊界物件要比移動的面大，並且移動的面會隨著邊界物件的形狀而隨之變形（以邊界物件對移動的面做「修剪」，但不改變其實體物件類型）。還可以設定移動面完成之後，要不要刪除邊界物件，若不刪除邊界物件，後續可自行手動刪除。

需注意邊界物件要比擠出物件來的大，否則「至邊界 (T)」操作無法完成。

移動的起點（方向限制(D)=*無* 至邊界(T)）:

選取邊界（方向限制(D)=*法線* 刪除邊界(E)=*否*）:

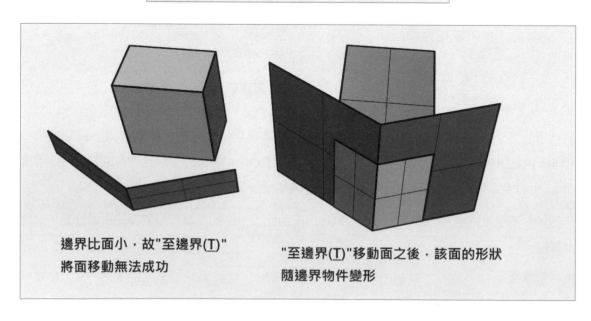

邊界比面小，故"至邊界(T)"
將面移動無法成功

"至邊界(T)"移動面之後，該面的形狀
隨邊界物件變形

點擊滑鼠右鍵會執行「移動未修剪的面」指令，是它左鍵功能的特殊版本，可以移動多重曲面中未修剪的面，而且相鄰的曲面也會隨著做調整。在指令列中設定「複製 (C)= 是」，會額外產生一組變動過的物件副本，並保留原物件。

> ▶ **MoveFace, 至邊界**（將面擠出至邊界）：就是「將面移動」指令的「至邊界 (T)」選項，只不過把它獨立出來成為一個指令按鈕，是個實用的指令，能依據邊界物件的形狀建立擠出實體，並維持其實體的物件類型。

> ▶ **MoveEdge**（移動邊緣）**/** **MoveUntrimmedEdge**（移動未修剪的邊緣）：

> > ▶ 點選滑鼠左鍵執行指令：移動多重曲面的邊緣。

> > ▶ 點選滑右鍵執行指令：移動多重曲面未修剪的曲面的邊緣。

和「將面移動」指令是同樣的意思，不過這時移動的物件是所選曲面上的某條「邊線」而不是某個面（如同 SketchUP 使用「移動工具」來移動一條邊線一樣），其相鄰面的形狀也會跟著被牽扯而發生改變。執行這個指令時，不必特意按住 Shift 鍵，也能複選多條邊線一次移動。

其實這個指令和按住 Ctrl + Shift 鍵點選物件的邊線（次物件）的方法類似，選取了物件的邊線之後（可複選），也可用這種更直接的方式，移動所選取的邊線，改變物件的造型。

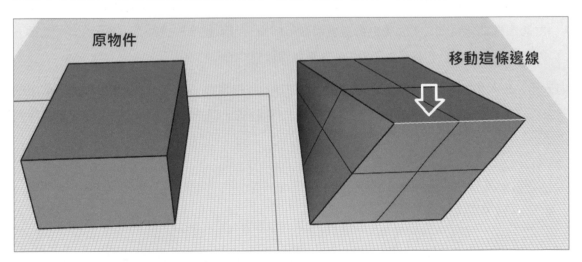

指令列中可以限制所選邊線的移動方向（「方向限制 (D)」），是不受限制（無）、第一個面的法線方向、第二個面的法線方向、兩個面的法線平均、或者與現在的工作平面垂直。

> ▶ **FoldFace**（將面折疊）：有用過 SketchUP 的人應該知道這個指令，可以在選取的開放的多重曲面、或實體（封閉的多重曲面）的某一面，以兩點定義一個摺疊軸，將折疊軸兩側的面「旋轉」（可以分別設定不同的旋轉角度），就好像折疊的動作，或者打開或闔上一本

書一樣。而因為執行操作時,並沒有解除被折疊的面與其他相鄰的面的組合狀態,所以與被摺疊面相鄰的所有曲面也會隨之被調整、改變形狀。

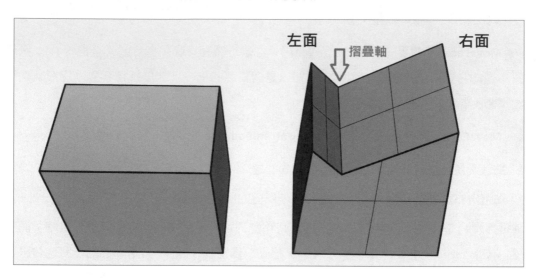

依據指令列中的提示進行操作即可,並且在操作時也會出現動態的即時預覽,因此操作程序很簡單。而在指令列中設定「對稱 (S)= 是」,可以用相同的旋轉角度,旋轉摺疊軸左右的兩個面。

> **WireCut**(線切割):繪製一條開放或封閉的曲線輪廓,並以指定的切割方向與切割深度將這條曲線延伸,對多重曲面或實體進行切割。可以想像成是 Solidworks「伸長除料」的進階版,使用上相當直覺和實用,是編輯實體物件的神器。

如下圖,在平頂錐體上方繪製了一條曲線,點選執行「線切割」指令,依照指令列提示依序點選曲線和平頂錐體,按下 Enter、空白鍵或滑鼠右鍵確認,開始設定第一切割深度和第二切割深度。

> **NOTE** 如果沒有事先繪製切割用的線,點選指令列中的「直線 (L)」選項,可以指定兩點建立一條切割用的直線。

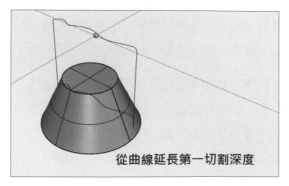

從曲線延長第一切割深度

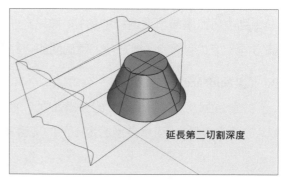

延長第二切割深度

設定好第一切割深度與第二切割深度後（或
按 Enter 鍵切穿物件），再選取要切掉的部
分，可在指令列中點擊「反轉 (I)」來選擇要
切掉的是哪一側，最終按下 Enter、空白鍵
或滑鼠右鍵確認後，就可把所選的那一側切
除掉。

而且「線切割」的好處是，只會對所選取的
物件（可複選）有作用，不是選取的物件就
不會被切割到，非常實用。

在指令列中可以設定切割線伸長的「方向
(D)」為世界平面的 X、Y 或 Z 方向、與切割輪

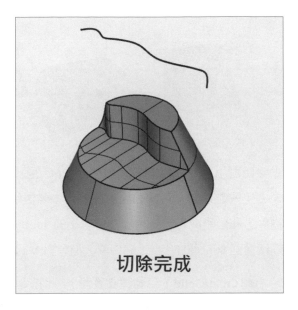

廓曲線的平面垂直（往曲線平面的法線方向）、工作平面法線（Z 軸）方向、沿著某條曲線、或
者「指定」兩點設定任意的切割方向（方向 (D) = 指定，是最常用的選項）。注意切割方向的設
定很重要，切割方向不對就無法正確的切除物件。還可以設定是否要往「兩側 (B)」同時延伸
切割線，讀者可依據需求設定。

也可以設定指令完成後是否要刪除輸入物件（切割用的曲線），或者也可以設定要不要保留被
切割的部分（「全部保留 (K)」= 是 or 否），之後可將之移開或手動刪除，類似「分割」（Split）
指令的觀念。

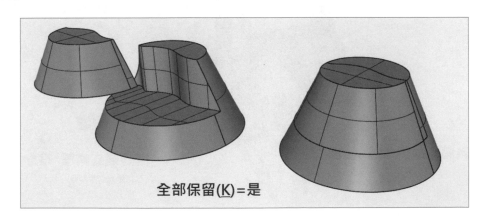

之所以說「線切割」是很實用的指令，因為線切割後的實體物件仍會保持實體屬性，而「分
割」或「修剪」都會把實體物件變為開放的多重曲面，破壞物件的實體屬性。因此要對實體物
件做除料時，「線切割」是非常好用的指令。不過「線切割」指令只對實體物件有作用，對曲
面是無效的。

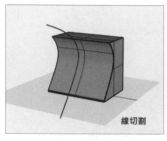

線切割

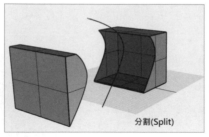

分割(Split)

修剪(Trim)

「線切割」可以使用開放或封閉的一條或多條曲線,也可以選擇曲面的邊線做為切割用的曲線,但只能切割(封閉的)實體物件,無法切割開放的物件。另外,用「線切割」去切 SubD 物件,和分割或修剪一樣,被切割後的 SubD 也會變為 NURBS 物件,若有需要可以再次將它手動轉換回 SubD。並且,「線切割」指令對 Mesh 物件是無效的。

> 🔲 **CreateSolid**(自動建立實體):此指令是結合了多種操作的複合型指令,能夠以所選取的曲面,從其所包圍的封閉空間中,自動執行組合(Join)、修剪(Trim)、將平面洞加蓋(Cap)... 等指令,建立出一個或多個封閉的多重曲面(Closed Polysurface),也就是實體(Solid),節省使用者手動操作的功夫。

如果這些單一曲面或多重曲面能夠圍合出多個封閉空間,則將其全選並執行此指令後,則會建立出多個實體。

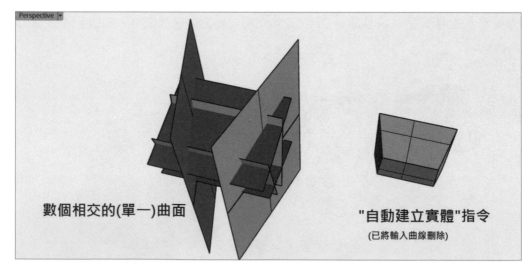

數個相交的(單一)曲面

"自動建立實體"指令
(已將輸入曲線刪除)

在指令列中可以設定要不要刪除「輸入物件」,也就是執行指令後,要把原來的物件(輸入物件)刪除或是保留,一般情況下都是設定為「是」,刪除輸入物件。

> 🗇 **ExtractSrf**(抽離曲面):將選中的面從開放的多重曲面(polysurface)或實體(封閉的多重曲面)上單獨抽離開來。和「炸開」(Explode)指令的區別是,「抽離曲面」指令只會抽離多重曲面或實體上所選取的面,而「炸開」是將物件的每一個面都分解為單一曲面的狀態。

> **NOTE** 以滑鼠右鍵點選「炸開」 ⮱ 指令，也可執行同樣的「抽離曲面」指令。

「抽離曲面」的原理即為解除被抽離面的邊線和其周圍曲面的組合（Join）狀態，要自己手動這麼做也行，但較不方便。經常使用這個指令把多重曲面或實體的某個面抽離出來做編輯，編輯完成後，再「定位」至物件上，並與之組合（Join）或「布林運算聯集」。

而「抽離曲面」和「將面移動」的區別是，「將面移動」指令並不會解除該面與其周圍面的邊線的組合狀態，故將該面移動後，其周圍相鄰的面也會同步被拉扯而跟著做變形；但「抽離曲面」會解除該面和其相鄰曲面邊線（Edge、邊緣）的組合狀態，所以不會影響和它相鄰的面。

如下例子，左邊是直接創建的立方體，右邊是用立方體與球體做布林運算差集後的結果。查看內容面板的物件類型，左邊立方體為「封閉的擠出物件」，右邊是「封閉的實體多重曲面」。

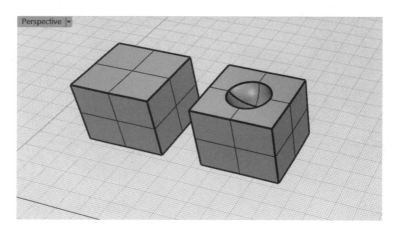

接著分別對兩個物件執行「抽離曲面」，並比較使用不同的指令列選項所產生的結果。雖然一目了然，不過可從內容面板中再度確認物件類型。

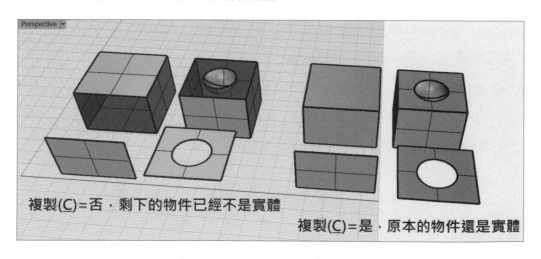

> **NOTE** 使用 Unjoinedge（取消邊緣的組合狀態）分別對該面的四條邊線執行操作，也可達
> 到上圖左邊的效果。

同樣是「抽離曲面」（ExtractSrf），這個指令也可以用來抽離 SubD 物件的面。

而對於 Mesh 物件，它有專屬的「Extract Mesh」（抽離網格）的一系列指令可以抽離網格面，
請參閱後面關於網格的章節。

> ⓘ **Cap**（將平面洞加蓋）：是「抽離曲面」的反操作，能以「平面」填補曲面或多重曲面
> 上所有「封閉的平面缺口」，並自動的與原本的物件組合（Join）在一起，建立出實體物
> 件。不過因為只能填補「封閉的平面缺口」，使用上有些侷限，雖然很方便但並不是萬用
> 的指令。

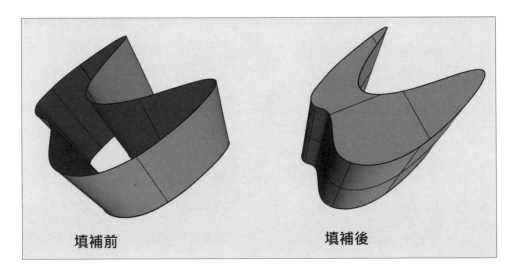

填補前　　　　　　　　　　　　　填補後

> ⓘ **Shell**（薄殼）：Rhino 已經能夠直接對實體物件做薄殼操作，非常方便。對封閉的多重
> 曲面（實體）進行薄殼，雖然在 CAD 類型的軟體存在已久且常用，但在 Rhino 中算是比較
> 新的指令。雖然在某些特別的場合仍然會發生一些錯誤，不過大部分的情況下都可以順利
> 的完成薄殼，在指令列中設定薄殼的厚度。

在 3D 列印實務上，適當的使用薄殼也能減少耗材的使用，能讓模型「減重」。

不過要注意的是，薄殼還尚未可以像圓角或斜角一樣可以被重複編輯，後續要修改薄殼並不方
便（通常只能砍掉重練），等待官方後續的新版本。

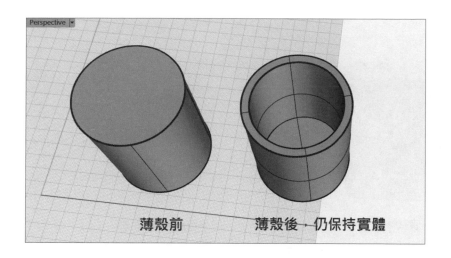

> 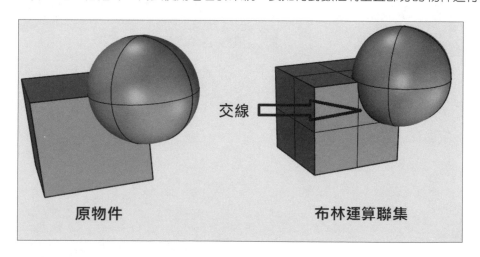 **Boolean Union**（布林運算聯集）、 **Boolean Intersection**（布林運算交集）、 **Boolean Difference**（布林運算差集）、 **Boolean Split**（布林運算分割）：雖然這四種布林運算（Boolean algebra）指令被分類在「實體工具」工具列中，但同樣也可以對曲面進行操作，或者在實體與曲面之間操作，只要物件之間有完整的重疊部分即可。建議也可以從左側的「主要」邊欄中點選以執行指令，這樣無論在哪一個工具列頁籤下，都可以點選執行布林運算的四個指令。

布林運算是數位邏輯電路的根基，基本的運算子有三種：AND（與）、OR（或）、NOT（非）。將布林運算的觀念運用在建模上，就呈現聯集、差集、交集三種型態，而分割是 Rhino 特有的型態，也十分實用。

建模使用的布林運算不同於電路邏輯設計，並沒有複雜的數學公式或真值表需要記憶，操作變得很簡單。布林運算是非常重要、所有軟體都通用的核心操作，讀者參閱下面的四張圖即可明白：執行布林運算的這四種指令，代表使用者告訴系統，要如何對數個有重疊部分的物件進行處理。

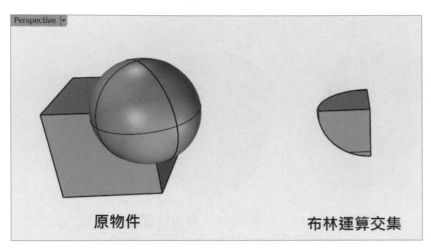

原物件　　　　　　　　　　　　　布林運算交集

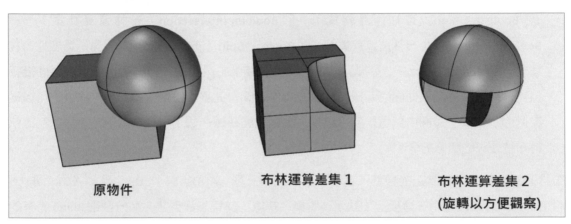

原物件　　　　　布林運算差集 1　　　　布林運算差集 2
　　　　　　　　　　　　　　　　　　(旋轉以方便觀察)

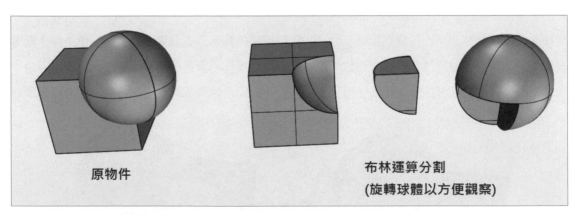

原物件　　　　　　　　　　布林運算分割
　　　　　　　　　　　　(旋轉球體以方便觀察)

「布林運算聯集」是把所選的物件合併成為一個整體;「布林運算差集」是用所選物件減去要被減的物件;「布林運算交集」是取出兩個物件共同的部分,並刪除其他部分;「布林運算分割」是把所有物件的各個部份都取出來。

這邊要注意「布林運算聯集」後的物件,如果已經無法還原(Ctrl + Z),後續要再拆開(要解除布林運算聯集的狀態),只能用「炸開」指令,但這樣就會破壞物件的實體屬性,把物件變為(單一)曲面、多重曲面或已修剪曲面,雖然將曲面封閉之後可以再次「組合」(Join)起來成為實體物件,但仍較不利於未來的調整或修改。所以要做「布林運算聯集」之前,自己要先判斷好情況,如果考慮到後續還有可能做調整或修改,而又想把它形成一個整體方便選取或調整,使用「群組」指令即可。

還有一種常見的情況,如果做了「布林運算聯集」而產生「封閉的非流形多重曲面」,代表有實體或曲面的邊線被重複組合到。這時如果是群組就將之「解散群組」,並將之全部「炸開」再「組合」(Join)起來即可將之變為正常的實體物件。

四種布林運算中,只有「布林運算差集」會產生兩種不同的結果,因為「A 減 B」、或「B 減 A」的結果是不同的,讀者依照指令列的提示進行操作即可。這四種布林運算中,尤其是「布林運算差集」的使用頻率很高,請讀者一定要確實掌握。

若是布林運算的結果和想要的方向相反,按下 Ctrl + Z 復原後,執行「Flip」(反轉方向)指令,翻轉曲面的法線方向後,再重新執行布林運算操作即可。

> **NOTE** 這種狀況只會出現在有曲面參與布林運算的場合,因為實體是封閉的物件,法線方向一定朝外,所以實體與實體之間的布林運算不會有法線方向的問題。

舉一個例子說明布林運算:

在 Right 視圖中繪製兩條有相交的曲線,接著切換到 Perspective 視圖中,點選「建立曲面」工具列中的「將線擠出」指令,以剛才繪製的兩條有相交的曲線建立兩個擠出曲面。再切換到「實體工具」工具列,並點選「布林運算聯集」指令按鈕,看到指令列中提示「選取要聯集的(單一)曲面或多重曲面」,接著點選兩個曲面(不需要按住 Shift 鍵複選)後按下 Enter 鍵、空白鍵或滑鼠右鍵確認,完成布林運算聯集,發現系統自動對兩個曲面做了修剪(Trim)和組合(Join)。

查看右側「內容」面板，顯示布林聯集後的物件類型為「開放的多重曲面」，代表能被「炸開」成各別的（單一）曲面，如下圖所示：

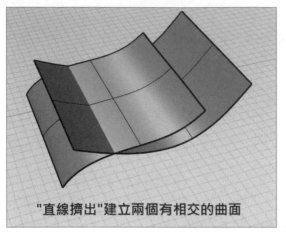

"直線擠出"建立兩個有相交的曲面

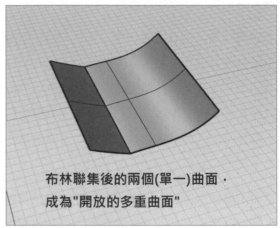

布林聯集後的兩個(單一)曲面，
成為"開放的多重曲面"

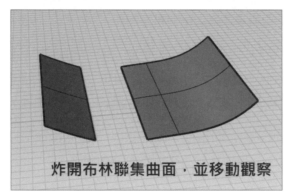

炸開布林聯集曲面，並移動觀察

在指令列中可以設定要不要刪除「輸入物件」，也就是執行指令後，要把原來的物件（輸入物件）刪除或是保留，也就是過河拆橋的意思。

> **UnjoinEdge**（取消邊緣的組合狀態）：這個指令是「抽離曲面」的廣義版本，也可用於「抽離曲面」無法適用的狀況。「取消邊緣的組合狀態」指令，可以解除多重曲面上，選取的邊緣（邊線、Edge）的組合（Join）狀態，可以不用「炸開」整組物件，只分離部分物件。但曲面的接縫（Seam）是固有的屬性，無法分離。

舉實際的例子說明。以「創建實體」工具列頁籤中的「圓管」和「立方體：對角線」直接建立穿過圓管的立方體，並執行「布林運算聯集」指令，兩個實體物件被聯集產生一個完整的實體物件，並在相交處產生輪廓邊線，代表這不是兩個獨立的物件，而是一個整體。

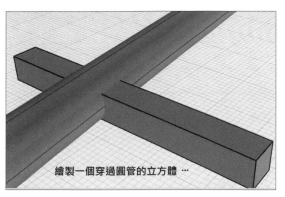

繪製一個穿過圓管的立方體 …

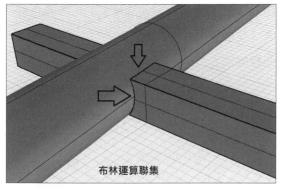

布林運算聯集

點選執行「取消邊緣的組合狀態」指令,並轉動視角,選取相交處的四條邊線(不需按住 Shift 鍵),再按下 Enter 鍵或滑鼠右鍵進行確認,解除這四條邊線的組合狀態,便可單獨將此部分的立方體取出。

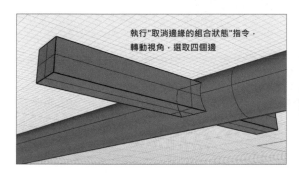

執行"取消邊緣的組合狀態"指令,
轉動視角,選取四個邊

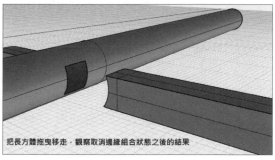

把長方體拖曳移走,觀察取消邊緣組合狀態之後的結果

注意如果沒有正確選取四條邊線是無法完成操作的,而且後續好像也會有 bug,導致無法正確選取邊線。若讀者遇到這種情況,按 Esc 取消指令,並按 Ctrl + Z 復原,再重新操作一次即可。

「抽離曲面」指令實際上就是對所選曲面的所有邊線都「取消其組合狀態」,不過如果是比較單純的場合,直接使用「抽離曲面」指令的操作程序比較簡便。

以下介紹和「洞」(hole)有關的指令,注意 Rhino 中所指的「洞」(hole),除了特別指出是圓洞(RoundHole)的場合以外,洞可以是任意形狀,不一定要圓形。

> 🗔 **MakeHole**(建立洞)/ 🗔 **PlaceHole**(放置洞):

- ▶ 以滑鼠左鍵點選執行:「建立洞」指令。

- ▶ 以滑鼠右鍵點選執行:「放置洞」指令。

「建立洞」指令是將一個「封閉的平面曲線」往設定的方向擠出(伸長),穿過曲面或實體物件產生除料的效果,類似於 Solidworks 的「伸長除料」指令。不過「建立洞」指令的輸入物件只能是「封閉的平面曲線」,使用上有點侷限。

在指令列中可以設定曲線伸長的方向為世界平面的 X、Y 或 Z 方向、與洞的輪廓曲線的平面垂直（往曲線平面的法線方向）、工作平面法線（Z 軸）方向、沿著某條曲線、或者指定兩點設定任意的開孔方向。

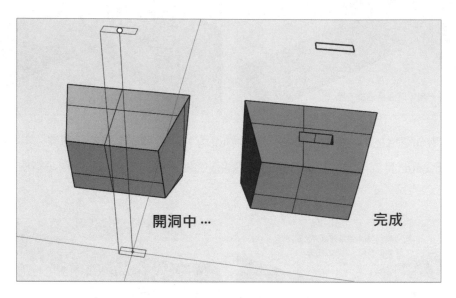

而「放置洞」指令使用上更加簡單，不是用擠出（伸長）封閉的平面曲線的方式開洞，而是在工作平面上隨意繪製封閉的平面曲線，再把曲線直接「放置」到曲面或實體的某一面上開洞，並且可以指定開洞的方向為曲面法線方向，或是指定兩點的任意方向，而且還可以設定洞的旋轉角度。

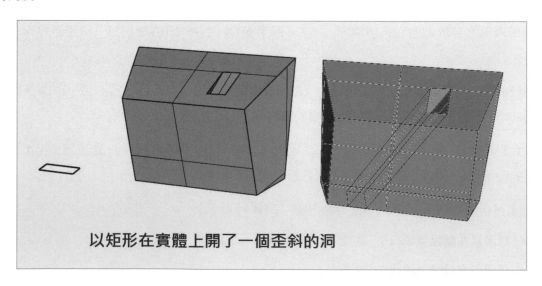

以矩形在實體上開了一個歪斜的洞

其實只要明白指令的原理與觀念，就不要拘泥於指令名稱，要把它活用。例如「建立洞」指令是伸長 + 除料，那我們不必只把它運用在開洞。如以下例子，就是以「建立洞」指令切除立方體一邊的作法（CAD 類型軟體的操作思維），轉換一下思考，這個指令的用途就變廣了。

本書不只詳細說明指令的用法，也講解觀念，目的即在此。讀者在了解原理與觀念後，就可以自由的活用所有指令，即使沒有別人教導也能自己舉一反十，這也是學習「任何知識」的重要認知。

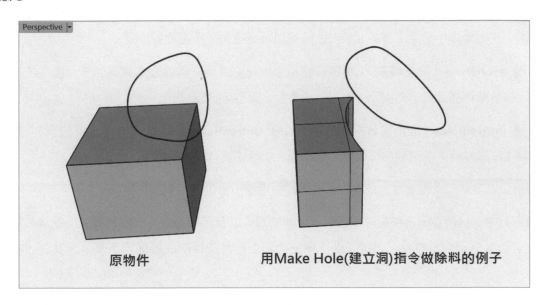

原物件　　　　　　　用Make Hole(建立洞)指令做除料的例子

> 🗐 **RevolvedHole**（旋轉成洞）：結合「迴轉成形」與「放置洞」指令，在曲面、多重曲面或實體內部「迴轉成形」開洞。依照指令列的提示操作即可，指令列中也可以「反轉」孔的方向。

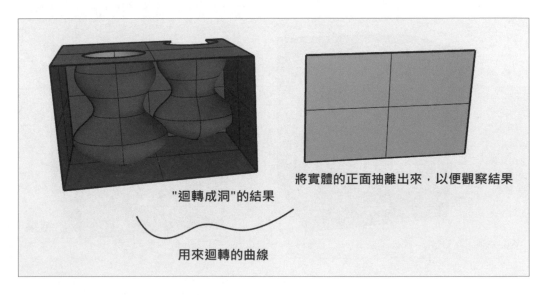

"迴轉成洞"的結果

將實體的正面抽離出來，以便觀察結果

用來迴轉的曲線

> 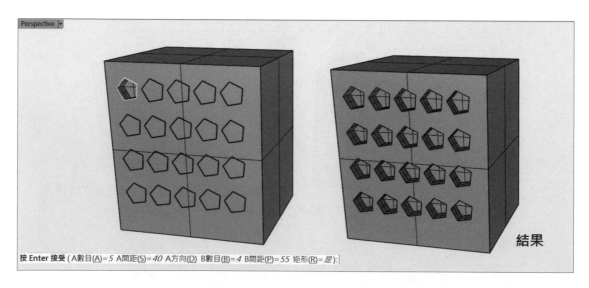 **MoveHole**（將洞移動）**/** **CopyHole**（複製平面上的洞）：

　　▶ 點選滑鼠左鍵執行指令：將平面上的洞移動到其它位置。

　　▶ 點選滑鼠右鍵執行指令：將平面上的洞複製到其它位置。

非常單純的指令，和「移動」與「複製」指令操作方法相同，不過兩者都只能針對「平面上」的洞作用。

> **RotateHole**（將洞旋轉）：單純將一個平面上的洞（不一定要圓形）做旋轉、重新放置。在指令列中設定「複製 (C) ＝是」，可以將洞複製，重複旋轉放置。

> **RoundHole**（建立圓洞）：很單純的指令，直接選擇一個曲面或實體的某一面，依據設定的參數與指定的方向開洞，不過只能產生「圓形」的洞。

> **UntrimHoles**（取消修剪選取的洞）**/** **UntrimHoles,All**（取消修剪全部的洞）：點選滑鼠左鍵執行：把選取的洞給刪除並填補，恢復成沒有洞的狀態。

點選滑鼠右鍵執行：把物件上所有的洞給刪除並填補，恢復成沒有洞的狀態。

在指令列中可以設定是否要刪除所選面上全部的洞、以及可以指定只刪除某種大小的洞，或是設定是否要保留修剪物件，也就是要不要在曲面上把洞的輪廓曲線保留下來，成為普通的線物件。

> **ArrayHole**（以洞做陣列）：以設定的欄數與列數，在「平面上」把洞做「陣列」，依據指令列的提示操作，並在指令列中設定參數，最終按下 Enter、空白鍵或滑鼠右鍵確認，實際執行結果如下圖所示。

> 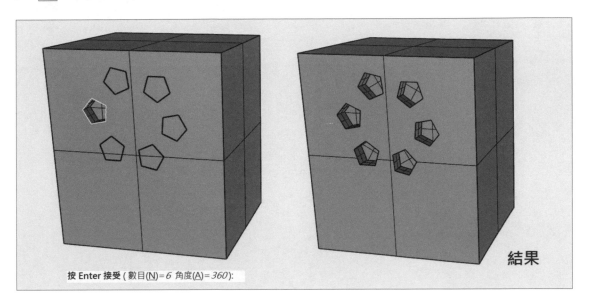 **ArrayHolePolar**（以洞做環形陣列）：是以洞做陣列的環形陣列版本。

按 Enter 接受（數目(<u>N</u>)=*6* 角度(<u>A</u>)=*360*）:

結果

製作圓角或斜角

在物件上製作圓角或斜角是使用頻率很高的操作，故此處
獨立的對此做解說。

Rhino 和所有 CAD 類型的軟體一樣，可以事先在草圖的曲線上就製作圓角或斜角，也可以在建立了曲面或實體後再製作圓角或斜角。操作訣竅是：先製作大的圓角（或斜角）、再製作小的圓角。並且，如果有輸出加工製造的需求，建議在建模的最後階段，完成存檔後，複製一個模型放到不同圖層中，再來製作圓角或斜角，或者在加工製造專用的軟體上才製作圓角或斜角。

雖然指令的用法很簡單，不過因為製作圓角或斜角特徵有順序之分，需要一些經驗和技巧。例如有些圓角尚未製作出來之前不能製作下一個圓角，而且在某些指令下（例如薄殼、偏移…），更需要注意製作的順序會讓產生的圓角或斜角不同。

Rhino 有兩種製作圓角或斜角的方式，分別為點選「邊線」和點選「兩個曲面」，詳細的說明如下：

邊線圓角、邊線斜角

點選曲線、多重曲面或者實體物件的「邊線」來製作圓角或斜角的方式。在指令列中設置半徑或距離等參數，而在指令列中點選「新增控制桿」選項，可以用調整控制桿的方式製作出不等距的變化圓角或變化斜角。

在選取邊線的時候，點擊指令列中的「連鎖邊緣 (C)」選項，可以一次把所有符合指定條件的邊線都選取起來，一次製作圓角（或斜角）。

兩面圓角、兩面斜角

在單一曲面或多重曲面的「兩個面」之間製作圓角或斜角的方式。同邊線圓角，在指令列中設置參數。即使兩個面沒有相連，一樣可以做出圓角或斜角，不過要注意圓角的半徑不能設定的太小，如下圖：

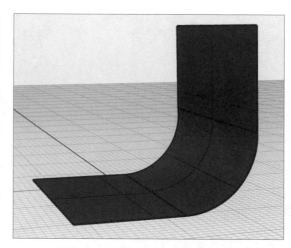

「曲線工具」工具列中，可針對曲線做圓角與斜角的指令

> ⌐ **Fillet**（曲線圓角）/ ⌐ **Fillet,Repeat**（曲線圓角（重複執行））：選取兩條曲線的端點
> 處，再以一個圓弧連接兩條曲線的端點，在兩條曲線之間製作出圓角。

選取要建立圓角的第一條曲線（ 半徑(R)=100　組合(J)=否　修剪(T)=是　圓弧延伸方式(E)=*圓弧*):

這個指令可以自動對兩條曲線做延伸或修剪的操作：即使曲線沒有相交，系統會自動延伸曲線
製作出圓角，而如果曲線做圓角後有多餘的部分，可在指令列中設定要執行修剪，以得到的圓
角曲線修剪原本的輸入曲線，把圓角外多餘的部分修剪（刪除）掉。

在指令列中可以設定圓角的半徑，以及要不要把圓角曲線和原本的曲線組合（Join）。而如果需
要延伸原本的輸入曲線才能製作圓角，在指令列中也可以選擇要以圓弧或是直線的方式延伸原
本的輸入曲線。

以滑鼠右鍵點選此指令按鈕，可以自動重複執行曲線圓角指令，直到按 Enter、空白鍵或滑鼠
右鍵結束。

> ⌐ **FilletCorners**（全部圓角）：觀念同曲線圓角，不過這個指令可以把多重直線或多重曲線
> 上所有的角一次製作成圓角，不過只能設定單一的圓角半徑。

> ⌐ **Chamfer**（曲線斜角）/ ⌐ **Chamfer,Repeat**（曲線斜角（重複執行））：和曲線圓角觀念
> 相同，不過製作的是斜角，所以設定的不是半徑，是斜角的大小（斜角的兩個距離）。

以滑鼠右鍵點選此指令按鈕，可以自動重複執行曲線斜角指令，直到按 Enter、空白鍵或滑鼠
右鍵結束。

對開放和封閉的曲線分別做圓角和斜角，結果如下：

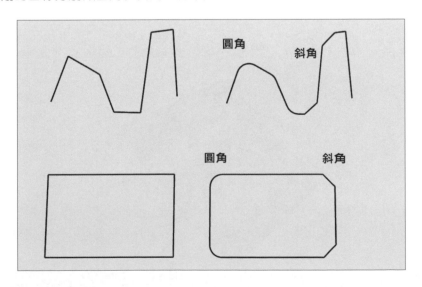

在「曲面工具」工具列中，可針對曲面做圓角與斜角的指令

> ⟩ 🖾 **FilletSrf**（曲面圓角）：也就是本章開頭所說的兩面圓角，選取兩個曲面，在兩個曲面之間建立半徑固定的圓角曲面，同樣也具有延伸和修剪的效果。當兩個面沒有相交時，可設定要不要延伸輸入曲面；而當兩個曲面製作圓角後有多餘的部分，可以設定要不要以圓角曲面去自動修剪（ Trim ）或分割（ Split ）掉多餘的部分。

選取要建立圓角的第一個曲面（ 半徑(R)=*1.00* 延伸(E)=*是* 修剪(T)=*是* ）:

注意圓角曲面並不會主動與原始的兩個輸入曲面組合（ Join ），也就是說產生了一個新的圓角曲面。

> ⟩ 🖾 **VariableFilletSrf**（不等距曲面圓角）/ 🖾 **VariableBlendSrf**（不等距曲面混接）：曲面圓角的進階版，可以製作變化半徑的圓角曲面。注意這個指令並不會自動延伸輸入曲面，要手動讓兩個輸入曲面有交集（指令列中會有提示），例如使用「定位：兩點」指令將兩個曲面的邊線以端點定位，放置在一起後，才能執行此指令。

於指令列中設定曲面圓角的半徑，而若是設定「顯示半徑 (S)= 是 」，會動態的顯示出目前的圓角半徑大小，不需要關閉此功能。

而選取兩個輸入曲面之後，在兩個曲面之間會出現控制桿，移動控制桿可以改變曲面圓角半徑的大小，也可以按住 Shift 鍵複選或按住 Ctrl 鍵退選控制桿，用調整控制桿的方式製作出變化大小的曲面圓角。在指令列中還可以新增、複製控制桿，或是設定全部控制桿的長度為相等（「設定全部 (S)」）、或者將所有控制桿連結在一起（「連結控制桿 (L)」）做連動式的調整。

指令列中也可以設定圓角產生的型態（「路徑型式 (R)」）是滾球、與邊緣距離或路徑間距，但這三種圓角型態用文字來描述會比較抽象，請讀者自行嘗試不同的路徑型式，決定要使用哪一個。

選取要做不等距圓角的兩個交集曲面之一（ 半徑(R)=300 ）
選取要做不等距圓角的第二個交集曲面（ 半徑(R)=300 ）
選取要編輯的圓角控制桿，按 Enter 完成（ 新增控制桿(A) 複製控制桿(C) 設定全部(S) 連結控制桿(L)=*否* 路徑型式(R)=*滾球* 修剪並組合(T)=*否* 預覽(P)=*否*):

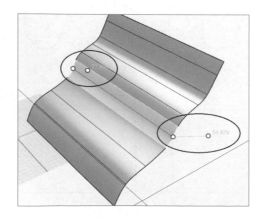

指令列中也可以設定圓角曲面是否要與原來的輸入曲面「修剪並組合 (T)」在一起。而建議將「預覽 (P)」設定為是，以便在畫面上即時動態的預覽調整控制桿的效果。

以滑鼠右鍵點選此指令，可執行「不等距曲面混接」指令，可在兩個有交集的曲面之間產生新的不等距混接曲面，並以這個新的混接曲面修剪（Trim）原來的輸入曲面，並與原來的輸入曲面組合（Join）在一起，而至於指令列的選項都與「不等距曲面圓角」相同。

> 　ChamferSrf（曲面斜角）：和曲面圓角觀念相同，不過製作的是斜角，所以設定的不是半徑，是斜角的大小（斜角的兩個距離）。在指令列中設定「顯示斜角距離 (S)= 是」，會動態的顯示出目前的斜角距離大小，不需要關閉。

新建立的斜角曲面並不會主動與原本的輸入曲面組合（Join），其他於指令列中的子選項都已說明過了。

> 　VariableChamferSrf（不等距曲面斜角）：是「不等距曲面圓角」指令的斜角版本，其他如前述。

調整圓角或斜角的控制桿時，方法和調整混接點或轉折點相同，只要在控制桿上的可控點按一下滑鼠左鍵，可控點就會被吸附在滑鼠游標上，接著移動滑鼠可動態的改變圓角或斜角的大小，或是動態的把可控點放置到新位置上。注意一個控制桿上面會有兩個可控點，一個是動態的調整圓角或斜角的大小，一個是調整要產生圓角或斜角的位置。

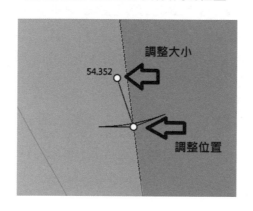

對兩個曲面分別做圓角和斜角,加上其變化版本,結果如下:

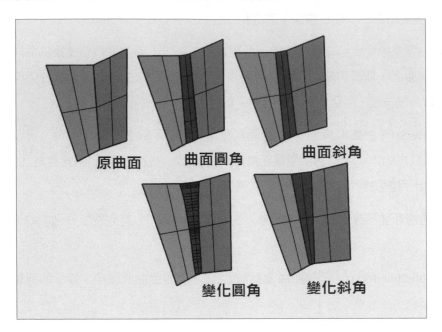

在「實體工具」工具列中,可針對實體物件(封閉的多重曲面)或開放的多重曲面製作圓角與斜角的指令:

> 📦 **FilletEdge**(邊緣圓角)/ 📦 **BlendEdge**(邊緣混接):以滑鼠左鍵點選執行「邊緣圓角」指令,點選開放的多重曲面或封閉的多重曲面(實體)的邊線製作圓角,是 CAD 類型的軟體最常使用到的實體圓角方式。同前述,此指令有修剪(Trim)與組合(Join)的效果,若設定「修剪並組合 (T) = 是」,則會以新的圓角曲面修剪原來的輸入曲面,並與原來的輸入曲面組合在一起。

同前述,此指令也可以調整控制桿,製作出不等半徑的變化圓角。

在指令列中設定「顯示半徑 (S)= 是」,會動態的顯示出目前的圓角半徑大小,不需要關閉此功能。

選取要建立圓角的邊緣(顯示半徑(S)=是 下一個半徑(N)=8 連鎖邊緣(C) 面的邊緣(F) 預覽(P)=是 上次選取的邊緣(R) 編輯(E)):

指令列中可以點選「面的邊緣 (F)」選項,點選一個面把它的邊線都選取起來,方便製作圓角,也可以加選或退選其邊線;而建議把「預覽 (P)」設定為是,以方便即時動態的預覽調整的效果。

從指令列中可以設定各種「連鎖邊緣 (C)」的選取方式，系統會自動把相連且符合連鎖條件的曲線或曲面邊線選取起來。不過這個設定有點複雜，讀者可自行嘗試，如果是初學者的話乖乖的手動一段一段把邊線選取起來也可以。

選取連鎖的曲線（連鎖連續性(C)=*曲率* 方向(D)=*兩方向* 接縫公差(G)=*0.01* 角度公差(A)=*1*）

其他指令列的選項看名稱都可以簡單的理解，故不多介紹。而有個大重點是指令列中的「編輯 (E)」選項，點選此選項可以對已經存在的圓角或斜角再度做編輯，大大的增進了方便性。

而如果在「編輯 (E)」模式下要移除圓角，按住 Ctrl 鍵並點擊滑鼠左鍵，把畫面上已經有圓角的邊線退選掉，再按下 Enter、空白鍵或滑鼠右鍵確認後，即可把被退選掉邊線上的圓角移除，恢復成未建立圓角的狀態，而斜角也是用這樣的方式做編輯。

以滑鼠右鍵點選此按鈕，執行「邊緣混接」指令，以產生新的混接曲面的方式（參考「曲面工具」工具列章節的說明）製作出圓角，並且會以新的混接曲面自動修剪（Trim）原本的輸入曲面，並與原本的輸入曲面組合（Join）在一起。

> **NOTE** Rhino 沒有能直接做出「圓頂」的指令，不過用半徑大一點的邊緣圓角就可以做出圓頂的效果了。

用大的邊線圓角
製作圓頂的效果

> ⬡ **ChamferEdge**（**邊緣斜角**）：是「邊緣圓角」指令的斜角版本，在多重曲面上選取的邊線上建立不等距的斜角曲面，會以新的斜角曲面修剪（Trim）原來的輸入曲面，並與原來的輸入曲面組合（Join）在一起。此指令也可以調整控制桿，製作出不等半徑的變化斜角。

在指令列中設定「顯示斜角距離 (S)= 是」，會動態的顯示出目前的斜角距離大小，不需要關閉此功能。

調整圓角或斜角的控制桿時，方法和調整混接點或轉折點相同，只要在控制桿上的可控點按一下滑鼠左鍵，可控點就會被吸附在滑鼠游標上，接著移動滑鼠可動態的改變圓角或斜角的大小，或是動態的把可控點放置到新位置上。注意一個控制桿上面會有兩個可控點，一個是動態的調整圓角或斜角的大小，一個是調整要產生圓角或斜角的位置。

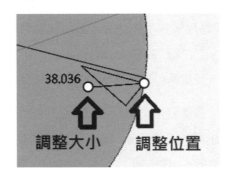

對實體物件分別做圓角和斜角，加上其變化版本，結果如下：

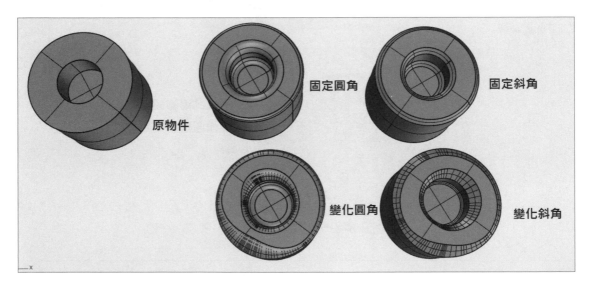

邊緣工具指令集

在「曲面工具」工具列或是「分析」工具列中，按住滑鼠左鍵約 0.5 秒將「顯示邊緣」按鈕展開，顯示「邊緣工具指令集」中的所有指令。這些指令能夠對單一曲面、多重曲面或網格物件的 Edge（Rhino 翻譯為邊緣，或更直觀的説邊線）進行分析與編輯，幫助我們判斷物件的類型、找出曲面邊線的錯誤以進行除錯，或是在曲面的邊線上進行編輯操作。

C H A P T E R

24

Edges 翻譯為邊緣，就是曲面的邊線，又分為外部邊線和內部邊線。外部邊線就是沒有和其他邊線組合（Join）而曝露在外的邊線，又稱為「外露邊緣」（Naked Edges），而內部邊線就是有和其他邊線組合、黏在一起的邊線，可以稱為 Joined Edges。若一個模型有外露邊緣，代表它不是封閉的實體物件，我們可以用模型有沒有外露邊緣來判定它是不是實體，然後將它修復。

使用「分析」工具列的「顯示邊緣」（ShowEdges）指令，對圖中的四個物件做分析，顯示：「總共找到 26 個邊緣，20 個外露邊緣，沒有非流形邊緣」。「全部邊緣」會把 Naked Edges 和 Joined Edges 都算進來，而外露邊緣只會計算 Naked Edges。

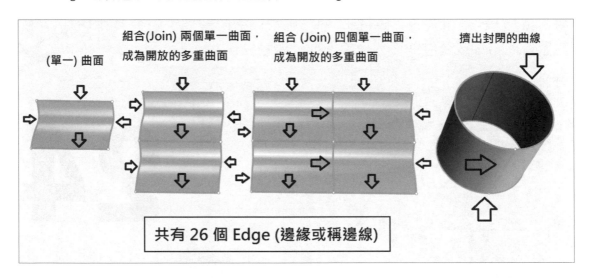

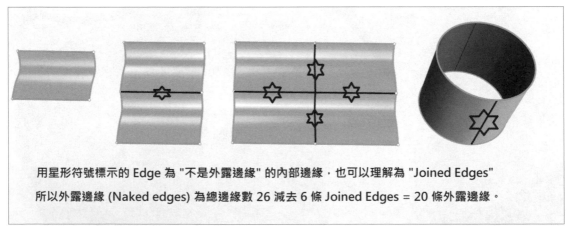

以上是 NURBS 曲面的概念，而 Mesh 和 SubD 類型的物件則不同，它們不是結構線的概念，而是真正由許多 face 拼接而成的，所以可用「選取次物件」的方式選取到每個小面（face）、以及它們的頂點（vertices）和邊線（edges），來進行形狀的調整與各種編輯。

> 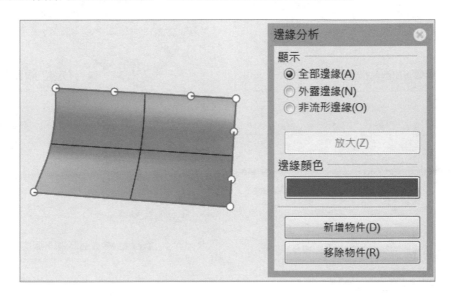 **ShowEdges**（顯示邊緣）/ ![icon] **ShowEdgesOff**（關閉顯示邊緣）：開啟「邊緣分析」對話
框，並以指定的顏色顯示曲面、多重曲面、或是網格物件的邊線（Edge），無論是未修剪或
已修剪過的曲面邊線都可以顯示出來。

「顯示邊緣」指令不只可以顯示曲面的邊線、接縫線，也可以顯示曲面邊線的接縫點（以 Split
Edge 指令做出的分割點）。預設是以桃紅色顯示，使用者也可以自訂顯示的顏色。如下圖所
示，桃紅色的線段代表曲面的邊線，白色的點是曲面邊線上的分割點。

「邊緣分析」對話框中可以勾選要顯示的邊緣（邊線）類型。選擇「全部邊緣」以顯示所有曲
面和多重曲面的邊線，而選擇「外露邊緣」（Naked Edge）則顯示曲面和多重曲面「未組合」
的邊線，可以判斷哪些曲面的邊線是尚未被組合（Join）的。

而非流形邊緣（Non-manifold edges）指的是在同一條 Edge（邊緣、邊線）上面，組合（Join）
了三個或更多的面。非流形邊緣在轉檔與輸出會發生錯誤，必須要修正或砍掉重建。

這個指令也可以讓使用者檢查曲面的邊線處是否有縫隙，兩個曲面的邊緣有縫隙代表有破面或
缺口，就不是實體物件，在轉檔輸出或加工製造時會發生問題，也經常是造成布林運算失敗的
原因。

如下面的例子，對兩個單一曲面執行「顯示邊緣」指令，並勾選「全部邊緣」，可以發現兩個
單一曲面的邊緣（邊線）都顯示出了醒目的顏色。

執行「變動 UDT」功能表的「定位：兩點」指令，將兩個單一曲面的邊線做定位、重合放置，
然後選取兩個曲面，執行「組合」（Join）指令，再重新執行「顯示邊緣」，一樣勾選「全部邊
緣」，發現這兩個曲面接合處的邊線仍然還是顯示明顯的桃紅色。而再度於邊緣分析對話框中

勾選「外露邊緣」，會發現這兩個曲面接合處的邊線就沒有呈現桃紅色了，代表這兩個曲面是以此邊線被組合成為多重曲面。

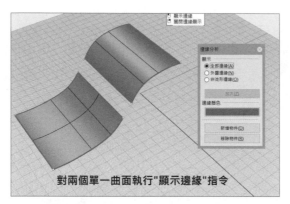

對兩個單一曲面執行"顯示邊緣"指令

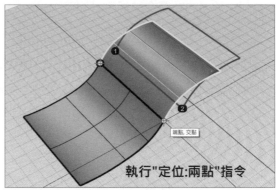

執行"定位:兩點"指令

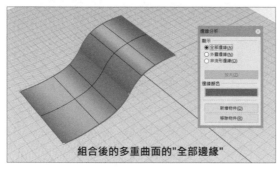

組合後的多重曲面的"全部邊緣"

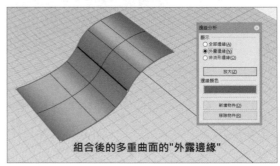

組合後的多重曲面的"外露邊緣"

而這兩個曲面沒有非流形邊緣。

連續按下 Ctrl + Z 數次，返回執行「組合」（Join）之前的狀態，或者將這個多重曲面「炸開」恢復為兩個單一曲面。按住 Shift 鍵重新選取兩個單一曲面，執行編輯曲面工具列的「合併曲面」（Merge Surface）指令，再執行「邊緣分析」，比較勾選「全部邊緣」和「外露邊緣」的狀態。

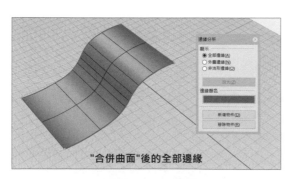

"合併曲面"後的全部邊緣

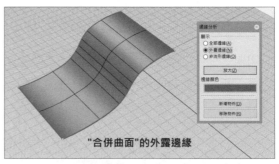

"合併曲面"的外露邊緣

發現執行「合併曲面」後的全部邊緣和外露邊緣都相同，都是曲面最外圍的邊線，曲面的接縫線也消失了，代表兩個單一曲面已經被確實的「合併」為一個整體的單一曲面，從右側「內容」面板的物件類型也可以確認這一點（這裡顯示的曲面就是單一曲面的意思）。

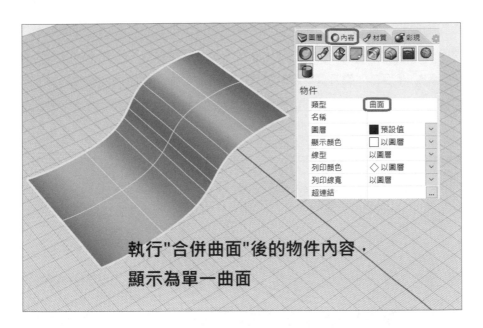

執行"合併曲面"後的物件內容，
顯示為單一曲面

所以合併（Merge）後的一整塊單一曲面已經無法被「炸開」，只能用 Ctrl + Z 回復成兩個單一曲面的狀態，而經過存檔後再次開啟檔案也無法用 Ctrl + Z 復原。

所以「顯示邊緣」指令不只能分析模型讓我們可以進行除錯，也可以得知目前物件的狀態和類型。

> **NOTE** 發現合併（Merge）曲面在相接處沒有粗黑邊，但是結構線比較密集；而組合（Join）曲面在相接處的結構線比較鬆散，而且有表示曲面接縫線的粗黑邊，代表是兩個多重曲面。

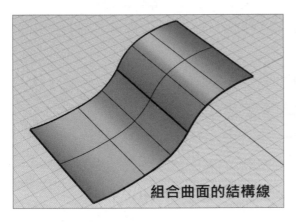

組合曲面的結構線

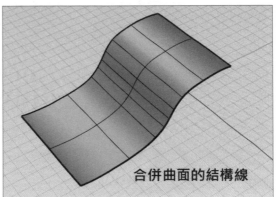

合併曲面的結構線

而如果對實體物件開啟邊緣分析，發現勾選「全部邊緣」仍會顯示實體物件的接縫線，和前面我們所知道的一樣。不過實體物件自然就不會有未組合的邊線，否則就不叫實體（封閉的多重曲面）了。實體物件沒有外露邊緣，所以這是一種可以判斷物件是否為實體的方法之一。但我通常不會用這個方式來判斷，因為不容易觀察，直接從右側的「內容」面板中確認物件類型就好了。

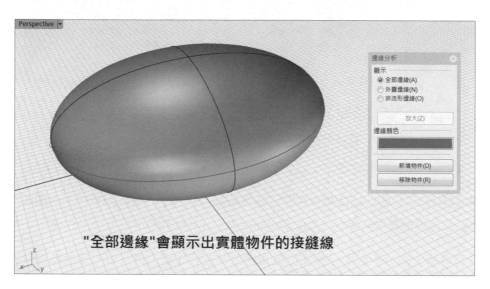

"全部邊緣"會顯示出實體物件的接縫線

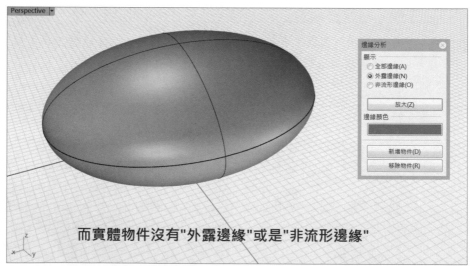

而實體物件沒有"外露邊緣"或是"非流形邊緣"

以滑鼠右鍵點選執行此指令，可以關閉邊緣的醒目顯示，其實直接把邊緣分析對話框關閉即可取消指令，所以有點畫蛇添足的感覺。

> ⬛ **SplitEdge**（分割邊緣）/ ⬛ **MergeEdge**（合併邊緣）：以滑鼠左鍵點選此指令按鈕，為執行「Split Edge」指令，可將所選的曲面邊線，在其上的指定位置插入分割點，把曲面的

邊線分成數段。曲面的邊線被分割成數段後，就可以對其做獨立的操作，例如以下是將曲面邊線分割後，再執行「將線擠出」（原名：直線擠出）指令的幾種結果。

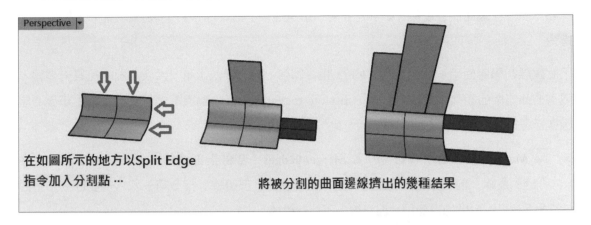

在如圖所示的地方以Split Edge 指令加入分割點…

將被分割的曲面邊線擠出的幾種結果

「顯示邊緣」指令可以顯示出 Split Edge 在曲面邊線上做出的分割點。

而以滑鼠右鍵點選此指令按鈕則是分割邊緣的反操作，為執行「合併邊緣」指令，將曲線或曲面的邊線合併，移除接縫點，但限制是兩個曲面的邊線不能以銳角相連。

除了右圖的擠出用法外，有時候在執行 Loft（放樣）指令時，因為用來作「輸入物件」的曲面邊線之間的接縫點數量不匹配，也可以用 Split Edge 指令來完成操作。例如有兩個接縫點的封閉曲面的邊線，對只有一個接縫點的封閉曲面的邊線做放樣，會發現無法執行放樣，或者產生很奇怪的放樣曲面。

這時，只要在只有一個接縫點的封閉曲面的邊線上執行「Split Edge」指令，將其在相對應的位置上也插入一個分割點，再分別執行放樣指令，就可以順利的產生放樣曲面了。

> **NOTE** 「分割邊緣」指令顧名思義，只能對曲面的邊緣（邊線）執行操作。如果要對一條「線物件」以點做分割，可以放置一個點物件對線作分割，或者從 Split（分割）指令的指令列中點選「點 (P)」即可。

> **JoinEdge**（組合兩個外露邊緣）：強迫組合兩個距離大於絕對公差的曲面的外露邊緣。

一般組合（Join）指令只能組合彼此之間的距離小於絕對公差的物件，而要介紹的這個「Join Edge」指令則會忽略絕對公差的設定，無論兩個曲面的邊線距離多遠都可以被組合（Join）到一起，不過也因此很容易發生錯誤（參考「重建邊緣」指令的介紹），是魚與熊掌不可兼得的指令。

因此建議初學者使用一般的組合（Join）指令即可。如果無法 Join，代表曲面的品質有問題，或者彼此之間的距離大於絕對公差（absolute tolerance）了，建議還是仔細尋找發生錯誤的原因並修正後，再度執行「Join」指令。

> ⬛ **MergeEdge**（合併邊緣）/ ⬛ **MergeAllEdges**（合併全部邊緣）：「合併邊緣」指令在「分割邊緣」的右鍵指令已經介紹過，而「合併全部邊緣」指令可一次合併曲面或多重曲面所有可以合併的邊線段，但邊線上不能有銳角。

> 🔧 **Rebuild Edges**（重建邊緣）：和「重建曲線」與「重建曲面」指令雖然名字差不多但意義非常不同，建議開啟「按鈕編輯器」將之改名為「修復曲面邊線」。這個指令可修復因為其它操作而離開原來的位置的曲面邊線。

這樣講太過抽象，以一個實際例子來看。觀察下圖，這是兩個分開的平面，使用「組合兩個外露邊緣」指令強迫組合兩個平面的邊線，而因為兩個邊線的距離過遠，超過目前的容許公差，系統自動彈出對話框詢問是否仍要操作。按下「是 (Y)」執行操作後，發現到曲面組合後的邊線會離開原來的位置，出現曲面邊線不連貫的錯誤。

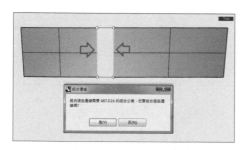
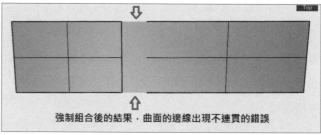

強制組合後的結果，曲面的邊線出現不連貫的錯誤

將兩個曲面執行「炸開」指令後，再移動出來（方便觀察而已），對右邊的曲面執行「重建邊緣」指令，修復其邊線。

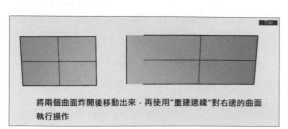

將兩個曲面炸開後移動出來，再使用"重建邊緣"對右邊的曲面執行操作

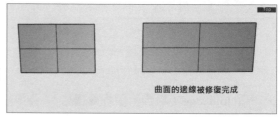

曲面的邊線被修復完成

指令列的子選項可以自行設定重建使用的公差，以取代在「Rhino 選項」中「系統公差」的設定值。

總之，平時不需要去使用這個指令，而一旦在建模過程中發現曲面的邊線出現錯誤時，記得有這個指令可以修復曲面的邊線就好了。不過實務上，對於需要重建邊緣的曲面，除非這個曲面不好畫或者不可取代，不然大多乾脆「砍掉重練」了。

> 🔍 **RemoveAllNakedMicroEdges**（移除點狀外露邊緣）：有時因為使用者在建模的過程中把公差的設定改來改去，或者模型在不同軟體之間匯入 / 匯出，因為每個軟體可能設定為不同的公差，因此模型在匯入 / 匯出時就會產生一些微小、幾乎沒有長度的、未組合的曲面邊線。這種邊線就算開啟「顯示邊緣」指令也是幾乎無法被肉眼看到的，這時就使用此指令來做修正，將之移除掉。

記得有這個指令，在轉檔輸出前可以對模型做優化。

複雜的說完了，以下的指令可以協助你肉眼找出外露邊緣。

> 🔍 **ZoomNaked 全部**：將視圖縮放至可容納所有外露邊緣的範圍。

> 🔍 **ZoomNaked, 目前的**：將視圖縮放至目前的外露邊緣。

> 🔶 **ZoomNaked, 標示**：將視圖縮放至外露邊緣並做標示。

> ▷ **ZoomNaked, 下一個**：將視圖縮放至下一個外露邊緣。

> ◁ **ZoomNaked, 上一個**：將視圖縮放至上一個外露邊緣。

> 🔷 **SelOpenPolysrf**：選取所有開放的多重曲面。

「變動」工具列

變動工具列中包含了對物件做「變形 + 移動（包含定位）」的操作指令，又稱為通用變形技術 (Universal Deformation Technology，簡稱 UDT)，代表能對任何類型的物件作用，並且不會改變它們原先的類型和其他屬性，實務上的價值相當高。

雖然使用「UDT」相關的指令無可避免的會使曲面的結構線增加、變複雜，但只要結構線的分布均勻一致，沒有破面或其他問題，曲面的品質依然能夠達到要求就可以了，不必過於糾結曲面結構線的數量。

CHAPTER

25

> 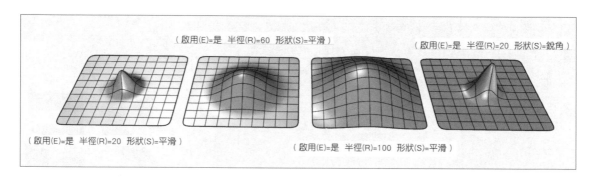 **SoftTransform**（不等量變動 / 切換不等量變動為開啟或關閉）：將所選的物件或次物件（例如 Mesh 或 SubD 物件的頂點、邊線、面、控制點…），調整它的變化量的影響範圍以一個衰減的半徑呈現，針對移動、旋轉、縮放 … 以及各種變形指令都有效果，也可以複選多個次物件或控制點、編輯點 … 來做調整。

這個指令的用法比較特別，它是先設定參數，之後會離開指令，但已經可以對所選的物件或次物件產生作用。要取消指令影響的話，重新執行此指令，設定「啟用 (E)= 否」即可，或者用滑鼠右鍵點選它。指令列中可以設定有效影響半徑、也可以設定形狀是平滑、線性、圓形或銳角，拉出來的造型會稍微有點不同，實際測試看看哪種符合需求就用哪個。

（啟用(E)=是 半徑(R)=60 形狀(S)=平滑）　（啟用(E)=是 半徑(R)=20 形狀(S)=銳角）

（啟用(E)=是 半徑(R)=20 形狀(S)=平滑）　（啟用(E)=是 半徑(R)=100 形狀(S)=平滑）

> **Mirror**（鏡射）：鏡射是每個 CAD 軟體必有且非常實用的指令，操作相當簡單，先選擇要鏡射的物件（無論是點、線、面、實體、網格物件、群組、圖塊 …所有類型的物件都可以鏡射）和指定兩點定義出對稱軸（或鏡射平面）即可。

不過考慮到物件在鏡射之後，於對稱軸兩邊可能會有銳角點或是 G0 連續的情形產生，如果不是刻意要製作這種效果，就必須讓物件上於接近對稱軸兩端的數個控制點保持水平對齊的狀態，以維持鏡射之後接近對稱軸兩端的連續性，如下例所示。

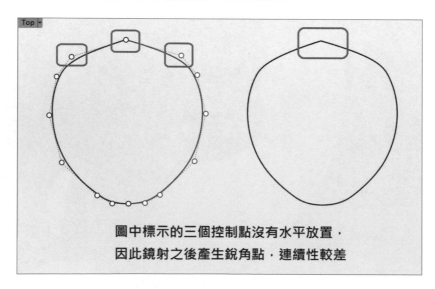

圖中標示的三個控制點沒有水平放置，
因此鏡射之後產生銳角點，連續性較差

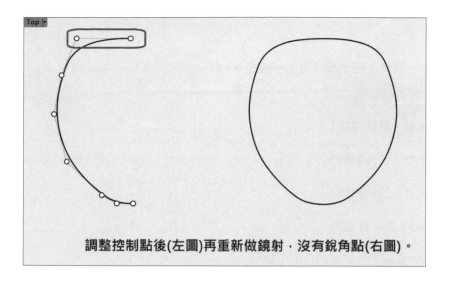

調整控制點後(左圖)再重新做鏡射，沒有銳角點(右圖)。

> **NOTE** 🔮 Revlove（迴轉成形）或其他同類型的指令，觀念也是同理。

指令列中可以設定使用三點定義鏡射軸（或鏡射平面），可以設定是否要複製產生鏡射副本，或直接指定鏡射軸為工作平面的 X 軸或 Y 軸。

鏡射為常用指令，從左側「主要」邊欄中也可以點選執行鏡射指令，或者也可以把鏡射指令加入到滑鼠中鍵的快顯功能表中。

> ▷ 🖉 **Rotate（2D 旋轉）/ 🖉 Rotate3D（3D 旋轉）**：以滑鼠左鍵點選為執行「Rotate 2D」指令，以滑鼠右鍵點選為執行「Rotate 3D」指令。「Rotate 2D」是將所選物件繞著與工作平面垂直的中心軸旋轉。而「Rotate 3D」是將所選物件於空間中繞著一個指定的 3D 軸（指定兩點為一軸）旋轉，這個軸可以是任意傾斜的，參考指令列中的提示進行操作。

於執行「旋轉」指令操作過程中，可以點擊 Alt 鍵來使用「旋轉 + 複製」的操作，或者在指令列中啟用「複製 (C) = 是」也可以。

> **NOTE** 旋轉（Rotate）和迴轉（Revolve）差異很大，Rotate 是指單純的將選中的物件做旋轉以改變其放置角度，Revolve 是指用斷面曲線，以指定的轉軸做迴轉成型建立曲面或實體。

縮放物件

在「三軸縮放」指令按鈕上按住滑鼠左鍵約 0.5 秒，展開縮放指令集，共有 5 種縮放指令，分別是：

>  **Scale 1-D**（單軸縮放）

> **Scale 2-D**（二軸縮放）

> **Scale 3-D**（三軸縮放）

> **SacleNU**（不等比縮放）

> **ScaleByPlane**（在定義的平面上縮放）

雖然縮放方式有 5 種之多，但並不複雜，只要參考以下的圖就可以理解了：

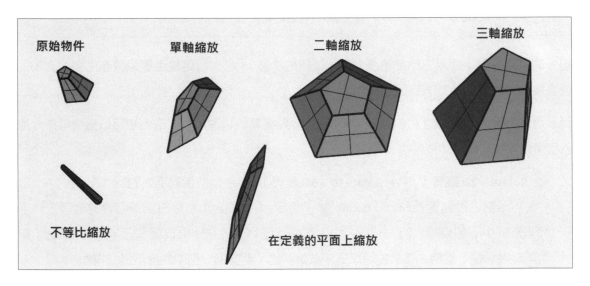

單軸縮放是只在其中一個維度上縮放物件；二軸縮放是只在二個維度上縮放物件；三軸縮放是在三個維度上縮放物件；不等比縮放可以自訂三維度的不同縮放比例，例如在上圖把原始物件於 X、Y 方向縮小，在 Z 方向上放大；在定義的平面上縮放就是讓物件在指定的平面上扁平後，再縮放，相當有趣的效果。

依照指令列的提示進行操作：選取物件，指定縮放的基準點，輸入縮放比例（或者指定兩個參考點），即可把物件縮放。

於指令列中設定「複製 (C)= 是或否」，可以設定要不要產生縮放後的物件副本。而設定「硬性 (R)= 是」，若同時縮放數個物件，則個別的物件不會隨著縮放而產生變形；設定「硬性 (R)= 否」，則個別物件會隨著縮放而產生變形。

> ⬚ **SetPt**（設定點，建議改名為「對齊所選的點」）：是一個對點物件（也包含頂點）或控制點執行操作的指令，如它的按鈕圖示所表示的一樣，此指令能將所選的點物件或控制點，在所勾選的 X、Y、Z 方向上（可複選多個方向）對齊。如果在調整曲線或曲面的控制點時會需要讓所選的控制點在 X、Y 或 Z 方向上對齊，就使用這個指令。

可以選擇要以世界座標對齊或是以工作平面座標對齊。

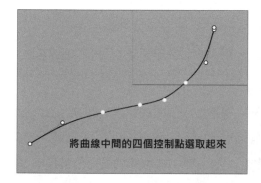

將曲線中間的四個控制點選取起來

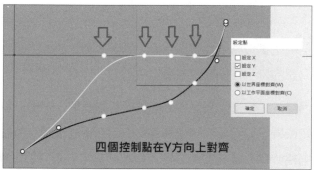

四個控制點在Y方向上對齊

> ≋ **Smooth**（使平滑）：這個指令可以「均化」指定範圍內曲線或曲面的控制點、甚至網格頂點。

如下圖，繪製一條不規則曲線，對曲線執行此指令，出現「平滑」對話框，其中可以設定各種參數，設定過程中可以即時預覽曲線或曲面的變化情況，如下圖，新的結果為黑線，設定完成後按下「確定」鈕。

上例是選取整條曲線做平滑，也可以開啟曲線的控制點，複選數個曲線（或曲面）的控制點，局部的針對控制點做平滑化。

而至於「平滑」對話框的參數都不難理解，平滑係數和平滑階數必須得嘗試過才知道，而「固定邊界」勾選後，則會使曲線的端點不被改變，或曲面邊線或端點的控制點位置不被改變，或網格物件外露邊緣的頂點不會被移動。勾選「固定邊界」，在封閉的曲線或曲面可能造成非預期的接縫或匯集點，如果發生這樣的狀況，復原重做，取消勾選即可。

「變形工具」指令集

在「沿著曲面流動」指令按鈕上按住滑鼠左鍵約 0.5 秒，展開變形工具指令集。

➤ 　🖊 **Flow**（沿著曲線流動）：這是 Rhino 特別突出的指令，運用非常廣泛，尤其在飾品、戒指、珠寶…等領域用的特別多，能把一個在平面上製作的物件，依據它的基準曲線「流動」至目標曲線上放置。例如製作戒指，可先在平面上完成戒指的建模設計，然後使用此指令，先在戒指模型的平面上設定好要流動物件的基準曲線（或基準直線），再選取環狀的目標曲線，就可以把在平面上建模的戒指變成環狀的戒指。目標曲線不一定要環狀，可以是任意形狀，也可以是開放曲線，可活用此指令。

注意點選基準曲線（或基準直線）和目標曲線的不同位置，會產生不同的結果，所以須注意點選基準曲線和目標曲線的對應點，才能將物件正確的流動到想要的地方。如下圖所示，展示建立一個物件和基準直線、目標曲線，並在指令列中設定「延展 (S) = 是 or 否」的效果。

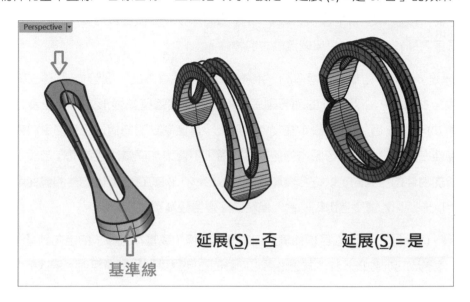

上圖是先繪製了一條基準直線，但如果沒有先畫好基準直線，也可以從指令列中點選「直線 (L)」選項，然後依序指定基準直線的兩個端點，一樣可以建立出一條基準直線。當基準直線和目標曲線的長度相同時效果最好，可用「分析」工具列的「測量長度」（Length）指令量測目標曲線的長度後，輸入數值畫出相同長度的基準直線。

在選取目標曲線的時候，Rhino 7 新增一個「目標曲面」選項，意思就是將選取的物件，依據基準曲線或基準直線，沿著「目標曲面上的曲線」做流動。如下圖，都畫一條直線「投影」在目標曲面上產生投影曲線，然後將要流動的物件（SubD 圓柱體）依據所繪製的基準直線，流動到目標曲面上的投影曲線上，並設定不同的指令列選項的結果。如果流動的方向和所想的相反，對目標曲面使用「反轉方向」（flip）指令翻轉它的法線方向再試試看。

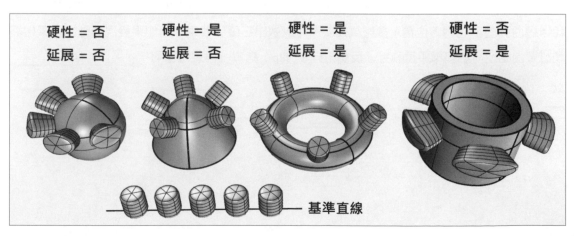

指令列中的「硬性 (R)= 是 or 否」，就是設定流動到目標曲線上的物件，是否會隨著目標曲線的弧度而隨之產生變形，設定「硬性 = 是」就是物件不會隨著目標曲面的弧度而變形，只是單純擺放上去；而設定為「否」代表允許物件變形。「硬性群組」的意思也相同，不過是以群組為判斷單位。而「複製 = 是 or 否」，設定為「是」會將原物件和流動後的物件同時保留，設定為「否」則是會將原物件刪除，只保留流動後的物件。

「局部 (O)= 是 or 否」，可以指定兩個圓，定義出環繞基準直線的「圓管」，物件在圓管內的部分會被對變至曲線上，在圓管外的部分則固定不變，而圓管壁為變形力影響的衰減區。設定「維持結構 (P)= 是 or 否」，可以設定在物件變形後，其控制點的結構是否會隨之改變，若設定為是，則物件在變形之後會保留原本的控制點結構，不會增加與減少控制點；若設定為否，系統會自動增加物件的控制點，以符合變形後物件的形狀，例如在變形後物件的彎曲處新增更多控制點，所以形狀可能會變得比較貼合，但結構會變得較為複雜。

若設定「走向 (A)= 是」，可以在目標曲線上指定基準曲線（或基準直線）的走向軸基準點和走向軸的方向，定義出走向軸後，物件就會沿著走向軸的方向對變到目標曲線上。依據指令列提示，按 Enter 鍵可使用工作平面 Z 軸作為走向軸，而選擇「自動 (A)」則是讓系統自動判斷走向軸。

指令列中的選項有點細節但並不難懂，只要試過一次就可以明白了。

> **FlowAlongSrf**（沿著曲面流動）：此指令是「沿著曲線流動」的曲面版本。要執行此指令之前，首先要在想要流動的物件底下建立一個基準平面（指令列顯示為基準曲面，但大多數場合用平面就可以了）。我們可以使用「建立 UV 曲線」（CreateUVCrv）指令將目標曲面展開成矩形的曲線，再執行「以平面曲線建立曲面」（PlanarSrf）把矩形曲線填充起來做成基準平面，這樣的好處是基準平面和目標曲面的面積相同，產生的結果會比較好。

執行「沿著曲面流動」指令，依據指令列的提示進行操作，選取要流動的物件，再依序選取基準平面和目標曲面，就能把放置在基準平面的物件，「流動」到目標曲面上了。如果發現流動的結果出現異常，就是在目標曲面上點選的位置不對，復原後重新執行指令，改點選基準平面和目標曲面的不同對應位置，多嘗試幾次就可以做出正確的效果。而如果發現流動的結果始終和想要的相反，對基準平面執行「反轉方向」（flip）指令，再重做即可。

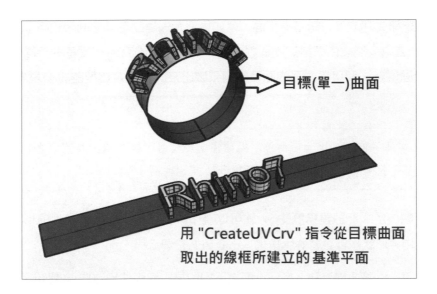

目標(單一)曲面

用 "CreateUVCrv" 指令從目標曲面
取出的線框所建立的基準平面

雖然這裡用一個封閉的圓形曲面作為目標曲面,但目標曲面可以是任意的形狀,並且也可以為
開放的曲面。不過,這個指令的缺點是,目標曲面只能是單一曲面,如果目標曲面是多重曲面
(無論是開放或封閉)的話,只能選取多重曲面其中的一個單一曲面(但不必事先「炸開」就
可以選取到)。

如果真的想讓物件流動到多重曲面的整個範圍,可以手動將多重曲面「炸開」,以「合併曲
面」(MergeSrf)指令將炸開後的所有單一曲面合併為一個大的單一曲面,再重新執行「沿著
曲面流動」指令。

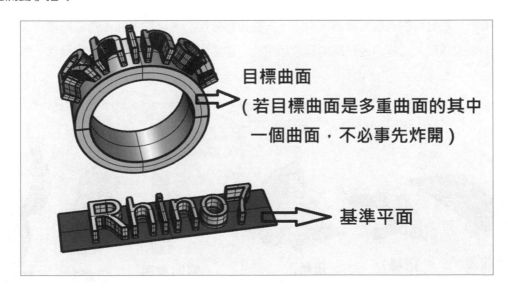

目標曲面
(若目標曲面是多重曲面的其中
一個曲面,不必事先炸開)

基準平面

這兩個例子都是事先建立了一個基準平面,而如果沒有先建立基準平面,也可以從指令列中點選「平面 (P)」選項,然後依序指定兩個對角點,一樣可以建立出一個基準平面,但這樣建立出來的基準平面就無法和目標曲面的面積相同,做出來的效果會比較差,但是若覺得效果 OK 也無所謂。

> **NOTE** 如果基準平面或目標曲面的控制點結構過於複雜,物體流動後可能會產生奇怪的變形,這時可以先對兩者中過於複雜的曲面執行「重建曲面」。

可於執行指令前開啟「紀錄建構歷史」,就可以直接改變基準平面上的物件的形狀,則流動到目標曲面上的物件形狀也會跟著發生變化,不必重做整個流程。

指令列的選項與「沿著曲線流動」類似,較為不同的是「約束法線方向 = 是 or 否」,若設定為「是」,則讓物體流動放置到目標曲面上時,可以自己指令兩點定義出物體在目標曲面的法線方向,而不使用和目標曲面相同的法線方向來擺放物體,但一般比較常用「否」。而「自動調整 = 是 or 否」,設定為「是」,則讓軟體自動調整基準平面和目標曲面的 UV 方向。

> ⬚ **Twist(扭轉)**:很有趣的指令,可以對曲面、實體物件或網格物件做扭轉變形,可以想像成「擰毛巾」的動作。根據指應行中的提示操作,選取要扭轉的物件,指定扭轉軸的起點和終點,再拉出一條轉軸的「把手」,移動滑鼠在畫面上繞圈,在畫面上即時預覽物件變形後的結果,最後點選滑鼠左鍵確認,完成扭轉變形。

如下圖所示,是分別對曲面和實體,指定不同的扭轉軸起點、終點,和不同的扭轉方位與角度所製作出來的效果。這裡示範扭轉的觀念和用法,讀者可以活用扭轉的觀念與操作,做出更多變化的造型。

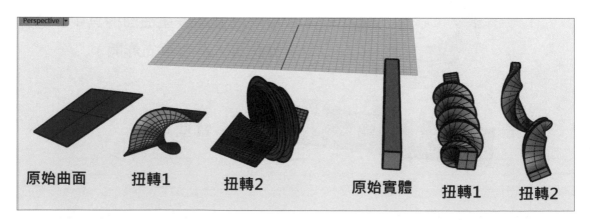

原始曲面　　扭轉1　　扭轉2　　　原始實體　　扭轉1　　扭轉2

用一個長方體做「扭轉」,瞬間就製作出一個近似螺旋梯的實體物件。

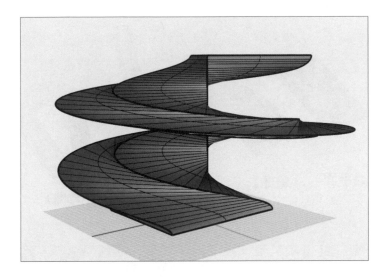

指令列中有些子選項可以設定,說明如下:

設定「複製 (C)= 是」則會產生一個扭轉的物件副本。設定「硬性 (R)= 是」,則扭轉對象內的個別物件不會隨著扭轉而產生變形,而設定「硬性 (R)= 否」,則扭轉對象內的個別物件都會隨著扭轉而產生變形。

設定「無限延伸 (I)= 是 or 否」,可以設定是否要無限延伸扭轉軸的影響力,例如設定「無限延伸 (I)= 否」,則物件只有符合扭轉軸長度的部分才會受到扭轉變形。

設定「維持結構 (P)= 是 or 否」,可以設定在物件變形後,其控制點的結構是否會隨之改變。設定為是,則物件在變形之後會保留原本的控制點結構,不會增加與減少控制點,例如原來物件在端點上有四個控制點,則變形後的物件控制點還是在四個端點上不會改變。若設定為否,系統會自動增加物件的控制點,以符合變形後物件的形狀,例如在變形後物件的彎曲處新增更多控制點。要如何設定,還是要依據使用者的需求和技巧來決定。

> Bend（彎曲）:可以對面或實體、網格物件執行,做出整體或局部彎曲的效果。依據指令列的提示操作,選取要彎曲的物件、骨幹起點與終點、彎曲的通過點,確認後點擊滑鼠左鍵即可彎曲物件。

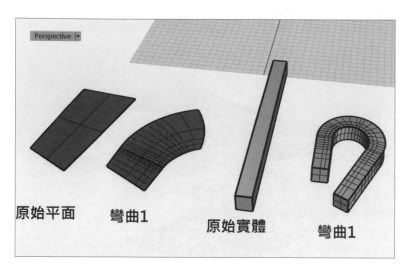

| 原始平面 | 彎曲1 | 原始實體 | 彎曲1 |

彎曲的通過點（複製(C)=否　硬性(R)=否　限制於骨幹(L)=否　角度(A)　對稱(S)=否　維持結構(P)=否）

指令列中有些子選項可以設定，大多說明過了，而「限制於骨幹 (L)= 是 or 否」，可以設定彎曲的範圍要不要延伸，或是以骨幹長度限制彎曲的變形範圍。點選「角度 (A)」可以輸入數值指定彎曲角度，而「對稱 (S)= 是 or 否」可以設定物件要不要以骨幹的起點為基準，於物件的兩側同步進行彎曲變形。

> ⬚ **Taper**（錐化、或稱拔模）：把物件做「錐化」的效果，有點類似設定拔模角度的擠出，可搭配參考建立曲面工具列的「擠出曲線成錐狀」指令。點選此指令按鈕，依據指令列的提示操作，選取要變形的物件，指定錐狀軸的起點和終點，設定起始距離，在畫面上移動滑鼠即時預覽變形效果，按下滑鼠左鍵確認終止距離，完成變形。錐化可以對曲面、實體或網格物件執行，以下例子為對一個圓柱實體做錐化變形，可以往內縮、往外擴，設定傾斜的錐狀軸還可以做出特殊效果。

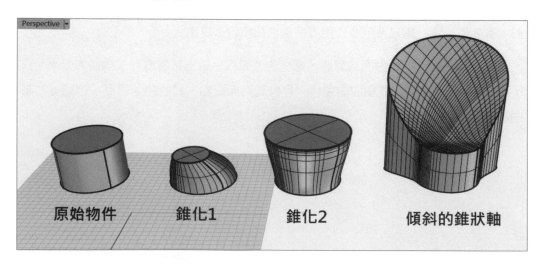

| 原始物件 | 錐化1 | 錐化2 | 傾斜的錐狀軸 |

指令列中有些子選項可以設定，都已經介紹過，除了「平坦模式 (F)= 是 or 否」，可以設定要不要以兩個軸向作錐化變形，但一般很少用。

> **Shear**（傾斜）：把選取的物件做傾斜，很單純的指令。點選此指令按鈕，依據指令列的提示選取要做變形的物件，再指定原點與參考點，最後指定傾斜角度，把物件做傾斜。以下舉例把曲面和實體物件做傾斜，做到「比薩斜塔」的效果。

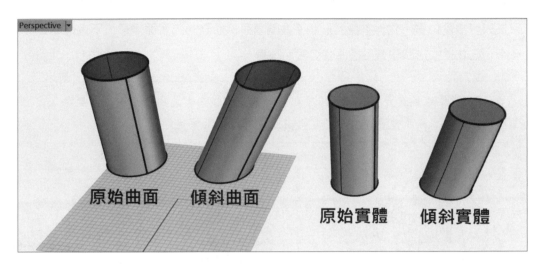

指令列中有些子選項可以設定，都已經說明過了。

> **Maelstrom**（繞轉）：顧名思義，此指令可以將物件以一個軸心為基準，進行轉動式的變形。如下例子，選取四邊的圓柱曲面做繞轉，並嘗試不同的操作，結果如下：

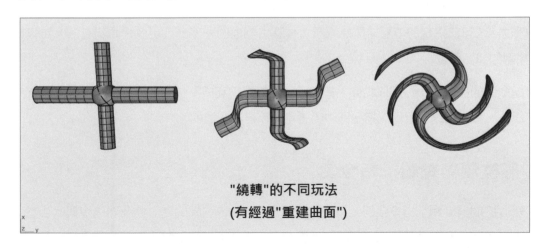

依據指令列的操作提示，指定繞轉中心點、指定兩個半徑與繞轉角度，讀者可自行嘗試指令列中的不同選項，做出不同的繞轉效果。

> 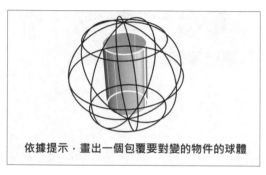 **Splop**（球型對變）：可以把要對變的物件，以參考球體的方式「對變」包覆到目標曲面或實體上，可視為簡化版的「沿著曲面流動」，適用於做浮雕，經常應用在珠寶設計與戒指。

根據指令列提示，定義一個包覆住整個物件的參考球體，以參考球體的中心點，在目標球體或目標曲面上拖曳出要對變的物件。

指令列中有個比較重要的選項是「硬性 = 是 or 否」，若設定為是，則物件對變到目標曲面上時，只是改變放置位置，物件本身的形狀不會隨著目標曲面的弧度而變形，不過經常是設定為硬性 = 否，讓物件的形狀隨著目標曲面弧度而改變。

> **NOTE** 若是將「球形對變」指令應用於球體，則在球體的南北兩個極點（匯集點）之處會造成較大的變形，因此盡量避免靠近球體南北極的匯集點使用。

依據提示，畫出一個包覆要對變的物件的球體

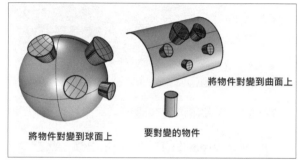

將物件對變到曲面上

將物件對變到球面上　　要對變的物件

>  **Stretch**（延展）：「延展」指令和「單軸縮放」有些不同，「延展」指令可以不用延展整個物件，可於指定的位置才開始延展（伸長）物件的一部分，也就是能夠延展（或縮短）模型的特定範圍。

依據指令列的操作提示，選取物件、指定延展軸的起點和終點，並輸入延展係數或直接指定延展的終點。讀者可以自行嘗試指令列中的選項，都是說明過的。

「變形控制器編輯」指令集

在「變形控制器編輯」指令按鈕上按住滑鼠左鍵約 0.5 秒，展開變形控制器指令集。由於大部分開放的多重曲面或實體物件（封閉的多重曲面）不能開啟控制點，或不方便直接以控制點或實體點的方式做塑形，因此除了選取次物件之外，也可以使用「變形控制器」來間接的改變其形狀，就像捏黏土一般。而且，對其他類型的物件執行「變形控制器」的操作也是可以的，並非只能用於實體物件。

> 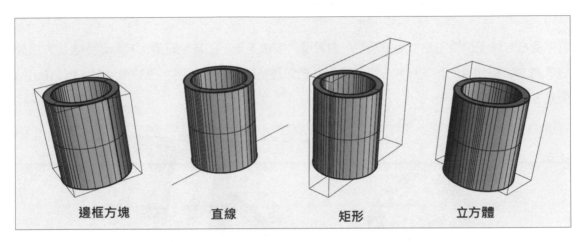 **CageEdit**（變形控制器編輯）/ **Cage**（建立變形控制器）：點選滑鼠左鍵執行：在所選的物件周遭，以指定的方式產生變形控制器，藉由調整變形控制器上的控制點對物件做間接的變形操作。執行後，觀察指令列中的提示，共有「邊框方塊 (B)、直線 (L)、矩形 (R)、立方體 (O)」等四種類型的變形控制器可選擇，讓使用者以不同的方式「間接的」對物件做塑形，不過最常用的還是「邊框方塊 (B)」。

選取控制物件（邊框方塊(B) 直線(L) 矩形(R) 立方體(O) 變形(D)=*精確* 維持結構(P)=*否*）：

| 邊框方塊 | 直線 | 矩形 | 立方體 |

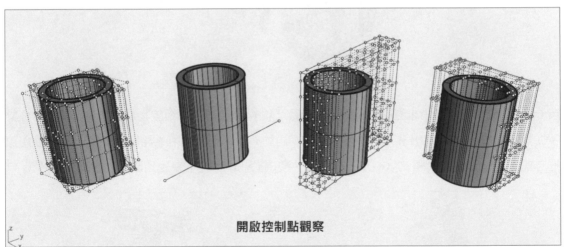

開啟控制點觀察

因為大多數（開放的）多重曲面或封閉的多重曲面（實體）不能直接按 F10 鍵開啟控制點，即使用「開啟實體點」指令所產生的控制點也經常不敷所需。所以除了按住 Ctrl + Shift 鍵再以滑鼠左鍵點選它的次物件（點、線、面）來做塑形的方式之外，還可以使用「變形控制器編輯」指令。「變形控制器編輯」指令是經常用來對多重曲面或實體物件做塑形的方法，用變形控制器調整控制點，能做出直接調整控制點較難以做到的塑形。

例如以「文字物件」指令建立一些「實體」類型的文字，將之全選並使用「變形控制器編輯」指令建立「邊框方塊」的變形控制器。

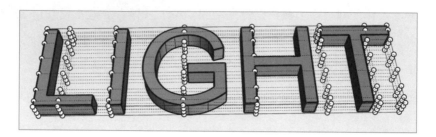

選取邊框方塊上的控制點並拖曳調整，對實體文字做塑形。因為現在變形控制器的邊框方塊是把所有文字都包在一起的狀態，所以就算我們只調整 L、G、T 三個字母的控制點，I 和 H 仍然受到了影響而變形。

按 Ctrl + Z 數次還原到尚未塑形前的狀態，執行「從變形控制器中釋放物件」指令，將 I 和 H 文字從變形控制器中釋放出來，變形控制器就不再對 I 和 H 產生作用。和剛才一樣，我們使用邊框方塊的控制點單獨調整 L、G、T 三個字母，發現 I 和 H 已經不會受到影響了，如下圖所示：

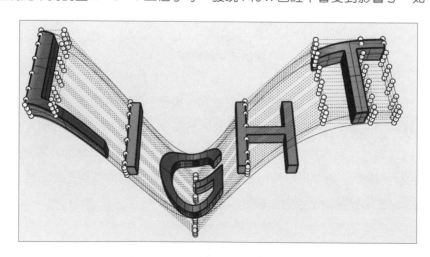

執行這個指令會自動開啟「紀錄建構歷史」功能。

介紹「變形控制器編輯」指令列中其他的選項：

「變形 (D)= 精確 or 快速」，一般都是選用「精確」，變形後曲面的控制點較多，結構比較複雜但完整。

設定「維持結構 (P)= 是 or 否」，可以設定在物件變形後，其控制點的結構是否會隨之改變。設定為是，則物件在變形之後會保留原本的控制點結構，不會增加與減少控制點，例如原來物件在端點上有四個控制點，則變形後的物件控制點還是在四個端點上不會改變。若設定為否，系統會自動增加物件的控制點，以符合變形後物件的形狀，例如在變形後物件的彎曲處新增更多控制點。要如何設定，還是要依據使用者的需求和技巧來決定。

也可以設定變形範圍是「全域」（控制物件的變形影響全體）、「局部」（受控制物件超出衰減距離以外的部分完全不會變形），以及影響範圍開始衰減的距離。

點選滑鼠右鍵執行此指令：建立給「變形控制器編輯」指令使用，用來改變物件形狀的邊框方塊形狀的變形控制器，對其它物件做變形。但由於左鍵功能本身已經可以直接建立變形控制器，故右鍵指令的作用不大。

```
指令: _Cage
底面的第一角（邊框方塊(B) 對角線(D) 三點(P) 垂直(V) 中心點(C)）:
```

> **ReleaseFromCage**（從變形控制器中釋放物件）：將所選的物件從變形控制器中單獨釋放出來，已於上述範例說明過。

> **SelControls**（選取控制物件）：屬於選取類型的指令，一鍵選取所有變形控制器的控制物件。

> **SelCaptives**（選取受控制物件）：屬於選取類型的指令，一鍵選取某個變形控制器的受控制物件。

> **BoxEdit**（方塊編輯）：完全用對話框的方式調整物件的各種變形量，優點是方便用數值很做很精確的調整。執行此指令並選取一個物件，在「方塊編輯」對話框中設置各種變形尺寸的參數和選項，按下「套用」後即可將所選物件依設定的參數和選項變形。如下圖，在調整參數的過程中可以即時預覽變形結果，以一個黑色的框架表示新的物件形狀，按下「套用」之後即可將原本的物件以指定的參數做變形（大小、縮放、位置、旋轉與其他選項）。

如果讀者一路從本書每個章節看下來，就可以理解「方塊編輯」對話框中的所有選項了。

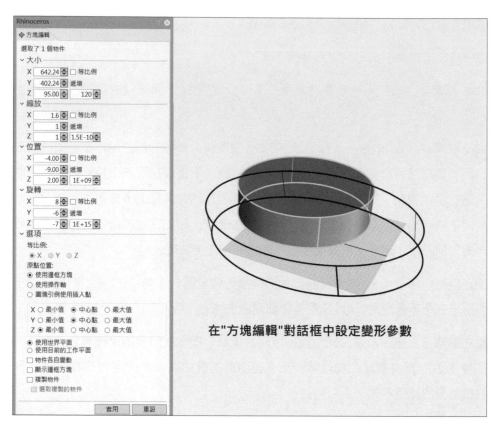

在"方塊編輯"對話框中設定變形參數

陣列指令集

在「矩形陣列」指令按鈕上按住滑鼠左鍵約 0.5 秒，展開陣列指令集。陣列也是無論何種類型的軟體都必有的重要功能，能將所選物件依照指定的方式複製排列。陣列指令的操作上都相當簡單，但非常實用。

> ▦ **Array**（矩形陣列）：以欄、列、層的方式等間距複製物件，在指令列設定物件在 X、Y、Z 方向上的副本數和間距，並設定一個二維的矩形範圍，或三維的立方體範圍。

> ⁘ **ArrayPolar**（環形陣列）：繞著指定的中心點等距複製物件，是很常使用的指令，參考指令列提示進行操作，並在指令列中設定參數。可以設定旋轉排列的角度，不用一定要轉到 360 度，也可以點選「軸 (A)」選項自行指定兩點，設定歪斜的轉軸。

> ⠿ **ArrayCrv**（沿著曲線陣列）：沿著一條曲線等距複製物件，參考指令列提示進行操作，並在指令列中設定參數。

注意曲線只是指定陣列方向，不需要與陣列物件有交集。

> ⊞ **ArraySrf**（在曲面上陣列）：沿著曲面，以欄、列的方式等距複製物件，參考指令列提示進行操作，並在指令列中設定參數。

> 🐾 **ArrayCrvOnSrf**（沿著曲面上的曲線陣列）：沿著曲面上的一條曲線等距複製物件，相當於結合以上兩種陣列的操作。參考指令列提示進行操作，並在指令列中設定參數。

> 🔣 **ArrayLinear**（直線陣列）：在單一方向上等間距複製物件，非常簡單，參考指令列提示進行操作，並在指令列中設定參數。

定位（Orient）指令集

Rhino 的定位指令集是一個強項，也是其它 CAD 類型的軟體比較缺乏的功能。各種「定位」相關的指令可以把所選物件，依據指定的方式「精確放置」（定位）到指定的位置，所以在建模時可以把模型的個別部位分別建立完成後，再依序定位到模型主體上，再執行組合（Join）或各類布林運算操作，完成模型。「定位」指令通常會搭配開啟各種物件鎖點的選項來輔助操作。

> 🔶 **Orient**：2 points（定位：兩點）/ 🔷 **Orient**：3 points（定位：3 點）：以滑鼠左鍵點選執行「定位：兩點」指令，而以滑鼠右鍵點選則是執行「定位：三點」指令。

選取物件的兩個（或三個）基準點，再選取要定位的兩個（或三個）目標點，可將物件以兩點做定位放置。對兩個平面執行「兩點定位」，並搭配不同指令列中的參數，結果如下圖。

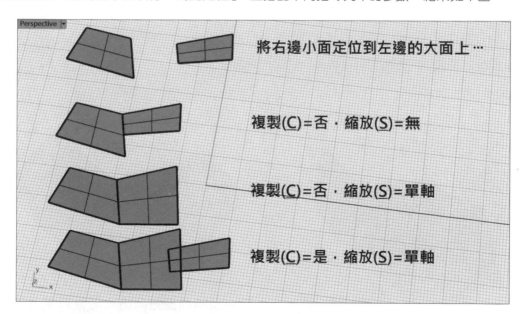

> 🔲 **Orient on surface**（定位至曲面）：如同字面上的意思，此指令將所選的物件定位到指定曲面的法線方向上，例如利用此指令將 3D 文字物件定位到任意曲面上。

如同名稱所述，此指令用於將所選物件精確放置（定位）到目標曲面上。點選執行此指令，依照指令列提示操作，選取要定位的物件（可選取多個，本例中為圓柱管）後按下 Enter、空白鍵或滑鼠右鍵確認，再指定放置時使用的基準點，開啟「中心點」物件鎖點，指定基準點為圓柱管底面的圓心。再依據提示，指定縮放與旋轉的參考點，在圓柱管外指定一點，最後選取要定位至的曲面，選取後，跳出對話框。

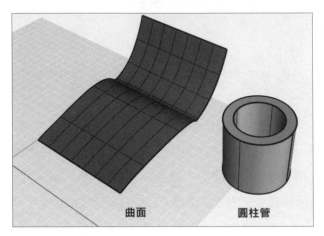

在「定位至曲面」對話框中，可以設定縮放比例和旋轉角度，如果很清楚要改變的比例和旋轉角度的話可以把「提示」取消勾選，自行設定數值，但一般會建議勾選「提示」，以便下一步能動態的調整。按下「確定」後，移動圓柱管到曲面，發現圓柱管上會順著曲面的走勢移動，選定放置點後，接著手動設定縮放比和旋轉角度，或在指令列中輸入數值，最後按下滑鼠左鍵完成定位。

不過，發現圓柱管在曲面上的定位和我們所預期的方向相反，對曲面執行「反轉方向」指令，將曲面的方向反轉後再重新定位一次就可以了。

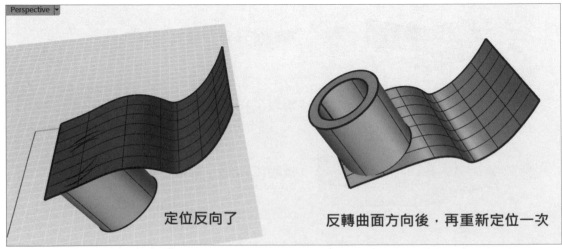

如果要讓物件隨著目標曲面的曲度做變形，不要勾選「硬性」選項。

>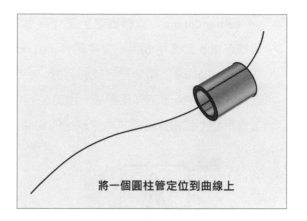

 OrientOnCrv（垂直定位至曲線）：根據指令列中的提示進行操作，可依照曲線的方向將物件定位至曲線上。是「定位至曲面」指令的曲線版本，操作方法也差不多，不過定位的目標對象變成曲線。

將一個圓柱管定位到曲線上

> **Orient curve to edge**（定位曲線至曲面邊緣）：將所選曲線定位至曲面邊緣（邊線）上，很簡單容易操作的指令。

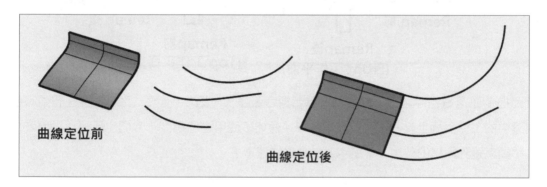

曲線定位前

曲線定位後

> **ProjectToCPlane**（投影至工作平面）：將所選取的物件（適用於點物件、曲線、曲面、多重曲面與網格）投影、壓平至目前視圖所使用的工作平面，注意「投影」和曲面「展平」不一樣。

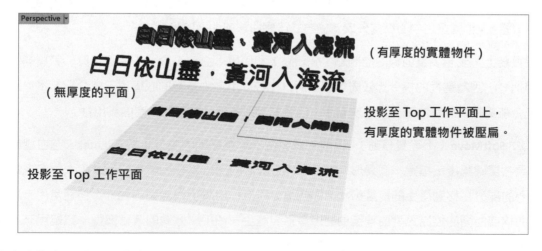

投影至 Top 工作平面

（有厚度的實體物件）

（無厚度的平面）

投影至 Top 工作平面上，有厚度的實體物件被壓扁。

注意此指令無法投影「擠出物件」，可先將擠出物件「炸開」成（單一）曲面或多重曲面，重新組合（Join）之後，再重新執行此指令。

> **RemapCplane**（重新對應至工作平面）：快速把物件映射到選定的工作平面。舉例，我們在 Top 工作平面用「文字物件」（TextObject）指令建立一個有厚度的實體物件，執行「RemapCplane」指令把它映射到 Front 工作平面，所以原先「躺在」Top 工作平面的 A，就變成躺在 Front 工作平面了。由於在指令列設定了「複製（C）= 是」所以在 Top 和 Front 工作平面上都會保留原本尚未映射的物件，如下圖，以 3D 來思考就能理解了。

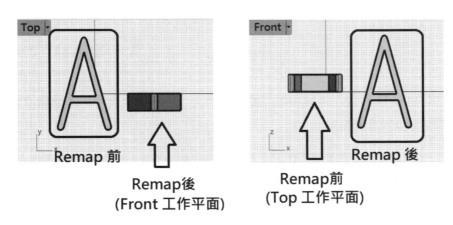

執行此指令並選好物件之後，會發現滑鼠游標旁邊多了一個「+」號，此時直接在想要映射到的視圖中的工作平面上點一下滑鼠左鍵即可。假如不使用這個指令，我們也可以手動將物件旋轉、移動來達到同樣的效果，不過用此指令最快速直接。

「不等量編輯」指令集

在「不等量編輯曲線」指令按鈕上按住滑鼠左鍵約 0.5 秒，展開「不等量編輯」指令集。如它的名稱所表示的，這邊的指令能讓使用者以「不等量」，也就是由中心點向外衰減的方式改變曲線或曲面的形狀。

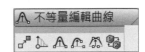

不過實務上，比起調整曲線的控制點、編輯點，和使用「曲線工具」、「曲面工具」工具列中的各種指令，因為這裡的指令比較難以掌握所以比較少用，大多數的教學也不會介紹。不過這裡的指令能夠較為簡單的產生「漸次有序」的衰減變形效果，還是有一定的實用性。

> **SoftMove**（不等量移動）：選取一個要做不等量移動的物件，按下 Enter、空白鍵或滑鼠右鍵確認後，指定一個圓形區域，愈靠近圓心的部分，移動產生的變量愈大；愈遠離圓心的部分，移動產生的變量愈小。這個指令可以作用於所有類型的物件，但通常用來調整曲線或曲面的控制點對曲線或曲面做塑形，產生一個平順遞減的流線造型；或是用來不等量移動點物件的陣列，再以此建立擬合曲面。

若是以曲面當作要做不等量移動的物件，不開啟曲面的控制點，則「不等量移動」的對象就會是整個曲面，所以只能移動整個曲面的位置。而若是開啟曲面的控制點並全選後，此時不等量移動的對象就會是曲面的控制點，所以能不等量的移動曲面的控制點對曲面做塑形，改變曲面的形狀。

例如以下例子是以「指定三或四個角點建立曲面」指令建立一個平面，並執行「重建曲面」指令，在曲面的 U、V 方向都建立 10 個 3 階的控制點，控制點足夠多，不等量移動的塑形效果才會好。

按 F10 鍵開啟曲面的控制點，並將曲面與它的控制點全選後，執行「不等量移動」指令，此時先不在指令列中點選任何選項，直接建立一個衰減力道從圓心遞減的圓形範圍。因為沒有在指令列中設定選項，所以預設會使用「點物件 (P)」選項，並設定一個垂直高度，在點物件上產生一個表示不等量移動（由中心向外衰減）影響力道的立體鐘形範圍。

移動的起點（點物件(P) 曲線(C) 曲面(S)）：

接下來，用和調整混接點、轉折點相同的方法，直觀的調整鐘形範圍上的可控點，改變鐘形範圍的形狀和大小，同時改變衰減力道影響的效果和範圍。調整鐘形範圍上 4 個不同位置的可控點會有不同的效果，用文字描述過於抽象，使用者可以自行嘗試，就可以立刻明白了。

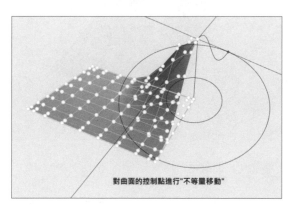
對曲面的控制點進行"不等量移動"

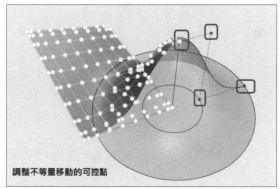
調整不等量移動的可控點

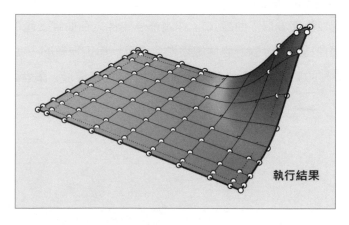
執行結果

同時，鐘形範圍也可以被整體移動（點選它中心的可控點，使它被吸附在滑鼠游標上移動），原始曲面上的控制點就會隨著鐘形範圍的所到之處而被不等量移動，改變曲面的形狀，如下圖。

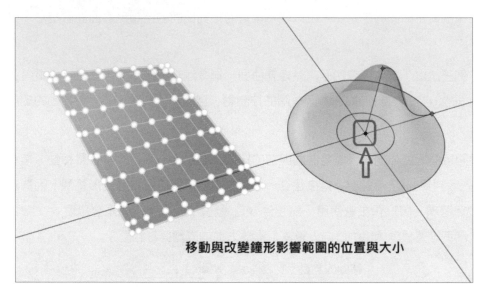

移動與改變鐘形影響範圍的位置與大小

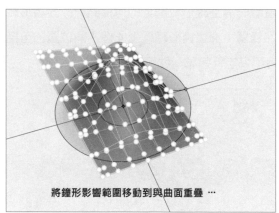

將鐘形影響範圍移動到與曲面重疊 …

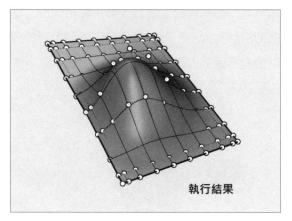

執行結果

移動的起點（點物件(P) 曲線(C) 曲面(S)）：

甚至也可以選擇多個「點物件 (P)」為參考物件，在多個點上產生代表衰減作用力的鐘形範圍。在指令列中還可以指定要以「曲線 (C)」作為參考物件，在曲線上產生鐘形範圍，使鐘形範圍的作用力道沿著曲線掃出，對原物件做變形。也可以指定現有的「曲面 (S)」做為參考物件，在曲面上產生鐘形的影響範圍，以曲面的形狀對原物件做變形，讀者可以自行嘗試這些有趣的功能。

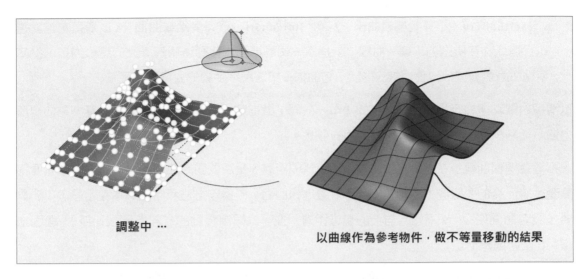

調整中 …

以曲線作為參考物件,做不等量移動的結果

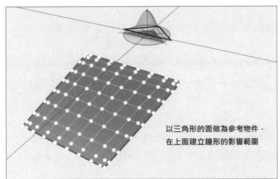

以三角形的面做為參考物件,
在上面建立鐘形的影響範圍

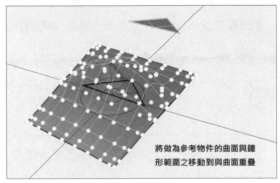

將做為參考物件的曲面與鐘
形範圍之移動到與曲面重疊

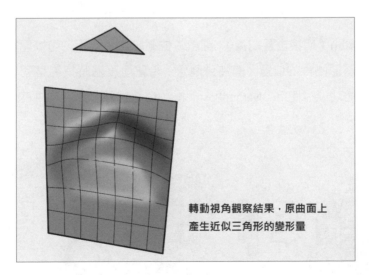

轉動視角觀察結果,原曲面上
產生近似三角形的變形量

在指令列中還可以設定影響範圍的半徑、設定基準點,設定移動的方向是否要與目前視圖的工
作平面垂直、是否要產生變動後的副本(複製),也可以設定是否要整體縮放(以相同的比例
做變動)。

>  **SoftEditCrv**（不等量編輯曲線）/ **SoftEditSrf**（不等量編輯曲面）：以滑鼠左鍵點選執行指令：在所選的「單一曲線」上指定一個基準點，移動這個基準點的塑形力道，從基準點往兩側衰減以改變曲線的形狀，它的指令按鈕圖示生動的表示出來了。

以滑鼠右鍵點選執行指令：在所選的「單一曲面」上指定一個基準點，移動這個基準點的塑形力道，從基準點往兩側衰減以改變曲面的形狀。

「不等量編輯曲線」在指令列中可以設定衰減的距離、是否要固定曲線的兩側端點，或者要不要產生變形後的曲線副本（複製）。「不等量編輯曲面」的操作方法和曲線版本差不多，不過需要多設定曲面在 U、V 兩個方向上的衰減距離，並可以限制移動的方向為不限（無）、曲面法線、U 正切或是 V 正切。

> **FixedLengthCrvEdit**（編輯曲線但不改變長度）：名字很直觀的指令，執行此指令可以只改變曲線的形狀，但會不改變曲線的總長度，依照指令列中的提示進行操作即可。

> **MoveCrv**（移動副曲線）：類似於「實體工具」工具列的「移動邊緣」指令的曲線版本，可以移動多重直線或多重曲線的子線段或端點，而鄰近相接的子線段也會隨之改變形狀。

> **NOTE** 複習一下，多重直線或多重曲線是指多個子線段以彼此的端點被「組合」（Join）起來的物件。

> **NamedPosition**（切換位置紀錄）：開啟「位置紀錄」面板，可以記錄許多個物件的位置，方便隨時還原物件的位置。有特殊需求，希望可以隨時恢復某個物件到紀錄的位置時，是很方便的功能。使用「NamedPosition」（位置紀錄）儲存物件的位置，就可以做到「爆炸圖」。

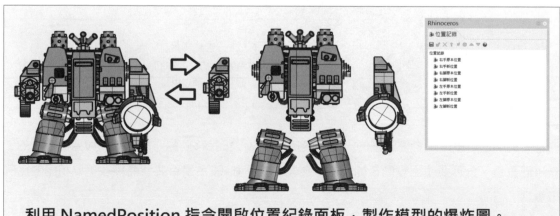

利用 NamedPosition 指令開啟位置紀錄面板，製作模型的爆炸圖。

分析工具列

模型可不是建好就沒事了，如果有轉檔和輸出做製造的需求，一定要保證模型的品質，最起碼不能有破面（未封閉的曲面缺口）、不合理的尺寸，然後還要確保關鍵處曲線或曲面的連續性…等諸多因素，否則就會在轉檔、輸出時發生錯誤，造成即使畫的出來，也不一能做出來，就做白工了。

這也就是為什麼本書一再強調建模的最基本觀念，還有每個指令的用法和注意事項。因為只要有了清晰且完整的建模觀念，熟悉每個指令（尤其是核心指令）並多加練習，就可以從源頭就做出高品質的模型，減少發生錯誤後還要修修補補的麻煩。

分析工具列中同時包含了「分析」、「測量」與「修復」類型的指令，以下分類介紹。

CHAPTER

26

> Flip（反轉方向）/ Dir（分析方向）：已說明過，不再贅述。

> ShowDir（顯示物件方向）/ ShowDirOff（關閉物件方向）：已說明過，不再贅述。

> ShowEnds（顯示曲線端點 / ShowEndsOff（關閉顯示曲線端點）：已說明過，不再贅述。

> ShowEdges（顯示邊緣）/ ShowEdgesOff（關閉顯示邊緣）：已說明過，不再贅述。

> GCon（兩條曲線的幾何連續性）：回報兩條相接的曲線之間的幾何連續性。已說明過，不再贅述。

> CurvatureGraph（開啟曲率圖形）/ CurvatureGraphOff（關閉曲率圖形）：點選滑鼠左鍵執行：以曲率圖形分析曲線或曲面的曲率，將曲線與曲面的曲率視覺化。

點選滑鼠右鍵執行：關閉曲率圖形分析顯示。

很直觀的功能，但我個人很少用到。

> ClosestPt, 物件（數個物件的最接近點）：已說明過，不再贅述。

> PolygonCount（計算網格面數）：分析網格物件的指令，可計算選取的物件的彩現網格的三角網格面數 ，一個四角形網格面於計算時被視作兩個三角形網格面。

「曲面分析」指令集

在「曲率分析」按鈕上按住滑鼠左鍵約 0.5 秒，展開曲面分析指令集，如前面的章節提到的，曲面沒有像曲線一樣有直接回報連續性的指令，只能用視覺觀看的方式分析曲面。

如下圖，是對同一個模型分別執行了曲率分析、拔模角度分析、環境貼圖、斑馬紋分析和厚度分析的結果比較，並在對話框內設定適當的參數。曲面分析可以幫助使用者建立連續性更好的模型、找出模型上的錯誤、把模型調整到更符合理想的狀態 ... 等，不要小看它，而是要經常執行這些分析指令檢查模型，再於檢查後修正模型，或調整模型的連續性。

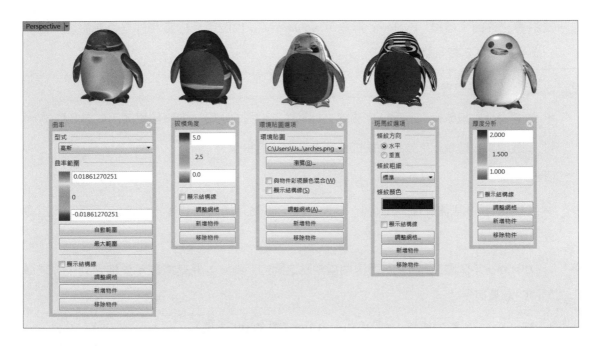

> **PointDeviation**（點集合偏差值）：回報點物件、控制點、網格物件、網格頂點至選取的曲線、曲面或多重曲面之間的距離，在對話框中設定參數。

> **PointsFromUV**（以 **UV** 座標建立點）/ **EvaluateUVPt**（點的 **UV** 座標）：

> ▶ 點選滑鼠左鍵執行：以 UV 座標在曲面上建立一個點。

> ▶ 點選滑鼠右鍵執行：回報曲面上指定點的 UV 座標。

關於測量的指令

「測量」是指定已有的物件上的位置，讓系統測量並回報指定位置之間的距離、角度、質心 ... 等，是實務運用中經常會用到的重要功能。

> **CrvDeviation**（分析曲線偏差值）：回報兩條曲線之間的最大與最小距離，並將結果顯示於指令列中。

> **Angle**（角度）：顯示指定的兩個方向或兩條直線之間的角度，並將結果顯示於指令列中。

> **AreaCentroid**（面積重心）：按住滑鼠左鍵約 0.5 秒可展開「質量內容」指令集，可以計算物件的面積、面積重心、面積慣性力矩、流體靜力數值、在體積重心放置一個點、體積慣性力矩，其中比較重要的

是計算物件的「體積」（volume 指令），volume 指令也能用來檢查物件是否為實體，因為只有實體物件才會有體積。

> 半徑 / Curvature 曲率：

- ▶ 點選滑鼠左鍵執行：回報一條曲線上指定點其切圓的半徑，並將結果顯示於指令列中。
- ▶ 點選滑鼠右鍵執行：分析曲線或曲面上某一點的曲率。

很直觀的功能。

> Diameter（測量直徑）：回報一條曲線上指定點其切圓的直徑，並將結果顯示於指令列中。

> Distance（測量距離）：回報兩個指定點之間的距離，並將結果顯示於指令列中，是最常用的測量指令。

> EvaluatePt（點的座標 / EvaluateUVPt（點的 UV 座標）：

- ▶ 點選滑鼠左鍵執行：回報模型空間一個指定點的世界座標與工作平面座標，並將結果顯示於指令列中。
- ▶ 點選滑鼠右鍵執行：回報一個曲面 U 或 V 座標的位置。

> Length（測量長度）/ Domain（定義域）：

- ▶ 點選滑鼠左鍵執行：回報曲線或曲面邊線的長度，並將結果顯示於指令列中。
- ▶ 點選滑鼠右鍵執行：回報曲線或曲面的定義域，並將結果顯示於指令列中。

> **NOTE** 定義域指的是由曲線起點與終點的參數值定義，讀者若不明白也沒關係，反正一般不會用到。

關於修復類型的指令

> Check（檢查物件）/ CheckNewObjects（檢查所有新物件）：點選滑鼠左鍵執行：檢測選取的物件是否有錯誤的主要指令，方便你刪除或重建有錯誤的物件。

點選滑鼠右鍵是執行「檢查所有新物件」（CheckNewObjects）指令，在每一次建立、修改、匯入時都自動檢查物件是否有錯誤。我習慣不使用此指令，在需要時才手動以 Check 指令做檢查。

>  **SelBadObjects**（選取損壞的物件）**/** **CheckNewObjects**（檢查所有新物件）：點選滑鼠左鍵執行，把所有無法通過「檢查物件」（check）指令的物件選取出來，方便使用者刪除重建或做修復，很實用的指令。點選滑鼠右鍵執行會出現對話框，設定在物件建立或匯入時，要不要自動檢查物件是否有錯誤，不過一般不會啟用此功能。

> **ExtractBadSrf**（抽離損壞的曲面）：在「選取損壞的物件」上按住左鍵約 0.5 秒，可以打開更多關於分析與修復的指令，找到這個「抽離損壞的物件」指令，將無法通過「檢查物件」（check）指令的錯誤物件抽離出來，以便修復或刪除重建。

Rhino 7 中新增的分析相關指令

> **EdgeContinuity**（邊緣連續性）：以直觀的細線來顯示邊與邊之間的距離、相切或曲率偏差。

> **IntersectSelf**（找出自交曲線）：用明顯的點記號標示出曲線有自我交錯的部分，便於後續修復。

>  **Clash**（偵測碰撞）：設定一個基準距離，當兩個物件之間的距離小於設定的基準距離，便判定物件發生碰撞或交疊，並以顯眼的方式標記出來方便你做修正。除了在 Grasshopper 新增了「Clash」元件，在 Rhino 的「分析」工具列中也新增了「偵測碰撞」指令。

> **ClearAnalysisMeshes**（清除分析網格）：刪除模型中所有因為曲面分析指令所產生的分析網格。

特殊的指令

> **Bounce**（反彈射線）：選取數個曲面，指定射線的起點和方向，建立一條反彈的射線成為多重直線，就像是把光線的反射路徑取出一樣，不過在一般的建模中不會用到。

> ▶ **3D 量測手臂**：從下拉式功能表「工具 (L)」→「3D 量測手臂」中把 Rhino 與 3D 量測手臂連線。主要於逆向工程中使用，這些功能只有在購買了 Rhino 支援的 3D 量測手臂才能使用，除非公司或實驗室有這樣的設備，否則一般使用者幾乎沒機會用到。

> **ExtractAnalysisMesh**（需要在指令列手動輸入名稱）：我們知道分析的原理是會在原本物件上產生一層包覆的 Mesh，以這個 Mesh 的頂點來做各種分析，此指令可以把這個分析網格抽離（複製）出來，成為真正獨立的 Mesh 物件。例如以「CurvatureAnalysis」或「DraftAngleAnalysis」指令分析曲面的曲率時，可以使用這個指令將分析網格抽離出來成為獨立的網格物件，而曲面分析的假色會成為網格的頂點色。而如果物件沒有分析網格，則會自動產生一個。

使用圖塊（Block）

從 Rhino 軟體左側的「主要」邊欄，可以展開「圖塊」指令集，如下圖：

如果你的模型中有非常多相同的東西，例如建築設計的花草樹木、室內設計的桌椅、燈具等等，就非常適合利用「圖塊」來製作這些重複的東西。「圖塊」就是用「動態連結」的方式，把定義成圖塊的物件保存成一個檔案，再利用「連結」的方式插入到其它檔案中。如此一來，就算插入成千上百個相同的圖塊物件，由於檔案中只連結與保存了圖塊物件的檔案路徑，因此幾乎不會增加檔案大小，也不用怕太多同樣的物件會影響電腦的操作效率。

另外，將重複出現多次的物件定義成圖塊還有一個好處，就是只要修改圖塊物件，其它連結到此圖塊物件的東西也會全部隨之修改。任何類型的物件都能被定義為圖塊。

CHAPTER

27

以下介紹關於圖塊的指令

> 🔲 **Block**（定義圖塊）快速鍵 **Ctrl + B** / 🔲 **BlockEdit**（編輯圖塊定義）：以滑鼠左鍵點選執行：將選取的物件定義成一個圖塊，選取好物件之後（可複選），依據指令列提示選定一個將來要插入圖塊的基準點，之後在對話框設定圖塊資訊，就可以將物件做成圖塊。

以滑鼠右鍵點選執行：開啟「圖塊編輯」對話框，讓你編輯所選擇的圖塊，可以加入或移除物件，並重設圖塊的基準點（插入點），在圖塊上雙擊滑鼠左鍵也可以開啟同樣的「圖塊編輯」對話框。

> 🔲 **Insert**（插入圖塊）/ 🔲 **ExportWithOrigin**（以原點匯出圖塊）：左鍵點選執行：插入定義好的圖塊，插入圖塊時可以設定圖塊的縮放比例及旋轉角度，建議勾選「插入為圖塊引例」（圖塊物件）。

右鍵點選執行：將圖塊以設定的新基準點（新的圖塊原點）匯出另存成 Rhino 原生的 .3dm 檔案。

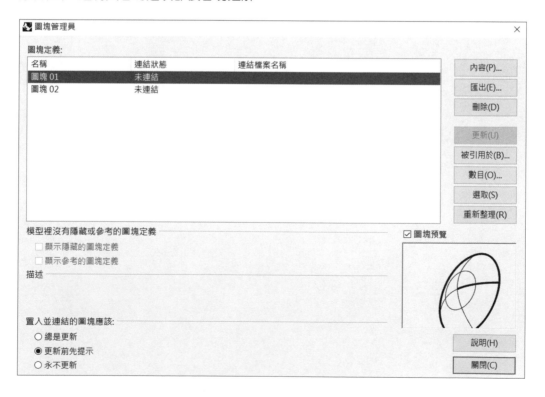

> **BlockManager**（圖塊管理員）：在對話框中管理圖塊，從這裡可以匯出圖塊（將圖塊另存新檔），還有其它的選項都很容易理解。

> 🔧 **ExplodeBlock**（炸開圖塊至最底層的物件）：將無論有多少層的巢狀圖塊一次炸開成一般的物件，即「分解圖塊成為一般物件」，但同時也會失去圖塊的連動性。

> 🔧 **ModelBasepoint**（設定模型基準點）：在模型中指定一點，這個點就是如果此模型被定義成圖塊時，它被插入至其它模型時的基準點。如不做設定，預設的模型基準點是 (0,0,0)。

> 🔧 **ReplaceBlock**（取代圖塊）：將選取的圖塊以另一個圖塊取代。

> 🔧 **BlockManager, Update All**（更新所有連結的圖塊）：如果原始的圖塊物件有被改變，可以手動更新模型中所有連結到的圖塊。

在 Rhino 7 新增了三個圖塊指令：「加入遺失的圖塊屬性索引」、「將文字轉換為圖塊屬性」、「初始化圖塊引例（圖塊物件）的縮放比例」，一般很少用到，不多做解說。

出圖工具列

這個工具列中的指令能讓 Rhino 像 CAD 類型的軟體一樣，從 3D 模型建立 2D 圖面。Rhino 提供了一整套製作工程圖（業界簡稱為出圖）的指令，歸類在「出圖工具列」中。

Rhino 的出圖功能一點都不輸給偏向工程用的 CAD 軟體,而且幾乎沒有學習門檻,我個人認為是目前市面上最簡單方便的出圖軟體,效果優異,更可以幫使用者省去大量時間。

在 Rhino 中,出圖主要有以下三種方法:

一、工程圖顯示模式

最簡單的方法,完全不需要任何技巧,只要在目前視圖左上角的下拉式選單按滑鼠右鍵,選擇「工程圖模式」即可。和其他顯示模式一樣,任何視圖都可以切換到工程圖模式,雖然一般比較少在透視(perspective)視圖中切換到工程圖顯示模式,但如果在 Right、Front 或 Top 視圖…中切換到工程圖顯示模式,看起來就像工程圖了。也可以直接在工程圖顯示模式做尺寸或角度的標註、使用直線與矩形工具畫出圖框、加入文字(text)…等,以及所有「出圖工具列」中的指令都可以使用,效果好、快速又方便。

還可以在右側的「顯示」面板中調整參數,決定哪些線條種類是否要顯示,以及可按下「編輯"工程圖模式"設定」按鈕,開啟「選項」(Option)裡面關於工程圖模式的進階設定。在這些選項中多花些心思,以調整出最合適的顯示效果。

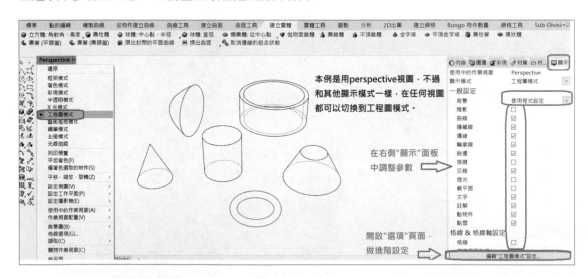

如果在 perspective 視圖切換為工程圖顯示模式,記得在右側的「內容」面板中把投影模式從「透視」改為「平行」,這樣顯示出來的樣子才會比較像 2D 工程圖。其他在 Top、Bottom、Front、Back、Right、Left 視圖中,因為預設就已經是平行投影了,所以不用調整。同樣在「內容」面板,也有調整圖紙比例…等其他的設定。

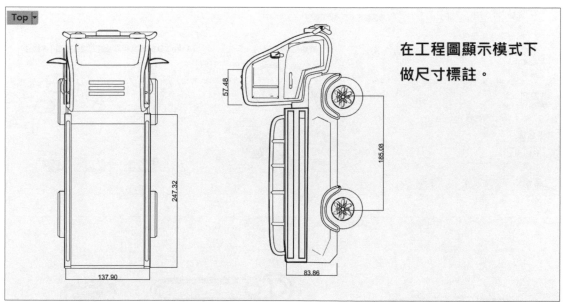

在工程圖顯示模式下
做尺寸標註。

二、「建立 2D 圖面」指令（Make 2D）

把目前選中的 3D 模型變成 2D 的線條圖，並且投影到所選的工作平面上，也就是變成工程圖的
意思。這個指令會跳出一個對話框，裡面有一些正式工程圖的設定，例如第一角法或第三角法
和一些更進階的參數。

這個指令的有趣之處在於,它是直接在「模型空間」中做出 2D 圖面,不會像其他 CAD 軟體一樣進入專門的「圖紙空間」,而且建立出來的 2D 圖都是普通的線物件,故可用所有編輯線物件的方法做修改(不過有些會被群組起來,有需要可自行解散群組),使用直線和矩形工具畫出圖框、加入文字⋯等,也可以直接使用「出圖工具列」中的所有指令做標註或測量⋯等等。其他沒有什麼新的功能,非常容易使用,應付大多數的工程圖需求也足足有餘了。

不過,這個方法的最大缺點是,投影的 2D 線條圖和它的 3D 模型之間並不會建立關聯性,也就是說一旦改變 3D 模型的尺寸或形狀,2D 圖面並不會隨之更新,等於 2D 圖面要砍掉重練了。

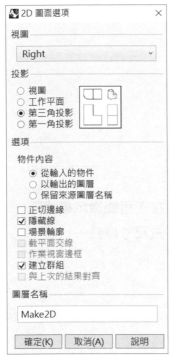

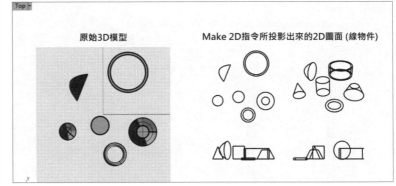

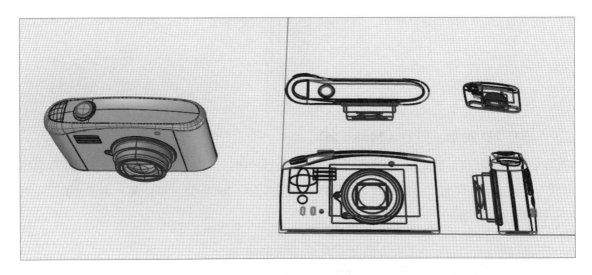

三、「新增圖紙配置」或「新增圖紙配置：四個子視圖」指令

這是最正式的出圖方式，在對話框設定完列印選項後，就會進入到專門出圖的「圖紙空間」，並在下方的視圖標籤新增一個（或數個）圖紙空間的分頁。

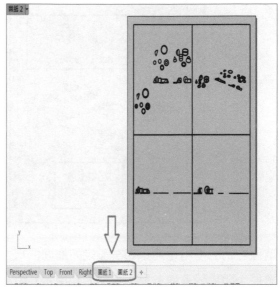

圖紙空間顧名思義就是專門用來產生 2D 工程圖的地方，可以在這個空間中做工程圖的尺寸或角度標註、繪製圖框…等所有會在工程圖上做的事情。

比較特別的地方是，可以在圖紙空間的任意一個視圖中雙擊滑鼠左鍵，你會發現該視圖的底色變了，並且變得像是「窗口」一樣，可以透過這個窗口連結到模型空間，並任意移動、縮放模型，之後可再度雙擊滑鼠左鍵還原，窗口的內容就會被固定下來。

比起第二種方法，這種方式所建立的圖面會與它的 3D 模型自動連結在一起，因此只要模型空間中 3D 模型的形狀或尺寸有變化，圖紙空間的圖面和尺寸標註也會自動隨之更新，就像用 Solidworks 或其他 CAD 軟體來出圖一樣。至於其他的操作和設定方法，都和前面兩點相同，不多贅述。

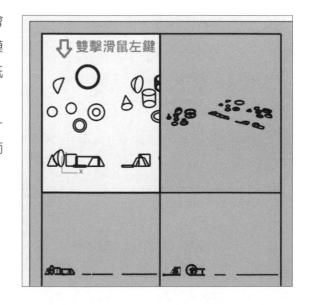

另外還有「新增子視圖」指令,可以在現有的圖面上再新增子視圖,一樣可以雙擊滑鼠左鍵進入 / 退出窗口模式。

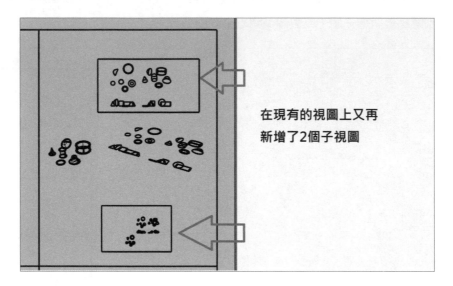

在現有的視圖上又再
新增了2個子視圖

這種方式的優點是可以事先設定好圖面的尺寸和列印方式,圖面和模型之間有互相連結,不過操作卻比較複雜一點,但對於有用過 CAD 軟體(如 AutoCAD、Solidworks、UG NX、Creo …等)的讀者就可以無縫接軌,適合製作正式的工程圖。

輸出工程圖

那要怎麼把做好的工程圖輸出呢?只要執行下拉式功能表「檔案」➔ 列印,即可將圖紙列印出來,或是將圖面存成 .pdf 檔,或其他格式的圖片檔(.png、.bmp、.jpg…)。

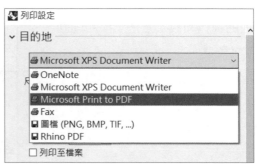

「列印設定」對話框的選項都十分直觀就不多加說明，有一個重點是，展開「視圖與輸出縮放比」欄位，選擇「框選範圍」並按下右邊的「設定…」按鈕，就會暫時離開對話框，讓讀者自行在繪圖區域中繪製一個矩形框作為輸出範圍，設定完畢之後按下滑鼠右鍵、空白鍵或 Enter 鍵，即可回到「列印設定」對話框，繼續調整其他參數。

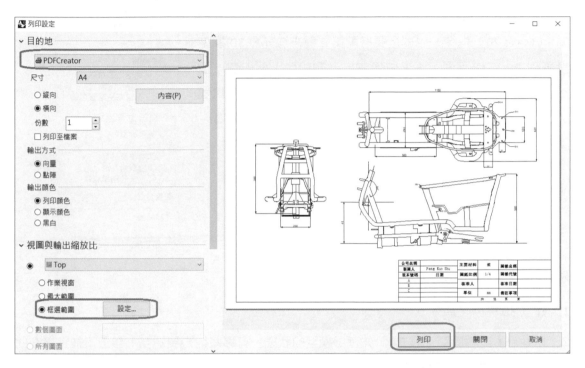

另外，在「視圖與輸出縮放比」的下面，還有很重要的「縮放比」需要設定，可以設定紙上尺寸和模型（實際）尺寸的比例。如果你的模型比較小，可以整個放置到你要列印的紙張大小之內，就建議設定為 1：1，否則就選個適合的比例。不過，無論設定的縮放比是多少，都建議要在圖紙上標示清楚，告訴別人你的縮放比例是設定成多少。

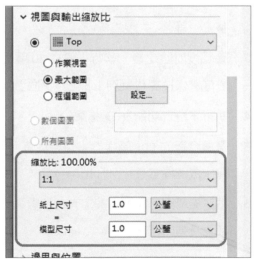

不過要注意的是,若是在第一種方法「工程圖顯示模式」下,直接用這樣的方式(列印)出圖,由於工程圖模式只是改變 3D 模型的顯示狀態,模型並沒有真正變成 2D 圖面,因此除了標註之外,會發現 3D 模型的輪廓都無法被輸出。所以,如果要將「工程圖模式」下的狀態做輸出,還是必須執行「建立 2D 圖面」(Make 2D)指令,也就是要搭配第二種方法先將 3D 模型投影到 Top 工作平面上,並做適當的參數設定,例如在「投影」參數中選擇「視圖」選項,即可只把所選視圖的模型給變成 2D 圖面,或在「選項」參數中取消勾選「隱藏線」…等等,讀者可自行嘗試這些選項。

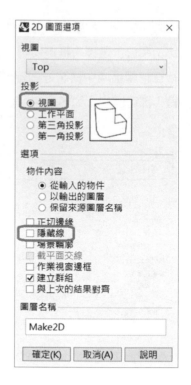

做個本章總結,以下是我自己習慣的出圖方式:

1. 建立 3D 模型(當然…)。

2. 切換到「工程圖顯示模式」,先確認模型的狀態,有哪些地方要調整、修正,並直接在此模式下建立長度標註、角度標註、半徑標註、更改線型或線寬(可從「圖層」面板中調整)…等。

3. 確認沒問題之後,執行「建立 2D 圖面」(Make 2D)指令,在對話框中設定參數,將模型變成線條投影放置到 Top 工作平面上。

4. 執行下拉式功能表 → 檔案 → 列印。

5. 選擇合適的 PDF 產生器(如果沒有,可自行上網下載安裝,如 PDF Creator 軟體),或者要輸出成圖檔或直接列印出來也行。

6. 框選要輸出的範圍、設定其他參數 → 按下「列印」鍵,即可將圖紙輸出成所設定的格式,或直接列印出來。

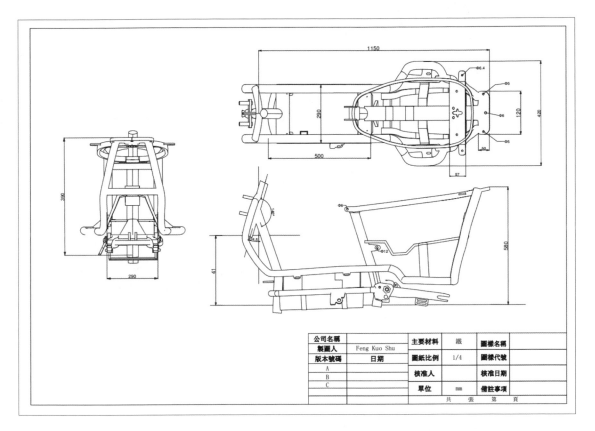

公司名稱		主要材料	鐵	圖樣名稱	
製圖人	Feng Kuo Shu	圖紙比例	1/4	圖樣代號	
版本號碼	日期				
A		核准人		核准日期	
B					
C		單位	mm	備註事項	
			共　張	第　頁	

用 Rhino 出圖的流程很順暢，操作起來很簡單，只要做過一次就會記住了，這是 Rhino 建立工程圖與輸出功能的強大之處。而且 Rhino 輸出的效果很好，線條和標註都很清晰漂亮，專業度不輸給偏向工程用的 CAD 類型軟體。

讀者也可以偷懶直接用鍵盤按鍵「Print Screen」的方式抓圖，把工程圖顯示模式下的畫面給變成圖片，或用其他抓圖軟體也行，但我試過這樣圖片的解析度會變很差，即使用 Rhino 內建的「-ViewCaptureToFile」抓圖指令，效果也不佳（因為變成點陣圖了⋯）。因此，推薦讀者用上述「列印」的方式出圖，效果最佳，因為可讓線條保持向量，不必擔心調整縮放比例會讓圖片解析度變差。

至於其他「出圖工具列」中的指令，都很直觀簡單，就請讀者自己嘗試了。

SubD 工具列

有用過 T-Spline 或 Clayoo 外掛程式的人已經知道 SubD 的建模方式了，這次 Rhino 7 把 SubD 相關的功能全部重寫，成為內建的核心功能。SubD 是 Subdivision surface 的縮寫，中文翻譯為「細分曲面」。SubD 並不是很新的技術，已經被大量採用在諸如 3DsMAX、MAYA、Zbrush…等建模軟體中，採用 Catmull-Clark 的拓撲結構演算法，對四邊面進行自動優化，該演算法在處理時將每個四邊面細分為四個新的四邊面，將每個三角面細分為三個新的四邊面，其他多邊形則三角化後再進行細分。以上是專業的數學說法，實際應用上只要知道 SubD 物件的特性，以及如何創建與編輯它。

CHAPTER

29

SubD 是種結合了 NURBS 曲面 + 網格（Mesh）兩大建模方式的綜合體。可用和創建 NURBS 曲面類似的方式創建出 SubD 曲面，或者先建立預設的基本原形（如球體、圓柱、橢圓、環狀體…），再透過類似多邊形網格的方式對其做捏塑、編輯和各種變形。

SubD 視覺上看起來圓滾滾的，我們最常做的就是把 SubD 物件看成一團黏土，用選取與編輯次物件的方式，捏塑 SubD 的點、線、面，做移動、旋轉、縮放、擠出、偏移、各種變形…等操作，像捏黏土一樣把形狀捏塑出來，並且搭配相關的指令來建模。

同時，也有「重建為四角網格」（QuadRemesh）的實用指令，可以把 Mesh 物件優化成幾乎都是四邊面的結構，也對 NURBS 或 SubD 物件有效，並且可以方便的將優化過的 Mesh 模型直接再轉換為 SubD，使得後續能夠再以 SubD 的方法調整造型。

建立 SubD 基礎物件

以下是網格（Mesh）物件和 SubD 物件的比較，可以發現 SubD 物件的表面相當圓滑，甚至有點 cute，這就是 SubD 物件最大的特徵，讀者可以把 SubD 物件想成是黏土的素坯，接下來就可以從這些素坯中開始「捏塑」出造型。

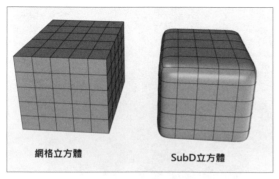

網格立方體　　　　SubD立方體

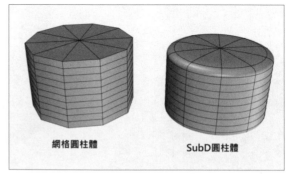

網格圓柱體　　　　SubD圓柱體

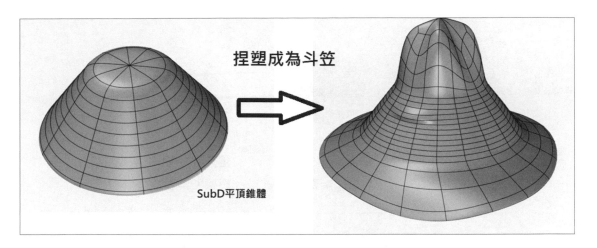

捏塑成為斗笠

SubD平頂錐體

在 SubD 工具列的指令可以讓我們直接建立 SubD 平面、立方體（按住 Shift 可繪製正方體）、圓錐體、平頂錐體、圓柱體、橢圓體、球體、環狀體，讓我們可以快速建立用來做捏塑的原型，和創建 NURBS 或 Mesh 基本物件大同小異，參考指令列中的提示來設定多種不同的繪製方式、型式、不同方向的面數…等等，都很容易使用。

經常使用以下幾種方式產生一個 **SubD** 物件，再對它做捏塑和各種編輯，建立形狀。

1. 直接建立各種 SubD 基本物件。

2. 繪製「適用於細分」的曲線將之擠出，並設定「輸出 (O)=SubD」。

3. SubD 放樣，SubD 掃掠、SubD 旋轉成形 ... 使用和 NURBS 相同的邏輯建立 SubD 物件。

4. 由 NURBS 或 Mesh 物件轉換成 SubD。

5. 其他方式…

產生 SubD 面

> 　 **3DFace**（單一網格面 / 單一 SubD 面）：在網格相關章節做詳細解說，不重複說明。

> 　 **SubDivide**（細分）：增加 SubD 或 Mesh 物件的面數，每細分一次，面數就多 4 倍。細分的目的是為了增加更多「控制元素」（頂點、邊、面）以便讓我們進一步塑形。「細分」指令除了 SubD 物件，對 Mesh 物件也有效，因此若是使用 Mesh 來建模，也可以使用此指令來產生更多 Mesh faces。

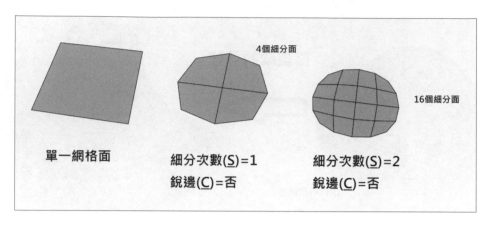

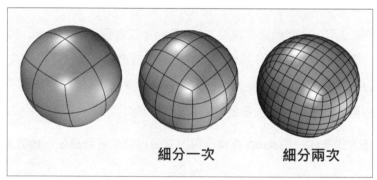

目前 Rhino 7 的細分無法還原,所以要注意使用,不要一下就分出太多面數。而且因為 Rhino 還沒有像 Zbrush 或 Blender 可用各種「筆刷」調整頂點的功能,只能用滑鼠拖拉調整,因此太多的面數反而不方便調整形狀,所以面數夠用就好。

可以用「選取次物件」的方式,只對選到的面進行「局部細分」。另外,也可以用「InsertPoint」或「insertEdge」指令手動局部性的增加細分面數,在局部增加可調整形狀的能力,不一定要使用「細分」指令。指令列中可選擇要不要刪除細分前的輸入物件,依據需求選用。

> ExtrudeSubD(擠出 SubD):和「建立實體」工具列中的「將面擠出」(ExtrudeSrf)指令同樣意思,可以從 SubD 物件的 Edge 或 Edge Loop 或 Face 擠出一段新的面。指令列中可以設定不同坐標系的不同擠出方向,不過最常用的還是「自訂」方向,直接輸入數值可以擠出指定的距離。在「網格工具」工具列中也有一個 ExtrudeMesh 指令,只是操作對象為 Mesh 面,指令列的選項也都一樣。

不過要注意,「擠出」開放的 SubD 或 Mesh 後仍是開放的非實體,偏移指令 OffsetSubD 或 OffsetMesh 才可以將之變為實體(「實體 = 是」選項)。

> **NOTE** 無論是 ExtrudeSrf、ExtrudeSubD 或 ExtrudeMesh,除了用指令擠出,也都可以使用「操作軸」來做擠出會更加方便。

> 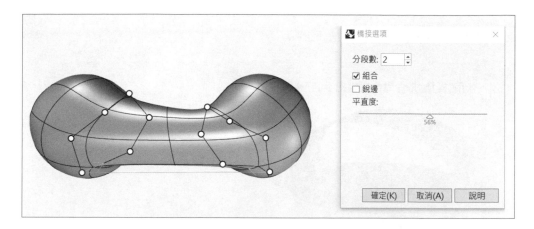 **Bridge**（橋接）：可以在所選取的第一組和第二組 SubD 或 Mesh 的邊線和面之間生成新的過渡面，是很基本且重要的指令，也可以把這個指令複製一個到「網格工具」工具列。

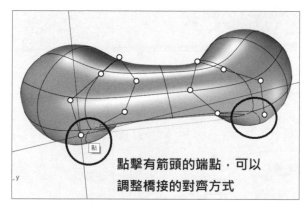

如果要橋接邊線（Edge），只能選擇外露邊緣，也就是開放的 SubD 破洞的邊緣，可以手動按 Delete 鍵刪除面以產生外露邊緣。但如果是要橋接面（face），則不需要事先刪除面就可以直接橋接兩組面，按照指令列的說明操作即可。如果物件上已經沒有破洞，「橋接」起來後可以自動成為一個封閉的 SubD 或 Mesh 實體。點擊橋接端點處可以改變橋接面的對齊方式。

注意，依序所選取的第一組和第二組 Edge 或 Face 的數量必需相同，才能執行橋接操作，例如兩組都是 5 條邊或是 3 個面，才可以完成這個指令，這點和 Stitch（縫合）指令是相同的。

NOTE 如果要橋接的兩組邊線的分段數不同，可以使用「點工具列」中的「依段數分段曲線」功能、或是使用「分割」（split）」指令的「點 (P)」選項，或使用「SplitEdge」指令手動分割 Edge，用這些方法把兩組 Edge 的分段數做成相同。

在橋接對話框中可以設定「分段數」和「平直度」，可以直接從即時預覽中觀看調整效果，非常簡單方便，也可以設定產生出來的新面要不要和原本的面「Join」起來，或產生銳邊（crease）。以下示範使用橋接指令做出提籃把手，以及搭配使用「ExtractSrf」指令，用抽離出來的 SubD 面和原先的面做橋接來做出形狀：

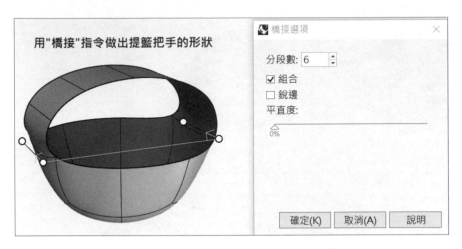

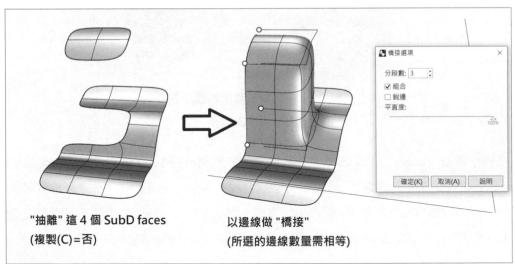

"抽離" 這 4 個 SubD faces
（複製(C)=否）

以邊線做 "橋接"
（所選的邊線數量需相等）

> ⊞ **Stitch**（聯結、縫合）：將所選的 SubD 或 Mesh 頂點或邊線，移動到指定位置並合併起來，就像縫衣服那樣。可以單選、或者複選多組 SubD 或 Mesh 頂點、邊線，甚至是控制點，然後延伸現有的頂點、邊線、控制點做相接。按照指令列中的提示，依序選取第一組要縫合的物件，確認一次後再繼續選取第二組，在未確認前可以拖曳滑鼠決定縫合的位置，或是直接選擇「平均」（兩組縫合物件的中點附近）、「第一組」或「第二組」決定縫合的位置。和「橋接」不同的地方是，「縫合」不會產生新的面，而是延伸現有的點或邊線做相接與合併。

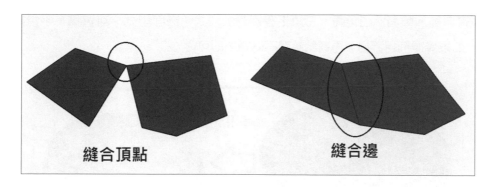

如果複選多個次物件做縫合，則需要注意第一組和第二組的點、線的數量必須要一樣，例如兩組都是 5 個點或是 3 條邊，才可以執行這個指令，這點和 Bridge（橋接）指令相同。

> **NOTE** 如果要縫合的兩組邊線的分段數不同，可以使用「點工具列」中的「依段數分段曲線」功能、或是使用「分割」（split）」指令的「點 (P)」選項，或使用「SplitEdge」指令手動分割 Edge，用這些方法把兩組 Edge 的分段數做成相同。

以下示範結合了「抽離 SubD 面」（ExtractSrf）並比較「縫合」和「橋接」來做的結果：

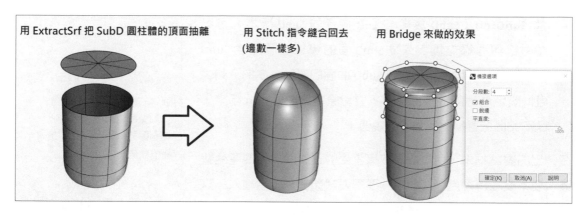

> **NOTE** Rhino 的「Stitch」指令比較類似其他軟體的「Weld Vertices」指令，而 Rhino 本身的 Weld 指令比較像是 Merge Vertices，也就是將多個已經組合（Join）起來的點再合併（Merge）起來成為單一頂點。在「網格工具」工具列中，也有同樣的「Stitch」指令。

> 　**Fill**（填補 SubD 洞）：「Fill」指令和「Patch」（嵌面）指令類似，經常用來填補 SubD 物件上的破洞，符合條件就可以使開放的 SubD 變成封閉的 SubD。選擇外露的 SubD 邊線（Naked SubD edges）將 SubD 洞補起來。

指令列中有自動、單面、三角面、三角化等補洞的方式（嵌面型式）可選擇，平常建議使用「自動」，如果覺得補得不好，再嘗試看看不同選項即可。

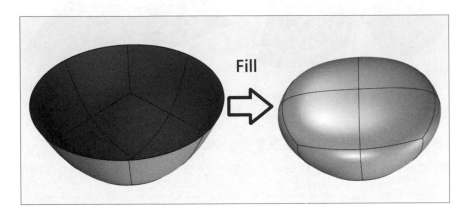

> **Revolve（SubD 旋轉成形）**：旋轉成形（Revolve）的 SubD 版本，是很基本且常用的指令，可以在指令列中設定要產生的是 NURBS 曲面或是 SubD。另外，也可以在指令列中設定旋轉的角度（不一定要 360 度），也可以設定 SubD 的分段數，其他的指令列選項和 NURBS 版本的差不多。

> **SubDLoft（SubD 放樣）**：Loft 指令的 SubD 版本，可以從曲線與曲線之間，或是 SubD 面的邊線之間產生 SubD 面。如果輸入物件有包含到 SubD 曲面的邊線，在指令列中可以設定產生的放樣曲面要不要和原本的物件 Join 起來，以及 Join 的邊線是平滑或是銳邊。

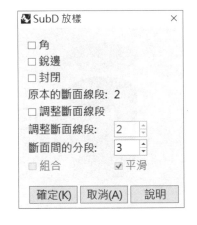

在彈出的對話框中，可以設定放樣產生的過渡面要不要產生銳邊、要不要在轉角處產生銳邊、要不要封閉起來（當輸入三條或以上的斷面曲線時，沿著放樣方向建立封閉的曲面，但不一定能產生「封閉的 SubD」實體）。而關於「斷面線段」的設定都可以在即時預覽中看到變化，調整到自己覺得 OK 就行了。

最好是把要做 SubD 放樣的曲線在繪製時就開啟「SubD 友善 = 是」選項，或是之後再補上「適用於細分（MakeSubDfriendly）指令，建立的 SubD 放樣曲面才能完全和輸入曲線重合。

> **SubDSweep1（SubD 單軌掃掠）**：「單軌掃掠」的 SubD 版本。最好是把要做 SubD 掃掠的曲線在繪製時就開啟「SubD 友善 = 是」選項，或是之後再補上「適用於細分（MakeSubDfriendly）指令，建立的 SubD 掃掠曲面才能完全和輸入曲線重合。除了自行繪製作為軌道的曲線，也可以使用 SubD 面的邊緣曲線（Edge）作為軌道。

在彈出的對話框設定參數，並且可以在即時預覽中看到變化，調整到自己覺得 OK 就行了。

> ▣ **SubDSweep2**（SubD 雙軌掃掠）：和 SubDSweep1 類似，不過可以使用兩條軌道，是很常用的指令，都說明過了不多贅述。

> ▣ **OffsetSubD**（偏移 SubD）：「偏移曲面」的 SubD 版本，經常用來加厚 SubD 曲面成為實體物件，是開放的 SubD 轉換為封閉的 SubD（SubD 實體）的重要指令。

> **NOTE**「擠出 SubD」並不能把原本開放的 SubD 面變為有厚度的實體，「偏移 SubD」才可以。

> ▣ **MultiPipe**（SubD 多圓管）：普通的圓管（pipe）指令只能生成單根 NURBS 圓管，而「SubD 多圓管」除了可以生成單根 SubD 圓管，甚至也可以使用有許多交錯的直線或曲線來生成 SubD 圓管，在線條的相交處會自動生成很漂亮的接合形狀，這是 NURBS 圓管指令所做不到的。

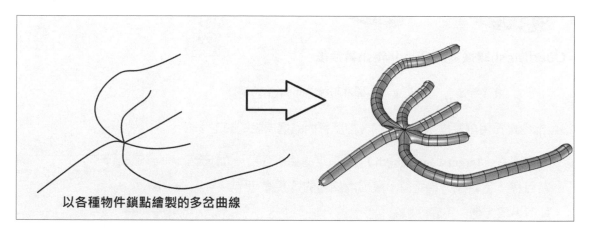

以各種物件鎖點繪製的多岔曲線

指令列可以設定大致上的半徑、分段數，以及是否要加蓋成為封閉的 SubD。

> ▣ **Append to SubD**（附加面至 SubD）：等於執行「3Dface」指令列中的「附加（append）」選項，可參考「網格」工具列章節的「3Dface」指令說明。

調整 SubD 結構

> ▣ **QuadRemesh**（重建為四角網格）：Rhino 7 新增的重量級指令，在「網格工具」工具列中也有。使用 3D 逆向掃描器掃描實際物體、或是從別的軟體匯入進來的模型，通常都會得到很零亂的 Mesh 物件，充滿著各式各樣的混亂頂點和不規則的面，這樣凌亂的網格物

件對電腦來說很難處理，是低品質的網格，實用價值很低。Rhino 7 推出的 QuadRemesh 功能，可以讓電腦自動運算，將任何類型的物件都轉換成（幾乎）全部都是四邊面的整齊網格物件（Quad Mesh，稱為四角網格）。

四邊形的網格對於電腦來說容易運算處理，網格的品質高很多，無論在建模、彩現、分析、動畫…的應用都會比原本雜亂的網格容易處理，當然呈現出來的品質也更好（但不可能完全避掉三角面，只能盡可能使用四角面，畢竟三角面也有它的用處）。除此之外，我們也隨時可以對任何類型的物件執行此指令將它們轉換成四邊面的 Mesh 或 SubD，優化其結構，方便繼續做修改和編輯。不過需要注意，此指令「不具備」修復功能，無法自動修復品質太差的模型。

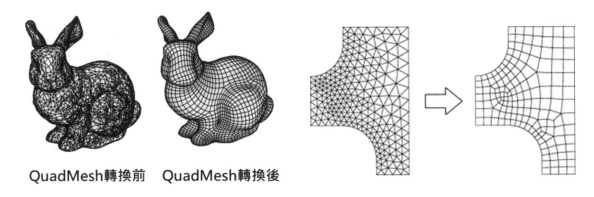

QuadMesh轉換前　QuadMesh轉換後

圖片來源：Rhino 官方網站

這個指令是採用對話框來做設定的，對話框內的選項說明如下：

> **目標邊長（Target Edge Length）**：以指定的網格邊長為目標，重新劃分網格時，讓四角網格的邊長盡可能符合設定值（不管面數）。

> **目標四角網格數量（Target Quad Count）**：使生成的四角網格數量盡可能接近設定的值，是最主要的參數（不管邊長），實際上可能會有些誤差。

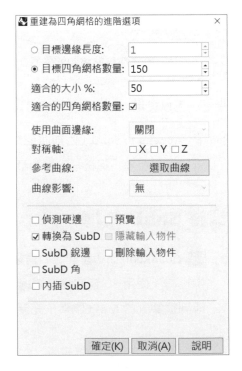

「目標邊長」和「目標網格數量」是最主要的參數，只能二選一，通常用「目標網格數量」比較多，如果是比較複雜的物件，目標網格面數設太少就會嚴重變形，但設太多又不方便編輯，因此要測試一下最佳的面數，可開啟「預覽」選項測試結果，或者轉換後覺得不滿意，可以再 Ctrl + Z 還原。

› **適合的大小（Adaptive Size）**：數值範圍是 0 ~ 100%，當設為 0 時每個四角網格面都趨近正方形，所有面的形狀整齊一致但彈性較小。而設為 100 時容許最大的四角網格變形量，變形量較大但彈性也大，一般情況下使用預設的 50 即可。

› **適合的四角網格數量（Adaptive Quad Count）**：當勾選時，允許曲率較大的區域得到更多網線支撐，形狀會比較飽滿，但結構會比較複雜，目標網格數量的偏差也會較大，一般都是勾選。

› **使用曲面邊緣（Use Surface Edge）**：只適用於 NURBS 多重曲面或擠出物件，決定在四角網格化時，遇到 NURBS 多重曲面之間的邊界的處理方式。若設定為 OFF，則不理會多重曲面之間的邊界，將所有多重曲面的邊界都融合成網格整體。設定為 Smart（智慧），則讓軟體自動判斷哪些多重曲面之間的邊界的網格型態可以融合在一起、哪些不要融合，在轉換回 NURBS 多重曲面的效果會比較好，是最常用的選項。而 Strict（嚴格）則是強制將所有多重曲面之間的邊界，都用四角網格的型態做出明顯分界。

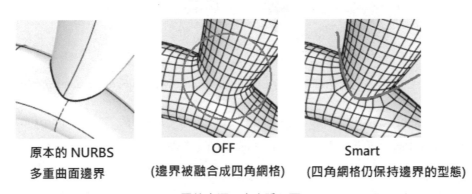

原本的 NURBS　　　OFF　　　Smart
多重曲面邊界　　（邊界被融合成四角網格）　（四角網格仍保持邊界的型態）

圖片來源：官方說明頁

› **對稱軸（Symmetry Axis）**：讓產生出來的四邊網格依據「指定的軸向」自動做鏡射對稱，就好像依據設定的軸向把模型的另一半修剪（Trim）掉，並自動鏡射重新產生一樣。即使你原本的模型沒有對稱，也會自動變成對稱，而且可以同時複選多個軸向，是相當強大的功能！不過，需要注意所選的對稱平面（symmetrical plane）在物體上，才能正確地對稱。

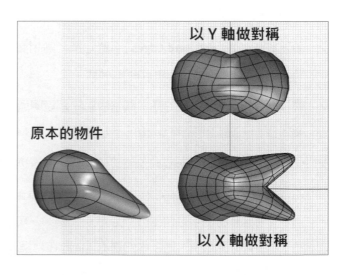

以 Y 軸做對稱

原本的物件

以 X 軸做對稱

> **引導曲線（Guide Curves）**：在物件上繪製線條，手動引導演算法佈線的走向，可以讓優化出來的四邊形網格結構更加符合需求。導引曲線必須是物件上的線才有效果，可以使用「投影」或「拉回」指令，或是使用「Sketch」指令直接在物件上繪製曲線，也可以繪製多條導引曲線。不過，並不是任意繪製的導引曲線都可以得到理想的效果，需要一些經驗和測試，但大多數情況下效果都很不錯。下圖是繪製並使用參考曲線的效果：

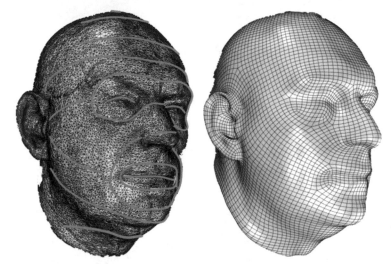

圖片來源：官方介紹頁 https://www.rhino3d.com/tw/features/quadremesh/

「導引曲線」的下拉式選單（Curve Influence）可以進一步設定細節，共有 Approximate（影響小）、Create Edge Ring（影響中等）、Create Edge Loop（影響最大）、Detect Hard Edge（如果相鄰的兩個面之間的夾角超過 30 度，則將之做成銳邊）這四個選項，可以讓導引曲線對演算法產生不同的效果，看你想要怎麼做。這幾個選項的調整有點難度，可以使用「預覽」功能測試哪個比較好。

> **偵測硬邊（Detect Hard Edges）**：若勾選，則相鄰的兩個網格面之間的夾角超過 30 度，就將之變成網格銳邊（mesh crease edge）。

> **轉換為 SubD**：在物件的基本觀念章節已經說明過，若勾選，就幫你把網格轉換成四邊面之後，接著再將之轉換為 SubD，不勾選就輸出為 Mesh 類型的物件，是超級好用的選項。

> **SubD 銳邊（SubD Creases）**：將「偵測硬邊」選項的網格銳邊，做成 SubD 銳邊。

> **SubD 轉角（SubD corners）**：勾選此項，可將原本四邊網格轉角的頂點直接轉變為 SubD 的頂點（Mesh corner vertices to SubD vertices），可保留轉角處的尖銳形狀（想像桌子的桌角）。若不勾選此項，則原本四邊面 Mesh 在轉換為 SubD 之後，轉角處也會變得圓滑。

> 內插 **SubD**（**Interpolate SubD**）：勾選時，在將四邊形 Mesh 轉換成 SubD 時，原本的 Mesh 頂點會變成 SubD 的頂點（Mesh vertices to SubD vertices），形狀比較不會失真。而不勾選此項，則原本的 Mesh 頂點會變成 SubD 的控制點（Mesh vertices to SubD control points），所以新的形狀會略為小於原本的形狀，但造型會變得比較圓滑。

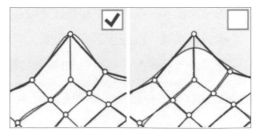

圖片來源：官網說明文件

> 隱藏 **or** 刪除輸入物件：顧名思義。

> **預覽**：由於轉換成四邊網格的計算量較大，因此無法做到即時預覽，要勾選此項以進行預覽。可不斷測試不同參數觀看預覽結果，直到滿意之後再正式進行轉換。

🔖 **InsertEdge**（插入邊緣循環）：可對 SubD 和 Mesh 物件操作，所以在「網格工具」工具列中也有同樣的指令。如果發現 Edge 的數量不足而無法進一步做更細化的編輯時，執行「InsertEdge」指令，可以在指定的位置插入 Edge Loop，依據你選取的現有 Edge，可以插入水平的 Edge Loop 或垂直的 Edge Ring，或是設定要插入整圈或是只插入一個範圍。

如果在平滑的 SubD 邊緣插入一圈 Edge Loop，由於多了一圈邊線支撐，可以讓該邊緣變得比較「硬挺」，而且可以依據插入的位置調整硬挺的形狀，和直接使用 SubD 銳邊（Crease）的效果不太一樣。

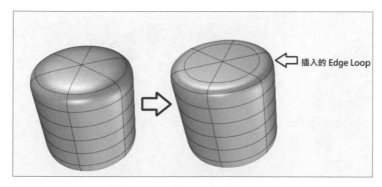
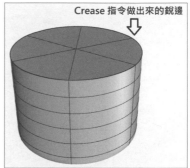

指令列中也可以設定「偏移模式」為比例或絕對，設定為「比例」的話（比例數值從 0～1），如果現有的 Edge 愈長，新增的 Edge Loop 在這一段的偏移量就會愈大；而設定為「絕對」的話，無論該段 Edge 的長度，新增的 Edge Loop 都會以你所設定的數值來做偏移，一般我是設比例。

> 🔲 **InsertPoint**（插入點）：「插入點」比「插入邊緣」的手動程度更高一些，對 SubD 和 Mesh 物件都有效，在「網格工具」工具列中也有同樣的指令。如果面（或線）的數量不

夠，可以手動在已經存在的線（Edge）上再插入 SubD 或 Mesh 頂點，由兩個插入的頂點再
構成一條線，以產生更多的面數（和線）。操作過程中，會自動切換為「平坦」顯示模式方
便操作，可參考「切換 SubD 顯示」指令。

也可以用此指令手動優化局部的 SubD 拓樸結構，例如可以手動將 N 邊面切割成多個四邊面。

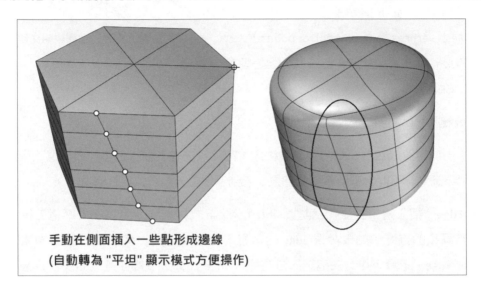

手動在側面插入一些點形成邊線
(自動轉為 "平坦" 顯示模式方便操作)

> ⬡ **Inset**（嵌入）： 在所選擇的 SubD 或 Mesh 面的內部再生成新的面，「網格工具」工具列
  中也有同樣的指令。可以理解為：向內偏移邊線，產生新的面。可在指令列中輸入數值，
  指定偏移距離。當複選多個面時，可於指令列設定產生新面的「模式」，是在所有選擇的面
  產生整體性的向內偏移產生新面，或是每個面各自向內偏移產生新面。

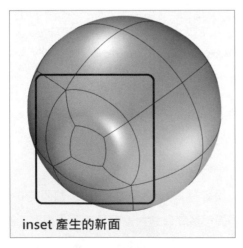

inset 產生的新面

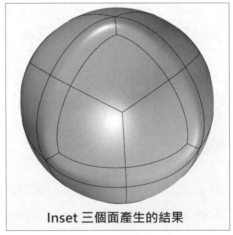

Inset 三個面產生的結果

> ▦ **Slide**（滑動邊）：移動現有的 SubD 或 Mesh 的頂點、邊線，或者邊緣循環（edge
  loop）。將所選的 SubD 或 Mesh 頂點、或是邊線在物件的表面上移動，調整其位置，在物

體表面上重新放置所選的頂點或邊線，可以在顯示的綠色軌跡線上，拖曳移動選中的已有
的頂點或邊線的位置，改變物件造型。「網格工具」工具列中，也有同樣的指令。

在指令列中可以設定「偏移模式」是「絕對」或「依照比例」，之前解說過。而「平滑度」
可以設定偏移時的平滑度，範圍從 0 到 1，通常都用預設值。「方向」可以設定為橫越式
（Across）或順沿式（Along），決定要水平移動或垂直移動 Edges。

> 　**SubDExpandEdges**（展開 **SubD** 邊緣）：算是一種特殊的插入邊線的方式，可以沿著所選
> 的一些 SubD 邊線（SubD Edges），將之偏移 + 複製，建立新的 SubD 面。指令列中可以設定
> 偏移距離，也可以設定成不等距離（變化）的偏移距離，並且有單側、雙側、A 側、B 側
> 等幾種偏移成面的型式可供選擇，可從即時預覽中觀看結果。

另外，對 SubD 的邊緣執行此指令，也有類似 InsertEdge 的效果，可以用來修飾邊緣的形狀。

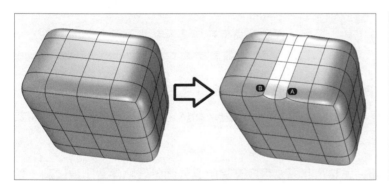
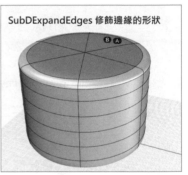

> 　**MergeFaces**（合併面）：超好用的優化指令，可以合併所選的相鄰面，使一些奇形怪狀
> 的面在合併起來之後變得平滑，在本書的建模範例中經常用到。此指令對 SubD 和 Mesh 物
> 件都有效，且不限於平面，「網格工具」工具列中也有同樣的指令。

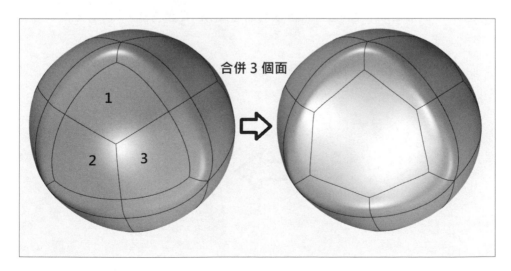

合併 3 個面

值得注意的是這個指令除了面以外，還可以選擇頂點或邊來合併面。若選 Vertex，則合併該 Vertex 周圍的面；若選擇 Edges，則合併共用該 Edges 的面，最直覺的還是直接選取要合併的面（faces）。

這個指令使用上有一些限制，例如跨越 SubD 銳邊（SubD crease）的面無法被合併，除非先把銳邊移除掉（RemoveCrease 指令），或是跨越到沒有被焊接起來的 Mesh 邊線，也無法合併面。

不使用此指令的話，也可以用次物件選取面的頂點和邊線，按 Delete 鍵刪除，也可以達到合併面的效果。不過若是刪除到關鍵性的頂點或邊線，或是直接刪除面（face）則會造成破洞。

> 🔲 **MergeCoplanarFace**（合併所選共平面的面）：合併所選擇的、在相同平面上的相鄰面，成為一個整體平面，在 NURBS「實體工具」工具列也有同樣的指令，這個指令在 Rhino 7 中擴充成能對所有類型的物件使用。

> **NOTE** 如果是 SubD faces，會以它的「平坦」顯示模式來判斷是否有共平面。

> 🔲 **MergeAllCoplanarFaces**（合併全部共平面的面）：「合併共平面」指令的右鍵版本，一次合併任何類形的物件上所有「共平面」的面，可以用來簡化物體結構，前提是你不需要這麼多的點、線、面來塑型。

> 🗑 **DeleteFaces**（刪除面）：顧名思義，此指令可以刪除所選的面，讓物件上出現破洞，對 NURBS 多重曲面、SubD 物件和 Mesh 物件都有效。但一般不會用指令來刪除，而是會按住 Ctrl + Shift 鍵選擇面，再按 Delete 鍵來刪除所選到的面。

面被刪除後，原先封閉的 SubD 就會出現破洞變成開放，不再是 SubD 實體。不過由於刪除面也可以改變 SubD 或 Mesh 物件的造型，所以也是個實用的造型方式。「網格工具」和「實體工具」工具列中，都有同樣的指令。

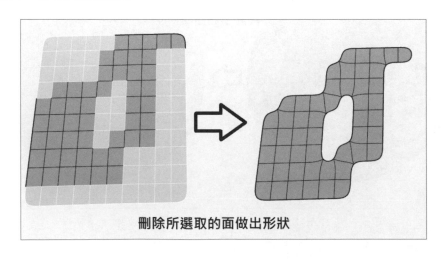

刪除所選取的面做出形狀

SubD 表面修整

> 🧊 **Bevel（斜角）**：對選中的 SubD 或 Mesh 物件的邊緣（Edge、邊線）做斜角，可參考本
書關於圓角與斜角的章節，在「網格工具」裡面也有一個同樣的指令。移動滑鼠游標決定
斜角的大小（或是直接輸入數值），確認之後按下滑鼠左鍵。

指令列中可以設定選取模式、分段數、偏移模式（比例或絕對）、平直度（從 0 最大圓度到
1.0 最小圓度、焊接角度（Mesh 專用，設定 Mesh Face 的夾角小於多少角度可以把重合的頂
點焊接合併成一個頂點）、保持形狀（Mesh 專用，在添加 Bevel 時盡可能為維持住網格原本
的形狀）、保持銳邊（SubD 專用，是否保留 SubD 的 Bevel Edge 兩側的銳邊，一般都是設定為
「是」，做完 Bevel 後形狀才不會改變太多）。

> 🔲 **Crease（添加銳邊）**：在現有 SubD 物件的平滑的邊線上添加銳邊，也可以選擇 SubD 的
頂點來添加銳邊。在「網格工具」工具列中也有同樣的指令，執行此指令會把已經焊接過
的 Mesh 邊線解除焊接，因此變成銳邊。

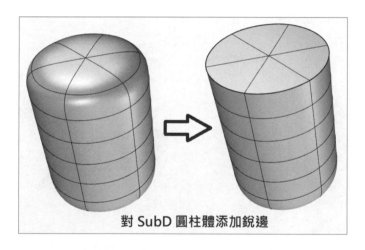

對 SubD 圓柱體添加銳邊

> 🔲 **RemoveCrease（移除銳邊）**：「添加銳邊」指令的反操作，移除現有的 SubD 銳邊，使之
變成平滑，也可以選擇 SubD 的頂點來移除銳邊。在「網格工具」工具列中也有同樣的指
令，會把 Mesh 邊線重新焊接起來，使之變成平滑的邊。

SubD 形狀調整

> 🔳 **Reflect（鏡向對稱）**：在 SubD 物件上建立一個對稱平面，在對稱平面兩側讓你進行對
稱性捏塑，相當好用。和「鏡射」有點類似，但 Reflect 指令可以即時性的編輯 SubD 物
體，編輯完後也會融合成一個整體的 SubD。亮面是你可以編輯的部分（主動側），而暗面
是會即時隨之變形的部分（被動側）。

「鏡向對稱」指令可以把對稱平面指定在物件外部，也可以指定在物件自己身上，如下圖。

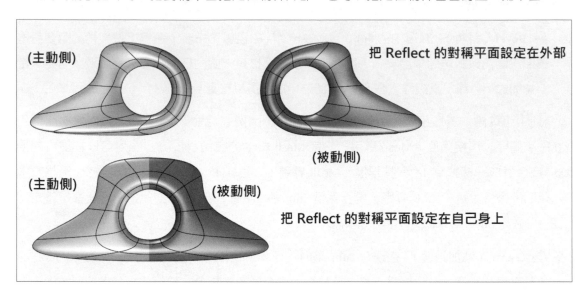

(主動側)

把 Reflect 的對稱平面設定在外部

(被動側)

(主動側)　　　(被動側)

把 Reflect 的對稱平面設定在自己身上

也可以重複執行「鏡向對稱」指令多次，例如在已經有設定鏡向對稱的物件的外部再指定對稱軸，就可以輕鬆做到以下的效果：

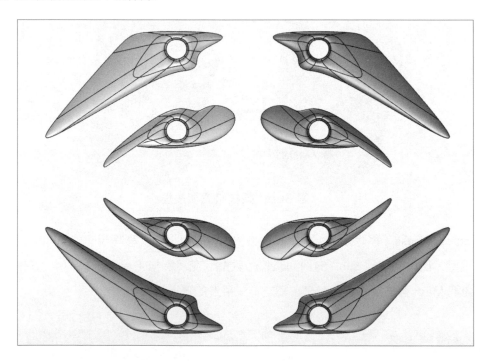

> **RemoveSymmetry**（**移除對稱**）：從 SubD 物件上移除「鏡向對稱」和「輻射對稱」指令的影響，即恢復成沒有對稱編輯的狀態。

> ⭐ **Radiate**（**輻射對稱**）：也是屬於 SubD 對稱調整形狀的指令，不過是以「放射狀」的方式產生對稱（如同它的海星圖示一樣）。

用法和 Reflect 類似，先指定對稱點或對稱軸，之後選定要主動編輯（亮面）與受到影響的區塊（暗面），就可以把在亮面的編輯對稱到暗面去。指令列中可以設定對稱數量，其他選項都很容易使用。

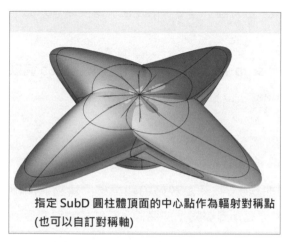

指定 SubD 圓柱體頂面的中心點作為輻射對稱點
（也可以自訂對稱軸）

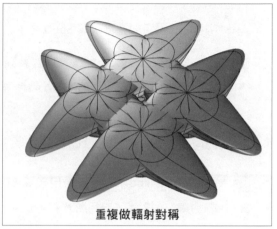

重複做輻射對稱

> ⭐ **RadiateFind**（**挑出輻射對稱**）：不是指定對稱點或對稱軸，而是手動在 SubD 物件上指定「兩個面」來設定輻射對稱的亮面（主動側）與暗面（被動側），之後就可以進行對稱性的編輯了。

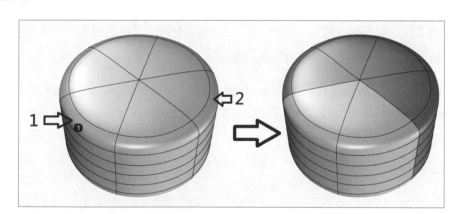

修復與優化 SubD

> 🔧 **RepairSubD**（**修復 SubD**）：自動檢查並修復 SubD 物件上損壞的邊、線和非流型邊緣，指令列中可以設定要保留或刪除損壞的頂點或邊線。

> ✻ **AlignVertices**（對齊頂點）：使因為某些原因（轉檔、從其他軟體匯入的模型⋯等），位置相近但偏離掉的 SubD 或 Mesh 的頂點，重新移動到同一位置並合併在一起，用來修復 SubD 或 Mesh 模型，指令列中可以設定距離公差值、選擇要對齊的頂點、或是要對齊的裸露邊緣上的所有頂點。在「網格工具」工具列中也有一個同樣的指令。

> ✦ **PackSubDFaces**（封裝 SubD 面）：把鄰近的 SubD 四邊面封裝（pack）起來形成一個較大的四邊面。這個指令很少用，因為一般都用「合併面」指令，以及在「轉換為 NURBS」指令中也可以設定要不要封裝 SubD 面。

> ▦ **SetPerFaceColorByFacePack**（以封裝面設定 SubD 每面顏色）：把不同封裝的 SubD 面以不同顏色標示出來，讓你預覽 SubD 轉換為 NURBS 的狀態，但我認為用處不大。

轉換成適用於 SubD 的曲線

> ⋈ **MakeSubDFriendly**（建立適用於 SubD 的曲線）：我認為較好的翻譯是「建立適用於 SubD 的曲線」，讀者可自行將此指令改名。經過此指令重建過的曲線，某些控制點會受到約束無法自由調整，但是執行「將線擠出（輸出為 SubD）」、SubD 放樣、SubD 旋轉生面、SubD 掃掠⋯等需要從曲線生成 SubD 曲面的指令時，產生的 SubD 曲面能夠完整的與輸入曲線貼合，否則會稍微有點偏差。這是實際的數學細節帶來的問題，我們只需要知道如何使用即可。所有「適用於細分」的曲線，是 G3 連續性的 Uniform 曲線。

不過，在繪製「控制點曲線」或「內插點曲線」的過程中，也可以從指令列中直接點選「SubD 友善 = 是」選項，省去後續要用此指令重建的麻煩。

> ⋈ **SubDUnfriend**（取消建立適用於 SubD 的曲線）：MakeSubDFriendly 指令的反操作，重新讓一條「適用於細分」曲線的「所有」控制點，都變回可以自由編輯的狀態。

物件類型轉換

如之前的章節所說，Rhino 可以使用 NURBS、SubD 和 Mesh 三種物件形態來混合建模，所以也提供了在三種型態之間互相轉換的指令，讓設計者可以在三種型態之間靈活轉換。不過，任何的轉換總是會帶有一點失真、甚至有失敗的可能性，因此如果很確定要使用的形態（例如使用 NURBS 來設計流線型的形狀），則建議在一開始就選好要用的形態，盡量減少轉換的次數。

> 🔗 **ToNURBS**（轉換為 NURBS）：將 Mesh 或 SubD 類型的物件轉換為 NURBS 類型的物件，指令列中可以設定是否要刪除輸入物件，而當轉換對象為 Mesh 物件時，特有的選項是

「修剪三角面 = 是 or 否」，可以決定網格的三角面是否要以修剪過的 NURBS 曲面取代，我的習慣是設為否。

而當轉換對象為 SubD 物件時，可以決定是否要封裝（pack）鄰近的四邊面。若設定為「面 (F)= 封裝」，可以將 SubD 鄰近的四邊面在轉換成 NURBS 時合併（merge）為一個較大的多重曲面，面數會盡可能合併，比較精簡；但如果想保留原本 SubD 的面數，則設定「面 (F)= 不封裝」，則轉換後原先的每個 SubD 面都會變成一個同樣大小的 NURBS 多重曲面。

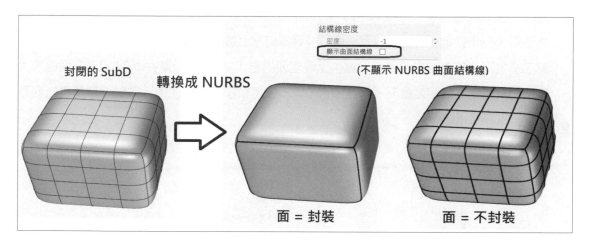

另外，也可以設定 SubD 在「extraordinary vertices（特異頂點）」，即 5 條或更多條邊線通過的頂點轉換成 NURBS 多重曲面的連續性，不需要設定太高，通常使用預設的 G1x 連續性已經足夠了。

> 　ToSubD（轉換為 SubD）：可將 NURBS 或 Mesh 轉為 SubD 類型。但經過測試發現使用此指令將 NURBS 物件轉換為 SubD 的效果並不好，因此更推薦使用「重建為四角網格」（QuadRemesh）指令來做。

在指令列中可以設定要把 NURBS 曲面或是 Mesh 物件的控制點或者是頂點，轉換成 SubD 的控制點或是 SubD 的頂點。如果設定把 NURBS 曲面的控制點轉換成 SubD 的控制點（使用曲面 (S)= 控制點），形狀會失真較多，但會比較圓滑；若設定「使用曲面 (S)= 位置」選項，則轉換出來的 SubD 會更加符合原本 NURBS 的形狀，但可能會新增不少 SubD 面。

同理，若轉換對象是網格，也有「使用網格 (U)= 控制點 or 位置」選項。將網格頂點轉換成 SubD 的控制點，轉換結果的 SubD 物件的形狀會比原本的網格物件小一點，但更加圓滑，不過我自己是喜歡將網格頂點轉換為 SubD 頂點，形狀的失真較少。

也可以設定轉換後的 SubD 要不要保留原本的 NURBS 或 Mesh 物件的銳邊、以及要不保留原本角落（corner）處的尖銳形狀，以及要不要刪除輸入物件。

> **NOTE** 如果使用修剪（Trim）過的 NURBS 曲面，則會先被取消修剪（Untrim）之後才會被轉換為 SubD，也就是無法保留修剪出來的形狀。並且，如果原本的 NURBS 或 Mesh 物件有非流形邊緣，在轉換成 SubD 之後也會被移除掉。

>  **Mesh**（轉換為網格）：在「創建網格」和「網格工具」工具列都可以找到這個指令，或是直接在指令列輸入名稱更方便。指令的名稱不太統一，我個人認為應該改為「ToMesh」更加一致。顧名思義，可將 NURBS 或 SubD 轉為 Mesh 類型。此指令會彈出對話框，大多數使用「簡易設定」視窗，只有一條拉桿選擇網格面數的多寡即可，但可以切換到「進階設定」視窗調整更細緻的設定。其中比較重要的是「密度」（範圍從 0 到 1），密度值愈大轉換出來的網格的密度愈高，其他的選項大多使用預設值，可使用「預覽」按鈕事先觀看結果，不滿意再改參數。

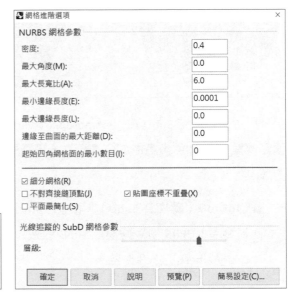

其他指令

> **SubDDisplayToggle**（切換 SubD 顯示）：有時候在建立與編輯 SubD 物件時，因為 SubD 面太過圓滑，不容易使用物件鎖點捕捉到它的頂點（例如以 **3Dface** 指令繪製 SubD 面），就可以執行此指令將 SubD 以「控制點之間的連線」顯示出來，或是直接按下快速鍵「Tab」切換成 Flat（平坦）模式。但並不是真的把 SubD 在瞬間變成了 Mesh，只是改變外觀，在某些場合下方便你操作而已，物件還是 SubD 類型。

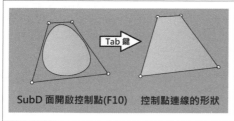

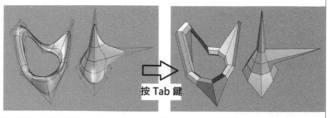

> **SubDFaceEdgeVertexToggle**（在 **SubD** 邊緣 / 頂點 / 面之間切換選取）：在所選取的 SubD 的次物件（vertices、edges、faces）之間循環切換選取，不用手動操作，有需要時可以提高一點便利性。

補充：和 SubD 相容的舊指令

除了之前對於分割、修剪、組合、炸開、抽離曲面的解說外，我特別整理了一些和 SubD 相容的舊指令，可以對 SubD 物件正常使用這些指令，也不會改變 SubD 的物件類型。

1. 「Cap」（將平面洞加蓋，在「實體工具」工具列）：此指令在 Rhino 7 經過改寫，同時適用於 NURBS、SubD 和 Mesh 物件，而不會改變物件的類型，符合條件的話就會變成封閉的實體。對於 SubD 或 Mesh，在指令列中可以選擇加蓋是否為三角面，以及要不要在邊緣添加銳邊。

2. 「從物件建立曲線」工具列的所有指令，適用於任何類型的物件。

3. 「變動」工具列的所有指令，不會改變 NURBS、SubD 或 Mesh 的物件類型，甚至可以只選取物件上一部分的次物件（一部分的點、線、面）來做變形。

4. 「對齊」（Align）與分佈（Distribute）指令，適用於任何物件類型。

5. 「分析」工具列的所有指令。

6. 其他指令沒有一一列出，有用到時，讀者可自行測試一下。

NURBS 和 SubD 不相容的舊指令

1. 除了「分割」、「修剪」，還有「線切割」（WireCut），也會把 SubD 轉變為 NURBS 類型。

2. 布林運算相關：在 NURBS 經常會用到「布林運算」相關的指令，Mesh 物件也有專屬於網格的布林運算指令集，但 SubD 目前仍無法在不轉換為 NURBS 的情況下做布林運算，有

需要的話要再手動將布林後的 NURBS 物件再轉換為 SubD，但可能會有一點變形。雖然如此，目前在 Grasshopper 使用「Fuse」函數已經可以直接做到 SubD 的布林運算，相信未來的更新應該也會推出 Rhino 主程式可用的 SubD 布林運算指令。

3. SubD 無法使用 NURBS 曲面或實體圓角、斜角相關的指令。

4. 其他指令沒有一一列出，有用到時，讀者可自行測試一下。

「建立網格」與「網格工具」工具列

雖然 Rhino 是以 NURBS 和 SubD 為主力的建模軟體,但仍然提供了一整套建立、編輯與修復網格的指令,因此也可以用網格來建模,或是和其他以多邊形網格(Polygon Mesh)為主的建模軟體做匯入與匯出,也可以讀取逆向工程掃描進來的網格檔案,對其做修復或重建,也是必不可少的重要功能。

網格建模的邏輯和 NURBS 或 SubD 有些不同,本章也會以簡單的範例來講解並展示 Mesh 和 SubD 的綜合應用。Mesh 模型可以容易的轉換為 SubD,NURBS 或 SubD 也可以很容易轉換為 Mesh,因此如果只是單純想要低面數網格模型的那種效果,其實也可以從 NURBS或 SubD 轉換而來,不一定要用網格建模。

「建立網格」工具列

「建立網格」工具列的指令和「SubD」工具列很多類似,例如建立網格平面、立方體(按住 Shift 可繪製正方體)、圓錐體、平頂錐體、圓柱體、橢圓體、球體、環狀體,讓我們可以快速建立用來建模的原型,和創建 NURBS 或 SubD 基本物件大同小異,參考指令列中的提示來設定多種不同的繪製方式、型式、不同方向的面數…等等,都很容易使用。

其中比較特別的指令是「Extract Control Polygon」(以控制點連線建立網格),Control Polygon 就是由物件「控制點之間的連線」所構成的多邊形,顧名思義就是利用控制點之間的連線,將 NURBS 或 SubD 物件轉換為多邊形網格物件,效果和「Mesh」(轉換曲面 / 多重曲面或 SubD 為網格)指令不同,可參考下圖:

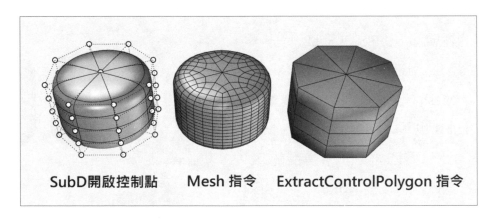

SubD開啟控制點　　　Mesh 指令　　　ExtractControlPolygon 指令

「網格工具」工具列

「網格工具」工具列提供了許多編輯與修復網格的指令,有些指令和 NURBS 或 SubD 是同樣的意思,只是改為 Mesh 版本。除此之外,其中會牽涉到觀念比較難懂的是「焊接」(weld)、摺疊(collapse)和「抽離」(extract)的觀念,以下進行介紹。

焊接網格頂點(**weld vertices**)或網格邊線(**weld edge**)

對於網格物件來說,執行「組合」(Join)指令,並在指令列中設定「組合未相接的網格 (J) = 是」,則即使網格物件沒有相連接觸,也同樣可以被組合在一起,就像「群組」(group)一樣,除非用「分割未相接的網格」(Split Disjoint Mesh)指令將之分離。

Rhino 的焊接(weld)相關的指令比較特殊,它只能把位置重疊且已經「組合」(Join)在一起的網格頂點「合併」(merge)成單一頂點,並且網格面也會因為多個頂點被合併而變得比較平滑(無銳邊)。

對多個位置重疊的網格頂點做「組合」只是把它們給黏貼在一起，並沒有合而為一的效果，「焊接」（Weld）才能合併所有頂點。注意，組合不會破壞網格頂點的任何屬性資訊，但焊接會重新計算網格頂點的所有屬性資訊（原來的網格頂點內含的貼圖座標、法線向量資訊會被平均、重建或破壞），而且焊接後的網格頂點的法線方向是焊接前的幾個頂點的法線向量的平均值。

Rhino 的「焊接」（weld）相關指令只提供了「容許角度」這個參數，可以把網格面小於角度公差，而且位置重合，已經「組合」過的網格頂點合而為一。如果把角度公差設為 180 度，則是相當於不受網格面角度限制，把所有能夠焊接的頂點都合併起來。

除了焊接網格頂點，Rhino 也提供了焊接網格邊線的指令，其實就是把 edge 兩端的頂點焊接在一起，就相當於焊接了一條邊線。頂點或邊線被焊接後，其周圍網格的結構當然也會改變，而且焊接之後的頂點或邊線因為融為一體，會從銳邊（crease）變為平滑（smooth）。

由上可知，Rhino 的「焊接」指令並不能移動頂點，比較像是單純的「合併」（Merge）。假如要像下圖這樣，移動選中的網格頂點並將之合而為一，在 Rhino 中比較類似的指令是「Stitch」（縫合、聯結）。

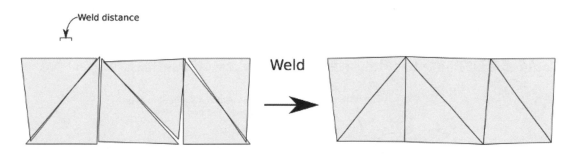

圖片來源：https://documentation.simplygon.com/SimplygonSDK_9.1.225.0/api/tools/welder.html#usage

對於某些 3D 印表機，必須把所有的 Mesh 都「焊接」起來才可以，不能單純只是把網格 Join 起來。而且，全部都焊接起來的網格，它的檔案相容性也比較好，所以最好是習慣把要輸出給其他軟體或是 3D 列印的網格模型，所有頂點都用 Weld 相關的指令合併起來，甚至可以設定「角度公差 = 180 度」一律把所有 Join 起來的網格頂點都做合併。

「焊接」對 Mesh 和 SubD 物件都是同樣的概念，但 SubD 比較少用到 weld 相關的指令。展開「焊接網格」指令集可看到焊接的相關指令，例如焊接所選的網格頂點、邊線 …等。而要解除焊接，可以使用「解除焊接」（Unweld）相關的指令。

🎲 Collapse Mesh（消除網格的頂點、邊線或面）

Collapse 的原意是倒塌、崩潰，但應用在 Mesh 建模，可以理解為「消除元素」的意思，中文版翻譯為折疊反倒是難以理解。Collapse 可以應用在各種 Mesh 或 SubD 的次物件（點、線、面）上面，也就是消除所選的點、線或面（可複選）。

被 Collapse 相關指令所消除的點、線、面並不會留下破洞，而是周邊的點、線、面的結構會隨之改變來適應被消除的部分，所以被消除的部分其周圍的佈線結構會改變，這點和單純的刪除（Delete）會產生破洞不同。舉個例子，對圖中所選的網格邊線（Mesh Edges）執行「CollapseMeshEdge」指令後，發現所選的邊線被消除，但並沒有產生破洞或縫隙，而是它周邊的佈線結構改變，以適應新的變化。

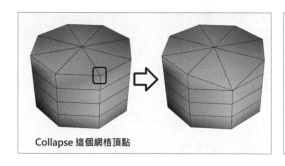
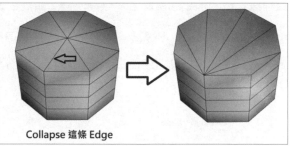

除了改變多邊形的結構、簡化網格，利用 Mesh Collapse 也可以修復網格的破面，如下圖：

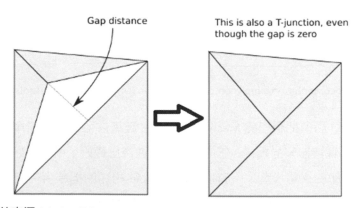

圖片來源：https://documentation.simplygon.com/SimplygonSDK_9.1.225.0/
api/tools/tjunctionremover.html

Rhino 提供針對 Mesh 物件的點、線、面做 Collapse 的指令，例如消除網格頂點、邊線、面、依據所設定的網格面積、長寬比、邊長…等做消除，展開「摺疊網格工具列」即可看到所有相關指令。

Extract Mesh（抽離網格）

抽離網格（Extract Mesh）系列的指令，和之前在「曲面工具」工具列介紹過的「抽離 NURBS 曲面」指令的意思相同，只是作用對象是網格物件。Rhino 提供多種方式用來抽離 Mesh 物件的線（edge）和

面（face），例如抽離所選的網格、以指定的網格面角度差、法線夾角、指定面積範圍、長寬比、拔模角度、邊緣長度、抽離重複的網格面、抽離網格中未焊接、非流形邊緣，或是外露邊緣的部分。

因為「建立網格」和「網格工具」提供的指令很多，以下做個總整理，讓讀者一目了然：

所有 Mesh 指令分類

一、產生網格基本物件、或是鋪設網格面，作為編輯網格的「起手式」

■ 3Dface（手動繪製一連串相連或不相連的網格面，特別介紹）。

■ 從現有的 Mesh Edge 擠出以產生新的 Mesh Face（使用操作軸或 Extrude Mesh 指令）。

■ 從各種 Mesh 基本物件（平面、圓柱體、長方體、球體、環狀體…等）。

■ Mesh PolyLine（以封閉的多重直線建立網格，但只限三角面）。

■ Mesh From Points（從點或點雲物件建立網格）。

■ Mesh From Lines（從三條或以上的線段作為框架建立網格，線段必須端點相接並形成封閉區域，只能使用單一的線段（line segments），不能使用多重直線（polyline）作為輸入）。

■ MeshPatch（網格嵌面，從曲線或點物件建立網格，相當於 NURBS 的「Patch」指令的網格版本）。

■ 使用「QuadRemesh」指令從 NURBS 或 SubD 物件轉換為 Mesh。

■ 使用「Extract Control Polygon」指令，將 NURBS 或 SubD 物件的「控制點連線」作為網格邊線轉換為 Mesh 物件。

■ 使用「Mesh」指令從 NURBS 或 SubD 物件轉換為 Mesh 物件。

二、編輯網格物件的形狀

■ Extrude Mesh（擠出網格線或面，在 SubD 章節介紹）。

■ Bevel（網格斜角，在 SubD 章節介紹）。

■ Insert Point / Insert Edge（插入點 / 邊，在 SubD 章節介紹）。

■ Crease / Remove Crease（網格銳邊 / 移除銳邊，在 SubD 章節介紹）。

■ Offset Mesh（偏移網格，和偏移曲面類似）。

■ Slide（移動網格頂點或邊線）。

■ Stitch（縫合，在 SubD 章節介紹）。

■ Bridge（橋接，在 SubD 章節介紹）。

■ Inset（嵌入，在原有 Mesh 面的內部偏移邊線產生一個新面，在 SubD 章節介紹）。

■ Merge Face（合併網格面，在 SubD 章節介紹）。

■ Delete Face（刪除網格面）。

■ Mesh Split / Mesh Trim（網格分割 / 修剪，和 NURBS 版本的類似）。

■ 網格專用的布林運算（Mesh Boolean）相關的指令集。

■ 焊接（Weld）相關的指令。

三、改變網格的拓樸佈線結構

■ Merge Face（合併網格面）。

■ Delete Face（刪除網格面）。

■ Collapse 系列指令（消除或摺疊網格指令集）。

■ Reduce Mesh（以演算法自動減少網格物件的面數）。

■ QuadRemesh（重建為四角網格，重要指令，在 SubD 章節介紹）。

■ Triangulate Mesh / Triangulate Nonplanar Quads（三角化網格 / 三角化非平面的四角網格）。

■ QuadrangulateMesh（將兩個三角形網格面合併為一個四角形網格面）。

■ AddNgonsToMesh / DeleteMeshNgons（將共平面且頂點焊接的網格面轉換為 N 邊形 / 將網格上的 Ngon 轉換為三角或四角網格面組成的網格）。

■ Merge Coplanar Face / Merge All Coplanar Face（合併平面的網格面 / 合併所有共平面的網格面，在 SubD 章節介紹）。

四、修復網格模型

■ 整合式自動修復的指令：Mesh Repair「網格修復」，可開啟網格修復精靈對話框，整合了以下這些關於網格修復的指令，使用起來非常方便。

- CullDegenerateMeshFaces（移除面積為 0，所有頂點都重疊在同一位置的面）。

- ExtractNonManifoldMeshEdges（抽離網格的非流形邊緣）。

- Split Disjoint Mesh（將 Join 在一起但實際上未相連的網格分開）。

- Align Vertices（以公差對齊網格頂點）。

- MatchMeshEdge（銜接網格邊緣，自動把有相同分段數，但分離開來的網格邊線重新相接起來）。

- Delete Face（刪除網格面，在 SubD 章節介紹）。

- Patch Single Face（嵌入單一網格面）。

- Fill Mesh Holes（自動填補網格洞）。

- Split Mesh Edge（分割網格邊緣，使原先因為邊緣上的分段數不同而無法完成某些指令的部分變得可以完成，例如 MatchMeshEdge 指令，屬於修復類型）。

- Swap Mesh Edges（對調兩個三角形網格面之間的邊緣，可以想成對調四邊形網格的對角線）。

- Rebuild Mesh（移除網格物件的貼圖座標和頂點色，屬於修復類型，和 NURBS 的重建概念不同）。

- Unify Mesh Normals（自動翻轉並統一所有網格面的法線方向）。

其他未整合到 Mesh Repair 的修復指令：

- Rebuild Mesh Normals（重建網格面法線，屬於修復類型，和 NURBS 概念不同）。

- 也可以用「3Dface」指令手動補面。

- Extract Mesh Face（抽離網格面指令集）系列指令。

五、其他類型的指令

- Polygon Count（計算選取的物件的彩現網格的三角網格面數，一個四角形網格面計算為兩個三角形網格面）。

- Mesh Intersect（在網格物件交集的位置產生多重直線）。

- Dup Mesh Hole Boundary（複製網格洞的邊界成為多重直線）。

- Heightfield（利用 2D 圖片的灰階值為高度建立網格）。

- ApplyMesh（對應網格至 NURBS 曲面，特別介紹）。

- ApplyMeshUVN（對應網格 UVN，特別介紹）。

特別介紹以下兩個實用的網格指令

>  **3Dface**（單一網格面 / 單一 SubD 面）：這個指令歸類在「建立網格工具列」，中文
版翻譯為「單一網格面」，它的右鍵功能為「單一 SubD 面」，在「SubD 工具列」也有一個
相同的指令。不過，無論從哪裡執行，都可以直接在指令列中選擇要繪製為 Mesh 或 SubD
面（輸出 (O) = 網格 or SubD）。

雖然中文翻譯有單一這個詞，但其實只要在指令列中設定「模式 (M)= 多面」，就可以在不中斷
指令的情況下，使用點選角落點的方式連續建立 Mesh 或 SubD 面，因此我個人將此指令自己
改名為「繪製網格 / SubD 面」，去掉單一這個詞。

「3D Face」是 Mesh 或 SubD 的主要建模方式之一，可以逐一手動繪製產生一片、或一大片相
連的 Mesh 或 SubD 面，也可以是平面或非平面，之後透過各種方法調整這些面的形狀，之後
再以「橋接」或「縫合」或其他方式互相連結這些網格，再使用各種修正形狀的指令來調整這
些網格或 SubD 的點、線、面做塑形。這種建模方法對於熟悉其他以 Mesh 建模為主的 3D 軟體
的讀者可能會很熟悉，在 Rhino 也可以做到，而且效果一樣很好。

指定點（輸出(O)=網格 附加(A) 多邊類型(P)=N-邊形 從邊緣(F)=是 重設從邊緣(R)=否 在平面(I)=是 熔接角度(W)=180 模式(M)=多面 復原(U)）

使用如圖的指令列選項，從現有的網格邊線(邊緣)，
搭配物件鎖點，繪製出一連串網格面

如果繪製的是 SubD 面，由於 SubD 面是圓滾滾的形狀，使用此指令時按「Tab 鍵」切換 SubD
為「平坦顯示模式」，比較方便搭配物件鎖點來繪製，可參考「切換 SubD 顯示」指令。

Tab 鍵切換 SubD
為 "平坦" 顯示模式

在指令列中的選項，若選擇「附加 (A)」，則是和直接執行「附加到網格」或「附加到 SubD」指令是一樣的，可以在現有的 Mesh 或 SubD 物件上手動添加新的 Mesh 或 SubD 面，通常是用來補破洞，或在現有物件上接續繪製更多 Mesh 或 SubD 面。「多邊類型 (P)」可以設為三邊、四邊或 N 邊形，由於有「QuadRemesh」指令可以把網格面轉成全四邊面，因此我一般是習慣都用 N 邊形來繪製網格，搭配「物件鎖點」的網格「頂點」來繪製一整片網格面。

另外，也可以在指令列中點選「從邊緣 (F)= 是」，從選定的網格或 SubD 邊線（edge）出發繼續繪製新的 Mesh 或 SubD 面，而且可以連續繪製，能夠非常快速的建立一大片 Mesh 或 SubD 面。設定「在平面 (N)= 否」可以繪製出不在同一平面的網格面，對四邊面或 N 邊面有差別（因為三邊面一定是平面）。「熔接角度 (W)」是只有在設定輸出為「網格」才有的選項，預設的角度是 180 度，也就是無論你怎麼畫，新的網格面總是會和原先的網格面焊接（weld）合併起來，一般都是這麼設定。

而「內插點 = 是 or 否」是只有在設定輸出為 SubD 才有的選項。當設定為「是」，可以讓繪製的點變成 SubD 面的頂點，而設定為否，則是讓繪製的點變成 SubD 面的控制點，無論哪個只有在「平坦」顯示模式下才看的出來（Tab 鍵）。「連鎖邊緣」選項是只有在設定為四邊面時才能用，可以從選定的 edge 開始繪製新的面，右鍵確認後可以繼續接著畫出下一個四邊面。

> ApplyMesh（對應至曲面）& ApplyMeshUVN（對應網格 UVN）：這兩個指令可以將網格（Mesh）或點物件對應（或說映射、包覆）到 NURBS 曲面上，如果網格物件有 UV 貼圖或材質，也會一併被對應過去。其中 ApplyMesh 適合把網格物件映射到 NURBS 曲面上，而 ApplyMeshUVN 因為多了一個 N 方向，所以更適合對應到 NURBS 球體上，指令列中可以設定網格對應至目標曲面後高度的縮放係數。

對於 ApplyMesh 指令來說，如果目標曲面是修剪過的曲面，網格會對應至整個未修剪的原始曲面。必須要先設定網格的 UV 貼圖座標，演算法才知道如何將網格去對應到目標的 NURBS 曲面。因為 .stl 檔案不含貼圖資訊，所以無法使用從 .stl 檔匯入過來的網格。

要測試這個指令，除了找一個已經有定義好 UV 貼圖座標的網格物件，也可以直接執行「以圖片灰階高度」（Heightfield）指令，在對話框中勾選「將圖片設為貼圖」和「頂點在取樣位置的網格」（另外，取樣點數目和高度要足夠，轉換效果才會比較明顯），快速將圖片轉換成有 UV 貼圖座標的網格物件。如果發現對應的方向錯誤，對 NURBS 曲面執行「分析方向」（dir）對調曲面的 U、V 方向，或是執行「反轉方向」（Flip）指令反轉它的 N 方向。

"彩現模式"

圖片　　HeightField　　NURBS曲面　ApplyMesh　　NURBS 球體　　ApplyMeshUVN

說了這麼多觀念和指令的用法，實際示範如何綜合運用 Mesh 和 SubD 來建模。

插入一張高跟鞋的參考圖，我們使用「3D Face」指令，在指令列設定輸出為「網格」，模式為「多面」，搭配「頂點」物件鎖點，依據參考圖連續繪製出網格面。這部分手動的程度很高，要蠻有耐心，至於多邊類型可以依據需求切換，必要時使用「N 邊形」，在細節處才能畫的漂亮。繪製完成後，按滑鼠右鍵確認可以產生網格面，就這樣逐漸慢慢的把網格面都畫出來。

指定點（輸出(Q)=*網格* 附加(A) 多邊類型(P)=*四角* 從邊緣(E)=*是* 連鎖(C)=*是* 重設從邊緣(B)=*是* 在平面(I)=*是* 熔接角度(W)=*180* 模式(M)=*多面*）:

手動畫完所有的網格面之後，把網格全部「組合」（Join）起來，如果發現有網格的正反面不同，執行「統一網格法線」指令將之全部統一。過程中可能會出現都無法朝向正確法線的面，是鎖點和描繪的問題，可手動將不好的面刪除重畫，要注意網格頂點和邊線的重合。

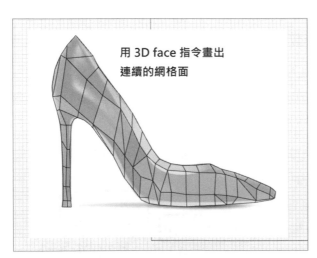

用 3D face 指令畫出連續的網格面

鏡射

以參考圖片的圖像平面做鏡射，「橋接」兩側的 Edge Loop（可能要分段做），剩下無法橋接的部分則用「填補全部的網格洞」（右鍵指令）把全部的網格洞補起來。不過發現此時物件類型

仍顯示為開放的網格,肉眼又找不到明顯的錯誤,於是執行「網格修復」指令讓電腦自動幫我們找出問題並修復,使之自動變成封閉的網格。

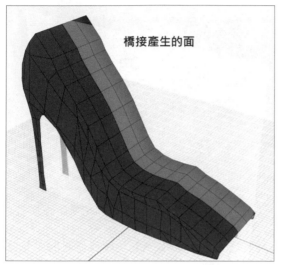

橋接產生的面

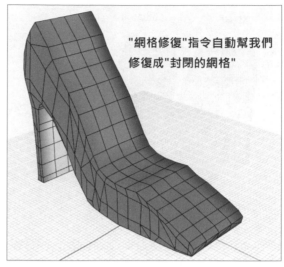

"網格修復"指令自動幫我們修復成"封閉的網格"

用「插入邊緣循環」指令在兩側增加 Edge Loop(邊邊的造型會比較好看),再選擇中間兩排 Face Loop 並往下移動一點距離作塑形。

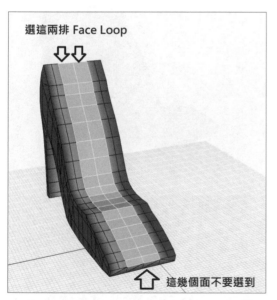

選這兩排 Face Loop

這幾個面不要選到

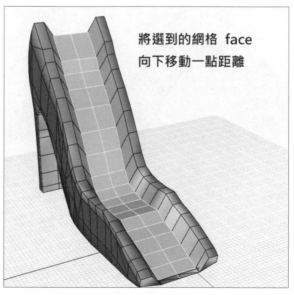

將選到的網格 face 向下移動一點距離

對模型執行「重建為四角網格」指令並勾選「轉換為 SubD」和「SubD 銳邊」。經過測試,目標面數太少的話形狀會失真,所以將目標面數設為 2000 或更多一點。之後,對 SubD 模型使用「橋接」指令選擇數個面作為第一組面,再選擇對應的數個第二組面做出橋接面。但此時橋接

面是平的面,選擇橋接面的 Edge Loop,並在 Right 視圖調整 Edge Loop 的位置,反覆選擇不同的 Edge Loop 做調整,把橋接面做成好看的弧形。

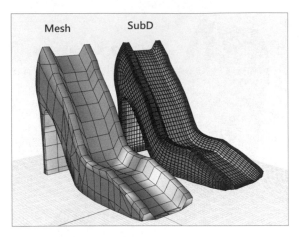
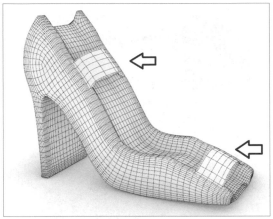

轉到 Right 視圖,按住 Ctrl + Shift 框選後腳跟的部分,然後轉到 Back 視圖使用操作軸的單軸縮放功能把選到的部分縮小,做出後腳跟。

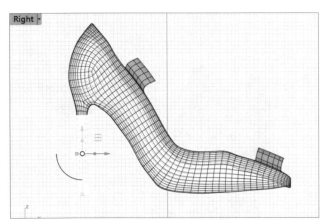
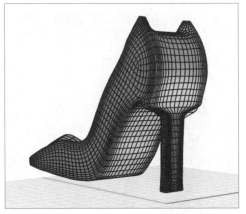

再對 SubD 模型執行「變形控制器編輯」(Cage Edit)指令調整腳尖的形狀,搭配操作軸的單軸縮放功能,把邊框方塊左右兩側的控制點同時向內縮,做出腳尖較圓潤的形狀。最後,對模型賦予「寶石」材質和顏色,簡單設定一下光源參數,再進行彩現算圖,結果如下圖。

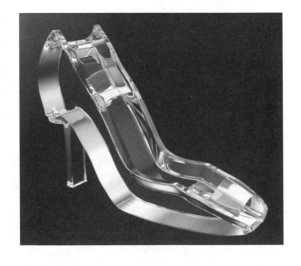

補充資料 - 3D 列印流程

3D 列印是 RP（Rapid Prototyping）快速成形的其中一種方法，其實並不是非常新穎的技術，已行之有年，而近年來由於其專利的陸續到期，開放出來讓更多人可以使用這種技術，並引起一股自造者風潮。其主要觀念是軟體將工件的 3D 電腦模型轉換成 2D 分層切片，再按照這個分層切片，將材料一層一層堆疊到欲成型的位置，重複許許多多次堆疊動作直到工件成型。

3D 列印比較學術的名字是「積層製造」（Additive Manufacturing），傳神的把它的技術精髓表達出來。對比於 NC 或較傳統的車床、銑床、切割 ... 等「減法製造」的技術，積層製造有著不需要模具就能成型的特點，因此能達到少量、多樣化，成本也比減法製造低上不少，因此其能滿足小量而多變的需求，並大幅縮短產品設計週期，簡化了製造流程。所以目前 3D 列印技術主要應用於新產品設計、試製及快速成形、驗證等方面。

甚至，可以利用 3D 列印把模型印出來後，透過「翻模」的技巧從 3D 模型逆向生成模具，再透過這個翻模的模具來做更快速的量產。翻模是模型業界常用的工法，不過以往在 3D 列印還不興盛的年代，模型都是用手工雕刻，現在多了 3D 列印的選項可用，有興趣的讀者可以自行搜尋關於翻模的相關資料。

但是，儘管 3D 列印技術應用範圍廣泛，仍會受制於列印速度、製造精度等 ... 諸多因素，並不能完全取代傳統的「減法製造」技術，因為減法製造仍然非常適用於大規模、工業化的生產流程。相信在未來相當長的一段時間內，這兩種生產方式的關係是並存互補，沒有需要取而代之。

以下是 3D 列印的流程概述：

電腦中的數位模型 --> 將模型切片、分層 --> 轉為 GCode --> 輸出至 3D 列印機製作出模型。

> **NOTE**
>
> 1. GCode 是工業製造中所使用的一種程式語言，內含控制機器移動的參數或相關指令。
> 2. 將模型切片、分層或拆件的程序通常會使用專用的軟體，如 Cura、Meshmixer... 等。

3D 列印最常使用的是 .stl 和 .obj 這兩種檔案格式，這兩種都是網格（Mesh）類型的格式。其中 STL 是 Stereo Lithography（立體光刻）的縮寫，STL 檔的網格僅描述三維物體的表面幾何形狀，沒有顏色、沒有材質貼圖或其它任何屬性資料，適用於多數單色 3D 列印機。STL 的網格面全部都是三角面，並且網格頂點全部解除熔接。STL 格式有文字和二進碼兩種型式，二進碼型式因較簡潔而較常見。STL 檔案也沒有儲存單位資訊，需要自己設定輸出的尺寸大小。

而 OBJ 格式則支援三邊面和四邊面，因此 .obj 模型的網格結構，從視覺上看起來比較簡潔。而且 OBJ 格式還可以保存顏色和材質等資訊，因此可以輸出給支援彩色列印的 3D 印表機。另存為 .obj 也會同時儲存一個 .mtl 檔案，它是 Material Library 的簡稱，顧名思義就是保存 .obj 檔案的顏色和材質資訊。

一般來說直接直接從「檔案 → 另存新檔」，選擇 .stl 或 .obj 格式就可以了。之後，我們就可以先用其他可以打開 3D 模型的程式，試試看能不能正常打開模型，以及模型是否有問題，如果出現問題就再回 Rhino 處理，都 OK 的話就可以直接輸出到切片軟體，進行列印前的切片、擺放位置、層厚、解析度、支撐材料…等其他設定，然後印出。

而如果講究一點，可以先把 NURBS 或 SubD 模型先轉換為 mesh（網格），確認模型是否有問題，是否需要修補或調整，再另存為 .stl 或 .obj 格式。轉換方法如下：

1. NURBS 或 SubD 模型執行「Mesh」指令轉換為網格。

2. 或使用「ExtractControlPolygon」指令從物件的控制點連線建立出網格邊線、成為網格模型。

以上這兩種方式是最常用的轉換為 mesh 模型的方式，轉換完成後，可以先確認網格模型是否有不合理的佈線或不好的結構，先進行手動修補（也可用「重建為四角網格」（QuadRemesh）指令），再將修補優化過的 mesh 模型另存成 .stl 或 .obj 檔案，這種方式會比直接另存檔案麻煩一點，但可以確保得到比較好的品質。另外兩種比較少見的 3D 列印檔案格式：.amf、.3mf，讀者可自己上網查詢。

3D 列印的模型與檔案的要求

1. 模型不可以有破洞，不能有外露邊緣和非流形邊緣，必須為封閉的 Mesh 實體，俗稱 watertight（不透水），可用本書提到的各種方法來確認。

2. 模型上不可以有重複的點線面，也不可以有自我相交（self-intersection）的部分。

3. 不同部位最好分割（Split）出來，用下拉式功能表「檔案」→「匯出選取的物件」，將各部位另存成不同檔案，拆件來印。根據經驗判斷要不要製作拆件，以及如何做分割。

4. 要印出的部分必須「布林聯集」在一起（不過有些軟體也可以組成「群組」即可）。因為布林運算是「不可逆」的，所以一般都是把需要做 3D 列印的部分另存出來以後，才做布林運算聯集。

5. 若有可動部位，需設計可動部分的機構，並保留一些間隙。

6. 模型的尺寸、單位是否正確？可事先用「校正 1 比 1 縮放」（Zoom1to1Calibrate）指令，再用 Zoom（縮放）指令列的「1 比 1」選項，在螢幕上確認模型的真實尺寸。

7. 根據 3D 印表機的硬體限制，修改模型的尺寸公差（0.1 mm～1 mm）和最小厚度需大於 0.5 mm。

8. 事先整體放大 1.02～1.05 倍以抵銷印出成品的縮率，根據 3D 印表機技術和材料而不同。

9. 是否可將模型的某些部分做成空心薄殼狀，以節省材料和成本。

10. 網格面數愈多、愈密集，檔案會愈大，但檔案大小不宜超過 100 MB。如超過，須思考如何降低面數，在模型細節和檔案大小之間取得平衡。

切片軟體與 3D 印表機的設定

層厚、解析度、溫度、填充率、是否需要底平面、列印時的方向、支撐如何長、列印所需花費的時間、列印速度設定…等等。

彩現 / 渲染（Render）的操作方法

因為彩現的操作主要是在右側面板區完成，為了精簡軟體版面，本書建議不需要開啟「彩現工具」工具列，只要把「彩現工具」工具列中的「彩現 / 切換彩現設定」以及「設定彩現顏色 / 設定彩現光澤顏色」這兩個指令按鈕，按住 Ctrl 鍵並拖曳複製到「標準」工具列，即可將「彩現工具」工具列關閉。

設定彩現顏色
設定彩現顏色
設定彩現光澤顏色

彩現
彩現
切換彩現設定

辛苦建立了一個模型，終於可以把模型做彩現（Render，或稱渲染）美美的呈現給別人看了。彩現也就是把模型加上顏色、套用材質、加上光線與環境效果，透過軟體的算圖引擎讓模型逼真的呈現。第一次看到彩現效果的人應該都會被算圖引擎的強大所震撼到。

雖然彩現後的模型看起來非常漂亮，但其實彩現的操作和建模的過程比起來顯得非常簡單，沒什麼困難的觀念，也不需要搭配快速鍵，就是指定顏色、套用材質、設定燈光和環境效果，設置印花（貼圖）、調整貼圖軸…等等。除了設定貼圖軸，彩現絕大部分就是在選單內設定參數，雖然簡單但需要依賴較多經驗才能調整出理想中的效果。

不過當然，彩現只是製作效果圖而已，並不是說彩現的顏色就能以 3D 列印或其他方式直接製造出來。

Rhino 本身有內建彩現引擎，雖然效果比不上專門的外掛程式（例如 HyperShot、Keyshot、V-ray、Brazil、Maxwell…），或更加專業的獨立軟體（例如 3Ds MAX、Maya 或 Cinema4D），但如果是要向客戶提案或向朋友 / 網友表達理念、炫耀成果，應該都蠻夠用了。畢竟彩現只是美化模型，真正重要的還是設計、建模的功力，以及模型能否在合理的成本下被製造出來。

這裡介紹 Rhino 內建的彩現功能的觀念與操作方法

必須要切換顯示模式為「彩現模式」才可以看得到對彩現所做的一切編輯與設定。在「Rhino 選項」的「網格」選單中，可以設定「彩現網格」的品質，這只影響物件的視覺顯示效果，和建模過程與精確度無關。依據使用者的電腦配備來選擇顯示的品質是要粗糙還是平滑，也可以點選「自訂」展開更多選項，如下圖所示。

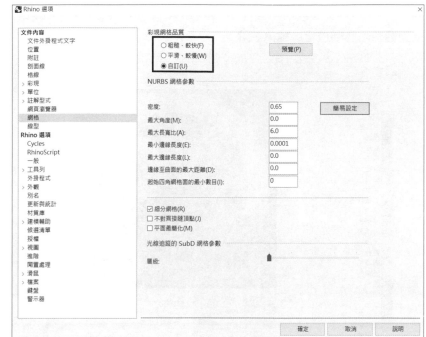

一、套用材質

將物件賦予材質的方法有幾種：依圖層、依父物件（參考「建構歷史」的觀念）、依據預設材質，其中最常用的是預設材質（依物件），可對選中的物件套用材質，並可以複選多個物件一次套用，或者按住材質將它拖曳到物件上進行套用。還有一個常用的方法是選取要套用這個材質的物件，並在材質上按滑鼠右鍵，從右鍵選單中選擇「賦予給物件」或「賦予給物件所屬的圖層」…等其他選項。

選擇一種材質後,也可以設定該材質的顏色和其他參數,如反射度、透明度⋯等,把選單往下拖動還有附註欄位可以輸入註解。

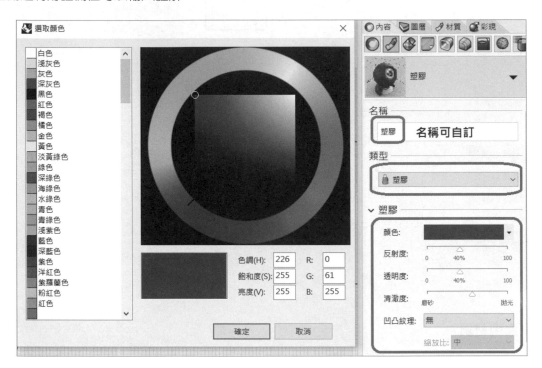

如果要刪除這個材質,切換到「材質」面板,選擇要刪除的材質後按 Delete 鍵即可。

如果不想對物件套用材質，只是單純地想套用顏色，可以使用「 設定彩現顏色（左鍵）/ 設定彩現光澤顏色（右鍵）」指令，選取要套用的物件和一個顏色後，於「內容」面板的材質選單或者「材質」面板，會出現一個未命名但有顏色的材質，將顯示模式切換到「彩現模式」，就可以觀察到對物件套用的顏色，如下圖所示。

對一個球體套用顏色，並在彩現模式下觀看。

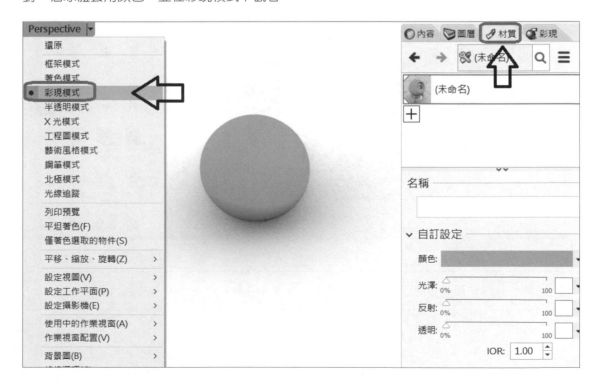

進一步開啟「材質庫」面板，會有更多的材質可以選擇、套用。

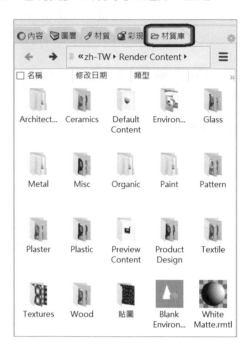

例如以下是在「材質庫」面板中對一個圓柱體套用木紋材質的效果。如果不先選取物件，也可以在某個材質上按住滑鼠左鍵，將之拖曳到物件上進行套用。

> **NOTE** 也可以使用「群組」（Ctrl + G）指令，方便整合物件，一併套用顏色或材質。

二、貼圖

要在模型上貼圖必須先了解貼圖軸的觀念。所謂的「貼圖軸」即是指一個放置貼圖的「框架」，而貼圖會從這個框架「投影」到物件上。

Rhino 內建的貼圖軸形式一共有：平面貼圖軸、UV 貼圖軸（曲面貼圖軸）、球體貼圖軸，立方體（加蓋與未加蓋）貼圖軸、圓柱體貼圖軸（加蓋與未加蓋），也可以自訂貼圖軸。

通常貼圖是匯入外部的圖片來使用作為產品上的貼紙，不過也可以使用 Rhino 內建的材質表面的紋路。

改變貼圖軸（放置貼圖的框架）的大小、形狀和位置，就可以改變貼圖在物件上的範圍、形狀和位置。要改變貼圖軸可以用一般調整與編輯物件的方式，例如開啟貼圖軸的控制點（F10鍵）做調整，或者是以旋轉、縮放 ... 等方式改變貼圖軸，同時也會改變貼圖在物件上的樣子。除了以上方法外，另一種調整貼圖軸的方法是啟用「操作軸」，可以很直觀的調整貼圖軸框架，並在「彩現模式」下即時觀察貼圖投影到模型上的樣子。

舉例來說，新增一個「平面貼圖軸」，就是建立一個平面的框架來放置貼圖，並且將貼圖「投影」到模型上的曲面或任意處。因為 Rhino 主要的用途之一就是設計產品，產品上的貼紙（或稱作印花）幾乎都使用平面貼圖軸就可以搞定了，除非產品有球面、圓柱面或是立方體 ... 等特殊的面，就需要選用對應的貼圖軸形式。

例如以下例子，建立一個曲面，並且把曲面選取起來 (1)，切換到右側的「內容」面板 (2)，並點選「印花」按鈕 (3)，再點選「+」號 (4)，接著彈出對話框，選取一張外部圖片作為貼圖。

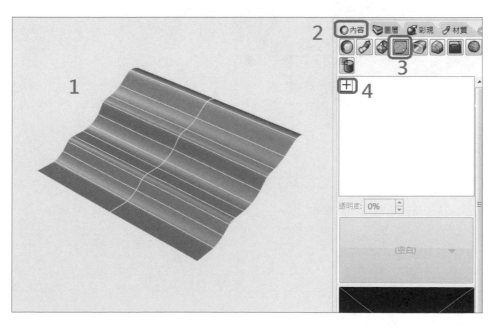

接著系統詢問要使用哪一種貼圖軸，如上所述一般
都是選擇「平面」貼圖軸，而「方向」可以設定貼
圖從框架上投影的方向是向前、向後或是雙向，這
裡設定「向前」，按下確定。

系統提示指定兩個角點以建立平面的貼圖軸，開啟
「端點」物件鎖點，分別指定曲面的左上角和右下
角兩個點（指令列中還有其它選項，和繪製矩形
一樣的操作，讀者可翻回查閱），建立一個平面貼
圖軸。

如果看不到貼圖軸的話，在「印花」面板中點選如
下圖所示的「顯示印花貼圖軸」按鈕。下圖曲面上
的那個框架就是平面貼圖軸，其黑色箭頭代表貼圖

「投影」的方向，紅色箭頭代表貼圖右側的方向。而如果移動或旋轉、甚至縮放了曲面，貼圖
軸也會始終依附著曲面一起移動或變形。

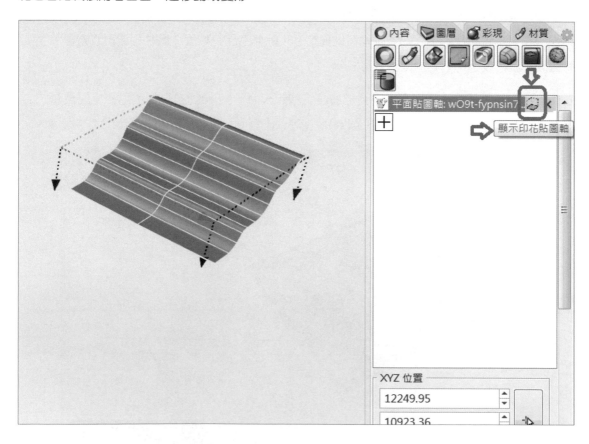

選擇一張皮卡丘的貼圖，切換到「彩現模式」觀察貼圖的結果，發現皮卡丘的腳超出曲面的範圍了，所以我們要把平面貼圖軸的框架縮小一點，讓整隻皮卡丘可以容納在曲面的範圍內。

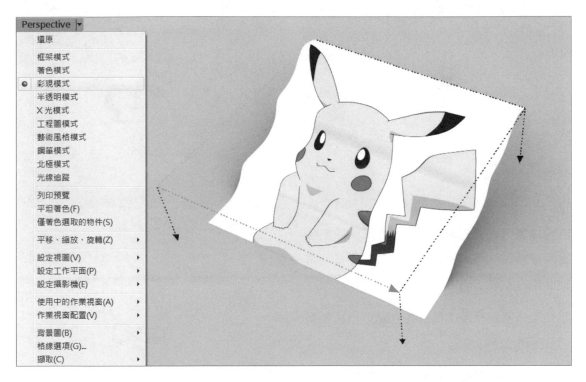

在底部的狀態列開啟「操作軸」，並選取貼圖軸的框架（注意不要選取到曲面），透過操作軸縮放框架，並移動框架的位置，調整到滿意的樣子。

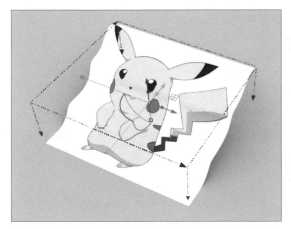

而如果透過操作軸旋轉了貼圖軸的框架（不旋轉曲面），就會形成像下面這樣的效果：

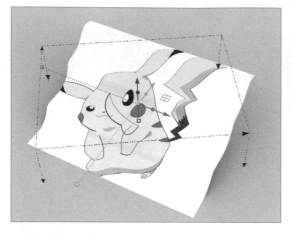

也可以選取貼圖軸框架，按 F10 鍵開啟貼圖
軸的控制點，用調整控制點的方式調整貼圖
軸框架的長寬，

而使用貼圖軸框架中間的控制點可以移動整
個貼圖軸框架的位置。

其他形式的貼圖軸也是同理，只不過建立的
是球體、立方體、圓柱體 ... 等形式的框架，
觀念和操作上都是一樣的（第二常用的是圓

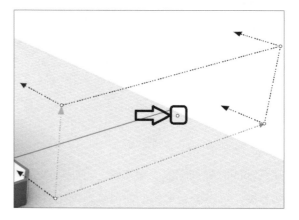

柱體貼圖軸，例如製作酒瓶或飲料罐的貼圖），依據模型的形狀選用。經過上述的例子，所以
說大部分產品上的貼紙，用平面貼圖軸就可以了。

NOTE 至於其他 Polygon 建模軟體最常使用的「UV 貼圖」，在 Rhino 中是比較弱的。UV
貼圖就是把模型以設定的切割方式攤開展平，在 Photoshop 等軟體繪製平面的貼圖並一一
對應到展平的模型上，再將它折回去恢復為立體模型的方法。不過 Rhino 內建的「UV 貼圖
軸」功能比較陽春，它會以曲面的 UV 座標自動將貼圖佈滿整個曲面，難以控制 UV 貼圖的
對應。

如果我們的貼圖是需要有明確的大小和樣式，UV 貼圖軸當然不符所需。不過如果是需要
在不規則物件上佈滿整個貼圖樣式，例如要在一個不規則的物件上佈滿小碎花的貼圖，或
者要把木紋貼圖佈滿在一棵樹的模型上，這時候就很好用。

還必須注意同一個曲面物件上不能同時有多個 UV 座標（例如多重曲面），這樣使用 UV 貼
圖軸做貼圖後，會發現多個曲面上的 UV 貼圖並無法連續。

最後再說明「Alpha 通道」的觀念。在影像處理軟體中 Alpha 是指由黑白與灰階所構成的色板（遮罩），而在這裡所謂的 Alpha 通道是指可以讓圖片的透明處在貼圖時也呈現透明的狀態。直接以一個例子說明，我們對上述例子的曲面套用一個紅色的塑膠材質，如下圖：

用和上述相同的方法，對曲面新增一個平面的貼圖軸，將皮卡丘的圖片貼上來。發現因為皮卡丘的圖片是有白色背景的，所以貼圖後白色背景就把塑膠的紅色都覆蓋掉了。

貼圖的圖片

如果這不是想要的效果，可以開啟 Photoshop 或以其他的軟體、甚至在某些網頁上，先把要貼圖的圖片做「去背」，讓白色的背景成為透明色（灰白相間的格子狀），再重新做一次貼圖即可。結果如下：

貼圖的圖片(去背後)

> **NOTE**
>
> 1. 去背後的圖片也必須儲存成能夠支援透明的格式才行，例如 .tiff、.png、.eps... 等格式。注意最常用的 .jpg 或 .jpeg 無法保留透明，存檔後背景還是會變回白色。
>
> 2. 必須在「編輯貼圖圖片」對話框中，確認有勾選「使用 Alpha 通道」才能使用 Alpha 通道的透明功能，如下圖所示。在「編輯貼圖圖片」對話框中還有很多參數可以設定，請讀者自行嘗試。

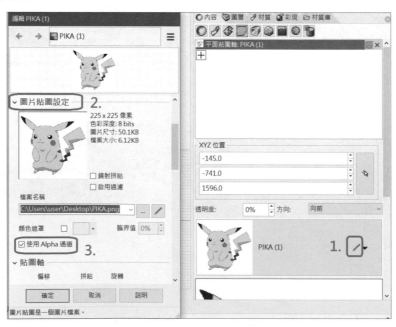

三、調整彩現參數

在「彩現」指令按鈕上按滑鼠右鍵，執行「切換彩現設定」指令，軟體會自動切換到右側的「彩現」面板，在其中可以設定解析度、背景、照明、框架、遞色與顏色調整，以及各種進階設定。因為本書篇幅無法詳細說明每個參數，但這些設定都不困難，讀者可以自行嘗試不同的照明、底平面（模型擺放的「地面」，也可套用材質與顏色）和各種選項，需要較多的經驗才能調整出理想的彩現畫面。

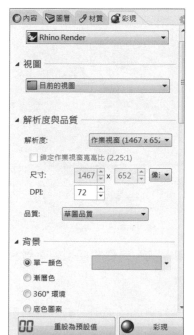

在介面右側的「燈光」面板可以新增各種燈光物件，調整燈光物件的操作方式就和一般建模相同，也可以按 F10 鍵開啟燈光物件的控制點、或調整燈光的顏色…等操作，就和真正攝影師打燈的感覺一樣，相當好玩，各種參數請讀者自己嘗試。

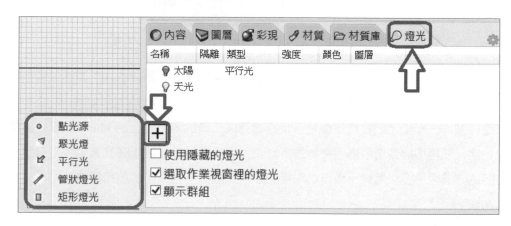

四、算圖

最後,用滑鼠左鍵點選「彩現」指令按鈕,執行「彩現」功能,開始算圖。算圖花費的時間依據材質的複雜度、彩現設定的參數值、燈光的複雜度、場景的複雜度、使用者電腦的配備 ... 等許多因素決定,耐心等待最後的結果。

算圖完成後,可以在算圖的視窗中再對圖片做色調補償 ... 等一些後處理修正,對於 Photoshop 有基礎的讀者應該沒問題。最後再將之儲存成 2D 圖片的格式,彩現就完成了。

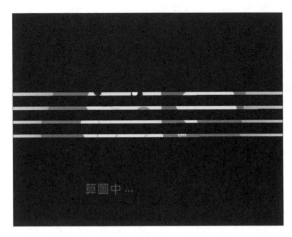

彩現算圖後就成為 2D 的圖片,就不能再改變視角了,所以開始算圖前一定要將模型調整到合適的視角。至於要如何擺放沒有標準,依據的是使用者的美學素養。

另外,選取物件後,在「內容」面板中還有一大堆子選單,如下圖紅框內的部分,分別是彩現厚度、彩現圓角、裝飾線、置換貼圖(對物件產生真正變形的凹凸效果,並非只是以平面貼圖模擬凹凸效果)和屬性外掛程式文字,讀者可以自行嘗試。

彩現厚度、彩現圓角、彩現圓管、裝飾線 ... 等功能,都是考慮到後續的加工製造流程而加入的功能。經常在建模時並不需要先製作好圓角(或斜角),在實際的製造過程中,工廠才透過二次加工進行製作,模型上已經有這些特徵反而會造成工廠的困擾。因為 Rhino 並沒有建構樹或回溯的功能,要再取消或重製這些特徵並不方便,如果還是想在建模時就看到模型有圓角、厚度、裝飾線、圓管(至少需要一條作為路徑的曲線)的樣子,就可以啟用這些功能,從視覺上「先睹為快」。

雖然本章都用非常簡單的例子來做示範，不過再怎麼複雜的模型或場景都還是用相同的觀念來操作，只是分割了較多區塊而已，讀者理解了彩現的基本觀念和操作邏輯後，就可舉一反十了。

NOTE

1. 經常我們會複製多個產品模型，並將之擺放不同的角度、做不同的材質與貼圖，在同一張彩現的圖片裡面展現產品的不同樣貌。這屬於個人美學的範疇，使用者可以在彩現畫面的呈現多下點功夫，思考如何能最好的將作品展現出來。

2. Rhino 也可以製作模形的運動動畫，「彩現工具」工具列中也包含了製作動畫相關的指令集，如下圖所示。但是 Rhino 的動畫功能很陽春，是用來展示模型而非製作複雜的動畫，像是有個「Turntable」指令可以讓物件旋轉展示…之類的。

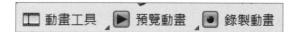

下拉式功能表「檢視」>>「擷取」，可以將目前視圖的模型截圖，至剪貼簿或另存成圖檔。

在指令列輸入「Fullscreen」指令，可以隱藏介面上所有操作元件，用全螢幕顯示視圖，在觀看模型的時候很有用，按 Esc 鍵退出。這個指令沒有按鈕或功能表，建議可以自己設定快速鍵。

按 F6 鍵可以叫出「攝影機」物件，用和物件相同的方式調整攝影機物件的位置或控制點，改變視圖觀看的位置和角度等視覺效果。

> **ExtractRenderMesh（需要在指令列手動輸入名稱）**：我們知道彩現的原理是在原本物件上產生一層包覆的 Mesh，對它做頂點著色，此指令可以把這個彩現網格抽離（複製）出來，成為真正獨立的 Mesh 物件，這也是一種把 NURBS 或 SubD 物件轉換為 Mesh 的方式，並且也可以將它另存成 .stl 檔。而如果物件沒有彩現網格，則會自動產生一個。

建模範例：前言

第一步：構思

參考本書第三章「Rhino 的建模邏輯」一節。

第二步：收集參考資料

如果要建立的東西是有參考資料的，就盡量多收集一些參考資料，最好是有不同角度的圖片，有三視圖最佳，就算不當作「圖像平面」匯入進來做描圖，也可以對於要建立的東西有個基本認知，知道它的線條架構和曲面的一些特性，初步在腦海中就會知道可用哪些指令來建模。如果還是找不到參考資料的地方，自己發揮想像力填補。

而如果是自己獨創的東西，可先在紙上畫出來，用手繪即可，尺寸也不用很精確，主要是明瞭東西的結構，對於建模很有幫助，要把手繪稿匯入進軟體描圖也可以。

第三步：建模分析

一旦知道自己要建的是什麼東西，並有了初步的構想後，就要大致上想一下東西要如何分區塊來構成。原則是先分析模型上的大塊面在哪裡，應該如何建立，再來構想小細節應該如何完成。無論是多複雜的模型，都是由基本形狀和簡單的構造組成的，建模分析可以透過把模型拆解成基本形狀，幫助使用者明白建模的程序。

例如以下的例子，是把模型上數個基本部份移動出來，在建模的程序上就是各別建立每個區塊，像拼圖一樣。雖然這個例子比較簡單，不過讀者可以發現透過這樣的分析，看起來很複雜的模型都可以分解為數個組成單元，可以比較容易的建構出來。

第四步

實際建模的程序就是要靠經驗了，唯有對基本的繪製觀念和指令很熟悉，才能做出好的模型。建模的方法有很多種，殊途同歸，重點是要理解觀念、靈活運用各種指令。

千陽號建模範例

CHAPTER

33

範例將會把船大致上的形狀都做出來，至於比較細節的部份，例如窗戶、裝飾…等，因為太多了，則不會一一細說，把重點放在如何做出大致的形狀，以及指令的用法和技巧。在 Front 視圖依據參考圖片，畫出如下三條曲線，再執行變動工具列的「使平滑」（smooth）指令，把這三條曲線平滑化。

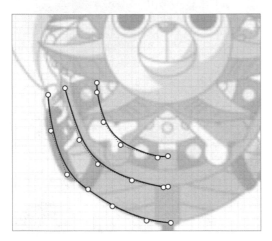

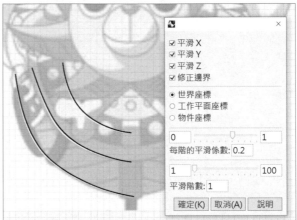

在中間畫出一條直線，用直線修剪（trim）多出去的部分，再執行「symmerty」指令設定三條曲線和另一邊曲線的相接處的連續性為「平滑」，之後將之和另一側的曲線組合（Join）起來。然後在 Right 視圖，根據參考圖片把這三條曲線拉開放置。這邊根據側面的造型又在船頭和船尾多畫了兩條曲線，然後把原本的三條曲線做了縮放以及旋轉，使之更加匹配參考圖。

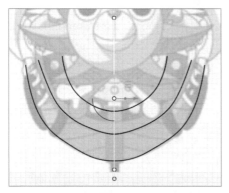

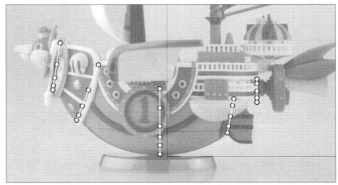

對這五條曲線執行「放樣」指令產生 NURBS 曲面，因為還要調整曲面控制點，這邊先不做偏移加厚。按 F10 開啟放樣曲面控制點，切換到半透明顯示模式，在 Right 視圖中調整形狀（將參考圖鎖定較好操作，以及將五條放樣曲線刪除或丟到圖層中隱藏起來）。調整曲面控制點過程中，如果覺得控制點已經調整到不好操作，「重建曲面」之後再調整即可。調整過程中，可以開啟選取過濾器的「控制點」選項，並且搭配「對齊」指令的「至平面」選項來對齊所選的曲面控制點，以將曲面的形狀對齊；過程中也可以搭配「推移」操作（按住 Alt + 方向鍵）來微調所選的控制點。

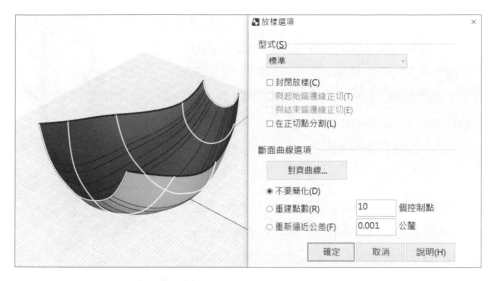

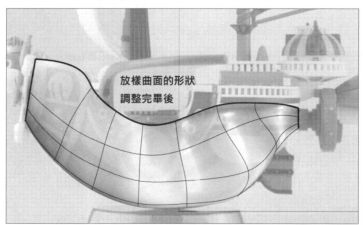

將船殼曲面隱藏，根據參考圖繪製左側寫著 1 號的部分。使用「圓：中心點、半徑」加上「偏移曲線」指令，一樣使用中垂線分割 + 鏡射的技巧把曲線畫出來，並將畫好的曲線個別 Join 起來。繼續繪製其他部分，順便也把一些之後要做「迴轉成形」以及做「圓管」的側面曲線和旋轉軸直線都畫出來。

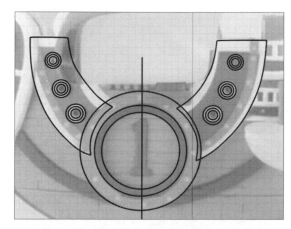

然後就是回到 Perspective 視圖，把能夠「迴轉成形」和「圓管」的地方都做出來，以及能夠「將線擠出」的部分擠出來。並調整一下它們的相對位置。由於目前形狀都是平底，把不是實體的地方都使用「將平面洞加蓋」（cap）指令將它們封閉起來。這裡看似做了很多東西，其實都是擠出和旋轉成形，然後調整位置而已，並沒有什麼困難的技巧。

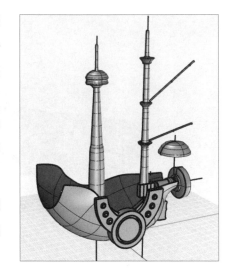

接下來製作關鍵的頭部，但其實並不難做，在 Right 視圖建立三個 SubD 球體分別將頭部和上、下嘴巴的部分捏出來而已（調整 SubD 控制點，以及 SubD 的點、線、面）。

然後再找一張正視圖的參考圖片貼到 Front 視圖中，依據參考圖調整正面的形狀，這裡搭配「鏡向對稱」指令來捏塑，若是面數不夠就執行「插入點」指令手動作出更多面數，或是選取一個面做局部「細分」，並且可以不斷在 Front 和 Right 視圖和 Perspective 視圖中切換調整形狀。

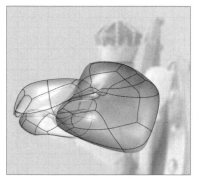

切換到「北極模式」顯示，發現頭部有很一些捏塑時產生皺摺的地方，原因是這裡的佈線結構太亂了，使用「合併面」指令把零碎的面合併起來做修正，其他地方也如法泡製。

皺褶

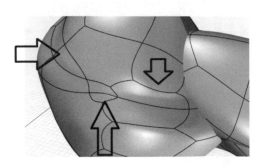
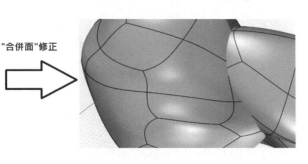

"合併面"修正

同樣發現嘴巴前面還有個很明顯的皺摺,切換回「著色
模式」,把前面三個面合併起來,形狀就比較好看且正
確了。

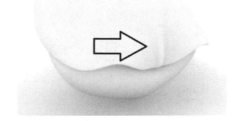

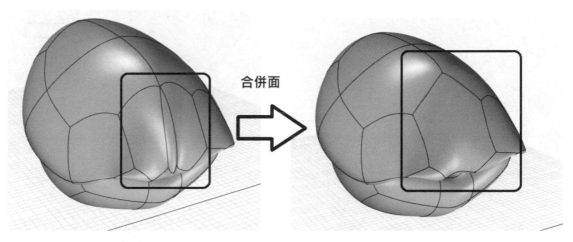

合併面

使用「隔離」指令只顯示正面的參考圖片,使用和一開始繪製船底殼的技巧,在 Front 視圖
繪製如下曲線,並切換到 Right 視圖中把這些曲線拉開放置,並且旋轉曲線的角度。再切換到
Top 視圖,依照船殼曲面的尺寸,稍微放大剛才繪製的曲線,並開啟曲線控制點將其依照船殼
曲面做出弧度。經過不斷在不同視圖中調整曲線控制點以及縮放曲線,結果如下。

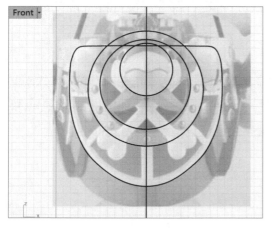

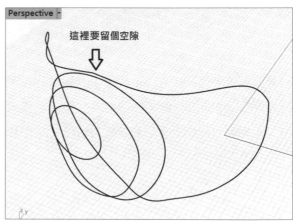

這裡要留個空隙

使用「圓弧：起點、終點、半徑」搭配物件鎖點繪製如下的掃掠斷面，再使用「雙軌掃掠」做出曲面。其他曲面，則使用「放樣」和「嵌面」做出來，如圖所示，然後把它們「群組」在一起。

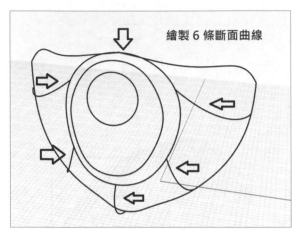

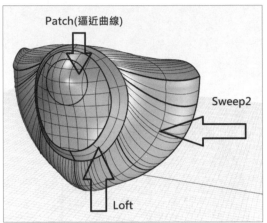

把隱藏的物件顯示出來，發現剛才建立的曲面寬度不夠，依據船殼曲面的形狀，把剛才繪製的曲面在 Top 視圖做單軸縮放，使它的大小超出船殼一點點，並把前方超出去的船殼曲面修剪（Trim）掉。

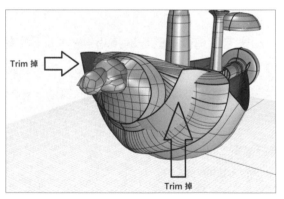

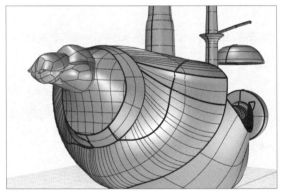

根據找到的參考圖，在 Top 視圖中調整船殼曲面後半部的形狀（使用操作軸同時往外放大兩側控制點），讓它符合參考圖的形狀。然後根據參考圖，先把 Top 工作平面向上垂直移動 40 單位，再繪製各個船上房間和物體的曲線。注意這裡要用 3D 來思考，而不是純粹照描。

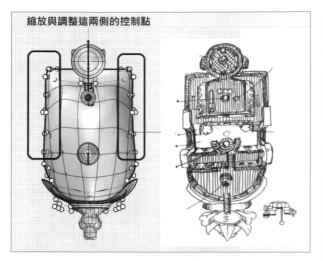

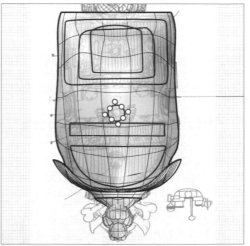

把工作平面 Top 還原，並將畫好的曲線依照參考圖片擠出成高低不一的實體。然後按住 Ctrl + Shift 選取圖中 NURBS 實體物件的面，用操作軸的單軸縮放功能把這個面縮小，做出錐型擠出的效果。

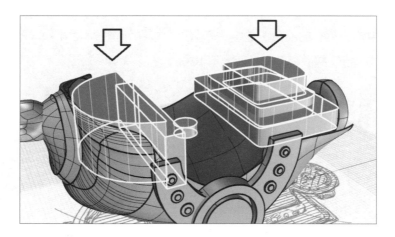

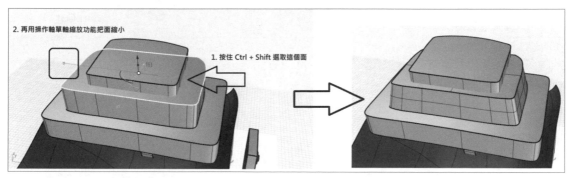

對頂面執行「複製面的邊框」指令,再建立一個長方體實體。使用「沿著曲線陣列」對複製出來的面的邊框線做陣列,陣列項目數可以自己測試一下,但可能會有重疊的部分,需要自己手動刪除 + 調整位置。對剛才複製出來的邊框線執行「偏移曲線」指令向內偏移一個距離,再將之向上擠出成為實體,再把它垂直向上移動放置在長方體陣列的頂部。

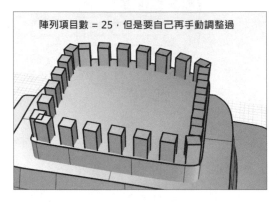

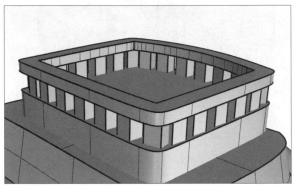

選取前半部的擠出物件和梘杆,執行「隔離」指令只顯示選取到的物件。切換到 Right 視圖,繪製一個三角形,再將之擠出成為實體,然後再於 Top 視圖繪製一條切割曲線,執行「線切割」指令切掉圖中圍繞梘杆的部分,之後將不夠高的樓梯面選取(Ctrl + Shift 選次物件)起來向上垂直移動,或執行「將面移動」指令也可以。

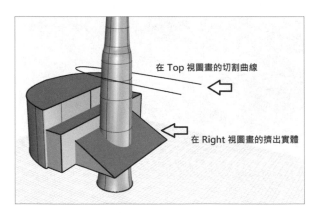

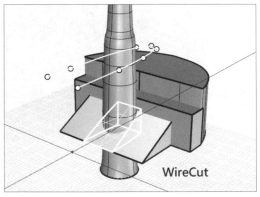

把隱藏的物件顯示出來,目前模型的大致形狀已經完成,就像下圖這個樣子,接著將要製作更多重要細節,而至於更加鎖碎的細節部份就不一一細講了,純粹看你要把模型做到多精緻的程度。

 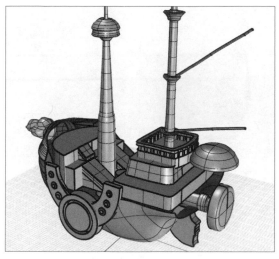

接下來把頭部繼續製作完成。在 Front 視圖繪製如下曲線，並在搭配物件鎖點（最近點）放置兩個普通的「點」物件。執行「圓弧：起點、終點、半徑」把這兩個點當作起點和終點，並在 Right 視圖中拉出圓弧的弧度，然後用控制點微調它的弧度。

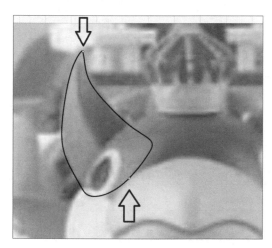 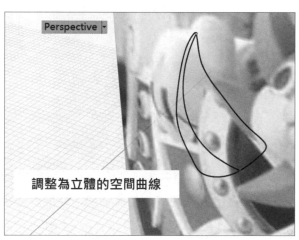

調整為立體的空間曲線

用「分割」指令列中的「點（P）」選項，以上一步放置的兩個點物件分割外框曲線，並使用「EdgeSrf」（以二、三或四個邊緣曲線建立曲面）把兩側的面都建立出來，並將之 Join 在一起，再使用「將平面洞加蓋」（cap）指令把它變成封閉實體，之後可以刪除或隱藏用不到的曲線和點物件。

然後執行「環形陣列指令」，但由於模型的這部分本來就有兩種角度，因此還需要「鏡射」＋手動微調陣列出來的物件的角度和位置。調整完成後，將陣列出來的東西做個群組，移動到頭部，再旋轉調整角度，此時一大部分會陷入到頭部裡，但先不用做布林運算聯集，先這樣放著就可以。

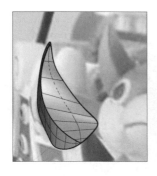
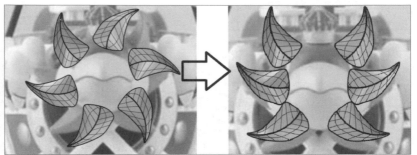

覺得剛才做的太陽厚度太薄,將之用操作軸做單軸縮放把它放大(等同增加厚度),再用「彎曲」指令把它做出弧度。

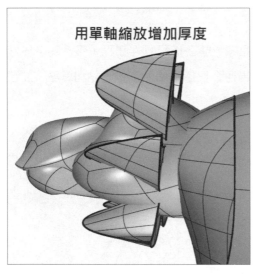
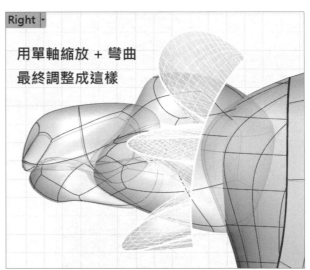

再回到 Front 視圖繪製 X 字型的骨頭,只要畫一個其它用鏡射做出即可,將曲線都 Join 起來,然後直接把將之擠出成為實體,然後對它執行「彎曲」變形(一點點就好)。接著執行 QuadRemesh 指令,面數不用設太多,勾選「轉換為 SubD」,之後就可以直接對骨頭捏塑,把細部造型做出來(搭配「鏡向對稱」指令)。做好後,把骨頭放置到頭部的位置,旋轉一些角度,覺得太小也對它執行「三軸縮放」放大,再做一點點「彎曲」變形。

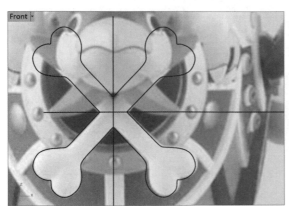
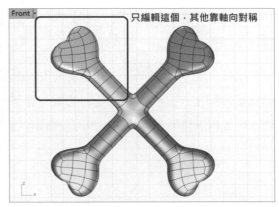

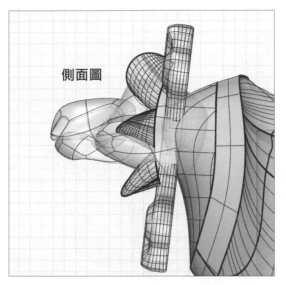

側面圖

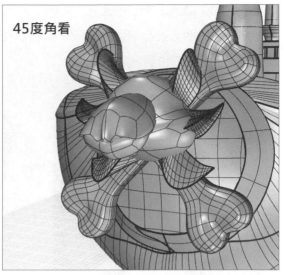

45度角看

王冠的部分直接用「旋轉成形」做出，眼睛的部分也很簡單，直接把球體用「單軸縮放」壓扁，把它複製一個後用「三軸縮放」縮小，再重疊放置即可，然後將之組成群組或布林運算聯集。然後把眼睛在各個視圖中放置到正確的位置，再用旋轉和縮放調整。

可以再做出許多細節，
但不一一示範了

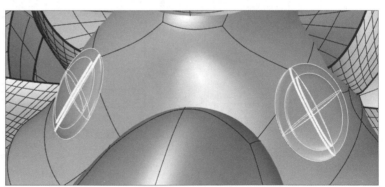

之後，要把船殼曲面做成一個實體。切換到 Right 視圖，選擇船殼曲面執行「隔離」指令只顯示它，畫出兩條直線修剪船體前方和後方多出的部分，另一個目的也是使它們變成平面。在船尾畫出一條直線作為斷面曲線，執行「雙軌掃掠」指令以兩側曲面邊緣為軌道進行掃出，將掃出曲面和船殼曲面 Join 起來，全選執行「將平面洞加蓋」（cap）指令，使船殼變成一個實體。

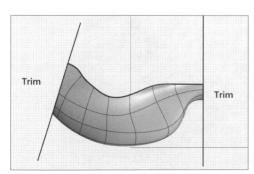

Trim

Trim

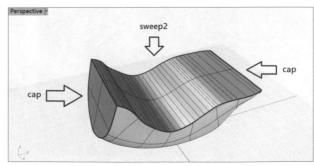

Perspective

sweep2

cap

cap

把隱藏的物件顯示出來，發現前方有船底實體超出平面的部分，用「線切割」切除即可。然後對前方弧面的曲面進行偏移加厚，如果失敗可能需要各別做偏移，並測試可以成功的厚度，或是微調一下形狀或位置。

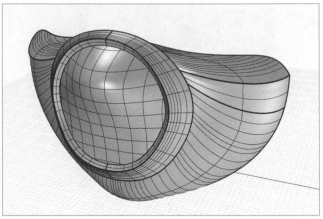

把前面的半圓形實體在 Top 視圖用「延展」+「變形控制器編輯」指令調整形狀。

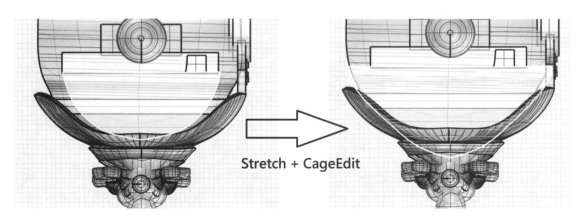

用「複製面的邊框」（DupFaceBorder）指令複製出圖中平面的外框線，再執行「偏移曲線」將它向內偏移一點距離（圓形曲線不要偏移），然後將外框線和偏移過的線擠出成實體。

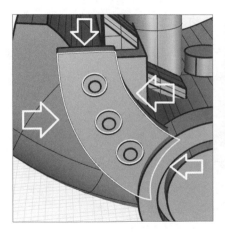

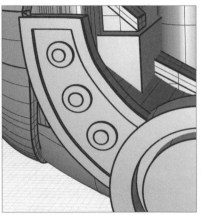

在 Right 視圖繪製圖中曲線，用它來對弧面實體
做分割（Split）。然後切換到 Front 視圖，選取分
割面，以操作軸的方式將分割面在綠軸與紅軸方
向往兩側擠出（利用操作軸紅綠相間的「田」字
型，按住它拖曳移動時，再同時按住 Ctrl + Shift
鍵往兩側做擠出）。之後將四個擠出實體做「布
林運算聯集」，再把分割曲面和原本的曲面重新
「組合」起來，讓所有東西都變成實體。

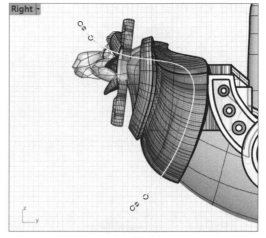

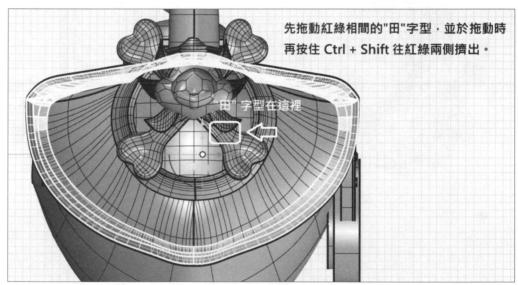

先拖動紅綠相間的"田"字型，並於拖動時
再按住 Ctrl + Shift 往紅綠兩側擠出。

"田"字型在這裡

在 Front 視圖繪製如圖直線，對該實體執行「分割」（Split），做出分割曲面後，再重新把它們
「組合」（Join）起來成為封閉的多重曲面實體。按住 Ctrl + Shift 選取剛才分割出來的多重曲
面，執行「偏移曲面」將它們向外偏移一些長出厚度成為實體，再鏡射到另一邊去。

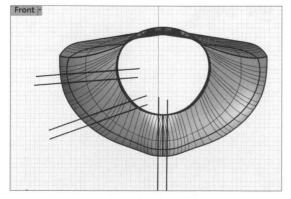

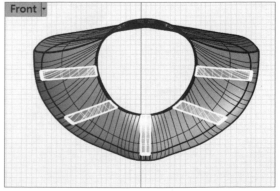

船帆的部分很簡單,用四～五條曲線做「放樣」(Loft)再稍微偏移出一點點厚度,然後再用「變形控制器編輯」(CageEdit)做形狀調整。船大致上的形狀已經完成,其他都是屬於做出細節和修飾的部分,比較瑣碎,也都是基本操作,因此不再一一細講。翅膀和尾部的「尾毛」是先用控制點曲線畫出大概形狀,擠出成實體,再執行「QuarRemesh」指令勾選「轉換為SubD」,最後調整 SubD 的點、線、面捏塑出形狀。

經過補上一些細節,單純「設定彩現顏色」以及使用內容 → 印花 →「平面貼圖軸」加上海賊標誌之後,完成圖如下:

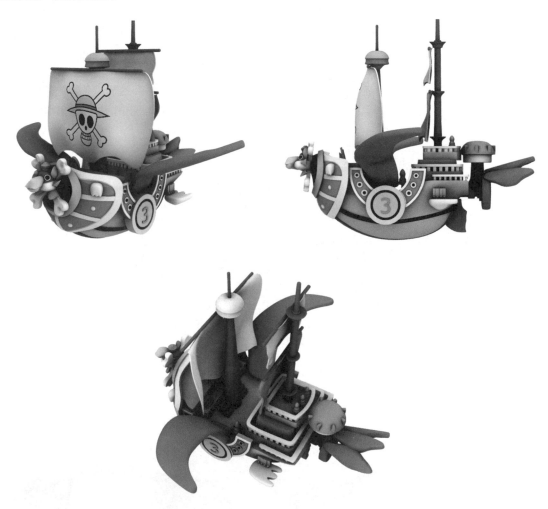

騎士泰坦建模範例

複製參考圖片在 Rhino 中貼上，降低圖片的透明度並將它「鎖定」（Ctrl + L）方便描繪。在 Front 視圖根據參考圖片繪製「內插點曲線」，描繪出頂部盔甲外型，轉角處要多放幾個點。如果有分段繪製曲線、用物件鎖點連接的話，記得將之「組合」起來，之後調整編輯點、微調曲線的形狀，調整時關閉物件鎖點會比較好做（用控制點曲線也可以，這裡只是示範不同的做法）。

繼續描繪其他曲線，但是不要將它與之前繪製的大範圍曲線組合起來，若是需要尖銳的轉角，可以「插入銳角點」再來調整。

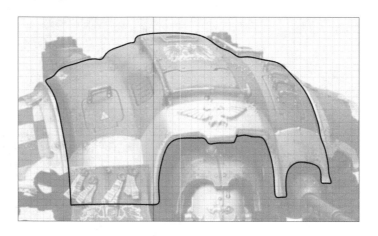

畫完後才意識到參考圖片是有角度的，所以繪製兩條直線，一條作為 Trim 的切割物件，一條作為鏡射軸，之後調整中間圈圈處的形狀使之成為對稱，補上其他線條，最後將外圈曲線 Join 起來。如圖所示，共有兩條 Join 起來的多重直線。

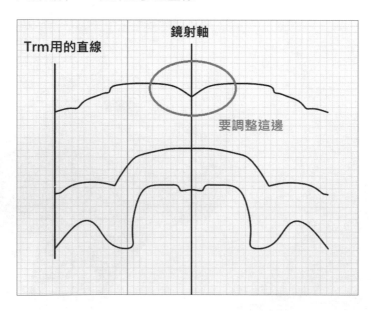

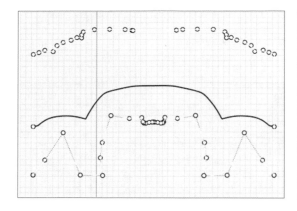
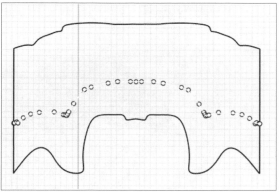

在 Perspective 視圖把兩條曲線拉開，在後面複製一條，並調整後面曲線的形狀，使背面曲線的拱形不要那麼高。過程中先把其他物件隱藏起來、搭配按住 Alt 鍵適時開／關物件鎖點，比較方便。

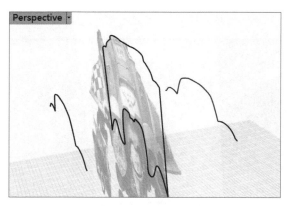
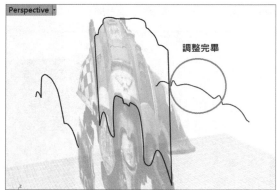

在 Front 視圖建立兩個點物件（「端點」物件鎖點），並用這兩個點將外框線做 split。然後，選取前曲線、被分割的外框線的上半部、後曲線這三條執行「SubD 放樣」指令，可在即時預覽中觀察變化、決定放樣參數。

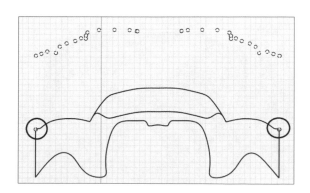

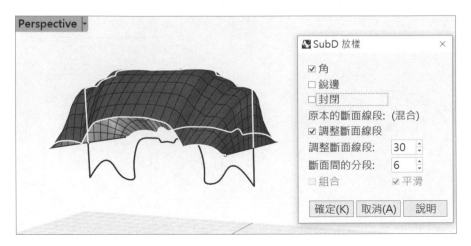

之後再用剛才分割出來的外框曲線的下半部，和主體曲面的邊緣再「SubD 放樣」一次，於即時預覽中調整放樣參數。新放樣出來的 SubD 表面是反的，將之「反轉方向」，再與原本的曲面 Join 起來，組合邊緣的參數設為「平滑」。

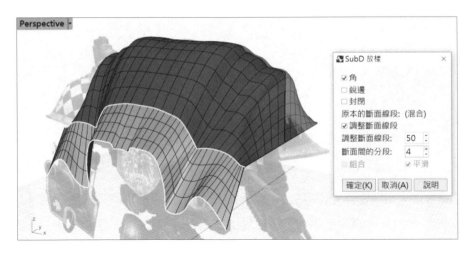

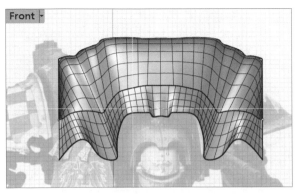

在不同視圖中切換，繪製如圖的空間曲線，過程中用到「銜接曲線」指令（正切連續）製作不同曲線之間的連續性，之後使用「從網線建立曲面」指令將線成面。

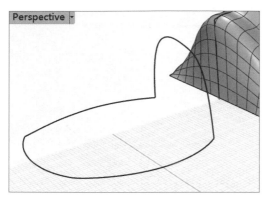

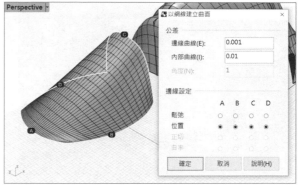

在 Front 視圖中使用「變形控制器編輯」，以「邊框方塊」和「世界坐標系」建立變形控制器，然後搭配「選取過濾器」的控制點選項做形狀調整，之後刪除用來建立曲面的線條，並鏡射到另一邊。

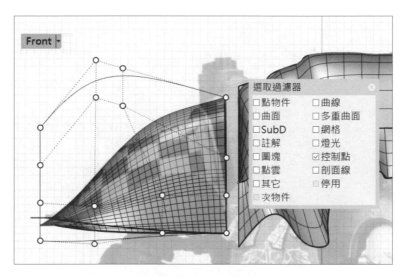

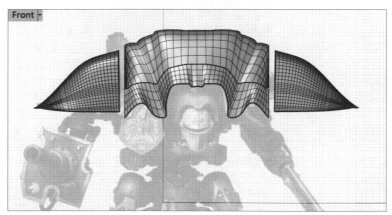

另開新圖層，把不需要的曲線丟進去隱藏。在 Front 視圖中繪製如下曲線，並在 Top 視圖中調整曲線的控制點，做出如圖的形狀。

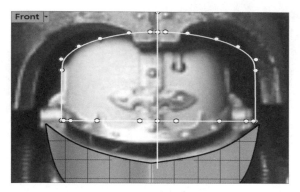

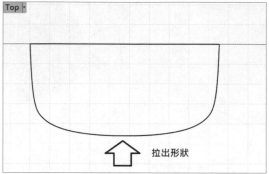

在 Right 視圖利用「圓弧：起點、終點、半徑」鎖定四分點繪製出弧線，再調整控制點讓弧線更飽滿一點，之後到 Perspective 視圖中以「從網線建立曲面」產生面，並將之「鏡射 + 組合」。

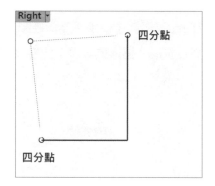

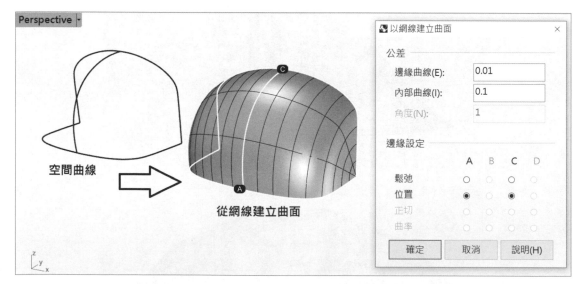

在 Front 視圖如圖繪製曲線（注意參考圖並非正視圖，所以這裡要畫的平直一點），一樣利用了中間的垂直線做 Trim 和鏡射的技巧，刪除直線後將兩側曲線 Join 起來，執行「以平面曲線建立曲面」指令產生面。

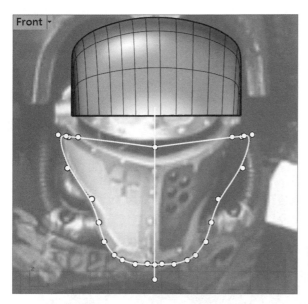

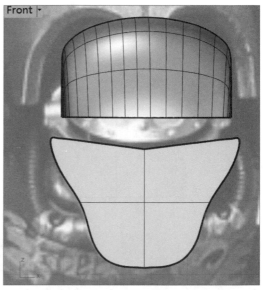

執行「重建曲面」增加這個平面的控制點數量,然後分別切換至不同視圖中調整曲面控制點,將之調整成有弧度的形狀,正中間特別再向外凸出一點(形狀不滿意沒關係,之後還可以調整)。

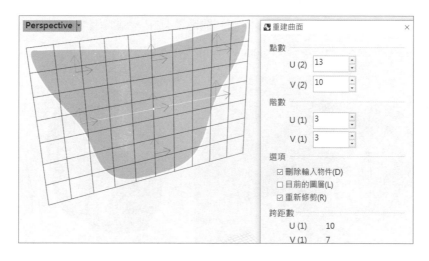

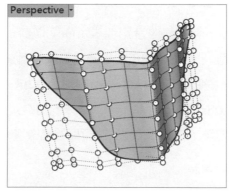

在 Right 視圖把這個面用「2D 旋轉」或「操作軸」，稍微向內旋轉一個角度。這裡故意都不把建立出來的曲面偏移加厚變成實體，最後再來做，保留曲面容易用控制點調整形狀的優點，便於隨時修正形狀。把所有畫完的曲面先隱藏（Ctrl + H），建立一個 SubD 橢圓體，並對它執行兩次「細分」。

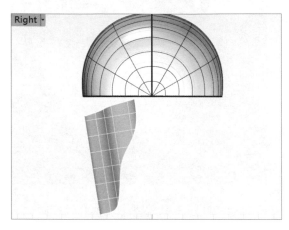
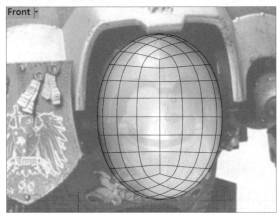

搭配「鏡向對稱」指令，用 SubD 捏塑的方式把橢圓體的形狀捏出來，之後右鍵點選鏡向對稱指令執行「移除 SubD 對稱」指令。之後將橢圓體隱藏起來，繪製圖中曲線（一樣是使用垂直線做 Trim + 鏡射 + 組合），把這條線 Project 到 SubD 橢圓體上。

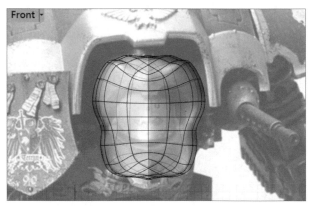
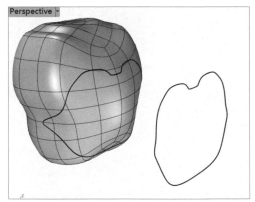

刪除橢圓體背面的投影曲線，用正面的投影曲線 Trim（修剪）SubD 橢圓體，SubD 會變成 NURBS 屬性（開放的多重曲面），雖然沒關係，不過發現無法用普通的「偏移曲面」指令將之變為實體，只好另外想辦法。對它執行 QuadRemesh 指令，勾選「轉換為 SubD」，面數 200 就好，之後再執行 SubD 偏移（Offset SubD）指令，可以順利將之加厚變成封閉的 SubD，之後要轉 NURBS 實體就沒問題了。之後，在裡面「塞」一顆橢圓體做填充。

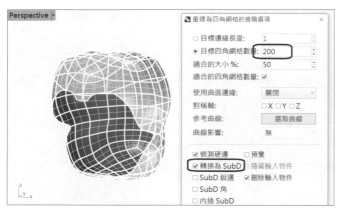

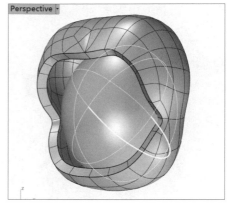

在 Front 視圖，根據參考圖片繪製如圖曲線，一樣是依據中間直線做修剪 + 鏡射 + Join 的做法，之後在 Perspective 視圖把它們拉開做「放樣」（Loft）。然後，顯示隱藏的物件，調整一下彼此之間的位置。

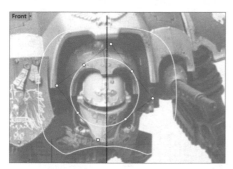

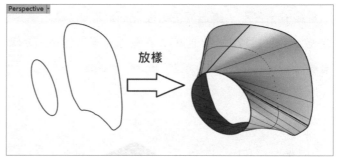

隱藏做好的物件，在 Front 視圖依照參考圖片繪製肩甲上的盾牌，將之擠出變成實體，然後用「變形控制器編輯」調整形狀，使形狀不要那麼平板。

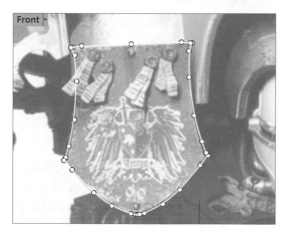

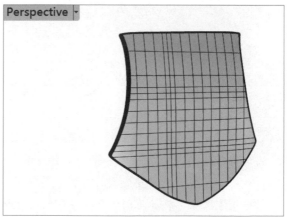

接著，模型右手的砲盾也是如法炮製。重新找了張參考圖片，在 Right 視圖中描繪左手的鏈鋸劍，將之擠出成為實體，繪製尖齒線條並擠出成為實體，使用「沿著曲線陣列」放置在劍上，

並以「布林運算聯集」將之合併。現在先以建立大致上的形狀為主，細節部分最後再來做就好。

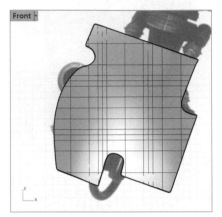

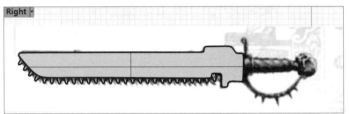

建立一個圓柱體，對圓柱體的上面邊線執行「分割邊緣」指令，並執行「顯示邊緣」指令顯示出邊線的分割點，讓邊線的分割點可以被「端點」物件鎖點捕捉到，就可以用「圓弧：起點、終點、半徑」繪製出如圖的 3 條圓弧曲線，並將這 3 條弧線「組合」起來。用被分割的圓柱體邊線和組合後的弧線曲線做「放樣」（Loft），並且以「偏移曲面」指令把它向內加厚一點距離成為實體。

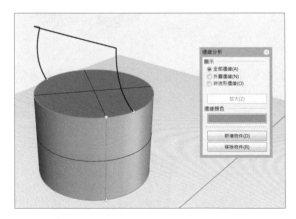

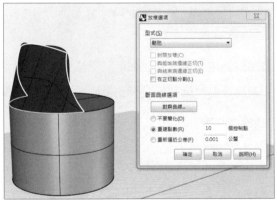

> **NOTE** 看上圖左，這裡比較討厭的是實體的接縫線和接縫點會分割到我們要放樣的邊線，但「調整封閉曲面的接縫」指令又無法對實體執行。所以先用「抽離曲面」把圓柱實體上、下面抽離，把它變成環狀曲面，再執行「調整封閉曲面的接縫」指令把接縫移到另一邊去，再執行「將平面洞加蓋」指令把它還原成實體。

接著繪製 4 個梯形曲線，然後執行「放樣」，
這裡的訣竅是不要一次選擇 4 條曲線放樣，
而是要在兩條曲線之間分別放樣，放樣曲面
才不容易產生錯誤，並且在對話框中勾選
「不要簡化」使放樣曲面能準確的符合輸入
曲線的形狀。

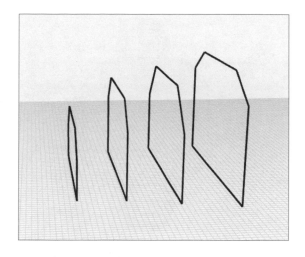

由於兩端的邊線輪廓是平面的，將這個物件全選後，執行「將平面洞加蓋」指令就可以把它封
閉起來並且自動「組合」變成實體物件，再對它執行「布林運算聯集」指令，把它變成一個
整體。

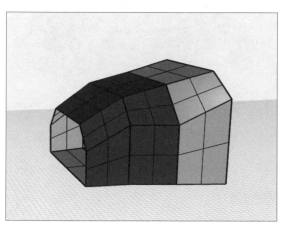

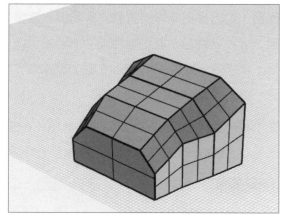

建立一個圓柱體，並把上一步建立的實體執行「環形陣列」指令，以 90 度的間隔繞著圓柱
體排列 4 個（開啟「中心點」物件鎖點，鎖定圓柱體的中心點為環狀陣列中心點），並把這四
個實體和圓柱體做「布林運算聯集」。在腳部模型中間建立一個球體，之後執行「線切割」指
令，以指令列中的「直線 (L)」子選項繪製一條切割用的直線，把球體下半部切掉，上半部球
體還是維持實體屬性。

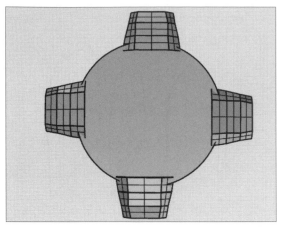

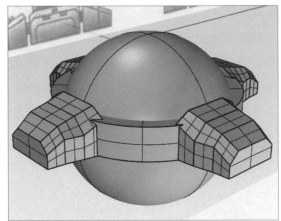

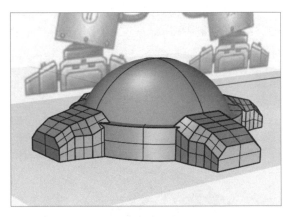

把半球體和物件做「布林運算聯集」，再把這個部分和剛才建立的腳部擺放到合適的位置，並把整個部份都做「群組」（Ctrl + G）。這邊也用「三軸縮放」調整了一下各部位的比例，並且也用基本的實體物件和擠出實體補上了一些細節，並把整個腳的部位給「群組」起來做「鏡射」，不費吹灰之力就完成了另一腳，下圖是目前完成的腳部。

在 Top 視圖繪製曲線，將之擠出 + 偏移成為實體，配合腳的位置做旋轉，並且用「線切割」做出形狀，縮放尺寸並調整位置，成為腳上的護甲。

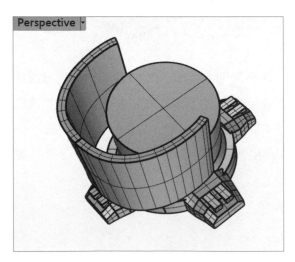

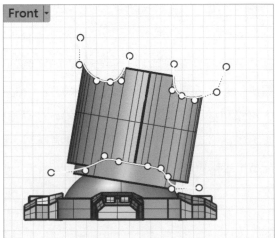

建立一個 SubD 圓柱體，將之捏塑出形狀。中間插入一個圓柱體成為腳的骨幹，之後同樣在 Top 視圖圍繞這個圓柱體繪製曲線 + 擠出 + 偏移成為實體，搭配「線切割」+「變形控制器編輯」，把腳上的護甲板全部做出來。最後，再鏡射另一隻腳。

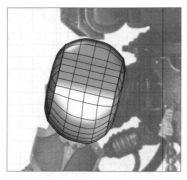
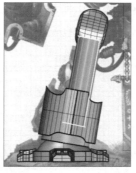
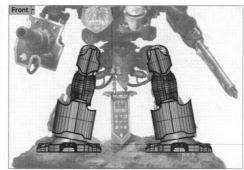

如下圖，做出類似陀螺的形狀。同樣繪製圖中曲線執行「以平面曲線建立曲面」，並偏移加厚，然後鏡射到另一邊，然後再用擠出實體與基本實體（搭配圓角與斜角指令，注意尺寸不要設太大以免無法完成）以及「環形陣列」補充細節，這部分沒什麼技巧，都是基本的實體操作與使用操作軸移動與旋轉而已，最後用「布林聯集」把小球體底下的實體結合起來。

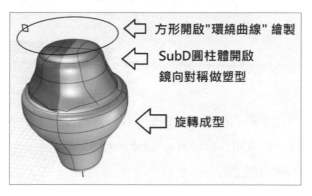

方形開啟"環繞曲線"繪製

SubD圓柱體開啟
鏡向對稱做塑型

旋轉成型

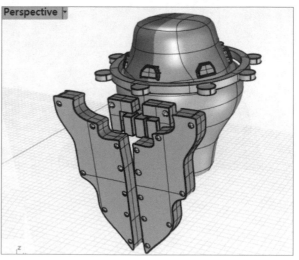

繼續用同樣的方式往上建立出實體，並添加細節，這部分都沒什麼技巧，只是繪製曲線、擠出成為實體、或直接建立現成的實體物件、搭配移動、旋轉、縮放…等基本操作，然後用「布林運算聯集」把細節和實體融合。

用「環繞曲線」指令列選項繪製一個圓（中心點、半徑），使用「圓管」產生實體，並將圓管「沿著曲線陣列」產生一個連接管，將所有的圓管「布林聯集」融合起來成為實體（注意，如果布林聯集失敗，可能是圓管太稀疏，可增加陣列數目）。

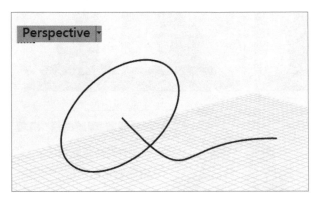
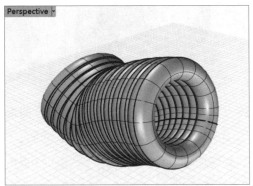

將剛才畫的圓管陣列鏡射，調整它在模型上的位置。「偏移」加厚之前做的放樣曲面成為實體，然後用「線切割」，根據參考圖把它上半部切掉，並在各個視圖中繪製切割用的曲線，將形狀切割出來。

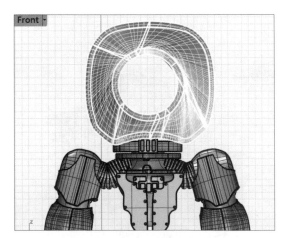
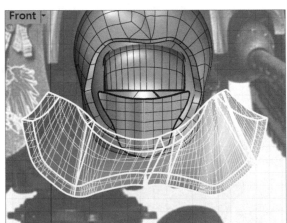

使用如下的指令製作手，用到的方法如下圖，只是需要把建立出來的實體移動和旋轉到合適的位置。繪製手和身體連接處的部分，用到的指令和做法都是剛才說明過的，只是重複類似的操作而已，就不多提。

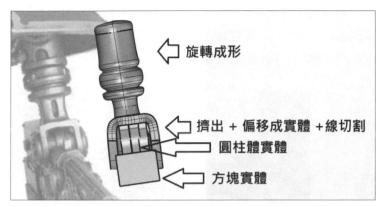

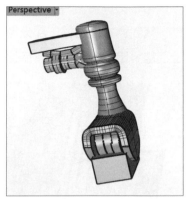

將手鏡射到另一側，移動到合適的位置，將鏈鋸劍也移動 + 旋轉和左手底部的方塊用「布林運算聯集」融合在一起。繪製右手的大砲，這部分同樣也不太難，都是一些 NURBS 實體的操作（繪製曲線擠出成實體、旋轉成形，或直接建立基本實體、將它們移動或旋轉、縮放到合適的位置，搭配執行「布林運算差集」或「聯集」），過程中可適時將選定的物件組成「群組」以方便選取和其他操作。之後，大致上整個模型的形狀都做出來了，剩下身體和較多的細節。

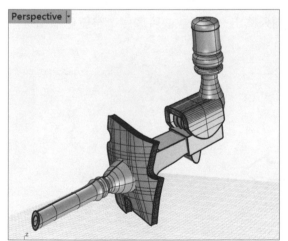

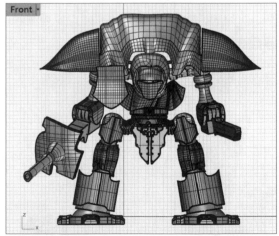

接下來製作身體的細節。利用「隔離」功能只顯示腳和參考圖片,將參考圖片「鎖定」起來,把 Front 視圖的工作平面向前移動一些,使繪製的曲線都能落在模型的前面(「設定工作平面高度」指令),在腳的盔甲前方的工作平面上依照參考圖片繪製曲線,之後繪製一條對稱直線「修剪」另一側,再做鏡射。老實說這並不太好畫,因此使用了「Vectorize」描圖外掛程式輔助,幫我們把最難畫的部分自動轉成曲線,再做一些手動修正產生的線條,還花了一些時間補上曲線、組合與修剪、調整曲線控制點…做了很多手動的調整。

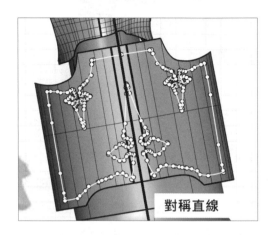

對稱直線

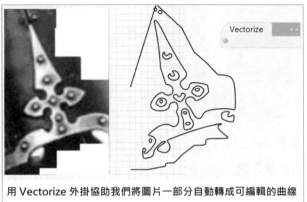

用 Vectorize 外掛協助我們將圖片一部分自動轉成可編輯的曲線

在 Front 視圖用繪製的曲線去「分割」(Split)腳部盔甲(實體),然後再將之「組合」(Join)起來,產生一個封閉的實體多重曲面。按住 Ctrl + Shift 選取如圖所示的多重曲面(次物件),執行「ExtrudeSrf」指令使選到的多重曲面垂直向外擠出一點產生些許厚度,整體仍然都維持實體狀態。

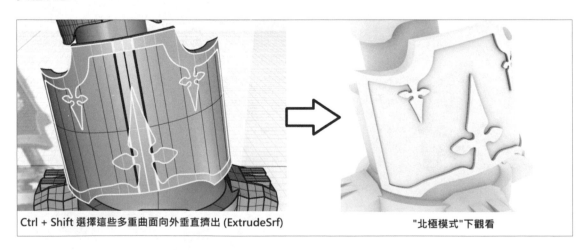

Ctrl + Shift 選擇這些多重曲面向外垂直擠出 (ExtrudeSrf)　　　　"北極模式"下觀看

模型上所有相似的部分都是這樣做（如下圖黃色部分），但是有些地方要朝法線方向加厚就不能使用「ExtrudeSrf」，要改用「OffsetSrf」，不再一一示範，接著要處理身體上半部的 SubD 曲面。

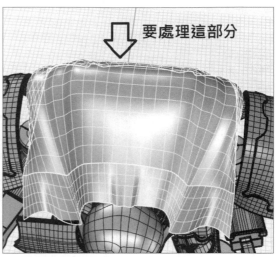

要處理這部分

之前把身體上半部的曲面做成「開放的 SubD」，但這裡把它轉換成 NURBS 曲面會比較好做。選擇它執行「隔離」指令只顯示它，執行「ToNURBS」指令把它轉換成「開放的（NURBS）多重曲面」，再按住 Ctrl + Shift 選取前面的那個（單一）曲面，然後以操作軸將它向上垂直擠出一些距離，後面的那個曲面也如法泡製，但擠出的距離要少一點。經過擠出之後，兩個曲面都會變成實體，然後可以把多餘的開放的多重曲面（擠出的輸入物件）直接刪除。然後，可以把這兩個擠出實體做布林聯集，如果失敗或變成封閉的非流形多重曲面，應該是兩個實體相交的部分太少，稍微調整一下它們的位置使其有重疊的部分，就可以順利完成。

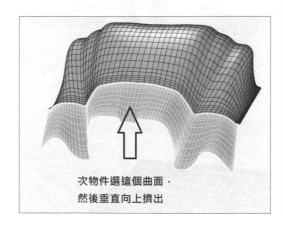

次物件選這個曲面，
然後垂直向上擠出

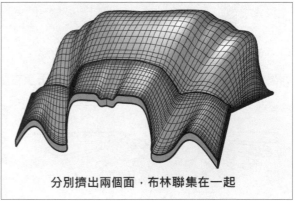

分別擠出兩個面，布林聯集在一起

覺得不滿意頭頂那一片，將之刪掉進行重做。在 Front 視圖中根據參考圖片繪製如下曲線，之後將這三條曲線在 Perspective 視圖中拉開放置，執行「放樣」（loft）指令，再執行「偏移曲面」指令將之產生適當厚度變成實體。

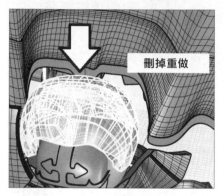
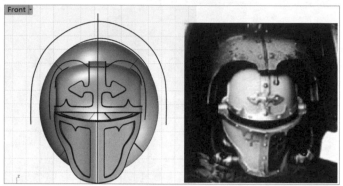

之後再切換到 Right 視圖繪製「線切割」指令用的曲線，把形狀切割出來。之後，再用「變形控制器編輯」產生邊框方塊控制器，搭配「操作軸」調整邊框方塊的控制點調整形狀，並把頭部用「三軸縮放」稍微放大一點，完成圖如下：

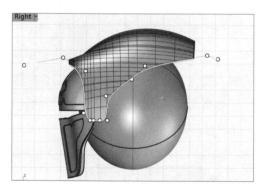
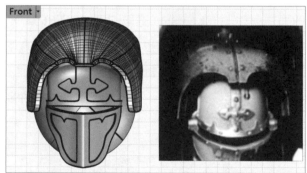

用「Vectorize」外掛程式產生雙頭鷹的曲線，再「將線擠出」成實體，再把它移動＋旋轉放置到盔甲上。其他類似的部分也都同理，不再重複說明。

繪製出身體曲線並擠出成實體，整個形狀可以超出很多，之後再搭配參考圖片用「線切割」切除不需要的部份，做出造型。之後，再繪製曲線並擠出成實體，補上一些細節，如圖所示。

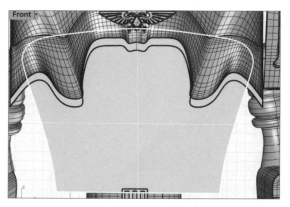
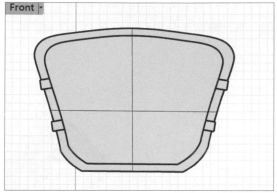

把身體還是空心的地方，都塞入球體或擠出實體將之補滿（需要依據情況做縮放與其它調整），使模型上不要有懸空的部分。其他懸空的部分，也都依此類推。

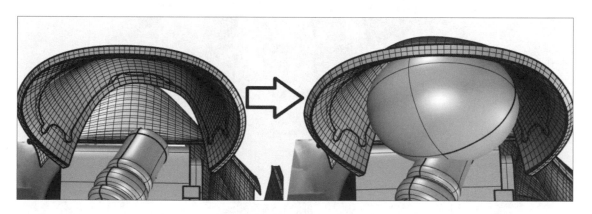

故意把身體用「單軸縮放」放大超出上蓋範圍，再用「布林運算差集」把多出的部分刪除，如此一來身體和上蓋之間就沒有懸空的部分了。如果還有其他懸空的部分，都想辦法把它用實體填充起來。

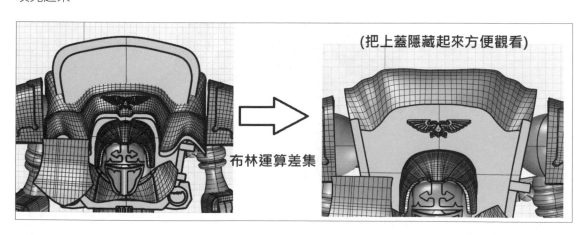

最後，再根據參考圖片補上一些細節，過程都只用到擠出物件、基本實體物件、旋轉成形、圓管…等基本的操作而已，故不做詳細說明。由於是教學範例，重點是繪製方法和指令運用，因此把很多部分自己做了簡化，細節也沒做那麼多，不足的部分只是花時間和心力就可以完成的，看想要做到什麼程度而已。把細節都補上之後，完成圖如下所示：

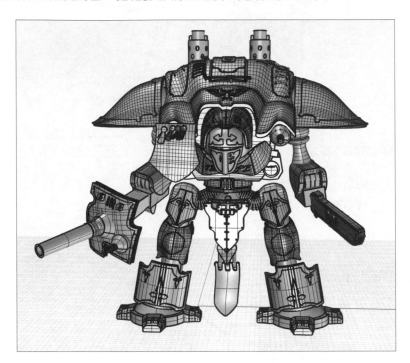

奇諾之旅建模範例

網路上找參考圖片,並且用 Clip Studio Paint 的「3D 人偶」功能做出參考,目的只是為了有各個方向的視圖可以參考而已,動作不必太過精確。

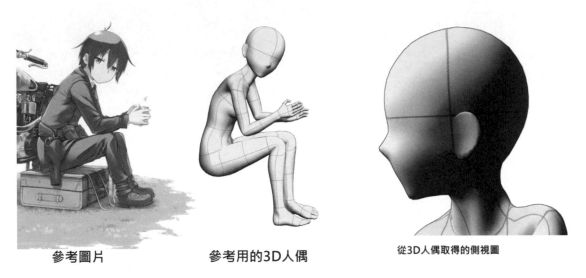

參考圖片　　　　　　　　參考用的3D人偶　　　　　從3D人偶取得的側視圖

把側視圖的參考圖片貼到 Rhino 的 Right 視圖,降低圖片透明度,並切換到半透明顯示模式,建立一個 SubD 球體,按 F10 鍵打開它的控制點並搭配「選取過濾器」的控制點選項開始捏塑。過程中要適時切換到 Front 視圖中調整控制點,以捏出較為尖銳的下巴。之後,在 Front視圖同時選取兩側控制點,使用操作軸的縮放功能,把兩側控制點同步往內縮,做出下巴的造型,其他部分的頭型也依此方法調整。

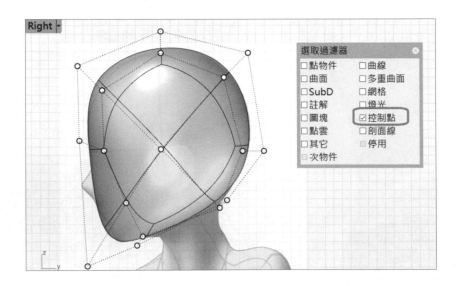

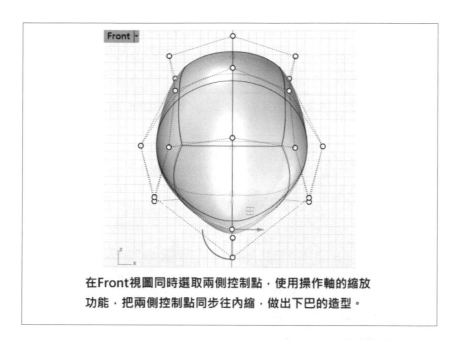

在**Front**視圖同時選取兩側控制點，使用操作軸的縮放
功能，把兩側控制點同步往內縮，做出下巴的造型。

鼻子的部分，使用 SubD 的「InsertPoint」指
令（這時會切換成網格顯示模式）插入三條
邊線（圖片中刻意加粗的三條線）。讓我們有
更多點、線、面可以捏出鼻子的造型。回到
Right 視圖，利用剛新增的三條線，可以使用
SubD 的控制點、頂點，或者 Edge 來調整出
鼻子的形狀，隨便你高興使用哪種方法。

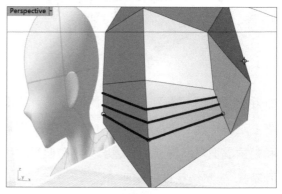

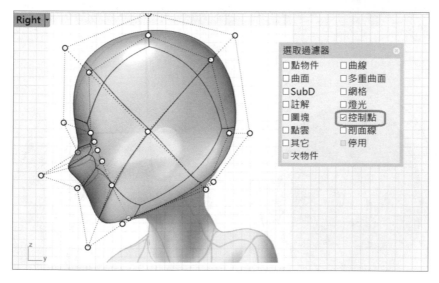

在 Perspective 視圖中再度使用「InsertPoint」指令插入這四條線，然後把鼻子附近也跟著凸出來的多餘部分修正（只要突出鼻尖就好）。這部分可以使用 SubD 的「鏡向對稱」指令，在不同的視圖中慢慢把鼻子周圍和鼻子的形狀調整出來，但同時也要兼顧臉部的形狀，慢慢且細心的調整。然後對模型賦予材質（降低清澈度和反射度），在 Perspective 視圖中觀察形狀，持續調整修正。

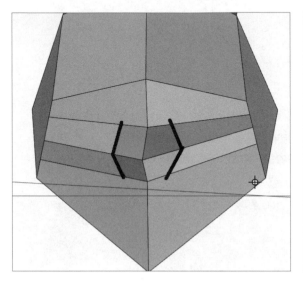

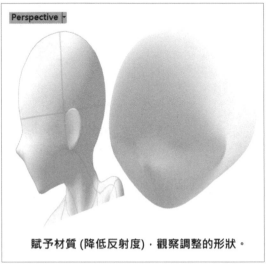

賦予材質 (降低反射度)，觀察調整的形狀。

頭髮的部分，切換到 Front 視圖，按照參考圖片，使用「控制點曲線」或「內插點曲線」描繪，之後執行「插入銳角點」指令在需要尖銳處插入銳角點，然後就是慢慢調整曲線的控制點和銳角點把形狀調整好，這部分不難但是要花很多時間。記得關閉「物件鎖點」、並開啟「平面模式」，然後可以把臉部的模型「鎖定」（Ctrl + L）起來，比較好作業。過程中如果有過多的控制點，也可以直接按 Delete 鍵把它刪除，然後也要注意曲線之間不要互相跨越、交錯，不然擠出時會出問題。

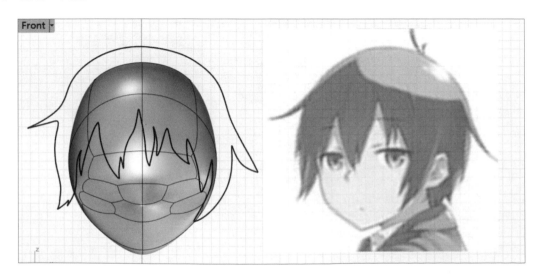

同樣建立一個較大的實體球體,在 Top 視圖用操作軸把它旋轉一下,讓球體的接縫線轉動到不會影響我們的位置。把曲線用「自訂」方向投影到球體上,刪除背面的投影曲線,用投影曲線「修剪」(Trim)球體,成為一個有弧度的曲面。

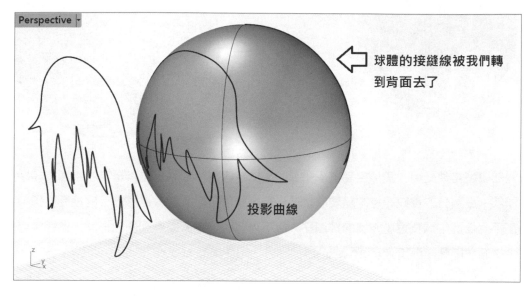

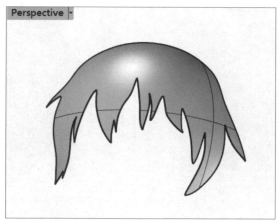

把頭髮曲面偏移加厚成為實體,移動到臉部模型附近,再依據實際形狀建立一個大小適中的 SubD 橢圓體(或是先建立 SubD 球體、再用縮放功能調整成 SubD 橢圓體)作為頭部,如圖所示。把這個 SubD 橢圓體做整體細分產生足夠面數,或者使用「QuadRemesh」指令產生約 120 個面,並勾選「轉換為 SubD」也可以。執行「鏡向對稱」指令,直接在 Perspective 視圖中搭配「正交模式」和「垂直模式」選取次物件(點、線、面)調整這個橢圓體的形狀,尤其是和頭髮交界處的形狀要儘可能密合。

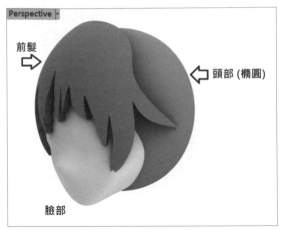

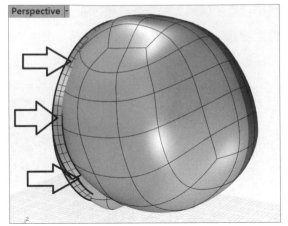

對頭髮的實體物件使用「變形控制器編輯」的邊框方塊調整形狀，尤其是左右兩邊的頭髮可以超出頭部。這部分的重點是控制點要設定多一點，並且搭配「選取過濾器」的控制點選項，靈活的在不同視圖中調整邊框方塊的控制點。接下來繼續調整頭部橢圓體的形狀，過程中可以搭配「合併面」指令，修正過於凹陷或凸起的部分，順便精簡 SubD 的結構。

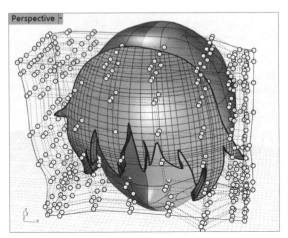

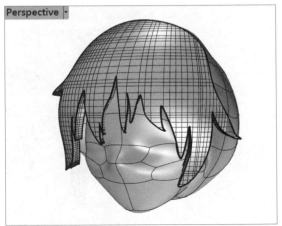

接著選取偏移加厚的瀏海 NURBS 實體物件，以及 SubD 頭部橢圓體（注意不要選到有鼻子的臉部物件），對這兩者做「布林運算聯集」，如果之前形狀調整沒有錯誤（例如有較多的重合部分、沒有過於奇怪的形狀…），整體會變成一個封閉的 NURBS 實體物件。接著，對它執行「重建為四角網格」（QuadRemesh）指令，四角網格數量設定 500 就好，並且勾選「轉換為 SubD」和「SubD 銳邊」、「偵測硬邊」，可以自己選擇要不要刪除輸入物件，若不刪除可自己將

原本的輸入物件移開放到別的地方隱藏起來，參數如圖所示，結果為「封閉的 SubD」物件。
之後，選擇接合處的數個面，執行「合併面」指令，重複做多次，把接合處的部分的形狀變的
自然。

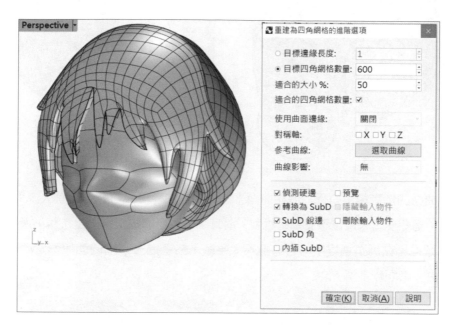

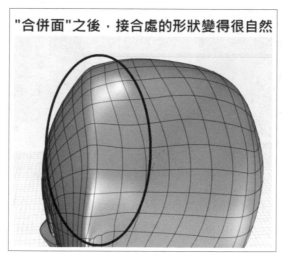

把頭髮後面的形狀調整出來（選擇 SubD 頂點來塑形），並把耳朵附近的頭髮提高一點。直接在
Front 視圖繪製耳朵的封閉曲線，執行「以平面曲線建立曲面」指令，再執行「重建曲面」指
令增加與均勻分布控制點，調整耳朵曲面的形狀，使造型逼近真的耳朵，不要那麼死板。

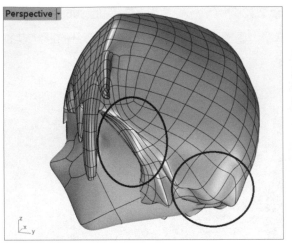

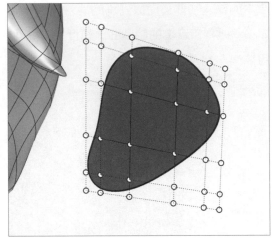

調整好耳朵曲面的造型後，執行「偏移曲面」指令將之加厚變成實體（不宜太厚），可以執行「邊緣圓角」指令使耳朵周圍不要那麼銳利。將耳朵放到合適的位置，直接鏡射產生另一邊的耳朵，依此類推。在調整過程中，可以把不太平順、或者過多皺褶的面與面之間使用「合併面」指令合併，讓面變平滑。

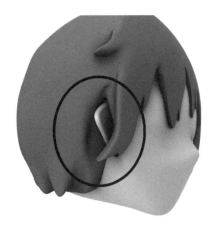

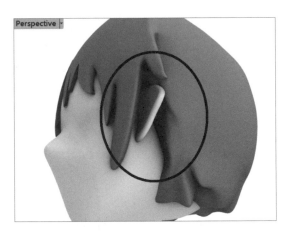

頭部造型差不多了，若還有要調整的地方，最後再來修正。接下來繼續做身體，根據自己用 3D 人偶做出來的 3D 模型，轉動視角到正背面、抓圖，貼圖到 Rhino 的「Back」視角做參考，建立一個 SubD 長方體，在「半透明模式」照著參考圖捏出身體形狀（搭配「選取過濾器」開啟 SubD 相關的選項，會更好選取）。若覺得點或邊不夠用，執行「insert Edge」指令增加一整圈 Edge Loop，產生更多可以調整的點和邊。插入一個 SubD 圓柱體作為脖子，因為要製作衣服，這時候先不要對身體做彎曲等變形。

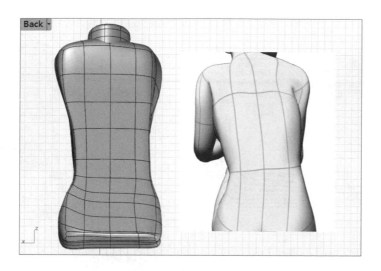

製作衣服，在 Perspective 視圖中雙擊滑鼠左鍵選取如圖的三條 Edge Loop，若是無法自動選到整圈就自己手動加選。若是覺得 Edge Loop 不夠，可自己用「Insert Edge」指令增加 Edge Loop。對這三條 Edge Loop 執行「複製邊緣」將之複製成為一般的曲線物件，再執行「SubD 放樣」指令，根據即時預覽呈現的結果，經過測試後使用如圖的放樣參數。

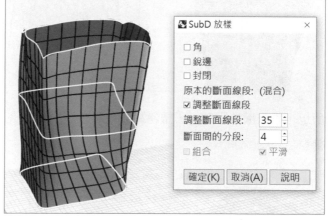

全選 SubD 放樣曲面，到 Top 視圖使用操作軸的「2D 縮放」功能，輸入 1.05 使之放大 5%，讓衣服可以更好的包裹在身體外面，並對 SubD 放樣曲面執行「反轉方向」指令使它變成反面，讓衣服曲面和身體有顏色上的區隔方便肉眼觀看。如果發現衣服曲面仍有部分陷入身體，手動調整一下衣服曲面的 SubD 次物件或是控制點將之稍微拉出來即可。

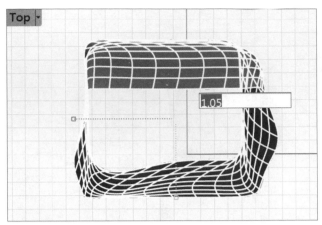

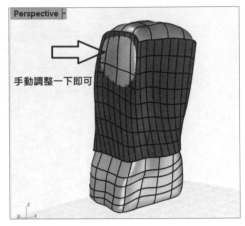

使用「SubD Fill」指令選取衣服上半部的 Edge Loop 將之填補起來，嵌面型式選擇「單面」，再把填補新增出來的單面拉高，包覆到脖子。不過，這樣填補出來的 SubD 在接合處的結構很奇怪，切換到「北極模式」顯示，也可以很明顯的看出有很多不合理的皺褶。

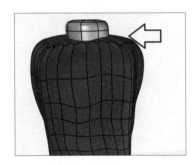

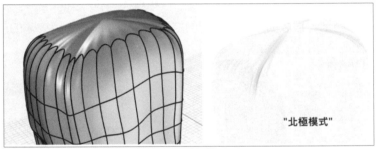

所以，對衣服曲面執行「重建為四角網格」，以如下的參數將之重建為整齊的四角網格，就不會發生這個問題了。

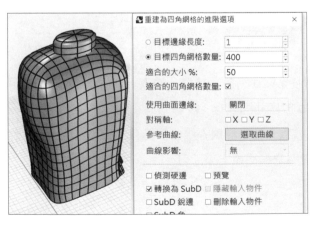

執行「設定工作平面至物件」指令把 Top 工作平面移動到脖子圓柱體上方的平面，方便繪製曲線（不改變工作平面也無所謂，只是要把畫好的曲線再向上垂直移動而已）。之後對繪製的曲線執行「重建曲線」，在 Right 和 Front、Perspective 視圖中調整剛才畫的 Top 平面曲線的控制點使之成為 3D 曲線，如圖所示，繪製完畢後將 Top 工作平面恢復原狀。

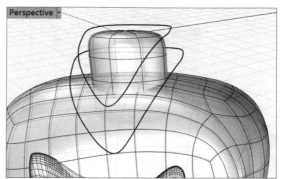

對這兩條曲線執行「放樣」（Loft），如果覺得放樣產生的曲面有點怪怪的，可復原回上一步重新調整放樣曲線再重新放樣（試過「SubD 放樣」指令，但覺得效果沒有 NURBS 放樣好）。之後對放樣曲面執行「QuadRemesh」指令，勾選「轉換為 SubD」，建立領口的 SubD 曲面，目標面數設 100 即可。

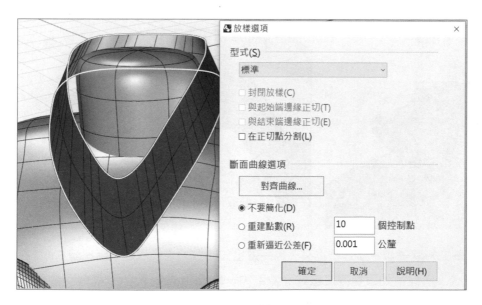

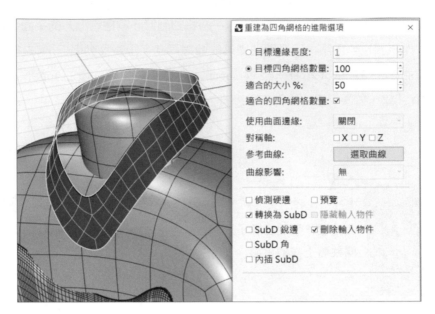

用範圍選取 SubD 面的方式，利用操作軸將之向外「擠出」，再向下移動做出形狀。如果覺得操作軸的角度不對，可先按住 Ctrl 去旋轉操作軸本身，或是在操作軸的右鍵選單中勾選「對齊物件」。

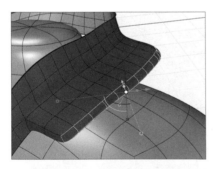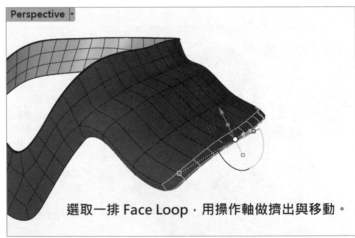

選取一排 Face Loop，用操作軸做擠出與移動。

利用操作軸把形狀一步一步捏塑出來，另一邊也如此做。之後就是不斷捏塑 SubD 的點、線、面做出形狀，過程中如果覺得邊數或面數不夠，執行「Insert Point」指令手動畫出新的邊和面，再繼續調整，並對不平順的面執行「合併面」指令使之平順，手動將衣服領口的形狀捏塑出來，最後再執行「偏移 SubD」將之加厚變成 SubD 實體（封閉的 SubD）。

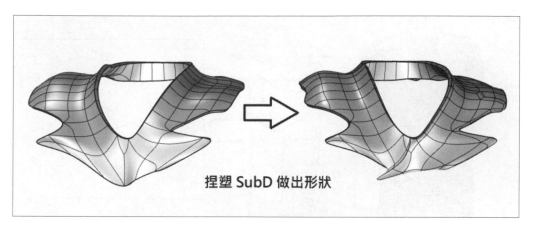

捏塑 SubD 做出形狀

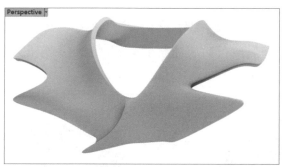

將身體和衣服隱藏起來，根據參考圖在 Front 視圖中繪製如下曲線，並將之「投影」到衣服的 SubD 曲面上。刪除背面的投影曲線，將正面底部 SubD 的邊線使用「複製邊緣」指令複製成一般的曲線，並執行「分割」的選擇「點 (P)」指令列選項，將之在所繪製的曲線的交點處分割，最終可以「組合」（Ctrl + J）成一條完整的曲線。

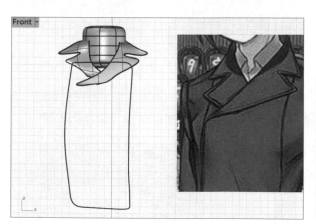

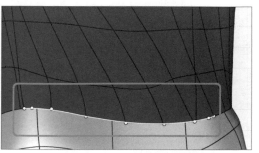

由於這條組合後的曲線不是平面曲線，因此執行「嵌面」指令將之產生一個曲面，參數如圖，間距和 U、V 方向的跨距數不要太多。

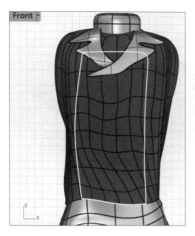

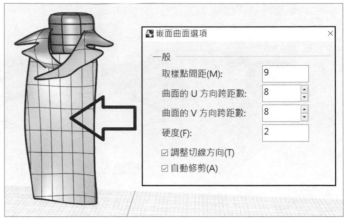

把衣服和身體物件「顯示」出來並「鎖定」，開啟嵌面的控制點，把嵌面陷入身體的地方手動調整出來（搭配按住 Alt 鍵與方向鍵的「推移」操作）。鎖定不相關的部分，再度手動調整嵌面的控制點（F10 鍵），使其形狀更加貼合其他部分。

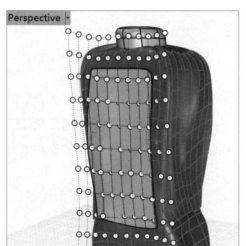

製作皮帶，在衣服下面用「Insert Edge」插入一條 Edge Loop，並將之選擇後「複製邊緣」成為普通曲線，搭配「環繞曲線」選項繪製一個圓角矩形，執行「單軌掃掠」指令製作出皮帶。

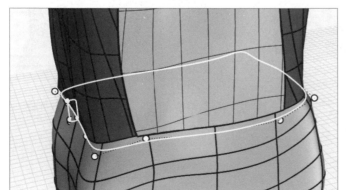

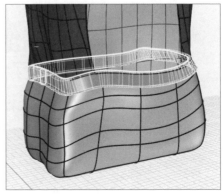

皮帶扣的部分，先在 Front 視圖畫好曲線，直接使用「圓管：平頭蓋」，並調整大小和角度，放置到皮帶中心部分即可。之後，使用「抽離結構線」指令複製出皮帶中間一圈曲線，建立一個圓柱實體，使用「沿著曲面上的曲線陣列」指令，順著剛抽離複製的皮帶中間的結構線做陣列，之後再用布林運算差集將之開洞。

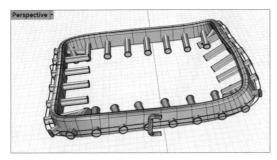

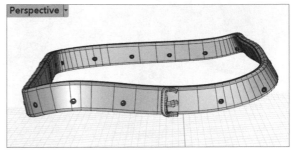

再把衣服上的更多細節做出來，方法都是剛才說過的，因此不一一詳細敘述。之後，把衣服可以偏移加厚的地方都偏移加厚，讓所有的部分都變成實體，SubD 曲面也偏移成「封閉的 SubD」。過程中，使用到「變形控制器編輯」的「邊框方塊」選項再度調整衣領和衣服的貼合度，以及其他部分的形狀。此時，先「不要」將衣服和相關部分做「布林運算聯集」，而是單純做「群組」就好。

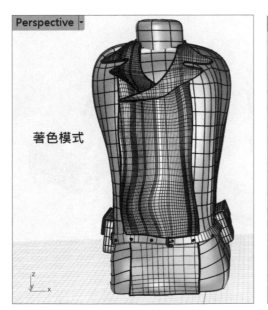

著色模式

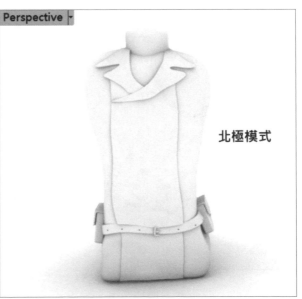

北極模式

接下來畫腳，在 Left 視圖中繪製如下腳的曲線，到 Perspective 視圖中以「圓：中心點、半徑」並開啟「環繞曲線」選項繪製多個大小不同的圓形。這部分可搭配同時觀看不同視圖確認圓的大小，但不用很精確，差不多即可。執行「SubD 單軌掃掠」指令，並執行「將平面洞加蓋」

指令，把 SubD 掃掠物件封閉，成為封閉的 SubD 物件，最後開啟「選取過濾器」的「曲線」選項，把用來做掃掠的曲線都刪除。

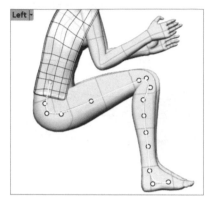

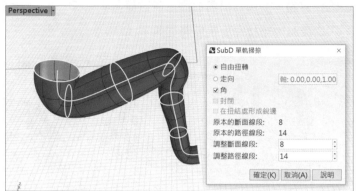

使用和腳相同的方式做出手的部分。「鏡射」出另一邊的手腳之後，在各個視圖中調整兩側手腳的位置和角度（可用操作軸、也可以使用「2D 旋轉」指令），使動作不要呆版。並且，把作為脖子的 SubD 圓柱體捏塑成更接近脖子的形狀。手掌的部分，是從 SubD 球體選取次物件慢慢捏塑出來的，沒什麼技巧只是需要耐心。把製作好的手掌和畫好的手「布林聯集」在一起（變成 NURBS 物件），再執行「QuadRemesh」指令（勾選「轉換為 SubD」），設定適當的參數將之重建為整齊的四角面，結果如圖。

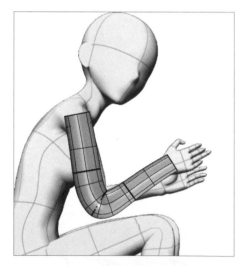

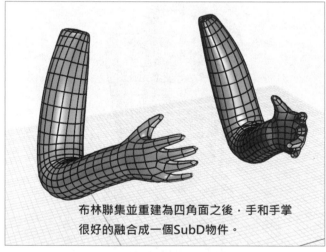

布林聯集並重建為四角面之後，手和手掌
很好的融合成一個SubD物件。

執行「彎曲」指令做出身體弧度，並把手、腳、頭部都放置到合適的位置，並對 SubD 圓柱體做捏塑做出合適的脖子形狀，然後把頭的位置和角度也調整好。針對屁股和兩隻手與身體接合的地方捏塑 SubD 調整形狀（圖中圈起來的地方），使手、腳和身體接合處的形狀，能夠很好的融合在一起（一些部分可以陷入到身體裡面）。

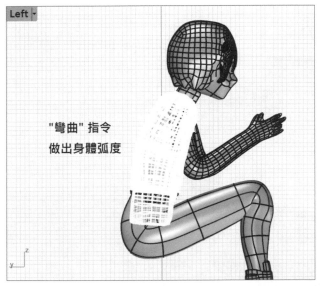

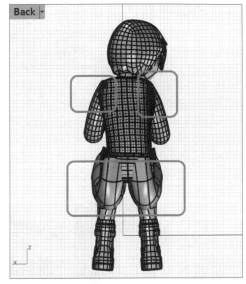

將手掌以 EdgeLoop 從手分割出來（仍維持 SubD 類型），方便做出衣袖的造型，以及套用不同顏色。選擇手的部分，按 F10 開啟控制點，搭配「選取過濾器」將控制點選取起來執行「Move UVN」指令，只調整 N 方向使手向外膨脹加粗一些（縮放比 0.1 調數次），順便把衣袖和手掌相接部分的破洞用「填補 SubD（Fill）」將之補起來，周圍使用「SubD 銳邊」做出銳邊，衣袖部分的形狀也順便捏塑調整。

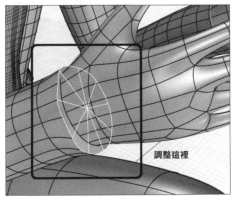

解散身體和衣服的群組，把手、手掌和身體「布林運算聯集」在一起，之後「QuadRemesh」（勾選「轉換為 SubD」），測試過的參數如圖所示，這時注意面數不要太少，否則形狀會失真很多。之後，兩隻手和身體會融合成一個封閉的 SubD，在相接處執行「合併面」指令把相接處比較不好的形狀弄成平滑，就和之前做過的一樣。

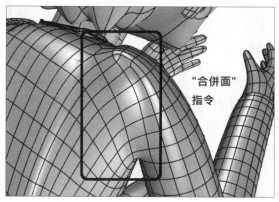

然後也沒太多技巧,純粹以次物件繼續捏塑 SubD。用「彎曲」指令調整衣領,以及針對圖中圈起來的地方持續調整 SubD 的點、線、面,使形狀合理。

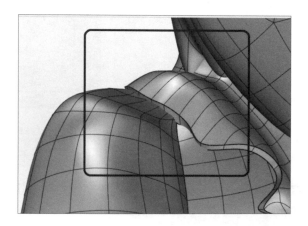

用「橋接」指令把兩腳之間的面連接在一起,再搭配「合併面」指令將鄰近的面弄成平順,正面和背面的兩腳之間都做橋接,就可以做出褲子的感覺。

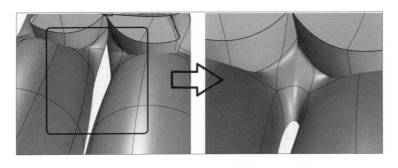

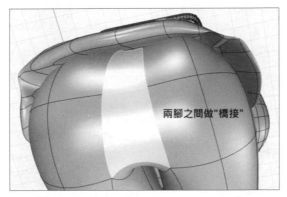

兩腳之間做"橋接"

使用和做衣服領口相同的技巧，選取衣服側面底部靠近腳的幾個面，用操作軸將之擠出兩次並移動，然後調整出下擺的造型，另一面和背後、前方也是同樣的作法，但前方要考慮到衣服形狀和兩腳的位置關係做調整。這部分只是重複做 SubD 的捏塑，搭配「合併面」做調整，邊和面數不夠就用「Insert Edge」或「Insert Point」指令產生新的邊和面繼續調整，並沒有很難只需要一點耐心，也須注意調整的拓樸結構的合理性，不要做出正反面重疊的面、交錯的邊…等奇怪的結構。

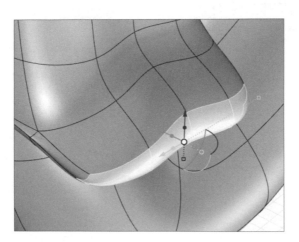

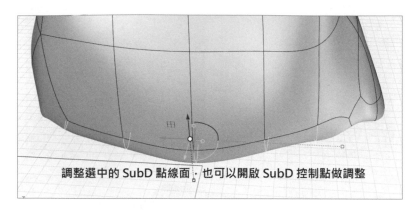

調整選中的 SubD 點線面，也可以開啟 SubD 控制點做調整

如果調整過程中出現下圖中這種亂線，代表內側和外側的 SubD 面重疊交錯了，雖然仍顯示為「封閉的 SubD」，但實際上是錯誤的結構。此時可以「隔離」只顯示此物件方便操作，將外側的面向外調整，或是將內側的面向內調整，將內、外側的面重新分離開來，修正此錯誤。

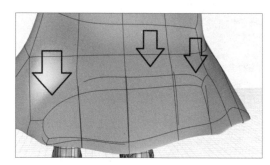

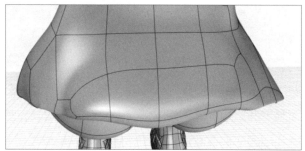

調整完以後，結果如下，也切換到「北極模式」看是否有皺褶或扭曲的 SubD 結構需要調整修正：

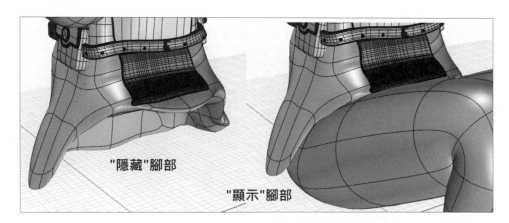

"隱藏"腳部

"顯示"腳部

針對人物的部分整個做檢查，捏塑 SubD 來修正形狀，這部分會花一些時間但並不會很難，也可以用「修復 SubD」指令來確認模型中是否有錯誤的 SubD，若有錯誤修不好的話建議砍掉重練比較快。人物的部分差不多了，接下來摩托車的部分很容易製作。存檔，重新打開一個新的 Rhino 檔案製作摩托車，將參考圖片鎖定（Ctrl + L）起來，描繪圖中曲線，將可以生成「圓管」、「旋轉成形」和「擠出」的曲線做出來，就已經完成一大堆東西了。

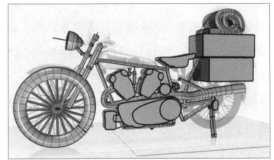

用以下的方式繪製捲在一起的毯子：

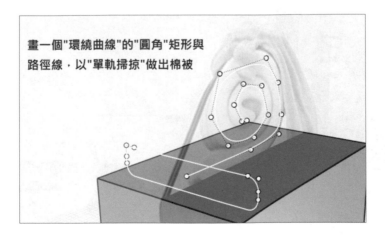

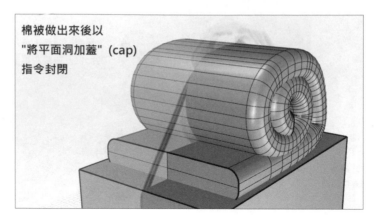

用以下的方式繪製避震器：

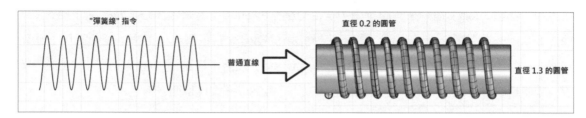

油箱蓋直接用 SubD 橢圓體拉出來（搭配「鏡向對稱」），坐墊則是用「QuadRemesh」把擠出實體轉換為 SubD 之後再去塑型，並且其他 NURBS 實體的部分使用「線切割」修飾形狀，並且製作「邊緣圓角」和「邊緣斜角」。手把部分，只是改成在 Top 視圖中繪製曲線而已，做法完全一樣，只有擠出、旋轉成形、圓管…不再逐一講解。之後再補上其他細節，例如引擎的散熱片（複製一些扁平的擠出方塊放置）、引擎部分多做一些擠出實體和基礎實體物件增加細節…如此而已。

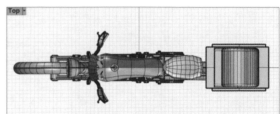

到 Food4Rhino 官方外掛下載站，搜尋「RhinoGrow」，此外掛可以產生隨機分布的物體，不只是位置可以隨機分布、連大小和角度也可以隨機分布，因此很適合做植物、樹林、地面⋯等效果，以下示範只用一個植物做出一片小花園。

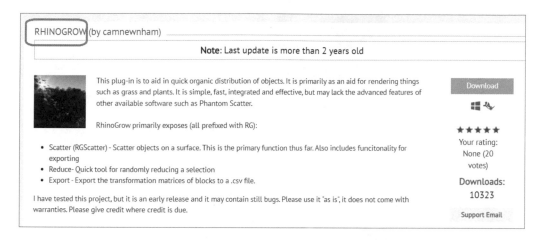

在 Free3D.com 下載一個免費的植物模型（https://free3d.com/3d-model/plant-model-352. html），把它匯入 Rhino 中之後把模型的燈光物件和底座都刪除，在 Right 視圖中把它轉正立起來，然後把植物的部分做成「圖塊」（block）。

繪製一個方形，執行「以平面曲線建立曲面」產生方形面，然後把剛才的植物模型擺上去，並使用「三軸縮放」調整其大小。執行「RhinoGrow」工具列的「Scatter」指令，跳出一個對話框，「Set Base Geometry」（設定基底形狀，也就是要分布的範圍的形狀）選擇底部的平面，按下滑鼠右鍵或 Enter 或空白鍵確認。而「Set Scatter Geometry」（設定散佈形狀，也就是要隨機分布的東西）則選擇植物圖塊。

網路下載的植物模型

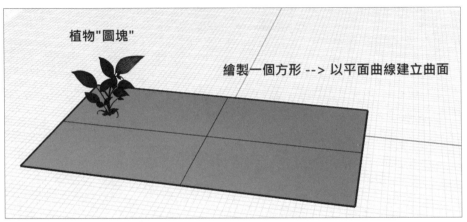

植物"圖塊"

繪製一個方形 --> 以平面曲線建立曲面

對話框中其他參數的意義如圖所示:

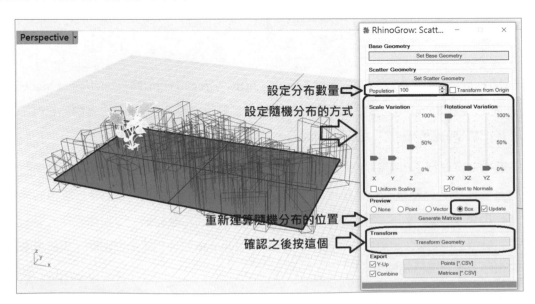

設定分布數量 ➡

設定隨機分布的方式 ➡

重新運算隨機分布的位置 ➡

確認之後按這個 ➡

選擇用「Box」的方式觀看預覽，如果不滿意可以重新調整各項參數、按下「Generate Matrices」重新產生預覽，直到滿意之後便可按下「Transform Geometry」正式把物體隨機分布到指定範圍內（可能會超出一點，有需要可以自行刪除超出範圍的物體）。切換到彩現顯示模式，發現我們已經成功創造出一片小花園！如果覺得太稀疏，還可以復原、重新設定，把 Population 數值設定多一點。

在 Free3D.com 可以找到一些免費的花草樹木、岩石、磚塊…等模型，都可以用 RhinoGrow 來產生隨機分布的效果，製作出擬真的自然環境。以下就是用這種方式做出的背景模型，其中地面、樹木和向日葵也是從 Free3D.com 下載來的，如此很快速就可以把背景做好。當然也可以用 Grasshopper 來做隨機的散佈效果，但本書篇幅有限無法討論到。

再回來調整一下人物，做出衣服皺摺。對衣服部分按 F10 開啟控制點，搭配「選取過濾器」的「控制點」選項，選擇控制點用「MoveUVN」指令調整出皺褶。沒有特定的調整法，可參考真正的衣服，但不要讓控制點彼此之間有交錯，這部分要比較有耐心。

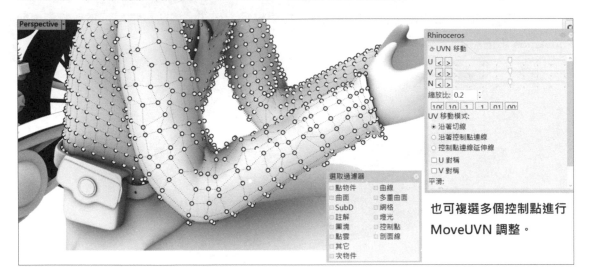

覺得褲子部分的控制點太少，對它執行「重建為四角網格」，使用圖中的選項，將之重建為有足夠控制點的「封閉的 SubD」，然後對褲子部分也同樣用「MoveUVN」指令調整出皺褶。

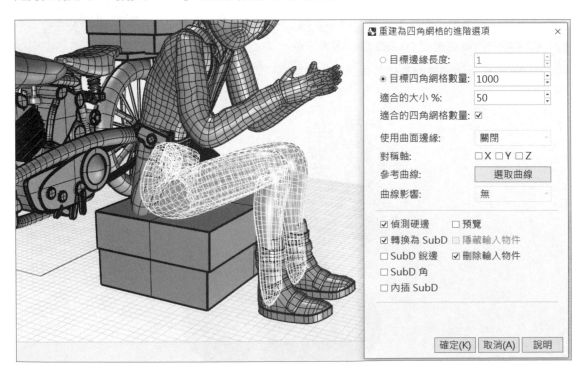

最後，把人物、摩托車和行李箱都複製到背景上，縮放尺寸和調整位置，做人物眼睛的貼圖，
設定彩現燈光和各項參數進行算圖（Render），結果如下：

Rhino 8 目前已知的更新

每次 Rhino 的新版本都會增加許多很好用的大更新，雖然
依照慣例，Rhino 8 可能還要數年的時間才會正式推出，
不過官方已經釋出部分開發中（WIP）的新功能和舊功能的修
正與增強讓大家先睹為快。

一、3d sketching in rhino? check it out

參考網址：https://discourse.mcneel.com/t/3d-sketching-in-rhino-check-it-out/134322?page=2

這個功能是把單調的向量曲線轉成手繪的顯示風格（目前有些 CAD 或 CAID 軟體也都有類似的功能），搭配繪圖板繪製起來也很方便。雖然和建模比較無關，不過強化了只有線條階段的視覺表現，對於設計師來說可以直接拿這些看起來很藝術的線條圖向客戶提案。

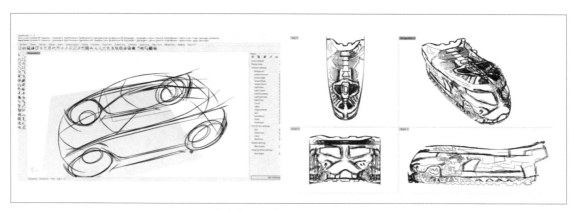

圖片來源：上述官方論壇網址

二、Rhino 8 Feature: Constraints

參考網址：https://discourse.mcneel.com/t/rhino-8-feature-constraints/138737

這是直接向 Solidworks、Inventor、Catia 等工業建模軟體借鑑的基本功能，很多人一定不陌生。過去，Rhino 在繪製出曲線或建立出曲面、實體物件之後就不容易再修改尺寸，不過在 Rhino 8 中在繪製時就可以設定「尺寸約束」和「限制條件」，並且建立出來的物件也都可以後續再來修改尺寸，讓 Rhino 也變成非常實用的工業 CAD 軟體。如果 Rhino 8 也可以加入回溯功能、歷史樹或編輯特徵的功能，那就能和目前工業常用的 CAD 軟體搶市佔了。

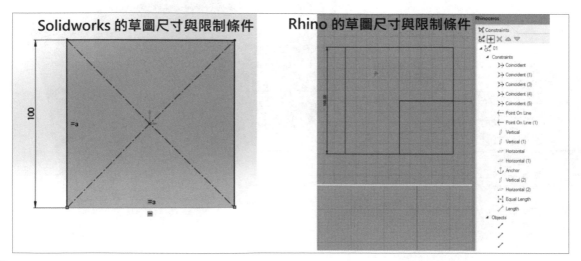

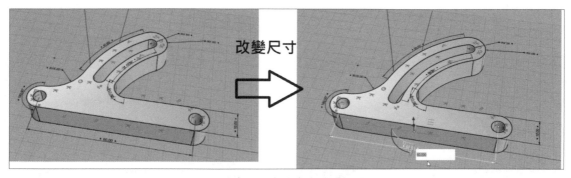

圖片來源：上述官方論壇網址

三、Grasshopper 2

這也是很多人期待的重量級功能，將 Grasshopper 升級到第二代，但我不太熟悉就不多做介紹。

四、整合更多外掛變內建

目前還不清楚詳細內容，但 Rhino 8 很可能把更多原先的外掛程式變內建功能，以及繼續優化與完善 Rhino.Inside.Revit，並繼續朝這個方向做更多更新（我個人是很希望能夠把作動畫的外掛程式 Bongo 整合進來）。

五、其他新增指令與舊指令修正

只提以下幾個比較有亮點的：

1.　可開啟紀錄建構歷史，讓 Symmetry 指令對變形控制器的控制點做對稱性調整。

2.　ShrinkWrap（網格包覆）：可將網格包覆到所選的物件，就像保鮮膜一樣。

3.　改善 UV 貼圖的操作方法和工作流程，改善原先 UV 貼圖難用的缺點。

更多開發中的 Rhino 8 新功能和舊功能的增強與修正，可以到官方論壇去看（不定期更新）：
Rhino WIP Features：https://discourse.mcneel.com/t/rhino-wip-features/135638

以及官方建置中的 Rhino 8 新指令說明頁：
http://docs.mcneel.com/rhino/8/help/en-us/commandlist/newinrhino8.htm

犀牛的外掛
（插件，plugin）程式

https://www.food4rhino.com 是官方的外掛程式收集地，不只提供免費或付費的外掛程式，也提供材質和模型，以及其他的服務。以下推薦幾個值得一用的外掛程式，一般下載來的 .rhi 檔可以直接雙擊安裝或拖曳進軟體中即可，非常方便，並且多數作者於下載頁面中都會附上使用說明書，若是不會用的再 Google 查詢資料。

1. Paneling Tools：在模型表面建立鑲嵌或透空的圖案，免費，但也可用 Grasshopper 來做。

2. Rhino Polyhedra：創建多面體網格造型，可自己製作一個「!_Polyhedron」的指令按鈕，免費。

3. XNurbs：建立與修補 NURBS 破面很強的外掛程式，收費。

4. Bongo：動畫製作。

5. ColorScheme：安裝之後，在指令列輸入「SetColorScheme」指令，便可以選擇把操作介面設定為深色系或淺色系配色，並且可以自己選擇顏色。

6. Section Tool：專門用來製作剖面圖的外掛，比內建的「截平面」指令有更多功能和參數可以設定，也可以產生剖面圖的工程圖。優點是免費，且在官方網頁就提供了非常完整的教學，在建築領域用的比較多。

7. Vectroize：可以把匯入的 2D 圖片自動描線轉換成 Rhino 的曲線物件（但需要自己修正一下）。

8. RhinoGrow：可以把選定的物件在指定的範圍內隨機分布，很適合做花草樹木。

9. RhinoGold：珠寶設計外掛，收費軟體。

10. 建築相關：VisualARQ…等等，實在太多了，可見 Rhino 在建築設計領域很多人用，但因為不是我的專業所以不多做介紹。

11. 景觀、地形與植物：Lands Design、LAndsFx…。

12. 各種 Grasshopper 的外掛程式，非常豐富，有免費、有收費，可見 Grasshopper 應用領域很廣。

13. 各種彩現外掛（如 Vray、Enscape、Keyshot、Hypershot…等），絕大部分並沒有收集在 Rhino Food 網站裡，幾乎都是收費的。

14. 和逆向工程、各種檔案格式互相轉換相關的外掛程式，有用到就會很方便。

其他如機械、測量、逆向工程、建築、室內設計、CAM、造船、雷射切割、切片、製鞋、成衣、牙科、醫療…等領域別專用的外掛程式也非常多，因為作者的專業領域無法一一涉略，而且有不少外掛程式並沒有在官方的 Rhino Food 網站上架。平時爬文探索不同的外掛程式也是種樂趣，讀者可搜尋一下自己專業領域的外掛，甚至有能力的讀者也可以自己嘗試開發外掛程式。

以下補充幾個可以下載別人做好的模型的網站，有免費也有收費：

https://sketchfab.com

https://cults3d.com/en

https://free3d.com/

https://flyingarchitecture.com/